“十二五”普通高等教育本科国家级规划教材

面向21世纪课程教材

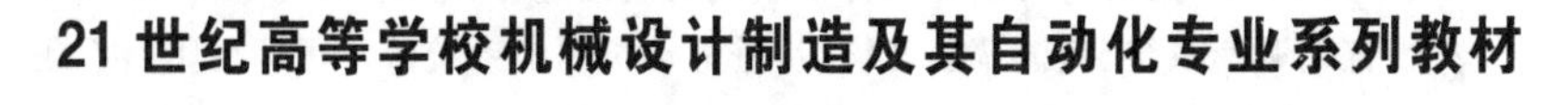

21世纪高等学校机械设计制造及其自动化专业系列教材

华中科技大学“双一流”建设机械工程学科系列教材

机电传动控制

（第六版）

陈　冰　冯清秀　邓星钟　等编著

华中科技大学出版社
中国·武汉

内 容 简 介

本书是根据近年来普通高等学校机械类专业“机电传动控制”课程教学要求，并在《机电传动控制》(第五版)的基础上编写的。全书共11章，包括拖动基础及传动系统的过渡过程、电动机、继电器-接触器控制、可编程控制器、电力电子技术、直流调速系统、交流调速系统、步进电动机驱动系统等。每章后附有习题与思考题，便于自学。

本书内容全面、实用，力求突出机电结合、理论联系实际的特点，重点突出各种知识在实际中的应用。为了方便教学，教材配有教学课件和电子教案，需要的任课教师可以与出版社联系(电话:027-81339688，电子邮箱:hustp_jixie@163.com)。

本书可作为普通高等学校机械类专业“机电传动控制”课程的教材，也可作为智能制造工程、机器人工程等专业的教材，还可供从事机电一体化工作的工程技术人员参考。

图书在版编目(CIP)数据

机电传动控制 / 陈冰等编著. —6 版. —武汉：华中科技大学出版社，2022.1(2025.1 重印)
ISBN 978-7-5680-7253-3

Ⅰ. ①机… Ⅱ. ①陈… Ⅲ. ①电力传动控制设备 Ⅳ. ①TM921.5

中国版本图书馆 CIP 数据核字(2021)第 141327 号

机电传动控制(第六版) 陈 冰 冯清秀 邓星钟 等编著
Jidian Chuandong Kongzhi(Di-liu Ban)

策划编辑：万亚军
责任编辑：吴 晗 程 青
封面设计：原色设计
责任监印：周治超
出版发行：华中科技大学出版社(中国·武汉) 电话：(027)81321913
武汉市东湖新技术开发区华工科技园 邮编：430223
录 排：华中科技大学惠友文印中心
印 刷：武汉市洪林印务有限公司
开 本：787mm×1092mm 1/16
印 张：19.25
字 数：500 千字
版 次：2025 年 1 月第 6 版第 9 次印刷
定 价：59.80 元

21 世纪高等学校

机械设计制造及其自动化专业系列教材

编审委员会

21世纪高等学校机械设计制造及其自动化专业系列教材

总序一

“中心藏之，何日忘之”，在新中国成立60周年之际，时隔“21世纪高等学校机械设计制造及其自动化专业系列教材”出版9年之后，再次为此系列教材写序时，《诗经》中的这两句诗又一次涌上心头，衷心感谢作者们的辛勤写作，感谢多年来读者对这套系列教材的支持与信任，感谢为这套系列教材出版与完善作过努力的所有朋友们。

追思世纪交替之际，华中科技大学出版社在众多院士和专家的支持与指导下，根据1998年教育部颁布的新的普通高等学校专业目录，紧密结合“机械类专业人才培养方案体系改革的研究与实践”和“工程制图与机械基础系列课程教学内容和课程体系改革研究与实践”两个重大教学改革成果，约请全国20多所院校数十位长期从事教学和教学改革工作的教师，经多年辛勤劳动编写了“21世纪高等学校机械设计制造及其自动化专业系列教材”。这套系列教材共出版了20多本，涵盖了“机械设计制造及其自动化”专业的所有主要专业基础课程和部分专业方向选修课程，是一套改革力度比较大的教材，集中反映了华中科技大学和国内众多兄弟院校在改革机械工程类人才培养模式和课程内容体系方面所取得的成果。

这套系列教材出版发行9年来，已被全国数百所院校采用，受到了教师和学生的广泛欢迎。目前，已有13本列入普通高等教育“十一五”国家级规划教材，多本获国家级、省部级奖励。其中的一些教材(如《机械工程控制基础》《机电传动控制》《机械制造技术基础》等)已成为同类教材的佼佼者。更难得的是，“21世纪高等学校机械设计制造及其自动化专业系列教材”也已成为一个著名的丛书品牌。9年前为这套教材作序的时候，我希望这套教材能加强各兄弟院校在教学改革方面的交流与合作，对机械工程类专业人才培养质量的提高起到积极的促进作用，现在看来，这一目标很好地达到了，让人倍感欣慰。

李白讲得十分正确：“人非尧舜，谁能尽善?”我始终认为，金无足赤，人无完人，文无完文，书无完书。尽管这套系列教材取得了可喜的成绩，但毫无疑问，这套书中，某本书中，这样或那样的错误、不妥、疏漏与不足，必然会存在。何况形势总在不断地发展,更需要进一步来完善,与时俱进,奋发前进。较之9年前,机械工程学科有了很大的变化和发展,为了满足当前机械工程类专业人才培养的需要,华中科技大学出版社在教育部高等学校机械学科教学指导委员会的指导下,对这套系列教材进行了全面修订,并在原基础上进一步拓展,在全国范围内约请了一大批知名专家,力争组织最好的作者队伍,有计划地更新和丰富“21世纪机械设计制造及其自动化专业系列教材”。此次修订可谓非常必要,十分及时,修订工作也极为认真。

“得时后代超前代,识路前贤励后贤。”这套系列教材能取得今天的成绩,是几代机械工程教育工作者和出版工作者共同努力的结果。我深信,对于这次计划进行修订的教材,编写者一定能在继承已出版教材优点的基础上,结合高等教育的深入推进与本门课程的教学发展形势,广泛听取使用者的意见与建议,将教材凝练为精品;对于这次新拓展的教材,编写者也一定能吸收和发展原教材的优点,结合自身的特色,写成高质量的教材,以适应“提高教育质量”这一要求。是的,我一贯认为我们的事业是集体的,我们深信由前贤、后贤一起一定能将我们的事业推向新的高度!

尽管这套系列教材正开始全面的修订,但真理不会穷尽,认识不是终结,进步没有止境。“嘤其鸣矣,求其友声”,我们衷心希望同行专家和读者继续不吝赐教,及时批评指正。

是为之序。

中国科学院院士

2009.9.9

21世纪高等学校
机械设计制造及其自动化专业系列教材

总序二

制造业是立国之本，兴国之器，强国之基。当今世界正处于以数字化、网络化、智能化为主要特征的第四次工业革命的起点，世界各大强国无不把发展制造业作为占据全球产业链和价值链高端位置的重要抓手，并先后提出了各自的制造业国家发展战略。我国要实现加快建设制造强国、发展先进制造业的战略目标，就迫切需要培养、造就一大批具有科学、工程和人文素养，具备机械设计制造基础知识，以及创新意识和国际视野，拥有研究开发能力、工程实践能力、团队协作能力，能在机械制造领域从事科学研究、技术研发和科技管理等工作的高级工程技术人才。我们只有培养出一大批能够引领产业发展、转型升级和创造新兴业态的创新人才，才能在国际竞争与合作中占据主动地位，提升核心竞争力。

自从人类社会进入信息时代以来，随着工程科学知识更新速度加快，高等工程教育面临着学校教授的课程内容远远落后于工程实际需求的窘境。目前工业互联网、大数据及人工智能等技术正与制造业加速融合，机械工程学科在与电子技术、控制技术及计算机技术深度融合的基础上还需要积极应对制造业正在向数字化、网络化、智能化方向发展的现实。为此，国内外高校纷纷推出了各项改革措施，实行以学生为中心的教学改革，突出多学科集成、跨学科学习、课程群教学、基于项目的主动学习的特点，以培养能够引领未来产业和社会发展的领导型工程人才。我国作为高等工程教育大国，积极应对新一轮科技革命与产业变革，在教育部推进下，基于“复旦共识”“天大行动”和“北京指南”，各高校积极开展新工科建设，取得了一系列成果。

国家“十四五”规划纲要提出要建设高质量的教育体系。而高质量的教育体系，离不开高质量的课程和高质量的教材。2020年9月，教育部召开了在我国教育和教材发展史上具有重要意义的首届全国教材工作会议。近年来，包括华中科技大学在内的众多高校的机械工程专业结合自身的办学特色，引入先进的教育理念，在专业建设、人才培养模式、教学内容、教学方法、课程建设等方面积极开展教学改革，取得了较好的效果，建设了一大批优质课程。为了将这些优秀的教学改革经验和教学内容推广给全国高校,华中科技大学出版社联合华中科技大学在内的一批高校,在“21世纪高等学校机械设计制造及其自动化专业系列教材”的基础上,再次组织修订和编写了一批教材,以支持我国机械工程专业的人才培养。具体如下:

(1)根据机械工程学科基础课程的边界再设计,结合未来工程发展方向修订、整合一批经典教材,包括将画法几何及机械制图、机械原理、机械设计整合为机械设计理论与方法系列教材等。

(2)面向制造业的发展变革趋势,积极引入工业互联网及云计算与大数据、人工智能技术,并与机械工程专业相关课程融合,新编写智能制造、机器人学、数字孪生技术等教材,以开拓学生视野。

(3)以学生的计算分析能力和问题解决能力、跨学科知识运用能力、创新(创业)能力培养为导向,建设机械工程学科概论、机电创新决策与设计等相关课程教材,培养创新引领型工程技术人才。

同时,为了促进国际工程教育交流,我们也规划了部分英文版教材。这些教材不仅可以用于留学生教育,也可以满足国际化人才培养需求。

需要指出的是,随着以学生为中心的教学改革的深入,借助日益发展的信息技术,教学组织形式日益多样化;本套教材将通过互联网链接丰富多彩的教学资源,把各位专家的成果展现给各位读者,与各位同仁交流,促进机械工程专业教学改革的发展。

随着制造业的发展、技术的进步,社会对机械工程专业人才的培养还会提出更高的要求;信息技术与教育的结合,科研成果对教学的反哺,也会促进教学模式的变革。希望各位专家同仁提出宝贵意见,以使教材内容不断完善提高;也希望通过本套教材在高校的推广使用,促进我国机械工程教育教学质量的提升,为实现高等教育的内涵式发展贡献一份力量。

中国科学院院士　丁汉

2021年8月

第六版前言

自本书第五版出版以来，数字制造和智能制造进入一个高速发展的时期，机电控制系统这一传统领域也发生着快速变革。本书的修订工作，基于对机电控制如下发展趋势的理解：

(1)电机及控制技术不断革新，电机的性能和效率不断提升，伺服电机和高性能变频电机使用更为广泛，各类直驱电机把电机和负载有机融为一体，运动控制的性能提升越来越依赖于电机、传感、电力电子技术的综合。传统的电机在新的控制技术支持下性能进一步提升。

(2)功能安全在工业中的重要性不断提升，传统低压电器的综合保护能力进一步提高，安全继电器、安全 PLC 等的应用日益广泛。

(3)IGBT 和功率 MOSFET 等主流电力电子器件不断更新换代，功率密度不断提升，模块化设计简化了应用难度，扩大了应用范围。宽禁带电力电子器件的发展将进一步提高电机控制的性能。

(4)自动化软件在机电系统中发挥越来越重要的作用，PLC 系统不断融合基于 PC 的控制技术，支持丰富的编程语言，提供基于模型的控制软件设计方法，具备日益完善的运动控制功能库，已成为机电装备和自动化生产线的主要软件平台。

根据技术的发展、广大师生的教学反馈意见和我们近年来的教学实践，第六版重点修订的内容如下：

第 1 章：补充了机电传动控制近年来的发展趋势。

第 2 章到第 4 章：针对近年来高能效传动电机标准的推广和电机工艺的改进，做少量内容补充和文字订正。

第 5 章：补充了在实际中应用比较广泛的两相混合步进电动机，对交流伺服电动机和直驱电动机等内容进行了补充。

第 6 章：基于新的国家标准对常用低压电器及性能指标进行了补充，并增加安全继电器等低压电器的介绍。

第 7 章：补充了可编程控制器的最新发展，以及基于 IEC61131-3 的 PLC 编程语言和编程方法，基于 PLC 的运动控制和功能安全等内容。

第 8 章：对电力电子器件近年来的发展做了补充介绍，对电力电子电路的数字化控制技术做了补充介绍。

第 9 章：增加了闭环直流调速系统的传递函数模型和动态特性分析，并根据当前主流的数字化晶闸管调速装置发展对原有的微型计算机控制的直流电机传动系统相关内容做了更新。

第 10 章：重点讲解交-直-交异步电动机变频系统，包括变频器的结构原理，V/F 开环控制模式和矢量控制模式原理，以及变频调速系统的选型和应用。对交-交变频调速和转差调速等内容做了简化。

第 11 章:对步进电动机驱动控制部分,根据技术的发展做了相应更新,并增加了永磁同步电动机的伺服驱动器结构与原理等内容。

本次修订新增了配套电子资源,读者可通过扫描二维码了解相关扩展知识,更加直观地浏览设备和装置的三维结构、电路和系统的输入输出信号动态波形等内容。

本次修订具体分工为:谢经明负责修改第 2 章,袁楚明负责修改第 3 章、5.5 节和 6.3 节,其他章节由陈冰修改,冯清秀、邓星钟、周祖德等审校全书,陈冰负责全书修订的组织和定稿。陈冰、谢经明、袁楚明、龚时华、张代林共同完成了教材的电子资源建设。许多使用本教材的师生提出了宝贵的修改意见,在此表示感谢。本次教材修订得到了华中科技大学教务处、华中科技大学机械科学与工程学院、华中科技大学出版社等单位的支持,在此谨向上述单位表示衷心的感谢。

限于编著者水平,本次修订内容一定还存在很多不足和错误,恳请读者批评指正。

编著者

2021 年 6 月

第一至五版前言

第一版前言

“机电传动控制”课程是机械电子工程专业的一门必修的专业基础课，它是机电一体化人才所需电知识结构的躯体。由于电力传动控制装置和机械设备是一个不可分割的整体，所以本课程的任务是使学生了解机电传动控制的一般知识，掌握电机、电器、晶闸管等的工作原理、特性、应用和选用的方法，掌握常用的开环、闭环控制系统的工作原理、特点、性能及应用场所，了解最新控制技术在机械设备中的应用。

本书的组成系统是根据机械电子工程专业的需要而独自建立的，内容比较全面，在编写时着重考虑了以下几个辩证关系的处理：

(1) 原理与应用——两者并重，注意理论与实际应用相结合。

(2) 元件与系统——两者紧密结合，但元件着重外部特性，为在系统中应用服务。

(3) 定性与定量——重在定性，但建立必要的数量概念。

(4) 保旧与建新——既要保旧，以反映我国机电传动控制技术的现状；又要建新，以适应当前机电传动控制新技术发展的需要。

(5) 掌握与了解——对现有正在广泛应用的知识要掌握，对现已出现并开始应用的新技术要了解。

书中所用图形符号采用中华人民共和国国家标准 GB/T 4728—85，文字符号采用 GB 7159—87，量和单位采用 GB 3100～3102—86。

本课程的前修课是高等数学、物理、电路基础和电子技术，它又要为后续课数控机床、微机控制系统打下基础。

本书是机械电子工程专业本科生的教材，并可作为机械制造专业本科生和这两个专业电大、函大、夜大、职大生的教材，也可供从事机电一体化工作的工程技术人员参考。

本书原稿于 1988 年 10 月作为内部教材印出后，除经华中理工大学机械电子工程专业几届学生使用外，还在其他几所学校使用过，受到了从事机电一体化工作的教授、专家和学生们的热情支持和鼓励，华中理工大学王离九教授、徐恕宏教授、林奕鸿教授、熊有伦教授、胡乾斌副教授，合肥工业大学方维坤副教授、王孝武副教授，上海机械学院赵松年副教授，广东工学院孙健教授，成都科技大学张奇鹏副教授，长沙职工大学罗伯强副教授，湖南大学黄义源副教授，西北工业大学马慎兴副教授等对本书提出了许多宝贵意见，指导和促进了本书的修改。在此，作者对他们表示衷心的感谢。

本书第十二、十三章由周祖德编写，邓星钟编写其余各章并负责全书的统编和定稿。

限于编者的水平，书中定有缺点和错误，恳请读者批评指正。

编者

1991 年 5 月

第二版前言

“机电传动控制”课程现已由全国高等学校机械工程类专业教学指导委员会定为“机械工程及自动化”专业的主干技术基础课,《机电传动控制》教材已被定为机械工业部的“九五”规划教材。

本教材第一版于 1992 年 7 月出版发行,经 6 次印刷,被全国几十所高等院校有关专业采用,并于 1993 年获中南地区高校出版社优秀图书二等奖,1996 年获国家机械电子工业部优秀教材二等奖,特别是有关教师通过教学实践后给我们提出了许多宝贵意见,这使我们受到极大的鼓舞,并获得极深的教益。我们衷心感谢兄弟院校有关教师及所有读者的热心支持和充分信任,衷心感谢出版社与有关领导部门的真挚关心和鼓励。

根据大家提出的宝贵意见和我们五年来的教学实践,并考虑到本学科近年来的发展情况和专业的要求,对第一版进行了修订,其修订的主要内容如下:

1. 第六章增加了直线电动机;
2. 第九章删去了顺序控制器,重新编写了可编程序控制器;
3. 第十一章增加了微型计算机控制的直流传动系统;
4. 对其他章节也作了少量修改;
5. 增附了部分习题与思考题的答案或提示。

参加第二版修订工作的有邓星钟(修改第一、二、四、六、七、十、十一章)、周祖德(修改第十二、十三章)、邓坚(修改第三、五、八章并负责重新编写第九章),邓星钟负责全书修订的组织和最后定稿。

修改后的本书有较明显的改进和提高,但与教学改革形势发展的要求尚有差距,编者敬希读者予以批评和指出。

编者

1998 年 1 月

第三版前言

《机电传动控制》教材第二版于 1998 年 4 月出版发行,该教材已经 10 次印刷,现已被教育部批准为高等教育“面向 21 世纪课程教材”。为了进一步提高本教材的质量,以适应 21 世纪高等教育人才培养的需要,特聘请上海交通大学朱承高教授担任本教材的主审,朱教授对本教材进行了全面的审阅,并提出了许多宝贵的意见,作者根据朱教授的意见对本教材进行了认真的修改。在此,我们对朱教授表示衷心的感谢。我们也仍然期待着同行们和广大读者的不吝赐教。

编者

2000 年 12 月

第四版前言

编者于 1987 年在全国首次开设“机电传动控制”课程,并于 1992 年正式出版《机电传动控制》教材。承蒙同行专家们的赞同,国家教委高教司于 1993 年颁布的普通高等学校本科专业目录和专业简介中,“机电传动控制”被定为机械电子工程专业的必修主干课程;同时《机电传动控制》被先后列入普通高等教育“九五”国家级重点教材、“十五”国家级规划教材,并被教育部批准为高等教育“面向 21 世纪课程教材”及“21 世纪高等学校机械设计制造及其自动化专业系列教材”。本教材十多年来已重印了二十余次,年发行量在两万册以上,目前仍在两百多所高等院校使用。

近年来,科学技术的发展异常迅速,这对本教材提出了更高的要求。本教材所涉及的技术进步内容(也是本教材这次修订的依据)主要有以下四个方面:

1. 在电力电子技术中,以晶闸管为主的可控器件在很多方面已被 MOSFET 和 IGBT 等功率开关器件取代，脉宽调制(PWM)技术比相位控制用得更为普遍，集成模块日益普及。

2. 交流传动控制技术更为完善，交流传动控制系统已逐步取代直流传动控制系统。

3. 以数控机床为主的机械位置伺服系统用得愈来愈多，步进电动机控制系统以及交、直流传动控制系统中的检测元件用得更多了。

4. 由于PLC的广泛应用和电力半导体器件功率的增大，继电器、接触器控制逐步减少。

本次修订主要体现了与时俱进的思想，反映了以上四方面的进步，但全书仍然以伺服驱动系统为主导，以控制为线索，将元器件与伺服控制系统科学有机地结合起来。在内容处理上保持前三版的特色，主要思路仍然是根据机械设计制造及自动化等非电类专业的需要，处理好原理与应用、元器件与系统、定性与定量、保旧与建新、掌握与了解等几个辩证关系。修订的具体内容如下：重点改编了第12章交流传动控制系统和第13章步进电动机传动控制系统；为了给这两章提供基本理论和方法，改编了第10章电力电子技术和5.5节三相异步电动机的调速方法与特性，并增加了第7章机电传动控制系统中常用的检测元件；第11章仍以双闭环控制系统为重点，因为它也是交流传动控制系统的基础；对第8章继电器-接触器控制作了大量的删改；对其他的章节仅作了少量的修改；由于第三版中第7章机电传动控制系统中电动机的选择主要是供今后实际设计参考的，它与全书的其他章节内容没有直接的联系，所以把它放到了本版的最后一章。

参加第四版修订工作的是：邓星钟修改绪论，冯清秀、邓星钟、周祖德合作修改第12章和第13章，其他章节均由邓坚编写和修改，邓星钟负责全书修订的组织和最后定稿。

在本书第四版定稿之时，作者特别对使用本书前三版后给我们提出宝贵意见的教师们表示衷心的感谢，也对本书所附“参考文献”的作者深表谢意。

虽经多次修订，但限于作者的水平，加之修订时间较仓促，书中一定还有很多不足甚至错误，仍然恳请采用本教材的教师和读者批评指正。

编者

2006年10月

第五版前言

邓星钟教授于1987年率先在华中工学院机械系(现华中科技大学机械学院)开设了“机电传动控制”课程，确定了课程的基本内容，撰写了《机电传动控制》教材(1992年正式出版)。承蒙同行专家们的赞同，原国家教委高教司在1993年颁布的普通高等学校本科专业目录和专业简介中，“机电传动控制”被定为机械电子工程专业的必修主干课。《机电传动控制》教材被先后列入普通高等教育“九五”国家级重点教材，“十五”、“十一五”国家级规划教材，并被教育部批准为高等教育“面向21世纪课程教材”。华中科技大学“机电传动控制”课程被教育部列为新世纪网络课程，被湖北省列为省精品课程。

本教材于1992年正式出版后，近二十年来已经改版四次、重印了三十余次，年发行量在两万册以上，目前仍然有两百多所高等院校在使用。

随着科学技术的不断发展，传动控制装置和机械设备已成为一个不可分割的整体。本课程的任务是使学生了解电机传动控制的一般知识，掌握电动机、电器、晶闸管等电气元件的工作原理、特性，以及应用和选用的方法，掌握常用的开环、闭环控制系统的工作原理、特点、性能及应用范围，了解最新控制技术在机械设备中的应用。

本教材的历次修改在内容上体现了与时俱进，在保持了原创特色的基础上，充分反映了电子技术、控制技术等领域的发展，主要思路是根据机械设计制造及自动化等非电类专业的需要，处理好原理与应用、元件与系统、定性与定量、继承与创新、掌握与了解等几个方面的辩证关系。

本教材所用电气图形符号选自国家标准GB/T 4728—2008，量和单位选自国家标准GB 3100～3102—1993。

本课程的前修课程是高等数学、物理、电路基础和电子技术，后续课程是数控机床、微机控制系统等。

本教材是机械电子工程专业本科生的教材,可作为机械制造专业本科生和这两个专业电大、函大、夜大、职大生的教材,也可供从事机电一体化工作的工程技术人员参考。

本教材虽经多次修改,但限于作者的水平,一定还存在很多不足甚至错误,仍然恳请采用本教材的教师和读者批评指正。

编者

2010 年 10 月

目　　录

绪论

1.1　机电系统的组成

在现代工业中，机电传动系统不仅包括拖动生产机械的电动机，而且还包括控制器、开关电器和传感元件等一整套控制系统，以满足生产过程自动化的要求。机电系统一般可分为三大部分，如图1.1所示。

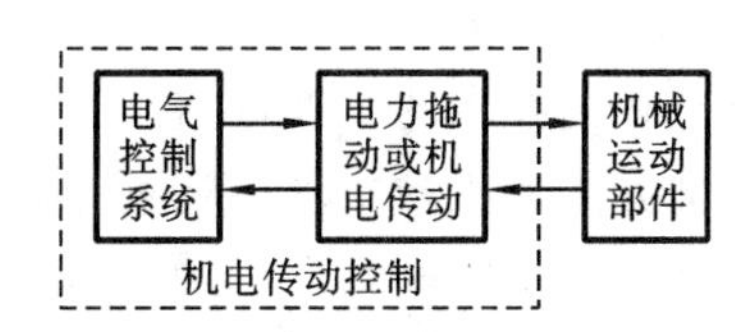

图1.1　机电系统的一般组成

机械运动部件是机电系统完成生产任务的基础，机电传动（又称电力传动或电力拖动）装置是指驱动生产机械运动部件的原动机（这里是指各种电动机）的总称，电气控制系统是指控制电动机的系统。所以机电传动控制系统是指驱动生产机械的电动机和控制电动机的一整套电气系统。

1.2　机电传动控制的目的和任务

机电传动控制的目的是将电能转变为机械能，由电动机带动机械传动机构及负载实现从简单的机械启动、停止以及调速控制，到高速、高精度多轴同步伺服控制，从而满足各种机电装置的高效和安全运行。

机电传动控制系统广泛应用于离散制造、流程工业、冶金能源、交通运输、智能楼宇、家电与消费电子等多个工业/民用领域。

面向工厂自动化的机电传动控制系统的主要任务，从广义上讲，就是要使生产机械设备、生产线、车间甚至整个工厂都实现自动化；从狭义上讲，则专指控制电动机驱动机械，实现产品数量的增加、产品质量的提高、生产成本的降低、工人劳动条件的改善以及能源的合理利用。

面向特定应用的机电传动控制系统，则重点满足该应用的主要技术指标要求。

随着技术的发展，对机电传动控制系统提出的要求愈来愈高。例如：光刻机工作台需要具有纳米级的定位精度；电动汽车的驱动系统需要具有高功率密度、低速大转矩输出能力和高效率等要求;重型精密机床为保证加工精度和控制表面粗糙度,要求能在极慢的速度下稳速进给,即要求电动机能在很宽的范围内调速;钢厂可逆式轧机及其辅助机械操作频繁,要求在不到 1 s 的时间内就能完成从正转到反转的过程,即要求电动机能迅速地启动、制动和反转;大型印刷、包装机械需要几十根轴进行精确同步运动;等等。

1.3　机电传动控制的发展概况

机电传动控制随着科学技术、工业生产、社会生活的发展而发展。

(1)从机电系统传动结构方面,机电传动控制的发展大体上经历了成组传动、单电动机传动、多电动机传动和直接传动四个阶段。

①在电气化时代的早期阶段,受历史条件的限制,采用成组传动的方式,一台电动机通过天轴(或地轴)、带轮和传动带分别拖动多台不同的生产机械。这种传动方式的缺点是显而易见的,效率很低,当电动机发生故障时,将造成成组的生产机械停车。

②随着生产力水平的提高,机电系统开始采用一台电动机拖动一台生产机械的各个运动部件的单电动机传动方式。在这种传动方式下,各个运动部件之间可采用机械齿轮和凸轮实现同步。

③随着电动机驱动技术和电子控制技术的发展,一台生产机械的各个运动部件可以分别由不同的电动机来拖动。这种传动方式的机械传动结构简单,而且控制灵活。如机床的主轴和进给轴都是用独立的电动机传动。大型印刷生产机械的每个单元都采用独立电动机传动,各个单元之间的同步运动可以采用电子齿轮和电子凸轮控制来实现,可以通过软件的方式灵活修改凸轮曲线来改变同步运动关系,而不像单电动机传动系统需要重新设计和制造机械凸轮。

④直接传动取消了电动机和负载之间的中间机械传动环节如减速机和丝杠,大大提高了机械刚度,从而可以进一步提高系统的刚度,提高运动速度和精度。

(2)从控制技术的角度,机电传动控制系统随着电力电子技术、测量和驱动技术、计算机控制技术、网络通信技术和软件技术的发展以及相关支撑理论的发展而不断发展。随着功率器件、放大器件的不断更新,控制系统主要经历了四个阶段。

①最早的机电传动控制系统出现在 20 世纪初,它借助接触器与继电器等控制电器来实现对控制对象的启动、停车以及有级调速等控制,它的控制速度慢,控制精度差。

②20 世纪 30 年代出现了电动机放大机控制,它使控制系统从断续控制发展到连续控制,连续控制系统可随时检查控制对象的工作状态,并根据输出量与给定量的偏差对控制对象进行自动调整,它的快速性及控制精度都大大超过了最初的断续控制,并简化了控制系统,减少了控制电路中的触点,提高了可靠性,使生产效率大为提高。40 年代到 50 年代出现了磁放大器控制和大功率可控水银整流器控制。

③20 世纪 50 年代末出现了大功率固体可控整流元件——晶闸管。晶闸管控制很快就取代了水银整流器控制,晶闸管的应用使得直流电动机调速得到大范围推广,也使得交流电动机变频调速成为可能。继晶闸管出现以后,又陆续推出了其他种类的器件,诸如门极可关断晶闸管(GTO)、大功率晶体管(GTR)、功率场效应晶体管(P-MOSFET)、绝缘栅双极型晶体管(IGBT)等。这些器件的电压、电流定额及其他电气特性均得到很大的改善,具有效率高、控制特性好、反应快、寿命长、可靠性高、维护容易、体积小、重量轻等优点,由此开辟了机电传动控制

的新纪元。结合微控制器芯片和高性能测量元件，各类传动电机和控制电机均已实现数字化控制。特别是矢量控制算法和IGBT器件的普及，使得高性能交流传动控制在各个领域获得广泛应用。

④随着计算机控制、测量和软件技术的发展，机电控制系统越来越呈现机、电、光、软件深度融合的趋势。可编程控制器(PLC)诞生于20世纪60年代末，最初只具有逻辑编程能力，今天的高性能PLC则可以与数字化电动机驱动器一起，通过软件实现各种高性能运动控制，不仅支持各种高级编程语言编程，还可以支持基于模型的设计。1985年前后，国际上出现“运动控制”这一名称，并很快被工业界和学术界所采用。今天，网络化运动控制系统架构已基本取代了传统的模拟量运动控制系统。

面向数字化浪潮，机电传动控制系统也与时俱进，不断进行技术迭代，电动机的结构、控制方式也不断优化，但主流电动机及其控制的基本原理并没有实质性的变化。

1.4 课程的性质和任务

机电控制是制造业的关键技术，是一个国家核心装备制造能力的重要支撑。今天的高等学校机电课程体系应能适应时代的需要，培养基础扎实、视野宽阔、具有创新精神和实践能力的人才。

在我国高等学校机电课程建设历史上，“机电传动控制”课程的创建提供了一个崭新的课程体系，它包括驱动电动机、电力拖动、继电器-接触器控制、可编程序控制器、电力电子技术、直流伺服系统、交流伺服系统、步进电动机伺服系统等强电控制方面的内容。它根据学科的发展和内在规律，以伺服驱动系统为主导，以控制为线索，将元器件与伺服控制系统科学、有机地结合起来，即把机电一体化技术所需的强电控制知识都集中在这一门课程中。这不仅避免了不必要的重复，节省了学时，加强了系统性，而且理论联系实际，学以致用，使学生全面、系统地了解和掌握机电一体化产品中电控技术的强电控制部分。

1.5 课程的内容安排

本书共分11章。第1章为绪论。第2章重点介绍了机电传动系统的动力学基础。第3章、第4章分别介绍了主要用于大功率传动的直流电动机和交流电动机的工作原理及其特性。第5章介绍了主要用于伺服控制的常用控制电动机结构和工作原理。第6章介绍了继电器、接触器等在机电控制系统中常用的各种低压电器，以及所组成的基本电气控制线路。第7章则在介绍可编程序控制器(PLC)结构和原理的基础上，讲解基于IEC61131-3的PLC软件编程和基于PLC的机电控制系统的设计流程。电力电子技术已深刻改变了机电控制系统，第8章较全面地介绍了主流的电力电子器件、在电动机调速系统中常用的电力电子电路及控制方式。第9章、第10章分别介绍了各类常用直、交流调速系统的组成、工作原理及性能。第11章结合工程中的定位控制应用介绍了步进电动机控制、交流伺服控制和运动控制系统的基本工作原理。

本书按72学时编写，内容基本上概括了当前机电传动控制系统中常用的元器件、各种典型电路和各种典型控制系统。如果有的学校专业课程学时较少，对次要章节可以有选择地讲授，或启发式讲授后让学生自学，有些内容也可不讲。

“机电传动控制”是一门实践性很强的课程，实验是本课程必不可少的重要环节，它可以随课程的进程内容安排，也可以单独开设实验课，实验的学时和内容由各学校根据自身的教学实验设备而定。课程实验推荐采用与本课程内容相匹配的 HTD 机电传动控制实验系统，它由计算机、电气控制系统、机械平台等组成。实验内容包括基于 PC 的电动机性能测试实验、继电器接触器基本控制及 PLC 基本逻辑控制实验、PLC 应用实验、自动控制系统(包括直流调速系统、交流变频调速系统、步进电动机控制系统、伺服控制系统)实验、综合应用实验等五大部分。其中大部分内容为“机电传动控制”课程的基本实验内容，有些实验可作为学生的课外学习、课程设计、毕业设计、创新设计等的实验内容。实验教材为《机电传动控制实验》。

本书各章后面均有习题与思考题。为本书配的学习辅导用书《机电传动控制学习辅导与题解》可作为学习参考书。

第2章 机电传动系统的动力学基础

本章要求掌握机电传动系统的运动方程式及其含义，掌握多轴拖动系统中转矩和惯量折算的基本原则和方法，了解几种典型机械负载的机械特性，了解机电传动系统稳定运行的条件并学会用它来分析系统的稳定平衡点，在了解过渡过程产生的原因和研究过渡过程的实际意义的基础上，掌握机电传动系统在启动、制动过程中转速和转矩的变化规律，掌握机电时间常数的物理意义及缩短过渡过程的途径。

2.1 机电传动系统的运动方程式

图2.1所示为一单轴拖动系统。电动机M产生转矩T_M，用来克服负载转矩T_L，带动机械负载以角速度ω(或转速n)运动。转矩T_M、T_L与角速度ω(或转速n)之间的函数关系称为运动方程式。

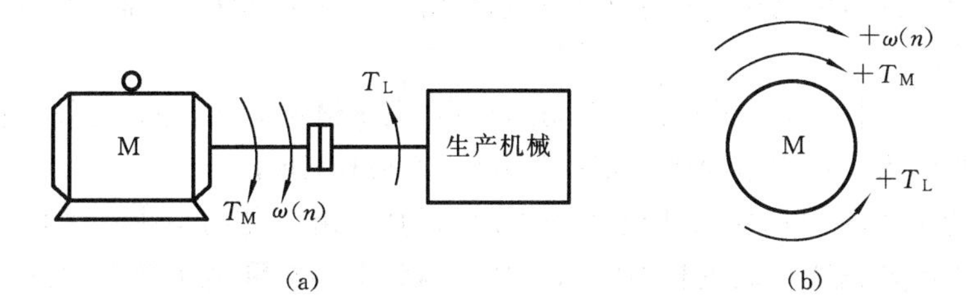

图2.1 单轴拖动系统

(a)传动系统图；(b)转矩、转速的正方向

根据牛顿力学定律，单轴拖动系统的运动方程式为

$$T_M - T_L = J\frac{d\omega}{dt} = \frac{J}{9.55}\frac{dn}{dt} \tag{2.1}$$

式中：T_M——电动机产生的转矩(N·m)；

T_L——单轴传动系统的负载转矩(N·m)；

J——单轴传动系统的转动惯量(kg·m^2)；

ω——单轴传动系统的角速度(rad/s)；

n——单轴传动系统的转速(r/min)；

t——时间(s)。

在实际工程计算中，有时用转速n代替角速度ω，用飞轮惯量(也称飞轮转矩)GD^2代替转动惯量J，由于$J = m\rho^2 = mD^2/4$，其中，ρ和D分别定义为惯性半径和惯性直径，而质量

m 和重力 G 的关系是 $G=mg$，g 为重力加速度，所以，J 与 GD^2 的关系是

$$J=\frac{1}{4}mD^2=\frac{1}{4}\frac{G}{g}D^2=\frac{1}{4}\frac{GD^2}{g} \tag{2.2}$$

或

$$GD^2=4gJ$$

且

$$\omega=\frac{2\pi}{60}n \tag{2.3}$$

将式(2.2)和式(2.3)代入式(2.1)，就可得运动方程式用飞轮惯量的表达形式：

$$T_M-T_L=\frac{GD^2}{375}\frac{dn}{dt} \tag{2.4}$$

式中：常数375包含着 $g=9.81\ m/s^2$，故它有加速度的量纲；GD^2 是一个整体物理量。为了不失一般性，本章主要采用转动惯量 J 描述运动方程式，根据上下文的描述便利性采用角速度 ω 或转速 n。

运动方程式是研究机电传动系统最基本的方程式，它决定着系统运动的特征。当 $T_M=T_L$ 时，角加速度 $d\omega/dt=0$，传动系统稳速运动，传动系统的这种运动状态称为静态；当 $T_M>T_L$ 时，角加速度 $d\omega/dt$ 为正，传动系统为加速运动；当 $T_M<T_L$ 时，角加速度 $d\omega/dt$ 为负，传动系统为减速运动。系统处于加速或减速的运动状态称为动态。处于动态时，系统中必然存在一个动态转矩

$$T_d=J\frac{d\omega}{dt} \tag{2.5}$$

它使系统的运动状态发生变化，这样，运动方程式(2.1)也可写成转矩平衡方程式

$$T_M-T_L=T_d \quad 或 \quad T_M=T_L+T_d \tag{2.6}$$

就是说，在任何情况下，电动机所产生的转矩总是由轴上的负载转矩(即静态转矩)和动态转矩之和所平衡。

当 $T_M=T_L$ 时，$T_d=0$，这表示没有动态转矩，系统恒速运转，即系统处于稳态。稳态时，电动机产生转矩的大小仅由电动机所带的负载(生产机械)决定。

值得指出的是图2.1(b)中关于转矩正方向的约定：由于传动系统有多种运动状态，相应的运动方程式中的转速和转矩就有不同的符号。因为电动机和机械负载以共同的转速旋转，所以一般以转动方向为参考来确定转矩的正负。设电动机某一转动方向的转速 n 为正，则约定电动机转矩 T_M 与 n 一致的方向为正向，负载转矩 T_L 与 n 相反的方向为正向。

根据上述约定，可以从转矩与转速的符号来判定 T_M 与 T_L 的性质：若 T_M 与 n 符号相同(同为正或同为负)，则表示 T_M 的作用方向与 n 相同，T_M 为拖动转矩；若 T_M 与 n 符号相反，则表示 T_M 的作用方向与 n 相反，T_M 为制动转矩。若 T_L 与 n 符号相同，则表示 T_L 的作用方向与 n 相反，T_L 为制动转矩；若 T_L 与 n 符号相反，则表示 T_L 的作用方向与 n 相同，T_L 为拖动转矩。

例2.1　如图2.2所示，在提升重物过程中，试判定卷扬机启动上升、匀速上升、减速上升和匀速下降时电动机转矩 T_M 和负载转矩 T_L 的符号。

解　设重物提升时电动机旋转方向为 n 的正方向。

①电动机拖动重物从静止启动上升时(见图2.2(a))，T_M 与 n 正方向一致，T_M 取正号；T_L 与 n 方向相反，T_L 亦取正号。这时的运动方程式为

$$T_M-T_L=\frac{J}{9.55}\frac{dn}{dt}$$

要能提升重物，必存在 $T_M > T_L$，即动态转矩 $T_d = T_M - T_L$ 和加速度 $a = dn/dt$ 均为正，系统加速运行。

②电动机拖动重物匀速上升时，T_M 与 T_L 的方向与①相同，$T_M - T_L = 0$，速度不变。

③为使重物从匀速上升快速减速到静止，电动机应提供制动转矩(见图 2.2(b))，所以，T_M 与 n 方向相反，T_M 取负号，而重物产生的转矩总是向下，和启动过程一样，T_L 仍取正号，这时的运动方程式为

$$-T_M - T_L = \frac{J}{9.55}\frac{dn}{dt}$$

可见，此时动态转矩和加速度都是负值，它使重物减速上升，直到停止。

④当重物匀速下降时，速度 n 为负值，重物产生的转矩 T_L 仍保持不变，符号为正，此时 T_M 起着制动转矩的作用，方向为正，$T_M - T_L = 0$。

在一个完整的运动周期中，还有重物从静止加速到匀速下降的过程、从匀速下降减速到静止的过程，对应的 T_M 与 T_L 的符号请读者自行分析。

图 2.2(c)为本书采用的电机工作特性曲线坐标系，横坐标为转矩，纵坐标为转速。可知，上述①②过程位于第一象限，③过程位于第二象限，④过程位于第四象限。在后续章节中，我们会不断借助这一坐标系加深对机电传动系统四象限运行的认识。

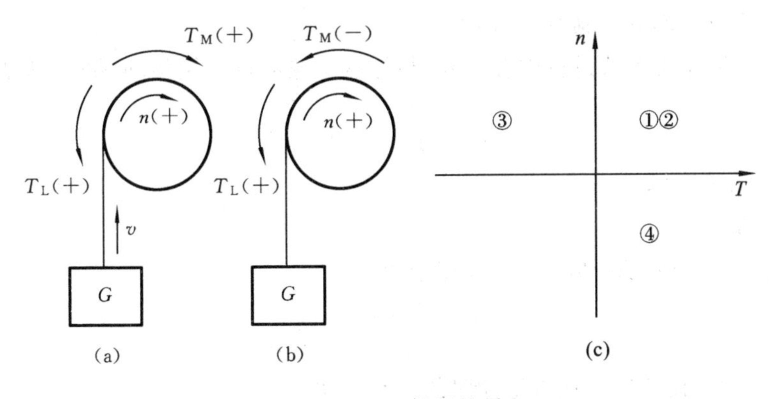

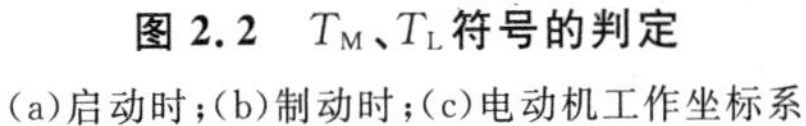
图 2.2 T_M、T_L 符号的判定

(a)启动时；(b)制动时；(c)电动机工作坐标系

2.2 负载转矩和转动惯量的折算

2.1 节介绍的是单轴拖动系统及其运动方程式，但实际的拖动系统一般是多轴拖动系统，如图 2.3 所示。这是因为许多机械装备要求低速运转，而电动机一般具有较高的额定转速。这样，电动机与机械负载之间就得装设减速机构，如减速齿轮箱、蜗轮蜗杆、传动带等。在这种情况下，为了列出这个系统的运动方程，必须先将各转动部分的转矩和转动惯量或直线运动部分的质量都折算到某一根轴上，一般折算到电动机轴上，即折算成图 2.1 所示的最简单的典型单轴系统。折算的基本原则是，折算前的多轴系统同折算后的单轴系统在能量关系上或功率关系上保持不变。

2.2.1 负载转矩的折算

负载转矩是静态转矩，可根据静态时功率守恒原则进行折算。

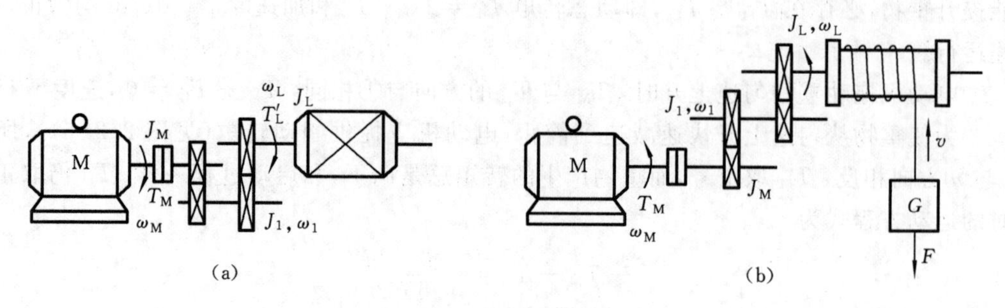

图 2.3 多轴拖动系统

(a)旋转运动;(b)直线运动

对于旋转运动,如图 2.3(a)所示,当系统匀速运动时,机械负载的负载功率为

$$P'_L = T'_L\omega_L$$

式中:T'_L——生产机械的负载转矩;

ω_L——生产机械的旋转角速度。

设 T'_L 折算到电动机轴上的负载转矩为 T_L,则电动机轴上的负载功率为

$$P_M = T_L\omega_M$$

式中:ω_M——电动机转轴的旋转角速度。

传动机构在传递功率的过程中存在着损耗,这个损耗可以用传动效率η_c来表示,即

$$\eta_c = \frac{P'_L}{P_M} = \frac{T'_L\omega_L}{T_L\omega_M}$$

式中:P'_L——输出功率;

P_M——输入功率。

于是可得折算到电动机轴上的负载转矩为

$$T_L = \frac{T'_L\omega_L}{\eta_c\omega_M} = \frac{T'_L}{\eta_c j} \tag{2.7}$$

式中:η_c——电动机拖动生产机械运动时的传动效率;

j——传动机构的速比,$j = \omega_M / \omega_L$。

对于直线运动,如图 2.3(b)所示的卷扬机构就是一例。若机械负载直线运动部件的负载力为 F,运动速度为 v,则所需的机械功率为

$$P'_L = Fv$$

它反映在电动机轴上的机械功率为

$$P_M = T_L\omega_M$$

式中:T_L——负载力 F 在电动机轴上产生的负载转矩。

如果是电动机拖动机械负载旋转或移动,则传动机构中的损耗应由电动机承担,根据功率平衡关系,有

$$T_L\omega_M = \frac{Fv}{\eta_c}$$

将 $\omega_M = \frac{2\pi}{60} n_M = \frac{n_M}{9.55}$ 代入上式可得

$$T_L = \frac{9.55Fv}{\eta_c n_M} \tag{2.8}$$

式中：n_{M}——电动机轴的转速。

如果是机械负载拖动电动机旋转(例如在卷扬机下放重物时，电动机处于制动状态)，则传动机构中的损耗由机械负载来承担，于是有

$$T_{L}\omega_{M}=Fv\eta_{c}'$$

或

$$T_{L}=\frac{9.55\eta_{c}'Fv}{n_{M}} \tag{2.9}$$

式中：η_{c}'——机械负载拖动电动机运动时的传动效率。

在实际的机电传动控制系统中，负载转矩通常不是固定不变的，但也具有明显的周期性，可以估算出负载转矩的有效值大小。

2.2.2　转动惯量的折算

由于转动惯量(或飞轮转矩)与运动系统的动能有关，因此，可根据动能守恒原则进行折算。对于旋转运动(见图2.3(a))，折算到电动机轴上的总转动惯量为

$$J_{Z}=J_{M}+\frac{J_{1}}{j_{1}^{2}}+\frac{J_{L}}{j_{L}^{2}} \tag{2.10}$$

式中：J_{M}、J_{1}、J_{L}——电动机轴、中间传动轴、机械负载轴上的转动惯量；

j_{1}——电动机轴与中间传动轴之间的速比，$j_{1}=\omega_{M}/\omega_{1}$；

j_{L}——电动机轴与机械负载轴之间的速比，$j_{L}=\omega_{M}/\omega_{L}$；

ω_{M}、ω_{1}、ω_{L}——电动机轴、中间传动轴、机械负载轴上的角速度。

当速比j较大时，中间传动机构的转动惯量J_{1}在折算后占整个系统的比重不大。为计算方便起见，实际工程中多用适当加大电动机轴上的转动惯量J_{M}的方法，来考虑中间传动机构的转动惯量J_{1}的影响，于是有

$$J_{Z}=\delta J_{M}+\frac{J_{L}}{j_{L}^{2}} \tag{2.11}$$

一般$\delta=1.1\sim1.25$。

对于直线运动(见图2.3(b))，设直线运动部件的质量为m，折算到电动机轴上的总转动惯量为

$$J_{Z}=J_{M}+\frac{J_{1}}{j_{1}^{2}}+\frac{J_{L}}{j_{L}^{2}}+m\frac{v^{2}}{\omega_{M}^{2}} \tag{2.12}$$

依照上述方法，就可把具有中间传动机构带有旋转运动部件或直线运动部件的多轴拖动系统，折算成等效的单轴拖动系统，将所求得的T_{L}、J_{Z}代入式(2.1)，就可得到多轴拖动系统的运动方程式

$$T_{M}-T_{L}=J_{Z}\frac{\mathrm{d}\omega}{\mathrm{d}t} \tag{2.13}$$

以此可研究一个具体的机电传动系统的运动特性，同时，因为负载转矩和负载惯量都折算到电动机轴，也便于电动机参数选型。

2.2.3　电动机转矩和转动惯量参数的选择

当确定电动机和负载之间的传动机构，折算出等效的负载转矩和转动惯量后，可以据此选择电动机的额定转矩和转动惯量值，达到如下目标：

(1)电动机提供的转矩大于负载转矩；

(2)电动机和负载之间有合适的惯量比。

电动机所能提供的转矩与电动机的运行区域有关,通常电动机的运行区域可分为连续运行区域和断续运行区域,如图 2.4 所示,阴影部分为连续运行区域。

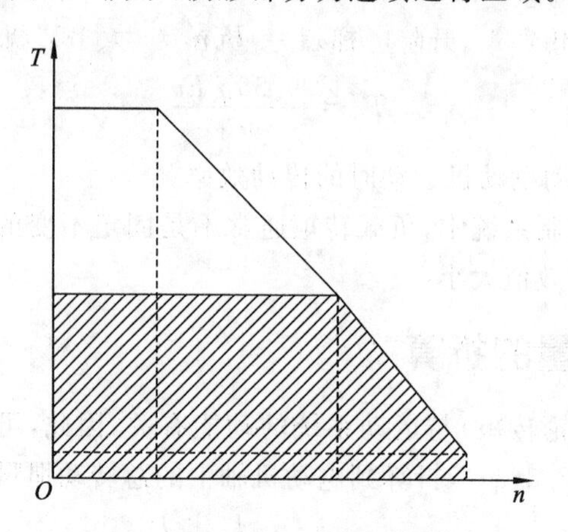

图 2.4　电动机的运行区域

当电动机的转矩和转速处于连续运行区域时,电动机可长时间安全运行。在断续运行区域,电动机可提供大得多的转矩,但可持续时间较短,否则会使电动机绕组过热造成电动机的损坏。相应地,电动机的额定转矩可分为额定连续转矩和额定峰值转矩。

电动机的额定连续转矩应大于 2.2.1 小节所计算得到的负载等效转矩。电动机的额定峰值转矩应大于负载等效转矩加上加减速所需要的动态转矩。通常,连续转矩应保留 50%的裕量,峰值转矩应保留 30%的裕量。

相同的加减速时间,电动机和负载的总转动惯量越小,所需的动态转矩就越小。由于电动机与负载之间往往采用弹性连接而非理想的刚性连接,因此电动机的转动惯量并非越小越好,通常我们首先根据应用场合确定负载惯量比的范围,负载惯量比定义为

$$\lambda = \frac{J_Z}{J_M}$$

式中:J_Z ——等效总转动惯量;

J_M ——电动机惯量。

对于高动态响应,$\lambda < 5$;对于动态响应要求不高的通常应用,$\lambda < 10$。

当 $\lambda > 10$ 时,由于电动机和负载之间的共振,会导致机电传动系统的动态性能很差。

在实际工程应用中,可以使用各种选型软件,输入各个机械传动环节的参数和运动速度曲线周期,获得更为准确的负载等效惯量和等效转矩估计值,实现更准确的电动机选型。

2.3　机电传动系统的负载特性

在上面所讨论的机电传动系统运动方程式中,负载转矩 T_L 可能是不变的常数,也可能是转速 n 的函数。同一转轴上负载转矩和转速之间的函数关系称为机电传动系统的负载特性,也就是机械负载的负载特性,有时也称机械负载的机械特性。为了便于和电动机的机械特性配合起来分析传动系统的运行情况,今后提及机械负载的负载特性时,除特别说明外,均指电动机轴上的负载转矩和转速之间的函数关系,即 $n = f(T_L)$。

不同类型的机械负载在运动中受阻力的性质不同,其负载特性曲线的形状也有所不同。

典型的负载特性大体上可以归纳为以下几种。

1. 恒转矩型负载特性

这一类型负载特性的特点是负载转矩为常量，如图 2.5 所示。典型的恒转矩型负载机械有数控机床、机器人、物流传送带、升降电梯、起重机械等，大多数机械制造自动化装备的机械负载都具有恒转矩型负载特性。

依据负载转矩与运动方向的关系，可以将恒转矩型的负载转矩分为反抗性转矩和位能性转矩。

1)反抗性恒转矩负载

反抗性转矩也称摩擦转矩，是由摩擦，非弹性体的压缩、拉伸、扭转等作用所产生的负载转矩，机床加工过程中切削力所产生的负载转矩就是反抗性转矩。反抗性转矩的方向恒与运动方向相反，运动方向发生改变时，负载转矩的方向也会随之改变，因而它总是阻碍运动的。按 2.1 节中关于转矩正方向的约定可知，反抗性转矩恒与转速 n 取相同的符号，即 n 为正方向时 T_L 为正，特性曲线在第一象限，n 为反方向时 T_L 为负，特性曲线在第三象限(见图 2.5(a))。

2)位能性恒转矩负载

位能性转矩与反抗性转矩不同，它是由物体的重力和弹性体的压缩、拉伸与扭转等作用所产生的负载转矩，起重机提升重物时重力所产生的负载转矩就是位能性转矩。位能性转矩的作用方向恒定，与运动方向无关，它在某方向阻碍运动，而在相反方向便促进运动。由于重力的作用，起重机提升重物时方向永远向着地心，所以，由它产生的负载转矩永远作用在使重物下降的方向。当电动机拖动重物上升时，T_L 与 n 方向相反；而当重物下降时，T_L 则与 n 方向相同。不管 n 为正向还是反向，T_L 都不变，特性曲线在第一、第四象限(见图 2.5(b))。

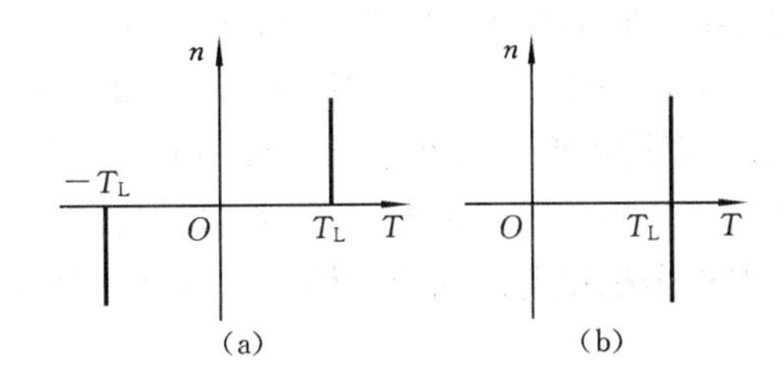

图 2.5 两种恒转矩型负载特性

(a)反抗性转矩；(b)位能性转矩

2. 离心式通风机型负载特性

这一类型的负载是按离心力原理工作的，如离心式鼓风机、水泵等的负载转矩 T_L 与 n 的二次方成正比，即 $T_L = Cn^2$，C 为常数，如图 2.6 所示。

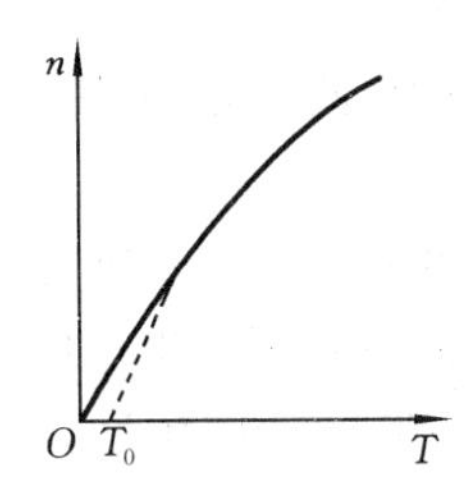

图 2.6 离心式通风机型负载特性

3. 直线型负载特性

直线型负载的负载转矩 T_L 随 n 的增加而成正比增大,即 $T_L = Cn$,C 为常数,如图 2.7 所示。

实验室中作模拟负载用的他励直流发电机,当励磁电流和电枢电阻固定不变时,其电磁转矩与转速即成正比。

4. 恒功率型负载特性

恒功率型负载的负载转矩 T_L 与转速 n 的成反比,即 $T_L = K/n$,或 $K = T_L n \propto P$(P 为常数),如图 2.8 所示。例如车床加工:在粗加工时,切削量大,负载阻力大,开低速;在精加工时,切削量小,负载阻力小,开高速。当选择这样的方式加工时,不同转速下切削功率基本不变。

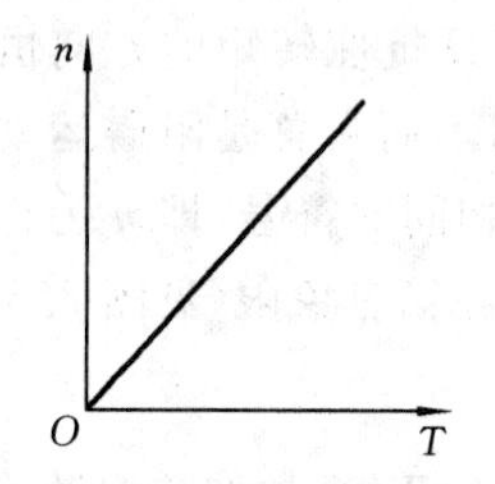

图 2.7 直线型负载特性

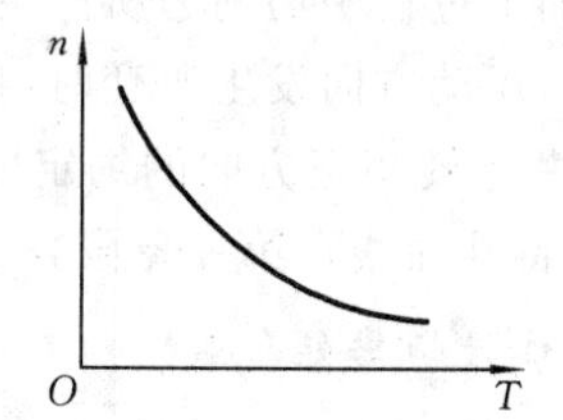

图 2.8 恒功率型负载特性

除了上述几种类型的负载特性外,还有一些机械负载具有特殊的负载特性,如:带曲柄连杆机构的机械,它们的负载转矩随转角的变化而变化;球磨机、碎石机等机械,其负载转矩则随时间的变化做无规律的随机变化;等等。

还应指出,实际使用中的负载可能是单一类型的,也可能是几种类型的综合。例如,实际使用中的通风机除了主要是通风机型的负载特性外,轴上还有一定的摩擦转矩 T_0,所以,它的负载特性应为 $T_L = T_0 + Cn^2$,如图 2.6 中的虚线所示。有的负载在低速时体现为恒转矩,在高速时体现为恒功率。有些恒转矩型负载在运动过程中其负载转矩也是不断变化的,比如六关节串联机械臂,在同样的末端机械负载情况下,随着机械臂位姿的变化,每个关节电动机的负载转矩也在变化,这需要根据机械臂的动力学模型,计算出每个电动机对应的等效连续转矩和峰值转矩。

2.4 机电传动系统稳定运行的条件

在机电传动系统中,电动机与机械负载连成一体,为了使系统运行合理,电动机的机械特性与机械负载的负载特性应尽量相配合。特性配合好的最基本要求是系统能稳定运行。

机电传动系统的稳定运行包含两重含义:一是系统应能以一定速度匀速运转;二是系统受某种外部干扰作用(如电压波动、负载转矩波动等)而使运行速度稍有变化时,应保证系统在干扰消除后能恢复到原来的运行速度。

保证系统匀速运转的必要条件是电动机轴上的拖动转矩 T_M 与折算到电动机轴上的负载转矩 T_L 大小相等,方向相反,相互平衡。从 OTn 坐标面上看,这意味着电动机的机械特性曲线 $n = f(T_M)$ 和机械负载的负载特性曲线 $n = f(T_L)$ 必须有交点,如图 2.9 所示。图中,曲线 1 表示异步电动机的机械特性,曲线 2 表示电动机拖动的机械负载的负载特性(恒转矩型的);两特性曲线有交点 a 和 b。交点常称为机电传动系统的平衡点。

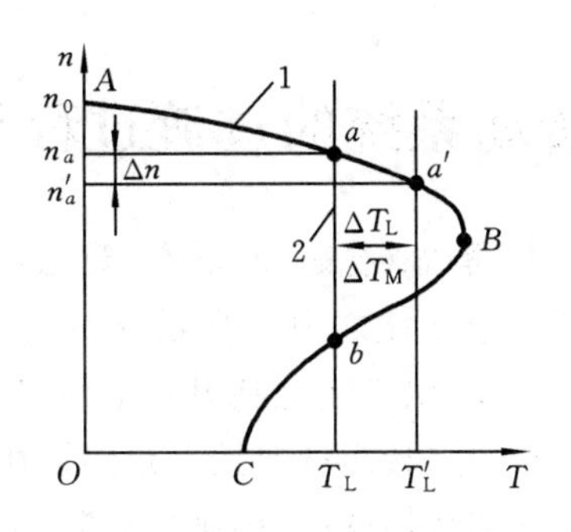

图 2.9　稳定工作点的判别

但是，两特性曲线存在交点只是保证系统稳定运行的必要条件，还不是充分条件。实际上只有点 a 才是系统的稳定平衡点，因为在系统出现干扰时，例如负载转矩突然增加了 ΔT_L 时，T_L 变为了 T'_L。这时，电动机转速来不及变化，仍工作在原来的点 a，其转矩为 T_M，于是 $T_M < T'_L$。由传动系统运动方程可知，系统要减速，即 n 要下降到 $n'_a = n_a - \Delta n$。从电动机机械特性曲线的 AB 段可看出，电动机转矩 T_M 将增大为 $T'_M = T_M + \Delta T_M$，电动机的工作点转移到点 a'。当干扰消除（$\Delta T_L = 0$）后，必有 $T'_M > T_L$，迫使电动机加速，转速 n 上升，而 T_M 又要随 n 的上升而减小，直到 $\Delta n = 0$，$T_M = T_L$，系统重新回到原来的运行点 a。反之，若 T_L 突然减小，则 n 上升，当干扰消除后，也能回到点 a 工作，所以点 a 是系统的稳定平衡点。在点 b，若 T_L 突然增大，则 n 下降，从电动机机械特性曲线的 BC 段可看出，T_M 要减小。当干扰消除后，有 $T_M < T_L$，又使得 n 下降，T_M 随 n 的下降而进一步减小，促使 n 进一步下降，一直到 $n = 0$，电动机停转。反之，若 T_L 突然减小，则 n 上升，使 T_M 增大，促使 n 进一步上升，直至越过点 B 进入 AB 段的点 a 工作。所以，点 b 不是系统的稳定平衡点。由上可知，对于恒转矩负载，电动机的 n 增加时，必须具有向下倾斜的机械特性曲线，系统才能稳定运行，若特性曲线上翘，便不能稳定运行。

从以上分析可以总结出如下机电传动系统稳定运行的充分必要条件。

(1)电动机的机械特性曲线 $n = f(T_M)$ 和机械负载的负载特性曲线 $n = f(T_L)$ 有交点(即拖动系统的平衡点)。

(2)当转速大于平衡点所对应的转速时，$T_M < T_L$。即若干扰使转速上升，当干扰消除后应有 $T_M - T_L < 0$；当转速小于平衡点所对应的转速时，$T_M > T_L$。即若干扰使转速下降，当干扰消除后应有 $T_M - T_L > 0$。

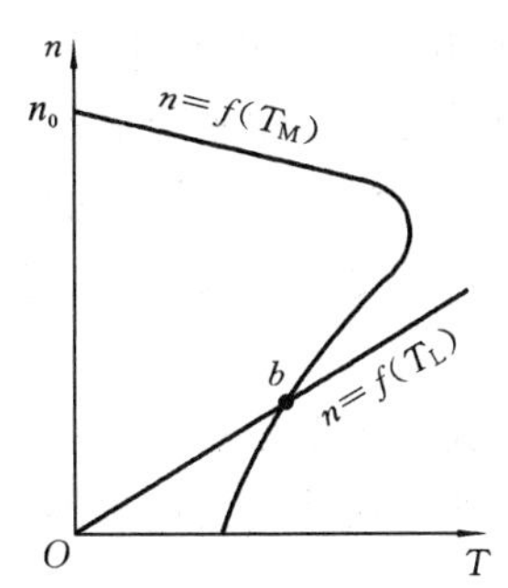

图 2.10　异步电动机拖动直流他励发电机工作时的特性

只有满足上述两个条件的平衡点，才是机电传动系统的稳定平衡点，即只有这样的特性配合，系统在受到外界干扰后，才具有恢复到原平衡状态的能力而进入稳定运行状态。

例如，当异步电动机拖动直流他励发电机工作，具有图 2.10 所示的特性时，点 b 便符合稳定运行条件，因此，在此情况下，点 b 是稳定平衡点。

2.5 机电传动系统的过渡过程和动态特性

机电传动系统有两种运行状态:静态(稳态)和动态(暂态)。前者动态转矩为零,系统以恒速运转;后者存在动态转矩,速度处于变化之中。当系统中电动机的转矩 T_{M} 或负载转矩 T_{L} 发生变化时,系统就要由一个稳定运转状态变化到另一个稳定运转状态,这个变化过程称为过渡过程。在过渡过程中,电动机的转速、转矩都要按一定的规律变化,它们都是时间的函数。

在 2.3 节的电动机和机械负载的特性图中,横坐标是转矩,纵坐标是转速,机械特性曲线描述了机电传动控制系统的静态特性,而过渡过程则描述了机电传动控制系统中转矩和转速随时间变化的动态特性。在进行系统选型时,既要考虑静态特性,又要考虑动态特性。

2.5.1 研究机电传动系统过渡过程的实际意义

除了长时间运转、不经常启动和制动的工作机械,如通风机、水泵等外,大多数机械装备对机电传动系统过渡过程都有明确的性能要求,如:用于高速包装的 Delta 机械手,每分钟可以抓取 100 次以上的工件。高性能激光切割机床单轴加速度在 1.5g 以上,过渡过程越短,生产效率越高;载人电梯、高铁动车等装备则要求启动、制动过程平滑,运行加速度变化不能过大,以保证安全和舒适;高速纺织和印刷机械运行加速度的变化超过允许值,则可能损坏机器部件或生产出次品。为了设计具有较高动态性能的机电传动控制系统,必须研究其过渡过程的基本规律,从而进行合理的电机和传动机构选型,为实现闭环控制提供依据。

2.5.2 机电传动系统的过渡过程和机电时间常数

机电传动系统之所以产生过渡过程,是因为存在以下惯性。

(1)机械惯性。它反映在转动惯量 J 上,使转速 n 不能突变。

(2)电磁惯性。它反映在电动机绕组的电感上,使电流和励磁磁通不能突变。

(3)热惯性。它反映在温度上,使温度不能突变。

这三种惯性在系统中是互相影响的,如直流电动机运行发热时,电枢电阻和励磁绕组电阻都会变化,从而引起电磁惯性的变化,但是由于热惯性较大,温度变化较转速、电流等参量变化要慢得多,一般可不考虑,而只考虑机械惯性和电磁惯性。

由于有机械惯性和电磁惯性,当对机电传动系统进行控制(如启动、制动、反向和调速)、系统中电气参数(如电压、电阻、频率)发生突然变化及传动系统的负载突然变化时,传动系统的转速、转矩、电流、磁通等不能马上跟着变化,其变化都要经过一定的时间,因而形成机电传动系统的电气机械过渡过程。

可采用数学解析法、图解法或实验方法来分析机电传动控制系统的过渡过程。下面应用数学解析法,从机电传动系统机械特性得到其过渡过程的一阶微分方程。

机电传动系统的运动方程式

$$T_{\mathrm{M}}-T_{\mathrm{L}}=\frac{J}{9.55}\frac{\mathrm{d}n}{\mathrm{d}t}$$

是研究机电传动系统过渡过程的基本方程式,其中 T_{M} 与 n 的关系即电动机的机械特性 $n=f(T_{\mathrm{M}})$,T_{L} 与 n 的关系即生产机械的负载转矩特性 $T_{\mathrm{L}}=f(n)$,而转动惯量 J 一般是不随转速的变化而变化的。

以直流他励电动机拖动系统恒转矩负载为例，电动机的机械特性用 T_M 与 n 的近似线性关系表示，负载机械特性用 T_L 等于常数来表示，如图2.11所示。

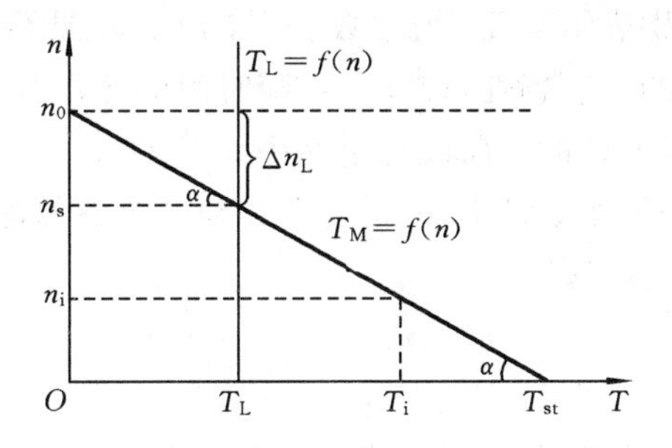

图2.11　T_M、T_L 与 n 的关系

设 $n=f(T_M)$ 如图2.11所示，根据解析几何直线方程的截距式，$n=f(T_M)$ 可写成

$$\frac{T_M}{T_{st}}+\frac{n}{n_0}=1$$

即

$$T_M=T_{st}\left(1-\frac{n}{n_0}\right)$$

式中：T_{st}——$n=0$ 时的转矩；

n_0——理想空载转速。

同理

$$T_L=T_{st}\left(1-\frac{n_s}{n_0}\right)$$

式中：n_s——T_L 为恒转矩时系统稳定运行的稳态转速。

将上面 T_M、T_L 的表达式代入式(2.1)，得

$$T_{st}\left(1-\frac{n}{n_0}\right)-T_{st}\left(1-\frac{n_s}{n_0}\right)=\frac{J}{9.55}\frac{dn}{dt}$$

整理后得

$$T_{st}\left(\frac{n_s-n}{n_0}\right)=\frac{J}{9.55}\frac{dn}{dt}$$

即

$$n_s-n=\frac{J}{9.55}\frac{n_0}{T_{st}}\frac{dn}{dt}$$

式中：T_{st}、n_0、J——常数。

令

$$\frac{J}{9.55}\frac{n_0}{T_{st}}=\tau_m \tag{2.14}$$

τ_m 即为机电传动系统的机电时间常数，于是有

$$\tau_m\frac{dn}{dt}+n=n_s \tag{2.15}$$

这是一个典型的一阶线性常系数非齐次微分方程。它的全解是

$$n=n_s+C\,e^{-t/\tau_m} \tag{2.16}$$

式中：C——积分常数，由初始条件决定。

当过渡过程开始即 $t=0$ 时，$n=n_i$，将它代入式(2.16)，可得

$$C=n_i-n_s$$

所以

$$n=n_s+(n_i-n_s)\,e^{-t/\tau_m} \tag{2.17}$$

同样，若对式(2.16)求导数，并将结果代入传动系统的运动方程式，可得

$$T_M=T_L-\frac{J}{9.55}\frac{C}{\tau_m}e^{-t/\tau_m} \tag{2.18}$$

若以 $t=0$ 时，$T_M = T_i$ 代入式(2.18)求出 C,则式(2.18)就变为

$$T_M = T_L + (T_i - T_L)e^{-t/\tau_m} \tag{2.19}$$

式(2.17)、式(2.19)分别表示当 T_L 为常数、n 与 $f(T_M)$ 是线性关系时，机电传动系统过渡过程中转速、转矩对时间的动态特性，即 n、T_M 随时间的变化而变化的规律。它们与电路基础中讨论过的只含一个储能元件的一阶线性电路中 $u = f(t)$、$i = f(t)$ 的变化规律是完全一致的。这些关系式在不同的初始条件下，可适合于传动系统各种运转状态。以启动过程为例，即 $t=0$ 时，$n_i = 0$，$T_i = T_{st}$，可得

$$n = n_s(1 - e^{-t/\tau_m}) \tag{2.20}$$

$$T_M = T_L + (T_{st} - T_L)e^{-t/\tau_m} \tag{2.21}$$

启动时，这些关系式所对应的过渡过程曲线如图 2.12 所示。它们所反映的物理过程是，启动开始($t=0$)时，$T_M = T_{st}$，动态转矩 T_d($T_d = T_M - T_L$)最大，电动机加速度也最大，转速 n 迅速上升。随着 n 上升，T_M 与 T_d 相应减小，系统的加速度减小，速度上升也随之减慢。当 $T_M = T_L$ 时，达到稳态转速 n_s。理论上要 $t = \infty$，过渡过程才算结束，而实际上，当 $t = (3 \sim 5)\tau_m$ 时，就可以认为转速已经达到稳态转速 n_s。

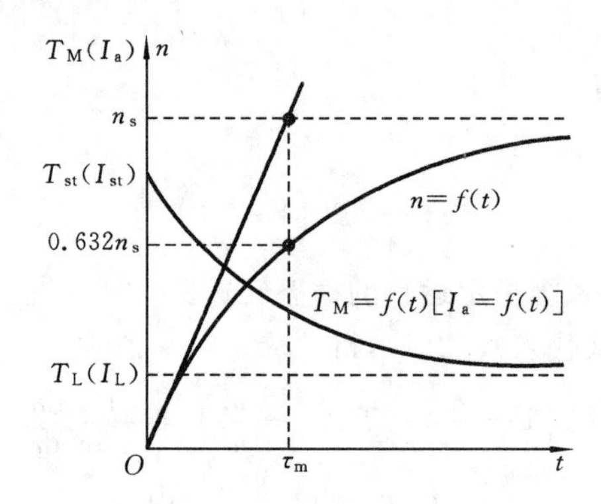

图 2.12　启动时过渡过程曲线

当停车即 $n_s = 0$ 时，式(2.17)变为

$$n = n_i e^{-t/\tau_m} \tag{2.22}$$

这表示电动机从 n_i 开始的自由停车过程中，转速也按指数规律变化。

2.5.3　机电时间常数的意义

从控制理论的角度，机电传动控制的过渡过程对应着一阶惯性传递函数，该传递函数的时间常数就是机电时间常数 τ_m，是机械惯性和电磁惯性的综合体现。

机电时间常数 τ_m 直接影响机电传动系统过渡过程的快慢。τ_m 大，则过渡过程进行得慢；反之，τ_m 小，则过渡过程进行得快。所以，τ_m 是机电传动系统中非常重要的动态参数。

国家标准 GB/T 2900.26—2008《电工术语　控制电机》定义电机的机电时间常数为：电机在空载和额定励磁条件下，加以阶跃的额定控制电压，转速从零上升到空载转速的 63.2% 所需时间。

对式(2.20)在 $t=0$ 处求导，可得 $t=0$ 时的加速度为

$$\frac{dn}{dt}\bigg|_{t=0} = \frac{n_s}{\tau_m} \tag{2.23}$$

式(2.23)表明，τ_m 在数值上等于转速 n 以 $t=0$ 时的加速度直线上升到稳态转速 n_s 时所需时

间，如图2.12所示。

由式(2.20)也不难算出，τ_m 就是转速达到稳态值的63.2%所经历的时间，这和国家标准的定义是一致的。

在机电传动系统中，τ_m 有几种常用的表达式。除了式(2.14)外，还可从图2.11看出

$$\tau_m = \frac{J}{9.55}\frac{\Delta n_L}{T_L} \tag{2.24}$$

和

$$\tau_m = \frac{J}{9.55}\frac{n_s}{T_{st} - T_L} = \frac{J}{9.55}\frac{n_s}{T_d} \tag{2.25}$$

这几个表达式建立了作为系统动态参数的 τ_m 与作为系统静态特性的机械特性之间的联系，也表示了机电时间常数 τ_m 的几何意义。

以他励直流电动机为例，根据其机械特性可以得到其转速的变化量 Δn 与转矩 T 的关系为

$$\Delta n = \frac{R_{ad} + R_a}{K_e K_t \Phi^2} T$$

令

$$R = R_{ad} + R_a$$

一般情况下，对应于 T_L，有

$$\Delta n_L = \frac{R}{K_e K_t \Phi^2} T_L$$

即

$$\frac{\Delta n_L}{T_L} = \frac{R}{K_e K_t \Phi^2}$$

将上式代入式(2.24)，可得

$$\tau_m = \frac{J}{9.55}\frac{R}{K_e K_t \Phi^2} \tag{2.26}$$

式(2.26)表达了机电时间常数 τ_m 的物理意义，它既与机械量 J 有关，又与电气量 R、Φ 有关。

2.5.4 加快机电传动系统过渡过程的方法

将式(2.1)写成

$$dt = \frac{J}{9.55}\frac{dn}{T_M - T_L}$$

对上式两边积分，得到过渡过程时间的表达式，即

$$t = \int \frac{J}{9.55}\frac{dn}{T_M - T_L} = \int \frac{J}{9.55}\frac{dn}{T_d} \tag{2.27}$$

如果在从起始转速 n_1 到终了转速 n_2 的过渡过程中始终保持动态转矩 T_d 不变，即 $T_d = T_M - T_L$ 为常数，则系统做等加速或等减速运动，在此情况下，过渡时间为

$$t = \int_{n_1}^{n_2} \frac{J}{9.55}\frac{dn}{T_d} = \frac{J}{9.55 T_d}(n_2 - n_1) \tag{2.28}$$

由 $n_1 = 0$ 启动至 n_2 的启动时间为

$$t_{st} = \frac{J}{9.55}\frac{n_2}{T_d}$$

由 n_1 降至 $n_2 = 0$ 的制动时间为

$$t_b = \frac{J}{9.55}\frac{-n_1}{T_d}$$

此时 $T_d = T_M - T_L < 0$。

自由停车($T_M = 0$)的时间为

$$t_r = \frac{J}{9.55}\frac{n_1}{T_L}$$

由以上所述可以看出,机电传动系统过渡时间与系统的转动惯量 J 和速度改变量成正比,而与动态转矩成反比。所以,要有效地缩短过渡时间,应设法减小 J 和加大动态转矩 T_d。

1. 减少系统的转动惯量 J

由式(2.11)可知,系统的转动惯量 J 中大部分是电动机转子的 J_M ,因此,减小电动机的 J_M 就成为缩短过渡时间的重要措施。激光切割机床常采用龙门结构,由两台伺服电动机同步驱动,在输出功率和运行速度都相同的情况下,选用两台电动机时,总的转动惯量要比选用一台电动机时小。

在纺织机械中多采用小惯量电动机。这种电动机电枢做得细而长,转动惯量 J 小,因此 T_{st}/J 很大,系统的 dn/dt 很大,启动快,从而加速了过渡过程,提高了系统的快速响应性能。

通过选择合适的传动比,可以有效地减小负载等效转动惯量,从而使系统总体转动惯量变小。

2. 增加动态转矩 T_d

当要求机电传动系统有快速响应能力时,要求电动机提供的动态转矩较大,过渡过程通常持续时间较短,因此在选择电动机的转矩参数时,分别考虑电动机的额定连续转矩和额定峰值转矩,电动机可以长时间提供额定连续转矩安全运行,但只能在短时间内提供额定峰值转矩,如果以额定峰值转矩运行太长时间,电动机绕组会由于过热而损坏。因此,可通过负载转矩 T_L 来选择电动机的额定连续转矩,根据负载转矩 T_L 和动态转矩 T_d 的和来选择额定峰值转矩。

习题与思考题

2.1 试表述机电传动系统运动方程式中的拖动转矩、静态转矩和动态转矩的概念。

2.2 从运动方程式怎样看出系统是处于加速还是减速、稳定还是静止的工作状态?

2.3 试列出如题 2.3 图所示几种情况下系统的运动方程式,并说明系统的运行状态是加速、减速还是匀速(图中箭头方向表示转矩的实际作用方向)。

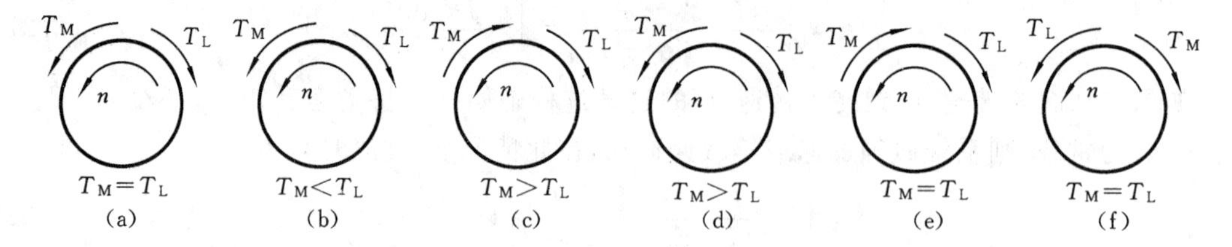

题 2.3 图

2.4 多轴拖动系统为什么要折算成单轴拖动系统?转矩折算为什么依据折算前后功率不变的原则?转动惯量折算为什么依据折算前后动能不变的原则?

2.5 为什么机电传动系统中低速轴转矩大,高速轴转矩小?

2.6 为什么机电传动系统中低速轴的转动惯量比高速轴的转动惯量大得多?

2.7　如图2.3(a)所示，电动机轴上的转动惯量 $J_M=2.5\ kg\cdot m^2$，转速 $n_M=900\ r/min$；中间传动轴的转动惯量 $J_1=2\ kg\cdot m^2$，转速 $n_1=300\ r/min$；机械负载轴的转动惯量 $J_L=16\ kg\cdot m^2$，转速 $n_L=60\ r/min$。试求折算到电动机轴上的等效转动惯量。

2.8　如图2.3(b)所示，电动机转速 $n_M=950\ r/min$，齿轮减速箱的传动比 $j_1=j_2=4$，卷筒直径 $D=0.24\ m$，滑轮的减速比 $j_3=2$，起重负荷力 $F=100\ N$，电动机的飞轮转矩 $GD_M^2=1.05\ N\cdot m$，齿轮、滑轮和卷筒总的传动效率为0.83。试求提升速度 v 和折算到电动机轴上的静态转矩 T_L，以及折算到电动机轴上整个拖动系统的飞轮转矩 GD_Z^2。

2.9　一般机械负载按其运动受阻力的性质来分可有哪几种类型？

2.10　反抗静态转矩与位能静态转矩有何区别？各有什么特点？

2.11　在题2.11图中，曲线1和曲线2分别为电动机的机械特性和电动机所拖动的机械负载的负载特性，曲线1与曲线2交于一点。试判断这些交点中哪些是系统的稳定平衡点。

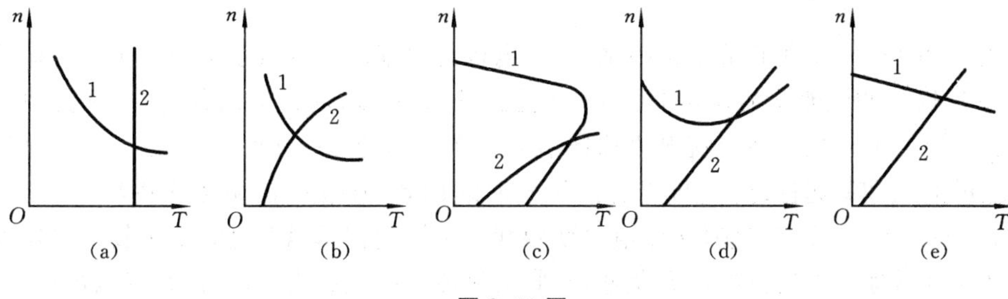

题2.11图

2.12　什么是过渡过程？什么是稳定运行过程？试举例说明之。

2.13　研究过渡过程有什么实际意义？试举例说明之。

直流电机的工作原理及特性

本章要求掌握直流电机的基本工作原理及特性，特别是直流电机的机械特性；掌握直流电机启动、调速和制动的各种方法及各种方法的优缺点和应用场合。

自从19世纪30年代直流电机问世以来，电机已逐渐成为机械系统的最主要驱动源，现在全世界60%以上的电能均消耗在电机上。电机的种类繁多，通常可以分为直流电机和交流电机两大类。直流电机虽不像交流电机那样结构简单、制造容易、维护方便、运行可靠，但由于其具有良好的启动和调速性能，在相当长的历史时期内，都在高性能调速应用场合占据主导地位。从20世纪80年代起，随着交流电机变频和矢量控制技术以及电力电子技术的发展，交流电机的转矩和转速可以实现精确和快速控制，交流传动已经成为主流，但直流电机在一些特定场合仍有明显的技术优势。学习直流传动的工作原理也是理解交流传动的基础。

在直流电机的早期历史中，直流电动机和直流发电机是独立发展的，普遍采用永磁体励磁，电机结构笨重，永磁体磁性较弱，电机功率较小，难以满足传动领域需求。1866年前后，以西门子公司Dynamo为代表的自励式直流发电机的出现，大大提高了发电机的功率和输出电压，采用硅钢片叠片铁芯的鼓形电枢绕组进一步提高了电机的机械强度，减小了涡流损耗和电压脉动。在此过程中，电机可逆性原理逐步清晰，直流发电机和直流电动机的结构趋于一致，到19世纪末，直流电机的结构已基本定型，与现代直流电机结构相近，并在工业中获得广泛应用。

直流电机既可用做电动机（将电能转换为机械能），也可用做发电机（将机械能转换为电能）。直流发电机主要作为直流电源，例如，供给直流电动机、同步电动机的励磁及化工、冶金、采矿、交通运输等部门的直流电源。目前，由于晶闸管等整流设备的大量使用，直流发电机已逐步被取代。

3.1 直流电机的基本结构和工作原理

3.1.1 直流电机的基本结构

直流电机的结构包括定子和转子两部分。定子和转子之间由空气隙分开。定子是电机运行时静止不动的部分，它的作用是产生主磁场和在机械上支撑电机，由主磁极、换向极、机座、端盖和轴承等组成，电刷用电刷座固定在定子上。转子又称电枢，是电机运行时转动的部分，它的作用是产生感应电动势和机械转矩以实现能量的转换，由电枢铁芯、电枢绕组、换向器、轴、风扇等组成。图3.1为直流电机结构图，图3.2为二极直流电机的剖面图。

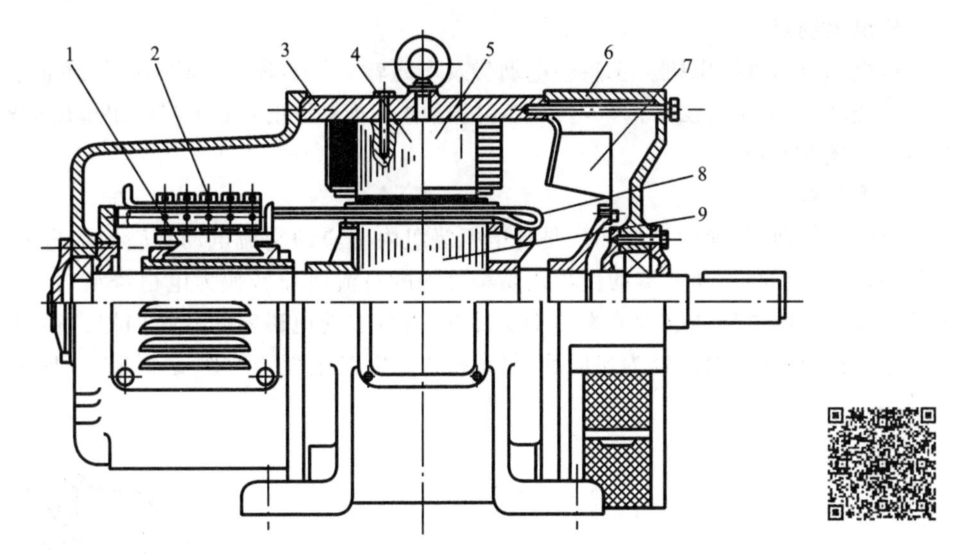

图 3.1　直流电机结构

1—换向器；2—电刷装置；3—机座；4—主磁极；5—换向极；6—端盖；7—风扇；8—电枢绕组；9—电枢铁芯

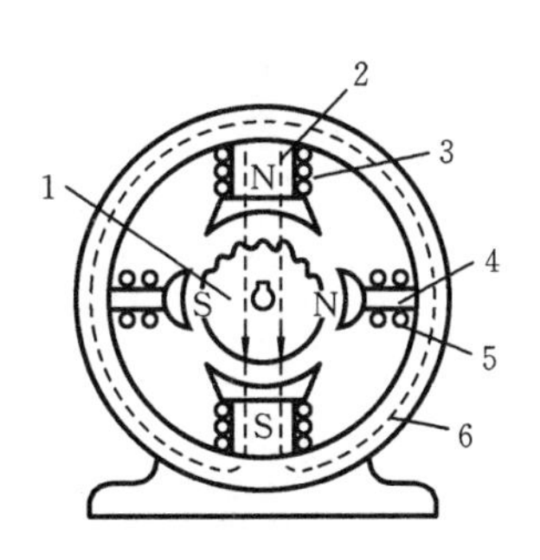

图 3.2　二极直流电机的剖面图

1—电枢；2—主磁极；3—励磁绕组；4—换向极；5—换向极绕组；6—机座

1. 主磁极

主磁极包括主磁极铁芯和套在上面的励磁绕组，其主要任务是产生主磁场。磁极下面扩大的部分称为极靴，它的作用是使通过空气隙中的磁通分布最为合适，并使励磁绕组能牢固地固定在铁芯上。磁极是磁路的一部分，采用 1.0～1.5 mm 的硅钢片叠压而成。励磁绕组用绝缘铜线绕成。

2. 换向极

换向极用来改善电枢电流的换向性能。它也是由铁芯和绕组构成的，用螺杆固定在定子的两个主磁极的中间。

3. 机座

一方面，机座用来固定主磁极、换向极和端盖等，并作为整个电机的支架，用地脚螺栓将电机固定在基础上；另一方面，它是电机磁路的一部分，故用铸钢或钢板压成。

4. 电枢铁芯

电枢铁芯是主磁通磁路的一部分，用硅钢片叠成，呈圆柱形，表面冲槽，槽内嵌放电枢绕组。为了加强铁芯的冷却，电枢铁芯上有轴向通风孔，如图 3.3 所示。

5. 电枢绕组

电枢绕组是直流电机产生感应电动势及电磁转矩以实现能量转换的关键部分。绕组一般由铜线绕成,包上绝缘层后嵌入电枢铁芯的槽中。为了防止离心力将绕组甩出槽外,用槽楔将绕组导体揳在槽内。

6. 换向器

对发电机而言,换向器的作用是将电枢绕组内感应的交流电动势转换成电刷间的直流电动势;对电动机而言,换向器的作用则是将外加的直流电流转换为电枢绕组的交流电流,并保证每一磁极下电枢导体的电流方向不变,以产生恒定的电磁转矩。换向器由很多彼此绝缘的铜片组合而成,这些铜片称为换向片,每个换向片都和电枢绕组连接。图 3.4 所示的是换向器的结构。

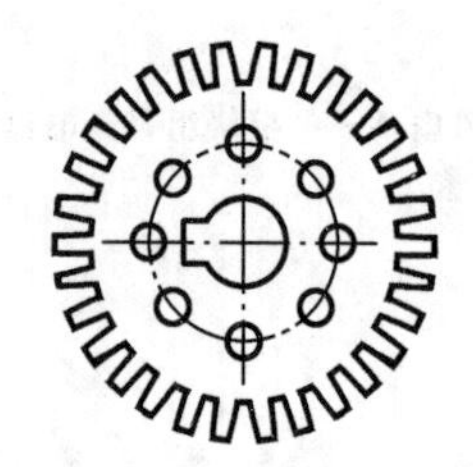

图 3.3 电枢铁芯钢片

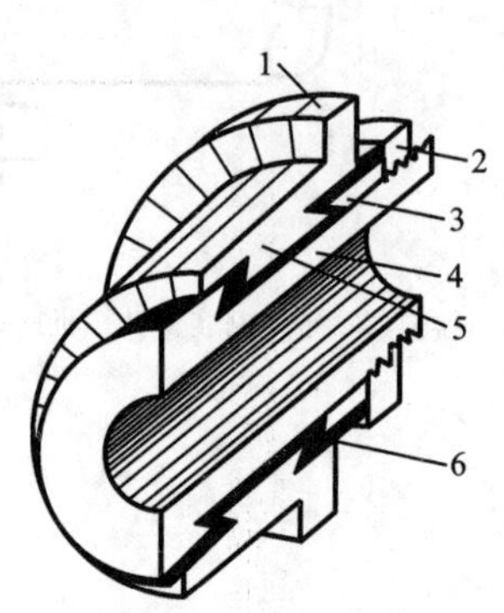

图 3.4 换向器

1—片间云母;2—螺母;3—V 形环;4—套筒;5—换向片;6—云母

7. 电刷装置

电刷装置包括电刷及电刷座,它们固定在定子上,电刷与换向器保持滑动接触,以便将电枢绕组和外电路接通。

3.1.2 直流电机的基本工作原理

任何电机的工作原理都是建立在电磁力和电磁感应这个基础上的,直流电机也是如此。

为了讨论直流电机的工作原理,可把复杂的直流电机简化为图 3.5 和图 3.6 所示的简单结构。电机具有一对磁极,电枢绕组只是一个线圈,线圈两端分别连在两个换向片上,换向片上压着电刷 A 和电刷 B。

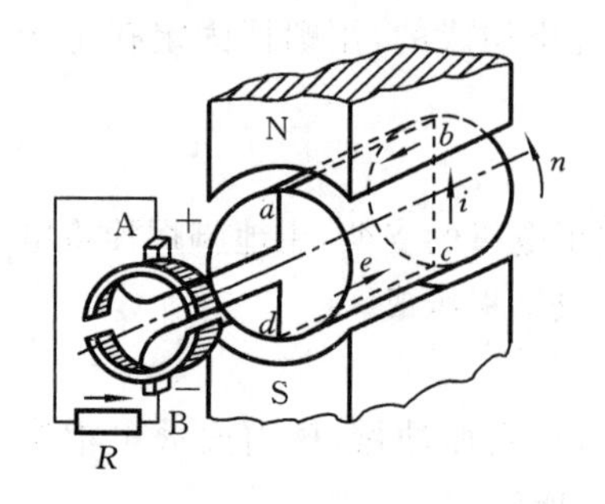

图 3.5 简化后的直流发电机结构

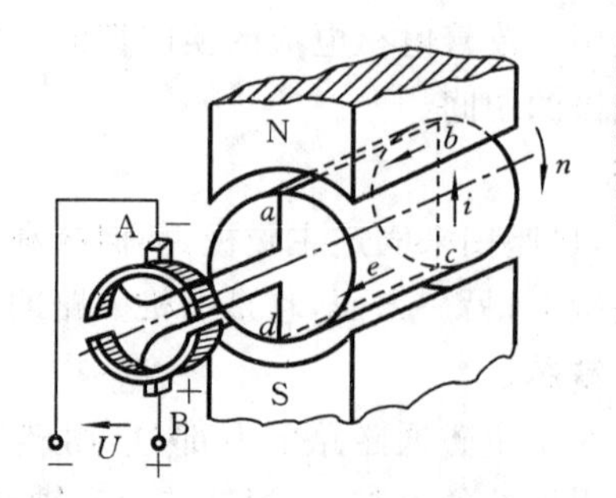

图 3.6 简化后的直流电动机结构

直流电机作为发电机运行(见图 3.5)时,电枢由原动机驱动而在磁场中旋转,在电枢线圈的两根有效边(切割磁力线的导体部分)中便感应出电动势 e。显然,每一有效边中的电动势是交变的,即在 N 极下是一个方向,当它转到 S 极下时是另一个方向。但是,由于电刷 A 总是同与 N 极下的有效边相连的换向片接触的,而电刷 B 总是同与 S 极下的有效边相连的换向片接触的,因此,在电刷间就出现一个极性不变的电动势或电压,所以,换向器的作用在于将发电机电枢绕组内的交流电动势变换成电刷之间的极性不变的电动势。当电刷之间接有负载时,在电动势的作用下,电路中就产生一定方向的电流。

直流电机作为电动机运行(见图 3.6)时,将直流电源接在电刷之间而使电流通入电枢线圈。电流方向应该是这样的:N 极下的有效边中的电流总是一个方向,而 S 极下的有效边中的电流总是另一个方向,这样才能使两个边上受到的电磁力的方向一致,电枢因此而转动。当线圈的有效边从 N(S)极下转到 S(N)极下时,其中电流的方向必须同时改变,以使电磁力的方向不变,而这也必须通过换向器才能实现。电动机电枢线圈通电后在磁场中受力而转动,这是问题的一个方面;另外,当电枢在磁场中转动时,线圈中也要产生感应电动势 e,这个电动势的方向(由右手定则确定)与电流或外加电压的方向总是相反的,所以称为反电动势。它与发电机中电动势的作用是不同的。

直流电机电刷间的电动势常用下式表示:

$$E = K_e \Phi n \tag{3.1}$$

式中:E ——电动势(V);

Φ ——一对磁极的磁通(Wb);

n ——电枢转速(r/min);

K_e ——与电机结构有关的常数。

直流电机电枢绕组中的电流与磁通中相互作用,产生电磁力和电磁转矩。直流电机的电磁转矩常用下式表示:

$$T = K_t \Phi I_a \tag{3.2}$$

式中:T ——电磁转矩(N · m);

Φ ——一对磁极的磁通(Wb);

I_a ——电枢电流(A);

K_t ——与电机结构有关的常数,$K_t = 9.55 K_e$。

如果把式(3.1)中的 n 改为 ω(rad/s),则 $E = K_e \Phi \dfrac{60}{2\pi}\omega = 9.55 K_e \Phi\omega = K_t \Phi\omega$,所以 K_e 和 K_t 在选择合适的量纲时是同一个值。

直流发电机和直流电动机的电磁转矩的作用是不同的。发电机的电磁转矩是阻转矩,它与电枢转动的方向或原动机的驱动转矩的方向相反,这在图 3.5 中应用左手定则就可看出。因此,在等速转动时,原动机的转矩 T_1 必须与发电机的电磁转矩 T 及空载损耗转矩 T_0 相平衡。当发电机的负载(即电枢电流)增加时,电磁转矩和输出功率也随之增加,这时原动机的驱动转矩和所供给的机械功率亦必须相应增加,以保持转矩之间及功率之间的平衡,而转速基本上不变。电动机的电磁转矩是驱动转矩,它使电枢转动。因此,电动机的电磁转矩 T 必须与机械负载转矩 T_L 及空载损耗转矩 T_0 相平衡。当轴上的机械负载发生变化时,电动机的转速、电动势、电流及电磁转矩将自动进行调整,以适应负载的变化,保持新的平衡。比如,当负载增加,即阻转矩增加时,电动机的电磁转矩便暂时小于阻转矩,所以转速开始下降。随着转速的下降,当磁通 Φ 不变时,反电动势 E 必减小,而电枢电流 $I_a=(U-E)/R_a$ 增加,于是电磁转矩也随着增加,直到电磁转矩与阻转矩达到新的平衡后,转速不再下降。而电动机以较原先为低的转速稳定运行,这时的电枢电流已比原先的大,也就是说,从电源输入的功率增加了(电源电压保持不变)。

从以上分析可知,直流电机作发电机运行和作电动机运行时,虽然都产生电动势 E 和电磁转矩 T,但二者的作用正好相反,如表 3.1 所示。

表 3.1 电机在不同运行方式下 E 和 T 的作用

电机运行方式	E 与 I_a 的方向	E 的作用	T 的性质	转矩之间的关系
发电机	相同	电源电动势	阻转矩	$T_1=T+T_0$
电动机	相反	反电动势	驱动转矩	$T=T_L+T_0$

3.1.3 直流发电机

直流发电机的运行情况受励磁绕组连接方法的影响,因此,直流发电机通常按励磁方法来分类,分为他励、并励、串励和复励发电机,图 3.7 是它们的结构图。

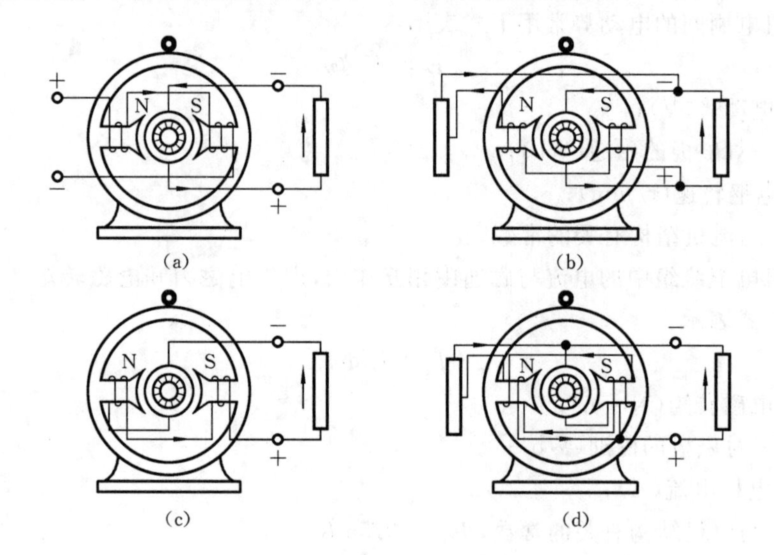

图 3.7 直流发电机的结构

(a)他励;(b)并励;(c)串励;(d)复励

他励发电机的励磁绕组是由外电源供电的,励磁电流不受电枢端电压或电枢电流的影响。其余三种发电机的励磁电流即为电枢电流或为电枢电流的一部分,所以也称为自励发电机。

并励绕组与电枢并联,它的导线较细而匝数较多,因而电阻较大,其中通过的电流较小;串励绕组与电枢串联,其中通过的电枢电流较大,故它的导线较粗而匝数较少,电阻很小。

此外,在某些特殊设备中的直流发电机也有用永久磁铁来产生所需磁场的,这种直流发电机称为永磁式发电机。

直流发电机在历史上曾经发挥着重要作用,但随着电力电子电源的广泛使用,其应用领域逐渐缩小,直流发电机工业趋于淘汰,这里不再介绍具体的直流发电机特性。

3.2　直流电动机的额定参数和铭牌数据

电动机在制造工厂所拟定的情况下工作，称为电动机的额定运行，通常用额定值来表示其运行条件，这些数据大部分都标明在电动机的铭牌上。使用电动机时，必须看懂铭牌。

一台具体的直流电动机铭牌上通常有如下数据：

(1)型号：按照国家标准 GB/T 4831—2016《旋转电机产品型号编制方法》，产品型号由产品代号、规格代号、特殊环境代号和补充代号组成。

(2)额定功率：电动机在额定状态下工作时的输出功率，单位为 kW。注意额定功率是指电动机轴上输出的机械功率。

(3)额定电压：额定状态下电动机电枢绕组两端所加的电压。

(4)额定电流：电动机在额定电压下运行，输出功率为额定功率时，电动机的电枢绕组电流。

(5)额定转速：电动机在额定状态下运行时转子的转速，单位为 r/min。

(6)励磁方式：励磁绕组的供电方式，包括自励、他励和复励。

(7)额定励磁电压：电动机在额定状态下运行时，他励直流电动机励磁绕组两端所加的电压。

(8)额定励磁电流：电动机在额定状态下运行时，通过励磁绕组的电流。

(9)绝缘等级：指直流电动机制造时所使用绝缘材料的耐热等级，详细含义见附录 A。

(10)防护等级代码：由 IP＋数字组成，详细含义见附录 A。

(11)冷却方式代码：由 IC＋两位或三位数字或字母组成，详细含义见附录 A。

(12)工作制代码：表示电动机的工作方式的代码。按电动机正常使用的持续时间，电动机的工作制一般分为连续制(S1)和断续制(S2～S10)，详细含义见附录 A。

例如，一台直流电动机的铭牌上标注的型号为 Z4-280-11B，Z 表示直流电动机，4 表示 4 系列，280 表示电机中心高(mm)，11 给出了铁芯长度和端盖规格，B 表示有补偿绕组。额定功率为 280 kW，额定电压为 440 V，额定电流为 695 A，额定转速为 600 r/min，励磁方式是他励，额定励磁电压为 310 V，额定励磁电流为 13.8 A，绝缘等级为 F，防护等级为 IP21S，冷却方式为 IC06(自带鼓风机的外通风)，工作制为 S1(连续工作制)。

直流电动机的输出机械功率和输入电功率的比值为电动机的效率，输入电功率和输出机械功率之差则是电动机内部产生的总损耗，该损耗包括：

(1)电气损耗或铜损耗；

(2)电刷损耗；

(3)铁芯损耗；

(4)机械损耗；

(5)杂散损耗。

3.3　他励直流电动机的机械特性

直流电动机也按励磁方法分为他励、并励、串励和复励四类，它们的机械特性也不尽相同。

本节介绍他励直流电动机的机械特性，并励、串励和复励直流电动机的机械特性请参阅有关文献。

电动机的机械特性是指在稳态条件下，转速与电磁转矩的关系 $n = f(T)$，在 2.4 节，我们已经初步用电动机和机械负载的机械特性分析机电传动系统的运行，在本章和下一章，我们将结合具体的电动机类型讨论其机械特性。

图 3.8 所示为他励直流电动机的电路原理图。电枢回路中的电压平衡方程式为

$$U = E + I_a R_a \tag{3.3}$$

以 $E = K_e \Phi n$ 代入式(3.3)并略加整理后，得

$$n = \frac{U}{K_e \Phi} - \frac{R_a}{K_e \Phi} I_a \tag{3.4}$$

式(3.4)称为直流电动机的转速特性 $n = f(I_a)$，再以 $I_a = T/(K_t \Phi)$ 代入式(3.4)，即可得直流电动机机械特性的一般表达式，即

$$n = \frac{U}{K_e \Phi} - \frac{R_a}{K_e K_t \Phi^2} T = n_0 - \Delta n \tag{3.5}$$

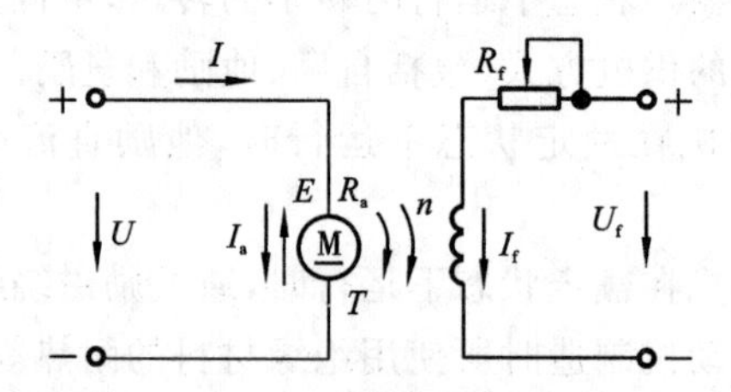

图 3.8 他励直流电动机电路原理图

根据式(3.5)可画出他励直流电动机的机械特性如图 3.9 所示。

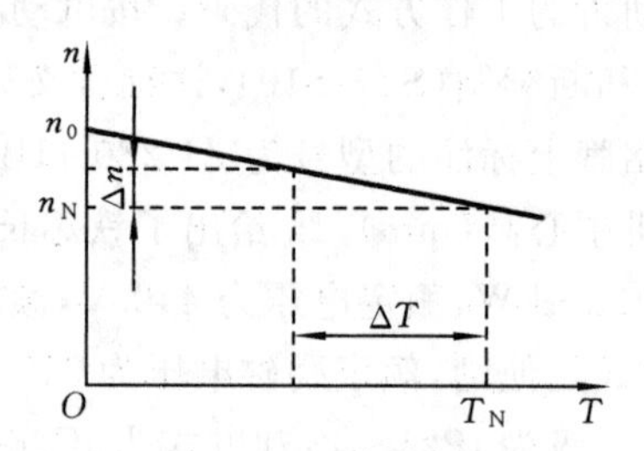

图 3.9 他励直流电动机的机械特性

式(3.5)中，$T = 0$ 时的转速 $n_0 = U/(K_e \Phi)$ 称为理想空载转速。实际上，电动机总存在空载转矩，靠电动机本身的作用是不可能使其转速上升到 n_0 的，“理想”的含义就在这里。

为了衡量机械特性的平直程度，引进机械特性硬度 β 的概念，其定义为

$$\beta = \frac{\mathrm{d}T}{\mathrm{d}n} = \frac{\Delta T}{\Delta n} \times 100\% \tag{3.6}$$

即转矩变化 $\mathrm{d}T$ 与所引起的转速变化 $\mathrm{d}n$ 的比值。根据 β 值的不同，可将电动机机械特性分为以下三类：

(1)绝对硬特性($\beta \to \infty$)，如 4.8 节介绍的交流同步电动机的机械特性；

(2)硬特性($\beta > 10$)，如他励直流电动机的机械特性，交流异步电动机机械特性的上半部；

(3)软特性($\beta < 10$)，如串励直流电动机和复励直流电动机的机械特性。

在生产实际中，应根据生产机械和工艺过程的具体要求来决定选用何种特性的电动机。例如，一般金属切削机床、连续式冷轧机、造纸机等需选用硬特性的电动机，而起重机、电车等则需选用软特性的电动机。

1. 固有机械特性

电动机的机械特性有固有特性和人为特性之分。固有特性又称自然特性，是指在额定条件下的 $n=f(T)$ 曲线。对于直流他励电动机，就是指在额定电压 U_N 和额定磁通 Φ_N 下，电枢电路内不外接任何电阻时的 $n=f(T)$ 曲线。直流他励电动机的固有机械特性可以根据电动机的铭牌数据来近似绘制。

由式(3.5)知，当 $U=U_N$、$\Phi=\Phi_N$ 时，由于 K_e、K_t、R_a 都为常数，故 $n=f(T)$ 是一条直线。只要确定其中两个点就能画出这条直线，一般就用理想空载点 $(0,n_0)$ 和额定运行点 (T_{eN},n_N) 近似地作出直线，其中 T_{eN} 为额定电磁转矩。通常在电动机铭牌上给出了额定功率 P_N、额定电压 U_N、额定电流 I_N、额定转速 n_N 等，由这些已知数据就可求出 R_a、$K_e\Phi_N$、n_0、T_{eN}，其计算步骤如下。

(1)估算电枢电阻 R_a。电动机在额定负载下的 $I_a^2R_a$ 一般占总损耗 $\sum\Delta P_N$ 的 50%～75%。因

$$\begin{aligned}\sum\Delta P_N &= \text{输入功率}-\text{输出功率}\\ &= U_NI_N-P_N=U_NI_N-\eta_NU_NI_N\\ &=(1-\eta_N)U_NI_N\end{aligned}$$

故
$$I_a^2R_a=(0.50\sim0.75)(1-\eta_N)U_NI_N$$

式中：η_N——额定运行条件下电动机的效率，$\eta_N=P_N/(U_NI_N)$。

此时 $I_a=I_N$，故

$$R_a=(0.50\sim0.75)\left(1-\frac{P_N}{U_NI_N}\right)\frac{U_N}{I_N} \tag{3.7}$$

(2)求 $K_e\Phi_N$。额定运行条件下的反电动势 $E_N=K_e\Phi_Nn_N=U_N-I_NR_a$，故

$$k_e\Phi_N=\frac{U_N-I_NR_a}{n_N} \tag{3.8}$$

(3)求理想空载转速，即

$$n_0=\frac{U_N}{K_e\Phi_N}$$

(4)求额定电磁转矩，即

$$T_{eN}=K_t\Phi I_N=9.55K_e\Phi I_N \tag{3.9}$$

根据 $(0,n_0)$ 和 (T_{eN},n_N) 两点，就可以作出他励电动机近似的机械特性曲线 $n=f(T)$。前面讨论的是他励直流电动机正转时的机械特性，它的曲线在 OTn 直角坐标系的第一象限内。实际上电动机既可正转，也可反转，若将式(3.5)两边反号，即得电动机反转的机械特性表示式。因为 n 和 T 均为负，故其特性曲线应在 OTn 直角坐标平面的第三象限中，如图3.10所示。注意，根据铭牌数据 P_N 和 n_N，我们可直接计算出电动机的额定输出转矩 $T_N=\frac{P_N}{\omega_N}=\frac{9.55P_N}{n_N}$，这里的 T_N 是电动机轴上输出的转矩，等于额定电磁转矩 T_{eN} 减去空载损耗转矩 T_0。

2. 人为机械特性

人为机械特性就是指式(3.5)中供电电压 U 或磁通 Φ 不是额定值、电枢电路串接附加电

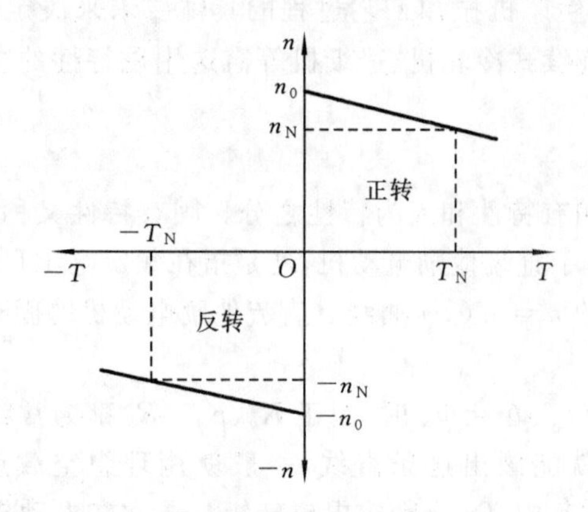

图 3.10　直流他励电动机正反转时的固有机械特性

阻 R_{ad} 时的机械特性,亦称人为特性。

1)电枢回路中串接附加电阻时的人为机械特性

如图 3.11(a)所示,当 $U=U_N$、$\Phi=\Phi_N$,电枢回路中串接附加电阻 R_{ad} 时,以 $R_{ad}+R_a$ 代替式(3.5)中的 R_a,就可求得人为机械特性方程式,即

$$n=\frac{U_N}{K_e\Phi_N}-\frac{R_{ad}+R_a}{K_eK_t\Phi_N^2}T=n_0-\Delta n \tag{3.10}$$

将式(3.10)与固有机械特性方程式(3.5)比较可看出,当 U 和 Φ 都是额定值时,二者的理想空载转速 n_0 是相同的,而转速降 Δn 却变大了,即特性变软。R_{ad} 越大,特性越软,在不同的 R_{ad} 值时,可得一族由同一点 $(0,n_0)$ 出发的人为机械特性曲线,如图 3.11(b)所示。

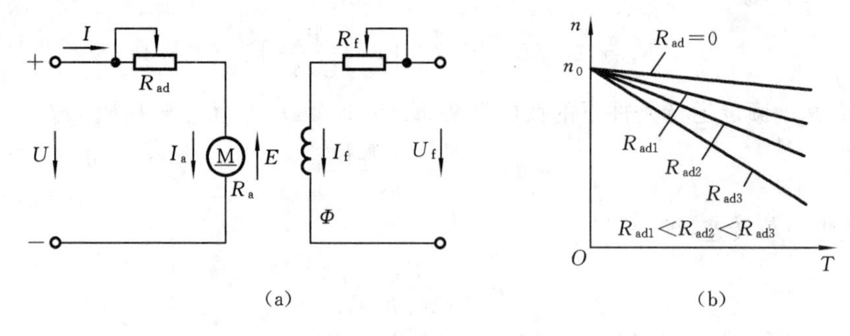

图 3.11　电枢回路中串接附加电阻的他励电动机的电路原理图和机械特性

(a)电路原理图;(b)机械特性

2)改变电枢电压 U 时的人为机械特性

当 $U=U_N$、$R_{ad}=0$ 而改变电枢电压 U $(U=U_N)$时,由式(3.5)可见,理想空载转速 $n_0=U/(K_e\Phi_N)$ 要随 U 的变化而变化,但转速降 Δn 不变,所以,在不同的电枢电压 U 时,可得一族平行于固有机械特性曲线的人为机械特性曲线,如图 3.12 所示。由于电动机绝缘耐压强度的限制,电枢电压只允许在其额定值以下调节,所以,不同 U 值时的人为机械特性曲线均在固有机械特性曲线之下。

3)改变磁通 Φ 时的人为机械特性

当 $U=U_N$、$R_{ad}=0$ 而改变磁通 Φ 时,由式(3.5)可见,理想空载转速 $U_N/(K_e\Phi)$ 和转速降

$\Delta n = R_a T/(K_e K_t \Phi^2)$ 都要随磁通 Φ 的改变而变化。由于励磁线圈发热和电动机磁饱和的限制，电动机的励磁电流和它对应的磁通 Φ 只能在低于其额定值的范围内调节，所以，随着磁通 Φ 的降低，理想空载转速 n_0 和转速降 Δn 都要增大。又因为在 $n=0$ 时，由电压平衡方程式 $U = E + I_a R_a$ 和 $E = K_e \Phi n$ 知，电枢电流 $I_{st} = U/R_a$ 为常数，故与其对应的电磁转矩 $T_{st} = K_t \Phi I_{st}$ 随 Φ 的降低而减小。根据以上所述，就可得不同磁通 Φ 值下的人为机械特性曲线族，如图3.13所示。

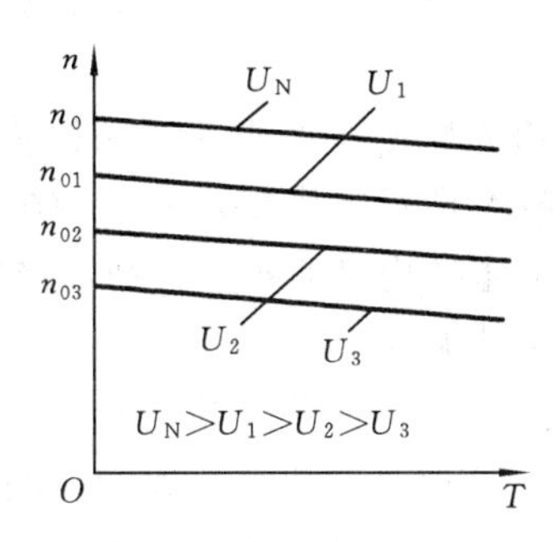

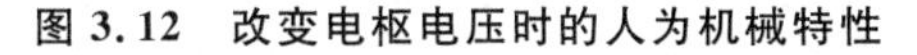

图3.12 改变电枢电压时的人为机械特性

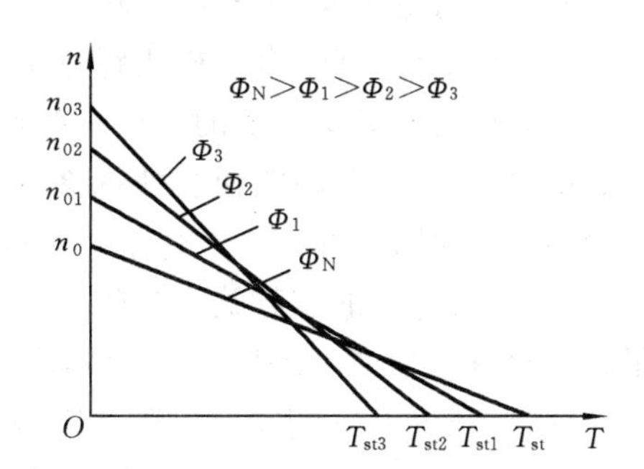

图3.13 改变磁通 Φ 时的人为机械特性

必须注意的是：当磁通过分削弱后，如果负载转矩不变，电动机电流将大大增加而使电动机严重过载。

更值得注意的是，当 $I_f = 0$ 时，从理论上讲有 $\Phi = 0$，但实际上定子铁芯还有比较小的剩磁，剩磁所产生的启动转矩很小，理想的空载转速又很大，特性曲线很陡。当电动机空载时，转速会升到机械强度所不允许的值，这种现象通常称为飞车；当电动机带负载时，很容易出现轴上的负载转矩大于电磁转矩的现象，电动机又不能启动，电枢电流 $I_{st} = U/R_a$ 远远大于额定电流，这种现象通常称为堵转。飞车和堵转都会损坏电动机，因此，直流他励电动机启动前必须先加励磁电流，在运转过程中，绝不允许励磁电路断开或励磁电流为零。为此，直流他励电动机在使用中，一般都设有失磁保护。

3.4 他励直流电动机的启动特性

电动机的启动是指施电于电动机，使电动机转子转动起来，达到所要求的转速后正常运转的过程。对直流电动机而言，由式(3.3)知，电动机在未启动之前 $n=0$，$E=0$，而 R_a 很小，所以，将电动机直接接入电网并施加额定电压时，启动电流 $I_{st} = U_N/R_a$ 将很大，一般情况下能达到其额定电流的10～20倍。这样大的启动电流会使电动机在换向过程中产生危险的火花，甚至烧坏整流子。而且，过大的电枢电流产生过大的电动应力，可能引起绕组的损坏。同时，产生与启动电流成正比例的启动转矩，会在机械系统和传动机构中产生过大的动态转矩冲击，使机械传动部件损坏。对由电网供电的电动机来说，过大的启动电流将使保护装置动作，从而切断电源，使得生产机械停止工作，或者引起电网电压的下降，影响其他负载的正常运行。因此，直流电动机是不允许直接启动的，即在启动时必须设法限制电枢电流，例如，对于普通的 Z_2 型直流电动机，规定电枢的瞬时电流不得大于额定电流的2倍。

限制直流电动机的启动电流，一般有以下两种方法。

(1)降压启动。在启动瞬间，降低供电电压。随着转速 n 的升高，反电动势 E 增大，再逐步提高供电电压，最后达到额定电压 U_N 时，电动机达到所要求的转速。为实现降压启动，需要可调的大功率直流电源，工业上最早采用直流发电机，后来采用晶闸管整流装置作为可调直流电源(原理见 8.2 节)。

(2)在电枢回路内串接外加电阻启动。此时启动电流

$$I_{st}=\frac{U_N}{R_a+R_{st}}$$

将受到外加启动电阻 R_{st} 的限制。随着电动机转速 n 的升高，反电动势 E 增大，再逐步切除外加电阻一直到全部切除，电动机达到所要求的转速。

生产机械对电动机启动的要求是有差异的。例如：城市无轨电车的直流电动机传动系统要求平稳慢速启动，启动过快会使乘客感到不舒适；而一般生产机械则要求有足够的启动转矩，以缩短启动时间，提高生产效率。从技术上来说，一般希望平均启动转矩大些，以缩短启动时间，这样启动电阻的段数就应多些；而从经济上来看，则要求启动设备简单、可靠，这样启动电阻的段数就应少些，如图 3.14(a)所示(图中只有一段启动电阻)。若启动后将启动电阻一下全部切除(开关 KM 闭合时电阻切除，KM 为直流接触器，原理见 6.1 节)，则启动特性如图 3.14(b)所示，此时由于电阻被切除，工作点将从特性曲线 1 切换到特性曲线 2 上。由于在切除电阻的瞬间，机械惯性的作用使电动机的转速不能突变，在此瞬间 n 维持不变，即从点 a 切换到点 b，此时冲击电流仍会很大。为了避免这种情况，通常采用逐级切除启动电阻的方法来启动。

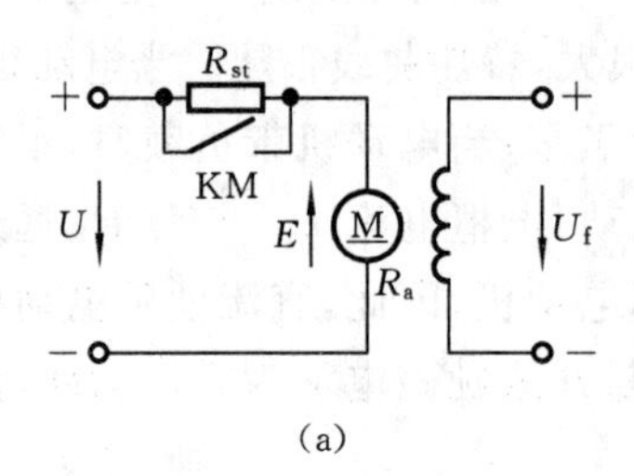

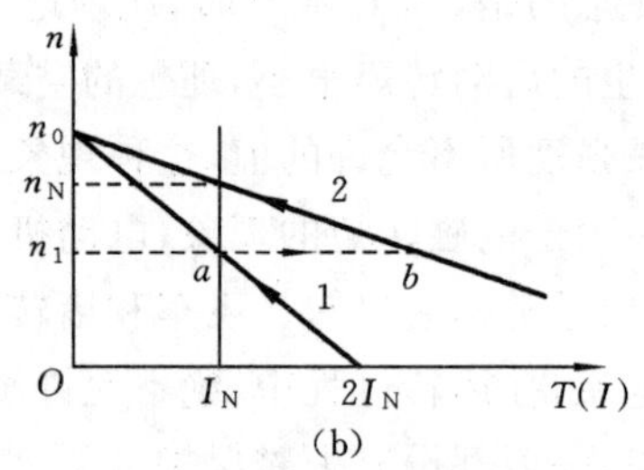

图 3.14　具有一段启动电阻的他励电动机的电路原理图和启动特性

(a)电路原理图；(b)启动特性

图 3.15 为具有三段启动电阻的他励电动机的启动特性和电路原理图，T_1、T_2 分别称为尖峰(最大)转矩和换接(最小)转矩。启动过程中，接触器 KM1、KM2、KM3 依次将外接电阻 R_1、R_2、R_3 短接，其启动特性如图 3.15(a)所示，n 和 T 沿着箭头方向在各条特性曲线上变化。

可见，启动级数愈多，T_1、T_2 与平均转矩 $T_{av}=\frac{T_1+T_2}{2}$ 愈接近，启动过程就愈快愈平稳，但所需的控制设备也就愈多。我国生产的标准控制柜都是按快速启动原则设计的，一般启动电阻为三段或四段。

多级启动时，T_1、T_2 的数值需按照电动机的具体启动条件决定，一般原则是保持每一级的最大转矩 T_1(或最大电流 I_1)不超过电动机的允许值，而每次切换电阻时的 T_2(或 I_2)也基本相同，一般选择

$$T_1=(1.6\sim 2)\,T_N,\quad T_2=(1.1\sim 1.2)\,T_N$$

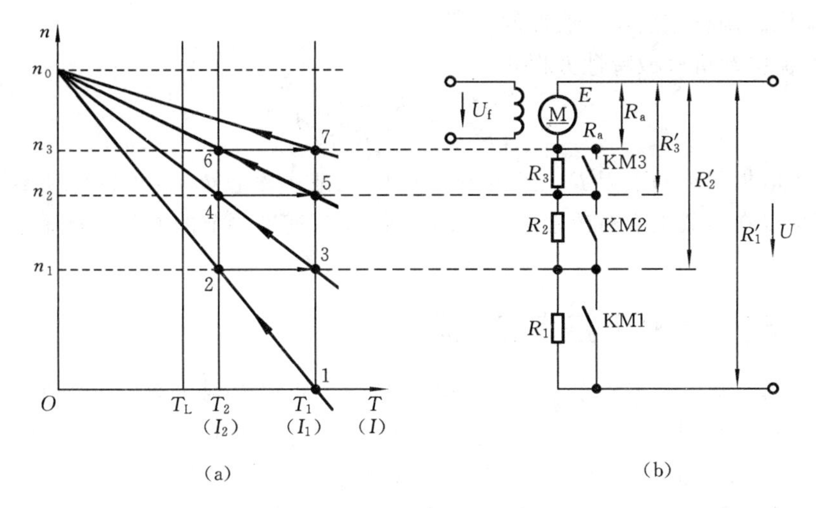

图 3.15 具有三段启动电阻的他励电动机的电路原理图和启动特性

(a)启动特性;(b)电路原理图

3.5 他励直流电动机的调速特性

电动机的调速,就是在一定的负载条件下,人为地改变电动机的电路参数,以改变电动机稳定转速的一种技术。图 3.16 所示的特性曲线 1 与特性曲线 2,在负载转矩一定时,电动机工作在特性曲线 1 上的点 A,以 n_A 转速稳定运行;若人为地增加电枢电路的电阻,则电动机将降速至特性曲线 2 上的点 B,以 n_B 转速稳定运行。这种转速的变化是人为改变(或调节)电枢电路的电阻所造成的,故称调速或速度调节。

注意,速度调节与速度变化是两个完全不同的概念。所谓速度变化是指由于电动机负载转矩发生变化(增大或减小)而引起的电动机转速变化(下降或上升),如图 3.17 所示。当负载转矩由 T_1 增加到 T_2 时,电动机的转速由 n_A 降低到 n_B,它是沿某一条机械特性发生的转速变化。总之,速度变化是在某条机械特性下,由于负载改变而引起的;而速度调节则是在某一特定的负载下,靠人为改变机械特性而得到的。

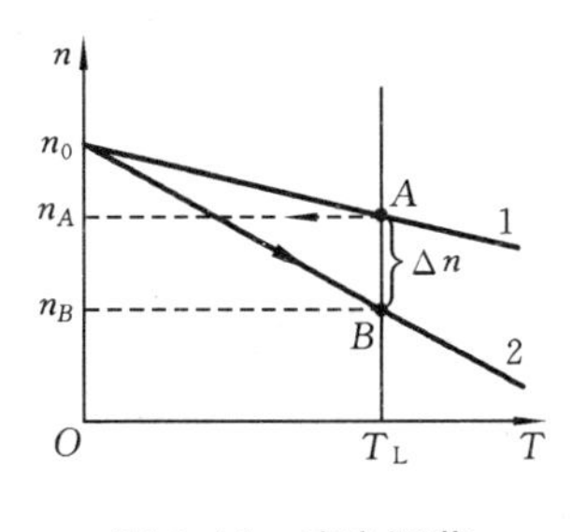

图 3.16 速度调节

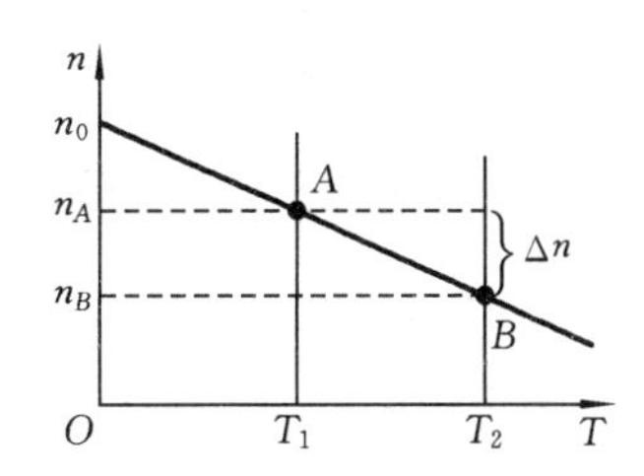

图 3.17 速度变化

电动机的调速是生产机械所要求的,例如:根据工件尺寸、材料性质、切削用量、刀具特性、加工精度等的不同,金属切削机床需要选用不同的切削速度,以保证产品质量和提高生产效率;电梯或其他要求稳速运行或准确停止的生产机械,要求在启动和制动时速度要慢或停车前降低运转速度,以实现准确停止。实现生产机械的调速可以采用机械的、液压的或电气的方法。有关电动机调速系统的共性问题和直流调速系统的详细分析将在第 9 章讨论。下面仅就他励直流电动机的调速方法作一般性的介绍。

从他励直流电动机机械特性方程式

$$n = \frac{U}{K_e \Phi} - \frac{R_a + R_{ad}}{K_e K_t \Phi^2} T \tag{3.11}$$

可知,改变串入电枢回路的电阻 R_{ad} 、电枢供电电压 U 或主磁通 Φ ,都可以得到不同的人为机械特性,从而可以在负载不变时改变电动机的转速,达到速度调节的要求。直流电动机调速的方法有以下三种。

3.5.1 改变电枢电路串接电阻

前文已介绍,直流电动机电枢电路串接电阻 R_{ad} 后,可以得到人为机械特性(见图 3.11),并可用此法进行启动控制(见图 3.14)。同样,用这个方法也可以进行调速。图 3.18 所示为改变电枢电路串接电阻调速的特性。从图中可看出,在一定的负载转矩 T_L 下,串接不同的电阻可以得到不同的转速,如在电阻分别为 R_a、R'_3、R'_2、R'_1 的情况下,可以得到对应于点 A、C、D、E 的转速 n_A、n_C、n_D、n_E。当电机工作在点 A 时,串接电阻使电枢回路电阻为 R'_3,在不考虑电枢电路的电感时,电动机调速时的过程(如降低转速)沿图中 A、B、C 的方向进行,即从稳定转速 n_A 调至新的稳定转速 n_C。这种调速方法存在不少的缺点,如:机械特性较软,电阻愈大则特性愈软,稳定度愈低;在空载或轻载时调速范围不大;实现无级调速困难;在调速电阻上消耗大量电能;等等。值得特别注意的是,启动电阻不能当调速电阻用,否则会被烧坏。

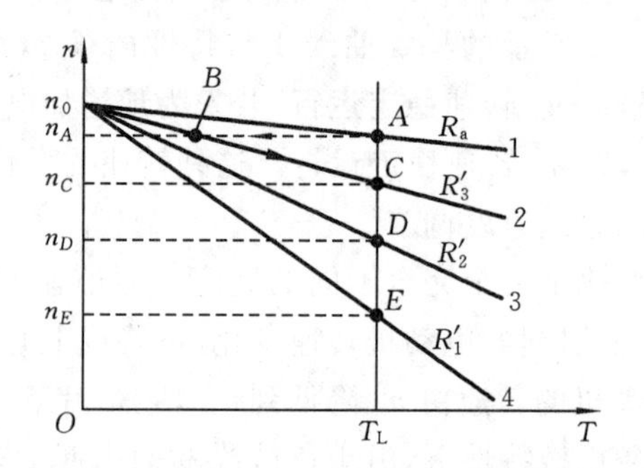

图 3.18　改变电枢电路串接电阻调速的特性

正因为缺点不少,这种调速方法目前已很少采用,仅在有些起重机、卷扬机等低速运转时间不长的传动系统中采用。

3.5.2 改变电动机电枢供电电压

改变电枢供电电压 U 可得到人为机械特性(见图 3.19),从图中可看出,在一定负载转矩 T_L 下,加上不同的电压 U_N、U_1、U_2、U_3 ,可以得到不同的转速 n_a、n_b、n_c、n_d ,即改变电枢电压可以达到调速的目的。

现以电压由 U_1 突然升高至 U_N 为例,说明其升速的机电过程。电压为 U_1 时,电动机工作在 U_1 特性的点 b ,稳定转速为 n_b ,当电压突然上升为 U_N 的一瞬间,由于系统机械惯性的作用,转速 n 不能突变,相应的反电动势 $E = K_e \Phi n$ 也不能突变,仍为 n_b 和 E_b。在不考虑电枢电路的电感时,电枢电流将随 U 的突然上升由 $I_L = \frac{U_1 - E_b}{R_a}$ 突然增至 $I_g = \frac{U_N - E_b}{R_a}$,即在 U 突增的这一瞬间,电动机的工作点由 U_1 特性的点 b 过渡到 U_N 特性的点 g (实际上平滑调节时,

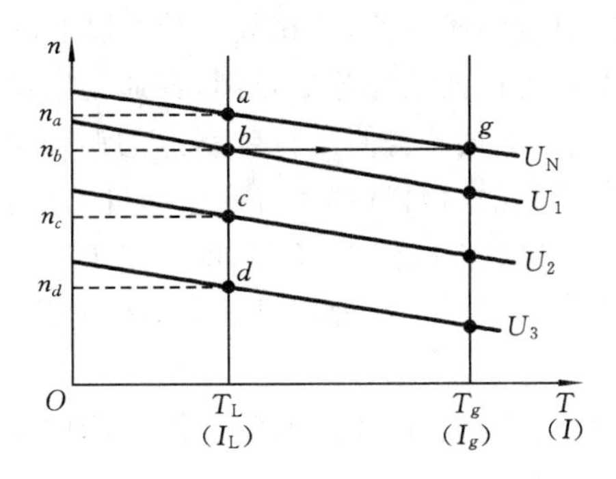

图 3.19　改变电枢供电电压调速的特性

I_g是不大的)。由于 $T_g > T_L$，所以系统开始加速，反电动势 E 也随转速 n 的上升而增大，电枢电流则逐渐减小，电动机转矩也相应减小，电动机的工作点将沿 U_N 特性由点 g 向点 a 移动，直到 $n = n_a$ 时 T 又下降到 $T = T_L$，此时电动机已工作在一个新的稳定转速 n_a。

由于调压调速过程中 $\Phi = \Phi_N$ 为常数，所以，当 T_L 为常数时，稳定运行状态下的电枢电流 I_a 也是一个常数，而与电枢电压 U 的大小无关。

这种调速方法的特点：

(1)当电源电压连续变化时，转速可以平滑无级调节，一般只能在额定转速以下调节；

(2)调速特性与固有特性互相平行，机械特性硬度不变，调速的稳定度较高，调速范围较大；

(3)调速时，因电枢电流与电压 U 无关，且 $\Phi = \Phi_N$，故电动机转矩 $T = K_t \Phi_N I_a$ 不变，属恒转矩调速，适合于对恒转矩型负载进行调速；

(4)可以靠调节电枢电压而不用启动设备来启动电动机。

3.5.3　改变电动机主磁通

改变电动机主磁通 Φ 的机械特性示于图 3.20 中，从特性可看出，在一定的负载功率 P_L 下，由不同的主磁通 Φ_N、Φ_1、Φ_2 可以得到不同的转速 n_a、n_b、n_c，即改变主磁通 Φ 可以达到调速的目的。

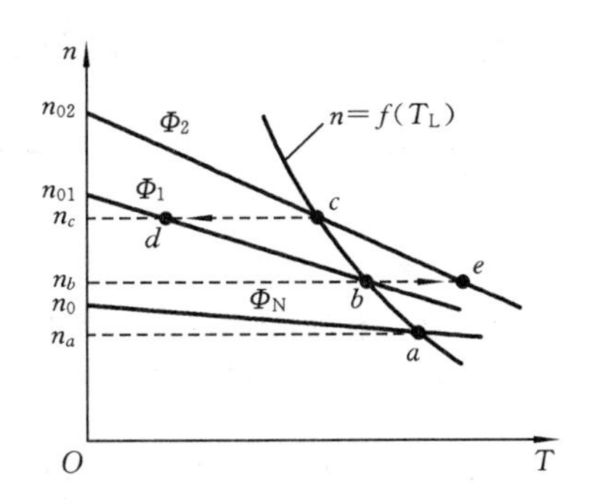

图 3.20　改变电动机主磁通调速的特性

在不考虑励磁电路的电感时，电动机调速时的机电过程如图 3.20 所示。降速时沿 $c \to d \to b$ 进行，即从稳定转速 n_c 降至稳定转速 n_b；升速时沿 $b \to e \to c$ 进行，即从 n_b 升至 n_c。这种调速方法的特点：

(1)可以平滑无级调速,但只能弱磁调速,即在额定转速以上调节。

(2)调速特性较软,且受电动机换向条件等的限制,普通他励电动机的最高转速不得超过额定转速的1.2倍,所以调速范围不大。若使用特殊制造的调速电动机,调速范围可以增加,但这种调速电动机的体积和所消耗的材料量都比普通电动机大得多。

(3)调速时维持电枢电压U和电枢电流I_a不变,即功率$P=UI_a$不变,属恒功率调速,所以它适合于对恒功率型负载进行调速。在这种情况下电动机的转矩$T=K_t\Phi I_a$要随主磁通Φ的减小而减小。

基于弱磁调速范围不大,它往往是和调压调速配合使用,即在额定转速以下,用降压调速,而在额定转速以上,则用弱磁调速。

3.6　他励直流电动机的制动特性

电动机的制动是与启动相对的一种工作状态,启动是从静止加速到某一稳定转速的一种运转状态,而制动则是从某一稳定转速减速到停止或是限制位能负载下降速度的一种运转状态。

注意,电动机的制动与自然停车是两个不同的概念。自然停车是电动机脱离电源,靠很小的摩擦阻转矩消耗机械能,使转速慢慢下降,直到转速为零而停车。这种停车过程需时较长,不能满足生产机械的要求。为了提高生产效率,保证产品质量,生产机械需要加快停车过程,实现准确停车等,从而要求电动机运行在制动状态。这个过程简称为电动机的制动。

就能量转换的观点而言,电动机有两种运转状态,即电动状态和制动状态。

电动状态是电动机最基本的工作状态,其特点是电动机的输出转矩T的方向与转速n的方向相同。如图3.21(a)所示,当卷扬机提升重物时,电动机将电源输入的电能转换成机械能,使重物以速度v上升。

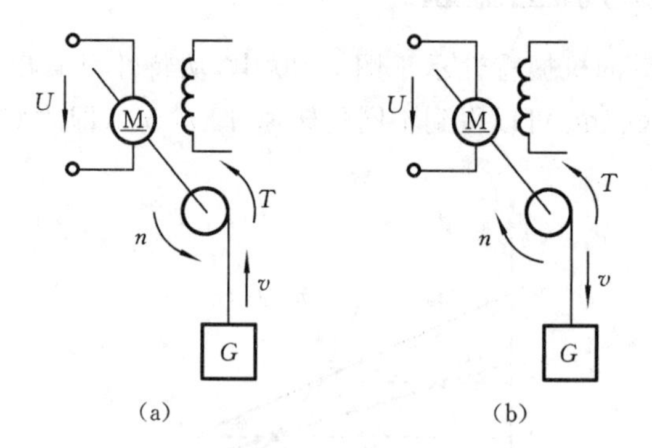

图3.21　直流他励电动机的工作状态

(a)电动状态;(b)制动状态

电动机也可工作在制动状态,其特点是电动机的输出转矩T与转速n方向相反。图3.21(b)所示就是电动机的制动状态。此时,为使重物匀速下降,电动机必须发出与转速方向相反的转矩,以吸收或消耗重物的位能,否则重物由于重力作用,下降速度将愈来愈快。又如,当生产机械要由高速运转迅速降到低速运转或生产机械要求迅速停车时,也需要电动机产生与旋转方向相反的转矩,以吸收或消耗机械能,使它迅速制动。

从上述分析可知,电动机的制动状态有两种形式:一是在卷扬机下放重物时为限制位能负载的运动速度，电动机的转速不变，以使重物匀速下降，这属于稳定的制动状态；二是在降速或停车制动时，电动机的转速是变化的，这属于过渡的制动状态。

两种制动状态的区别在于转速是否变化。它们的共同点是，电动机发出的转矩 T 与转速 n 方向相反，电动机工作在发电机运行状态，电动机吸收或消耗机械能（位能或动能），并将其转化为电能反馈回电源或消耗在电枢电路的电阻中。

根据他励直流电动机处于制动状态时的外部条件和能量传递情况，它的制动状态分为反馈制动、反接制动、能耗制动三种形式。

3.6.1 反馈制动

若电动机为正常接线，在外部条件作用下，电动机的实际转速 n 大于其理想空载转速 n_0，此时电动机运行于反馈制动状态。下面列举三种反馈制动的情况。

1. 电车下坡时的反馈制动

电车由直流电动机拖动，前进时速度 n 为正。设电车与地面的摩擦转矩为 T_r，与前进方向相反，为阻转矩，机械特性曲线在 OTn 面的第一象限；下坡时电车所产生的位能转矩 T_p 与前进方向相同，为拖动转矩，且 $T_p > T_r$，总负载转矩为 $T_p - T_r > 0$ 与前进方向相同，机械特性曲线在 OTn 面的第二象限。电车走下坡路时反馈制动的机械特性如图 3.22 所示。

电车走平路时，电动机工作在电动状态，电磁转矩 T 克服摩擦性负载转矩 T_r，并以 n_a 转速稳定工作在点 a。当电车下坡时，电车位能负载转矩 T_p 使电车加速，转速 n 增加，越过 n_0 继续加速，使 $n > n_0$，感应电动势 E 大于电源电压 U，故电枢电流 I_a 的方向与电动状态时的方向相反，转矩的方向也由于电流方向的改变而变得与电动运转状态相反，直到 $T_p = T + T_r$ 时，电动机以 n_b 的稳定转速控制电车下坡。这时实际上是电车的位能转矩带动电动机发电，把机械能转变成电能，向电源馈送。这种情况称为反馈制动，也称再生制动或发电制动。

在反馈制动状态下电动机的机械特性表达式仍是式(3.11)，所不同的仅是 T 改变了符号（即 T 为负值），而理想空载转速和特性的斜率均与电动状态下的一致。这说明电动机正转时，反馈制动状态下的机械特性是第一象限中电动状态下的机械特性曲线在第二象限内的延伸。

2. 电枢电压突然下降时的反馈制动

在电动机电枢电压突然降低使电动机转速降低的过程中，也会出现反馈制动状态。例如，原来电压为 U_1，相应的机械特性为图 3.23 中的曲线 1，在某一负载下以 n_1 运行在电动状态，当电枢电压由 U_1 突降为 U_2 时，对应的理想空载转速为 n_{02}，机械特性变为曲线 2。但由于电动机转速和由它所决定的电枢电动势不能突变，若不考虑电枢电感的作用，则电枢电流将由

$$I_a = \frac{U_1 - E}{R_a + R_{ad}}$$

突然变为

$$I_b = \frac{U_2 - E}{R_a + R_{ad}}$$

当 $n_{02} < n_1$，即 $U_2 < E$ 时，电流 I_b 为负值并产生制动转矩，即电压 U 突降的瞬间，系统的状态在第二象限中的点 b。从点 b 到 n_{02} 这段特性上，电动机进行反馈制动，转速逐步降低，转速下降至 $n = n_{02}$ 时，$E = U_2$，电动机的制动电流和由它建立的制动转矩下降为零，反馈制动过程结束。此后，在负载转矩 T_L 的作用下转速进一步下降，电磁转矩又变为正值，电动机又

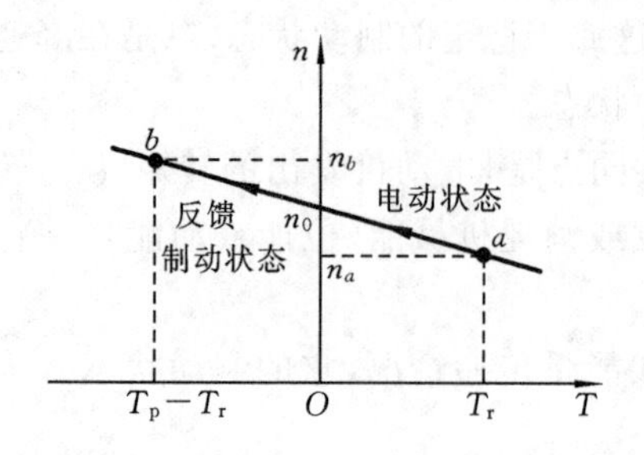

图 3.22 电车下坡时反馈制动的机械特性

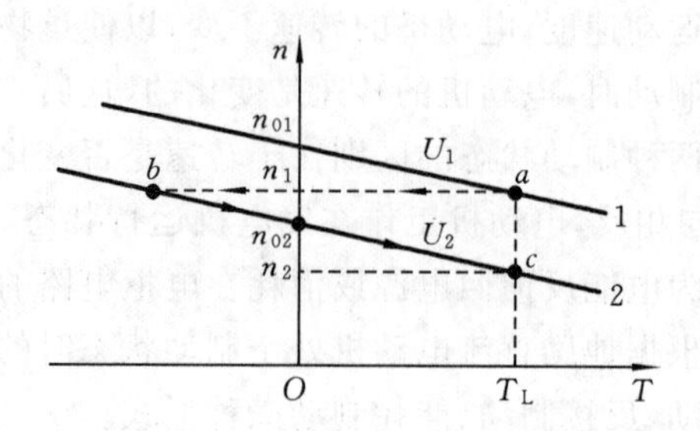

图 3.23 电枢电压突然降低时反馈制动的机械特性

重新运行于第一象限的电动状态,直至达到点 c 时,$T=T_L$,电动机又以 n_2 的转速在电动状态下稳定运行。

同样,电动机在弱磁状态用增加磁通 Φ 的方法来降速时,也能产生反馈制动过程,以实现迅速降速的目的。

3. 卷扬机下放重物时的反馈制动

卷扬机下放重物时,也能产生反馈制动过程,以使重物匀速下降,制动状态下的原理图和相应的机械特性如图 3.24 所示。设电动机正转时提升重物,机械特性曲线在第一象限。若改变加在电枢上的电压极性,其理想空载转速为 $-n_0$,特性曲线在第三象限,电动机反转,在电磁转矩 T 与负载转矩(位能负载) T_L 的共同作用下重物迅速下降,且愈来愈快,使电枢电动势 $E=K_e\Phi n$ 增加,电枢电流 $I_a=(U-E)/(R_a+R_{ad})$ 减小,电动机转矩 $T=K_t\Phi I_a$ 亦减小,传动系统的状态沿其特性曲线由点 a 向点 b 移动。

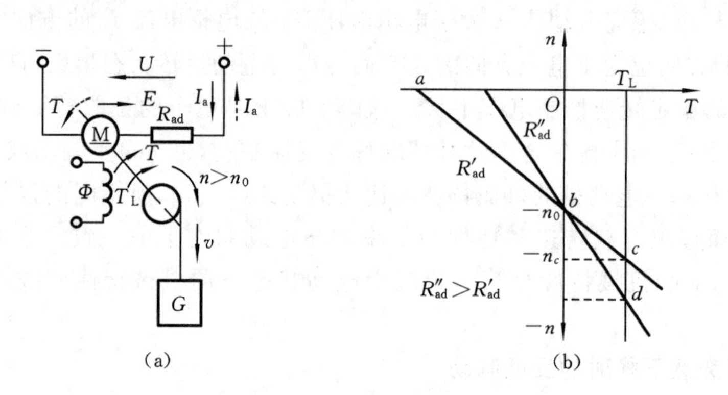

图 3.24 下放重物时反馈制动的电路原理图和机械特性

(a)电路原理图;(b)机械特性

由于电动机和生产机械的特性曲线在第三象限没有交点,系统不可能建立稳定平衡点,所以系统的加速过程一直进行到 $n=-n_0$ 和 $T=0$ 时仍不会停止,而在重力作用下继续加速。当 $n>-n_0$ 时,$E>U$,I_a 改变方向,电动机转矩 T 变为正值,其方向与 T_L 相反,系统的特性曲线进入第四象限,电动机进入反馈制动状态。在 T_L 的作用下,状态由点 b 继续向点 c 移动,电枢电流和它所建立的电磁制动转矩 T 随转速的上升而增大,直到 $n=-n_c$、$T=T_L$ 时为止。此时系统的稳定平衡点在第四象限中的点 c,电动机以 $n=-n_c$ 的转速在反馈制动状态下稳定运行,以使重物匀速下降。若改变电枢电路中串接的附加电阻 R_{ad} 的大小,也可以调节反馈制动状态下电动机的转速,但与电动状态下的情况相反。反馈制动状态下附加电阻越大,电动机转速越高(见图 3.24(b)中的点 c、d)。为使重物下降速度不至过高,串接的附加电阻不宜过大。

但即使不串接任何电阻,重物下放过程中电动机的转速仍高于 n_0,如果下放的重物较重,采用这种制动方式运行是不太安全的。

3.6.2 反接制动

当他励电动机的电枢电压 U 或电枢电动势 E 中的任一个在外部条件作用下改变了方向,即二者由方向相反变为方向一致时,电动机都将运行于反接制动状态。把改变电枢电压 U 的方向所产生的反接制动称为电源反接制动,而把改变电枢电动势 E 的方向所产生的反接制动称为倒拉反接制动。

1. 电源反接制动

若电动机运行在正向电动状态,则电动机电枢电压 U 的极性如图 3.25(a)中的虚箭线所示,电枢回路不串接附加电阻 R_{ad} 时,电动机稳速运行在第一象限中特性曲线 1 上的点 a,转速为 n_a。电枢电压 U 的极性突然反接,如图 3.25(a)中的实箭线所示,并且电枢回路串接电阻 R_{ad} 时,电动势平衡方程式为

$$E=-U-I_a(R_a+R_{ad}) \tag{3.12}$$

注意,电动势 E、电枢电流 I_a 的方向为电动状态下假定的正方向。以 $E=K_e\Phi n$,$I_a=T/(K_t\Phi)$ 代入式(3.12),便可得到电源反接制动状态的机械特性表达式

$$n=\frac{-U}{K_e\Phi}-\frac{R_a+R_{ad}}{K_eK_t\Phi^2}T \tag{3.13}$$

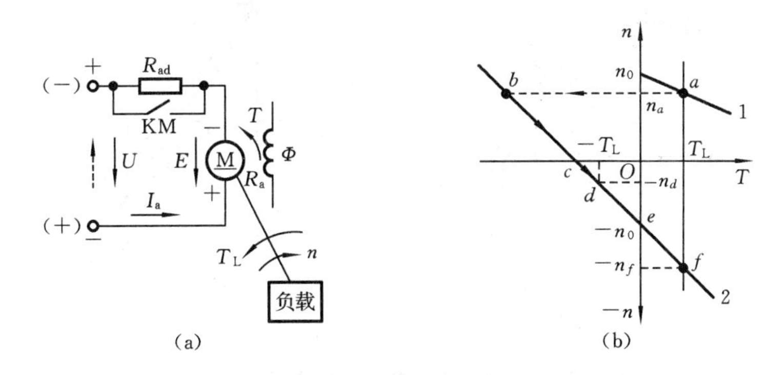

图 3.25 电源反接制动状态下的电路原理图和机械特性

(a)电路原理图;(b)机械特性

可见,当理想空载转速 n_0 变为 $-n_0=-U/(K_e\Phi)$ 时,电动机的机械特性曲线为图 3.25(b)中的曲线 2,其反接制动特性曲线在第二象限。由于在电源极性反接的瞬间,电动机的转速和它所决定的电枢电动势不能突变,若不考虑电枢电感的作用,此时系统的状态由曲线 1 的点 a 变化到曲线 2 的点 b,电动机输出与转速 n 方向相反的转矩 T(即 T 为负值),它与负载转矩共同作用,使电动机转速迅速下降,制动转矩将随 n 的下降而减小,系统的状态沿曲线 2 自点 b 向点 c 移动。当 n 下降到零时,反接制动过程结束。这时若电枢还不从电源拉开,电动机将反向启动,并将在点 d(T_L 为反抗转矩时)或点 f(T_L 为位能转矩时)建立系统的稳定平衡点。

由于在反接制动期间,电枢电动势 E 和电源电压 U 是串联相加的,因此,为了限制电枢电流 I_a,电动机的电枢电路中必须串接足够大的限流电阻 R_{ad}。

电源反接制动一般应用在生产机械要求迅速减速、停车和反向的场合及要求经常正反转的机械上。

2. 倒拉反接制动

倒拉反接制动状态下的电路原理图和机械特性如图 3.26 所示。在进行倒拉反接制动以前,设电动机处于正向电动状态,以 n_a 的转速稳定运转,提升重物。若欲下放重物,则需在电枢电路内串接附加电阻 R_{ad} ,这时电动机的运行状态将由固有特性曲线 1 的点 a 过渡到人为特性曲线 2 的点 c,电动机转矩 T 远小于负载转矩 T_L。因此,传动系统转速下降(提升重物上升的速度减慢),即沿着特性曲线 2 向下移动。由于转速下降,电动势 E 减小,电枢电流增大,故电动机转矩 T 相应增大,但仍比负载转矩 T_L 小,所以,系统速度继续下降,即重物提升速度愈来愈慢,当电动机转矩 T 沿特性曲线 2 下降到点 d 时,电动机转速为零,即重物停止上升,电动机反电动势也为零。但是,此时电枢在外加电压 U 的作用下仍有很大电流,此电流产生堵转转矩 T_{st} ,由于此时 T_{st} 仍小于 T_L ,故 T_L 拖动电动机的电枢开始反方向旋转,即重物开始下降,电动机工作状态进入第四象限。这时电动势 E 的方向也反过来,E 和 U 同方向,所以,电流增大,转矩 T 增大。随着转速在反方向增大,电动势 E 增大,电流和转矩也增大,直到转矩 $T = T_L$ 时转速不再增加,而以稳定的速度 n_b 下放重物。由于这时重物是靠位能负载转矩 T_L 的作用下放,而电动机转矩 T 是阻碍重物下放的,故电动机这时起制动作用。这种工作状态称为倒拉反接制动状态或电动势反接制动状态。

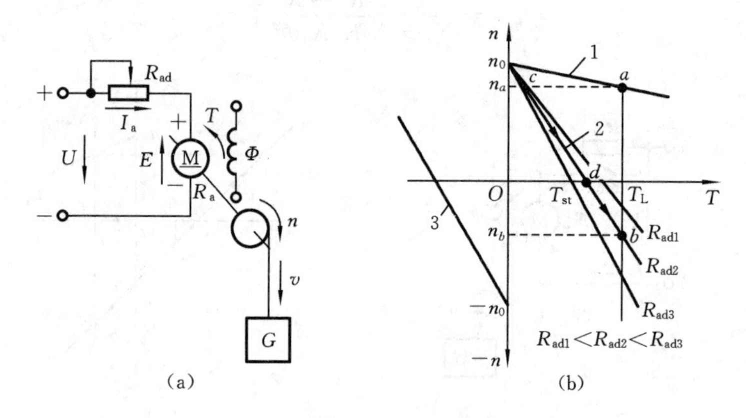

图 3.26　倒拉反接制动状态下的电路原理图和机械特性

(a)电路原理图;(b)机械特性

适当选择电枢电路中附加电阻 R_{ad} 的大小可得到不同的下降速度,附加电阻越小,下降速度越低。这种下放重物的制动方式弥补了反馈制动的不足,它可以得到极低的下降速度,从而保证了生产的安全。故倒拉反接制动常用来控制位能负载的下降速度,使之不致在重物作用下有愈来愈大的加速度。其缺点是,若对 T_L 的大小估计不准,则本应下降的重物可能向上升的方向运动。另外,其机械特性硬度小,因而较小的转矩波动就可能引起较大的转速波动,即速度的稳定性较差。

由于图 3.26(a)中,电压 U 、电动势 E 、电流 I_a 都是电动状态下假定的正方向,所以,倒拉反接制动状态下的电动势平衡方程式、机械特性在形式上均与电动状态下的相同,即分别为

$$E = U - I_a(R_a + R_{ad}) \tag{3.14}$$

$$n = \frac{U}{K_e\Phi} - \frac{R_a + R_{ad}}{K_e K_t \Phi^2}T \tag{3.15}$$

因在倒拉反接制动状态下电枢反向旋转,故上列各式中的转速 n 、电动势 E 应是负值。

可见倒拉反接制动状态下的机械特性曲线实际上是第一象限中电动状态下的机械特性曲线在第四象限的延伸。若电动机反向运转在电动状态，则倒拉反接制动状态下的机械特性曲线就是第三象限中电动状态下的机械特性曲线在第二象限的延伸，如图3.26(b)的曲线3所示。

3.6.3　能耗制动

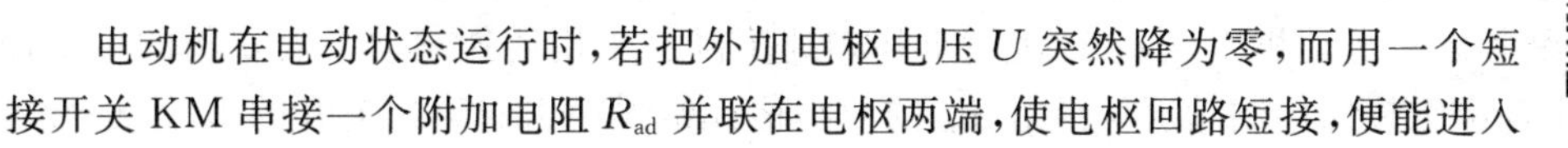

电动机在电动状态运行时，若把外加电枢电压U突然降为零，而用一个短接开关KM串接一个附加电阻R_{ad}并联在电枢两端，使电枢回路短接，便能进入能耗制动状态，如图3.27(a)所示。即制动时，接触器KM断电，其常开触点断开，常闭触点闭合。这时，由于机械惯性，电动机仍在旋转，磁通Φ和转速n的存在，使电枢绕组上保持感应电动势$E=K_e\Phi n$，其方向与电动状态方向相同。电动势E在电枢和R_{ad}回路内产生电流I_a，该电流方向与电动状态下由电源电压U所决定的电枢电流方向相反，而磁通Φ的方向未变，故电磁转矩$T=K_t\Phi I_a$反向，即T与n反向，T变成制动转矩。这时工作机械的机械能带动电动机发电，使传动系统储存的机械能转变成电能，并通过电阻（电枢电阻R_a和附加的制动电阻R_{ad}）转化成热量消耗掉，故称之为“能耗制动”。

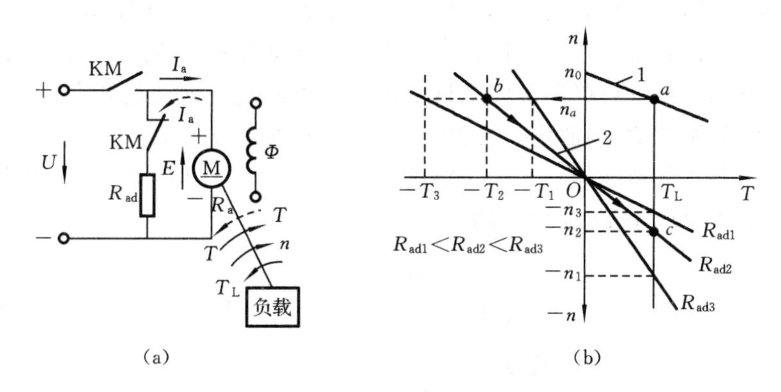

图3.27　能耗制动状态下的电路原理图和机械特性

(a)电路原理图；(b)机械特性

由图3.27(a)可看出，电压$U=0$，电动势E、电流I_a仍为电动状态下假定的正方向，故能耗制动状态下的电动势平衡方程式为

$$E=-I_a(R_a+R_{ad}) \tag{3.16}$$

因
$$E=K_e\Phi n, I_a=T/(K_t\Phi)$$

故
$$n=-\frac{R_a+R_{ad}}{K_eK_t\Phi^2}T \tag{3.17}$$

其机械特性如图3.27(b)的曲线2所示，它是通过原点且位于第二象限和第四象限的一条直线。

如果电动机带动的是反抗性负载，它只具有惯性能量（动能），能耗制动的作用是消耗掉传动系统储存的动能，使电动机迅速停车，从图3.27(b)可分析其制动过程。设电动机原来运行在点a，转速为n_a，刚开始制动时n_a不变，但制动特性为曲线2，工作点由点a转到点b。这时电动机的转矩T为负值（因此时在电动势E的作用下，电枢电流I_a反向），是制动转矩，在制动转矩和负载转矩共同作用下，传动系统减速。电动机工作点沿特性曲线2上的箭头方向变化，随着转速n的下降，制动转矩也逐渐减小直至$n=0$时，电动机产生的制动转矩也下降到零，制动作用自行结束。这种制动方式的优点之一是,不像电源反接制动那样存在着电动机反向启动的危险。

如果是位能负载,则在制动到 $n=0$ 时,重物还将拖着电动机反转,使电动机向重物下降的方向加速,即电动机进入第四象限的能耗制动状态。随着转速的升高,电动势 E 增加,电流和制动转矩也增加,系统的状态由能耗制动特性曲线 2 的点 O 向点 c 移动,当 $T=T_L$ 时,系统进入稳定平衡状态。电动机以 $-n_2$ 转速使重物匀速下降。采用能耗制动下放重物的主要优点是,不会出现像倒拉反接制动那样因对 T_L 的大小估计错误而引起重物上升的事故,运行速度也较反接制动时稳定。

能耗制动通常应用于传动系统,需要迅速而准确地停车及卷扬机重物的匀速下放的场合。

改变制动电阻 R_{ad} 的大小,可得到不同斜率的特性,如图 3.27(b)所示。在一定负载转矩 T_L 作用下,不同大小的 R_{ad},便有不同的稳定转速(如 $-n_1$、$-n_2$、$-n_3$);或者在一定转速 n_0 下,可使制动电流与制动转矩不同(如 $-T_1$、$-T_2$、$-T_3$)。R_{ad} 愈小,制动特性曲线愈平缓,即制动转矩愈大,制动效果愈强烈。但需注意,为避免电枢电流过大,R_{ad} 的最小值应该使制动电流不超过电动机允许的最大电流。

从以上分析可知,电动机有电动和制动两种运转状态,在同一种接线方式下,电动机有时可以运行在电动状态,有时可以运行在制动状态。对他励直流电动机,用正常的接线方法,不仅可以实现电动运转,而且可以实现反馈制动和反接制动,这三种运转状态处在同一条机械特性上的不同区域,如图 3.28 的曲线 1 与曲线 3 所示(分别对应于正、反转方向)。能耗制动时的接线方法稍有不同,其特性如图 3.28 的曲线 2 所示,第二象限对应于电动机处于正转状态时的情况,第四象限对应于反转时的情况。

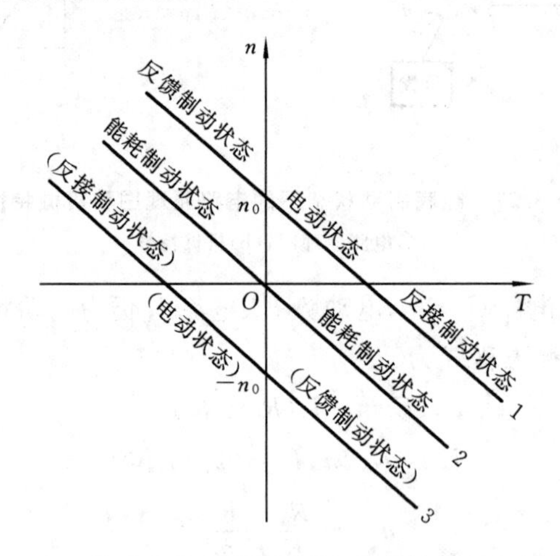

图 3.28 他励直流电动机各种运行状态下的机械特性

习题与思考题

3.1 为什么直流电机的转子要用表面有绝缘层的硅钢片叠压而成?

3.2 并励直流发电机正转时可以自励,反转时能否自励?为什么?

3.3 一台他励直流电动机所拖动的负载转矩 T_L 为常数,当电枢电压或电枢附加电阻改变时,能否改变其稳定运行状态下电枢电流的大小?为什么?这时拖动系统中哪些量必然发生变化？

3.4 一台他励直流电动机在稳态下运行时，电枢反电动势 $E = E_1$，如负载转矩 T_L 为常数，外加电压和电枢电路中的电阻均不变，问：减弱励磁使转速上升到新的稳态值后，电枢反电动势将如何变化？是大于、小于还是等于 E_1？

3.5 一台直流发电机，其部分铭牌数据为：$P_N = 180$ kW，$U_N = 230$ V，$n_N = 1450$ r/min，$\eta_N = 89\%$，试求：

(1)该发电机的额定电流；

(2)电流保持为额定值而电压下降为 100 V 时原动机的输出功率(设此时 $\eta = \eta_N$)。

3.6 一台他励直流电动机的铭牌数据为：$P_N = 7.5$ kW，$U_N = 220$ V，$n_N = 1500$ r/min，$\eta_N = 88.5\%$，试求该电动机的额定电流和额定转矩。

3.7 一台他励直流发电机的技术数据为：$P_N = 15$ kW，$U_N = 230$ V，$I_N = 65.3$ A，$n_N = 2850$ r/min，$R_a = 0.25$ Ω，其空载特性如题 3.7 表所示。今需在额定电流下得到 150 V 和 220 V 的端电压，其励磁电流分别应为多少？

题 3.7 表

U_0/V	115	184	230	253	265
I_f/A	0.442	0.902	1.2	1.686	2.10

3.8 一台他励直流电动机的铭牌数据为：$P_N = 5.5$ kW，$U_N = 110$ V，$I_N = 62$ A，$n_N = 1000$ r/min，试绘出它的固有机械特性曲线。

3.9 一台并励直流电动机的技术数据为：$P_N = 5.5$ kW，$U_N = 110$ V，$I_N = 61$ A，额定励磁电流 $I_{fN} = 2$ A，$n_N = 1500$ r/min，电枢电阻 $R_a = 0.2$ Ω，若忽略机械磨损和转子的铜耗、铁耗，认为额定运行状态下的电磁转矩近似等于额定输出转矩，试绘出它近似的固有机械特性曲线。

3.10 一台他励直流电动机的技术数据为：$P_N = 6.5$ kW，$U_N = 220$ V，$I_N = 34.4$ A，$n_N = 1500$ r/min，$R_a = 0.242$ Ω。试计算出此电动机的如下特性：

(1)固有机械特性；

(2)电枢附加电阻分别为 3 Ω 和 5 Ω 时的人为机械特性；

(3)电枢电压为 $U_N/2$ 时的人为机械特性；

(4)磁通 $\Phi = 0.8\,\Phi_N$ 时的人为机械特性，并绘出其特性的图形。

3.11 为什么直流电动机直接启动时启动电流很大？

3.12 他励直流电动机启动过程中有哪些要求？如何实现？

3.13 他励直流电动机启动时，为什么一定要先把励磁电流加上？若忘了先合励磁绕组的电源开关就把电枢电源接通，这时会产生什么现象(试对 $T_L = 0$ 和 $T_L = T_N$ 两种情况加以分析)？当电动机运行在额定转速下，若突然将励磁绕组断开，此时又将出现什么情况？

3.14 直流串励电动机能否空载运行？为什么？

3.15 一台他励直流电动机的技术数据为：$P_N = 2.2$ kW，$U_N = 110$ V，$n_N = 1500$ r/min，$\eta_N = 0.8$，$R_a = 0.242$ Ω，$R_f = 82.7$ Ω。试求：

(1)额定电枢电流 I_{aN}；

(2)额定励磁电流 I_{fN}；

(3)励磁功率 P_f；

(4)额定转矩 T_N；

(5)额定电流时的反电动势；

(6)直接启动时的启动电流；

(7)如果要使启动电流不超过额定电流的 2 倍，那么启动电阻为多少？此时启动转矩又为多少？

3.16 直流电动机用电枢电路串电阻的办法启动时，为什么要逐渐切除启动电阻？如切除太快，会带来什么后果？

3.17 转速调节(调速)与固有的速度变化在概念上有什么区别？

3.18 他励直流电动机可用哪些方法进行调速？它们的特点是什么？

3.19 直流电动机的电动与制动两种运转状态的根本区别何在？

3.20 他励直流电动机有哪几种制动方法？它们的机械特性如何？试比较各种制动方法的优缺点。

3.21 一台他励直流电动机拖动一台卷扬机，在电动机拖动重物匀速上升时将电枢电源突然反接，试利用机械特性从机电过程上说明：

(1)从反接开始到系统达到新的稳定平衡状态之间，电动机经历了几种运行状态？最后在什么状态下建立系统新的稳定平衡点？

(2)各种状态下转速变化的机电过程怎样？

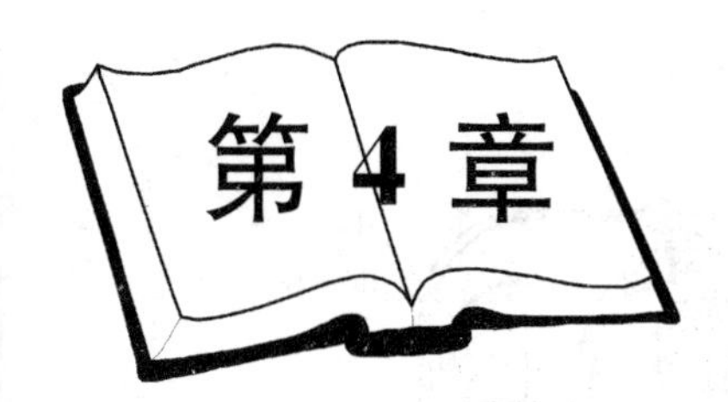

第4章 交流电动机的工作原理及特性

本章要求在了解异步电动机的基本结构和旋转磁场的产生等基础上，着重掌握异步电动机的工作原理、机械特性，以及启动、调速和制动的方法，学会用机械特性的四个象限来分析异步电动机的运行状态；掌握单相异步电动机的启动方法和工作原理；了解同步电动机的结构特点、工作原理、运行特性及启动方法；掌握各种异步电动机和同步电动机的使用场合。

常用的交流电动机有三相异步电动机(或称感应电动机)和同步电动机(同步电机既可作发电机使用，也可作电动机使用)。异步电动机结构简单，维护容易，运行可靠，价格便宜，具有较好的稳态和动态特性，因此，它是工业中使用得最为广泛的一种电动机。

交流电动机是与交流电同步发展起来的，19世纪80年代，特斯拉和费拉里斯等人提出了两相交流感应电动机模型并开展样机实验，德国AEG公司在1889年制成第一台三相鼠笼式感应电动机，随着三相交流输电系统逐渐成为主流，交流感应电动机也逐渐从两相过渡到三相，并广泛应用于工业和民用领域。

本章主要介绍三相异步电动机的工作原理，启动、制动、调速的特性和方法。

4.1 三相异步电动机的结构和工作原理

三相异步电动机是应用最为广泛的电动机，与直流电动机相比，具有结构简单、性能可靠、易维护、成本低等优点。

4.1.1 三相异步电动机的基本结构

三相异步电动机主要由定子和转子组成，定子是静止不动的部分，转子是旋转部分，在定子和转子之间有一定的气隙，如图4.1所示。

1. 定子

定子由铁芯、绕组及机座、端盖、轴承等组成。

定子铁芯是磁路的一部分，它由硅钢片叠压而成为一个整体固定于机座上，片与片之间是绝缘的，以减少涡流损耗，常用的硅钢片厚度为0.5 mm或0.35 mm。定子铁芯的内圆冲有定子槽，槽中安放线圈，如图4.2所示。

定子绕组是电动机的电路部分。三相电动机的定子绕组分为三个部分对称地分布在定子铁芯上，称为三相绕组，分别用AX、BY、CZ表示，其中，A、B、C称为首端，X、Y、Z称为末端。三相绕组接入三相交流电源，三相绕组中的电流在定子铁芯中产生旋转磁场。

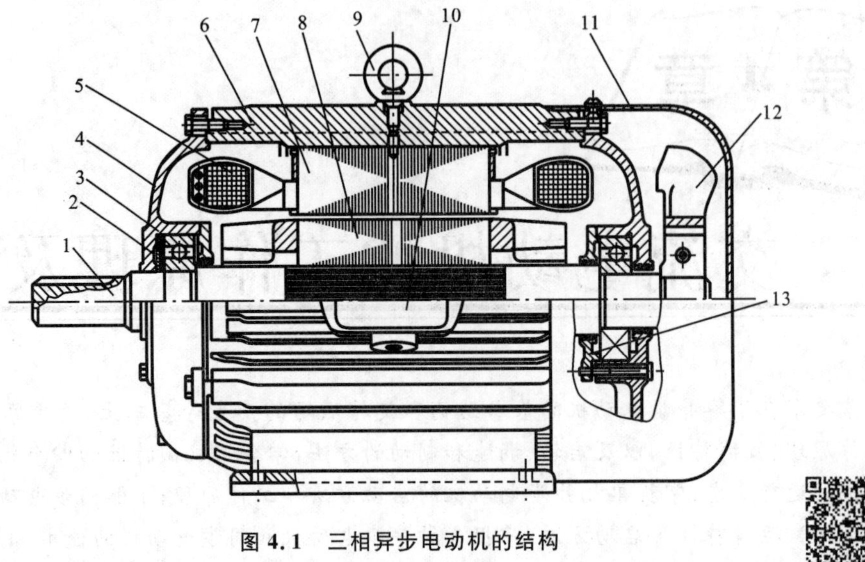

图 4.1　三相异步电动机的结构

1—轴；2—弹簧片；3—轴承；4—端盖；5—定子绕组；6—机座；7—定子铁芯；

8—转子铁芯；9—吊环；10—出线盒；11—风扇盖；12—风扇；13—轴承内盖

机座主要用来固定与支撑定子铁芯。中小型异步电动机一般采用铸铁机座，根据不同的冷却方式采用不同的机座。

2. 转子

转子由转轴、铁芯与绕组组成。

转子铁芯也是电动机磁路的一部分，由硅钢片叠压而成为一个整体装在转轴上。转子铁芯的内圆冲有转子槽，槽中安放绕组，如图 4.2 所示。

异步电动机转子多采用绕线式和鼠笼式两种形式。因此异步电动机按绕组形式的不同分为绕线异步电动机和笼型异步电动机两种。绕线电动机和笼型电动机的转子构造虽然不同，但工作原理是一致的。转子的作用是产生转子电流，即产生电磁转矩。

绕线异步电动机转子绕组是由线圈组成，三相绕组对称放入转子铁芯槽内。转子绕组通过轴上的滑环和电刷在外部短路，也可在转子回路中接入外加电阻，用以改善启动性能与调节转速，如图 4.3 所示。

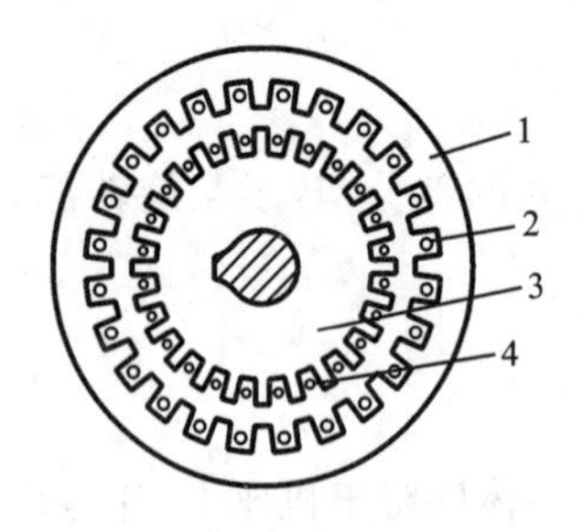

图 4.2　定子和转子的硅钢片

1—定子铁芯硅钢片；2—定子绕组；

3—转子铁芯硅钢片；4—转子绕组

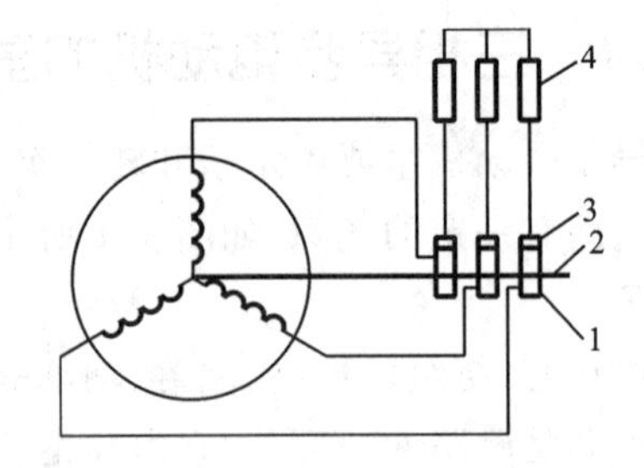

图 4.3　绕线式转子绕组与外界变阻器的连接

1—滑环转子绕组；2—轴；

3—电刷；4—变阻器

笼型异步电动机转子绕组是在转子铁芯槽里插入导条，再将全部导条两端焊在两个短路环上而组成，如图 4.4 所示。小型鼠笼式转子绕组多用铝离心浇铸而成，转子铁芯如图 4.5 所示。

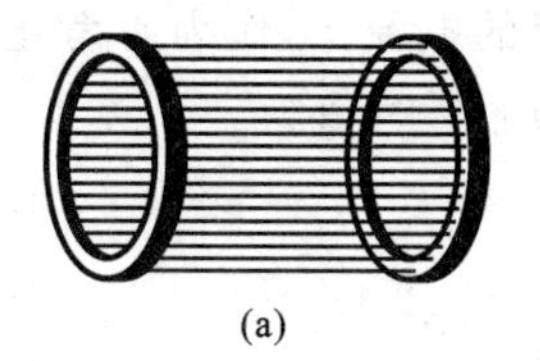

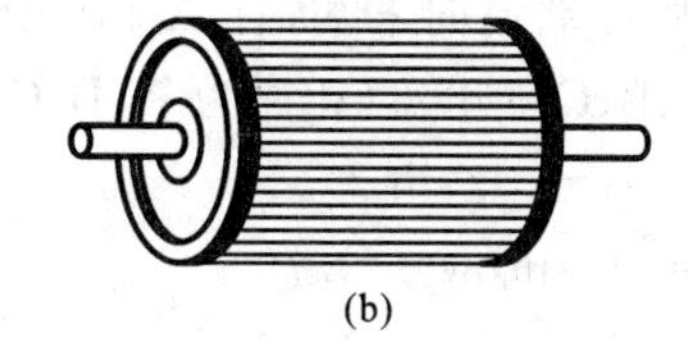

图4.4　鼠笼式转子

(a)绕组；(b)外形

图4.5　转子铁芯

虽然铸铜转子的制造难度和生产成本都高于铸铝转子，但铸铜转子电机效率和性能会有较大提升，用量在不断提升。

笼型转子导条与转子铁芯之间不需要做绝缘处理，因为导条(铜或铝)的电阻远小于铁芯，使得转子结构简单，容易制造。

绕线异步电动机的转子结构比笼型异步电动机复杂，成本更高，电刷和滑环存在磨损需要维护，但在交流变频技术大规模应用之前，绕线异步电动机容易实现高性能的启动和调速控制，随着交流变频技术的普及，绕线异步电动机的应用越来越少，而笼型转子制造工艺则不断改进以获得更高的性能和效率。

定子和转子之间的气隙大小与电动机功率相关，由于异步电动机的转子结构较直流电动机简单，相同功率下气隙要小得多，一般在0.2～4 mm之间。一般情况下，气隙越小，定子绕组的励磁电流越小，定子侧的功率因数越高。但气隙过小也会造成装配困难，且增加高次谐波损耗和附加损耗。

4.1.2　三相异步电动机的制造

一个典型的鼠笼式三相异步电动机制造工艺包括以下几点。

(1)机加工工艺：包括转子加工、轴加工。

(2)铁芯制造工艺：包括磁极铁芯的冲片制造、冲片叠压。

(3)绕组制造工艺：包括线圈制造，绕组嵌装及其绝缘处理(包括短路环焊接)。

(4)鼠笼转子制造工艺：包括转子铁芯的叠压，转子压铸。

(5)电动机装配工艺：包括支架组件的铆压，电动机的主副定子铆压和装配等。

4.1.3　三相异步电动机的旋转磁场

在直流电动机中，定子励磁绕组通直流电，产生静止的磁场，与转子的电枢电流相互作用产生电磁转矩。而三相异步电动机的工作原理，则是基于定子旋转磁场(定子绕组内三相电流所产生的合成磁场)和转子电流(转子绕组内的电流)的相互作用。理解定子旋转磁场的产生原理是学习三相异步电动机的关键，也是进一步理解其他类型交流电机工作原理的基础。

1. 定子旋转磁场

当电动机定子绕组通以三相电流时，各相绕组中的电流都将产生自己的磁场。由于电流随时间的变化而变化，它们产生的磁场也将随时间的变化而变化，而三相电流产生的合成磁场不仅随时间的变化而变化，而且是在空间旋转的，故称为旋转磁场。

为简便起见，假设每相绕组只有一个线匝，分别嵌放在定子内圆周的6个凹槽之中。现将三相绕组的末端X、Y、Z相连，首端A、B、C接三相交流电源。三相绕组分别称为A、B、C相绕组，如图4.6所示。

定子绕组中电流的正方向规定为从首端流向末端，且 A 相绕组的电流 i_A 作为参考正弦量，即 i_A 的初相位为零，则三相绕组 A、B、C 的电流(相序为 A、B、C)的瞬时值为

$$i_A = I_m \sin\omega t \tag{4.1}$$

$$i_B = I_m \sin(\omega t - 2\pi/3) \tag{4.2}$$

$$i_C = I_m \sin(\omega t - 4\pi/3) \tag{4.3}$$

图 4.7 所示为这三相电流的波形。

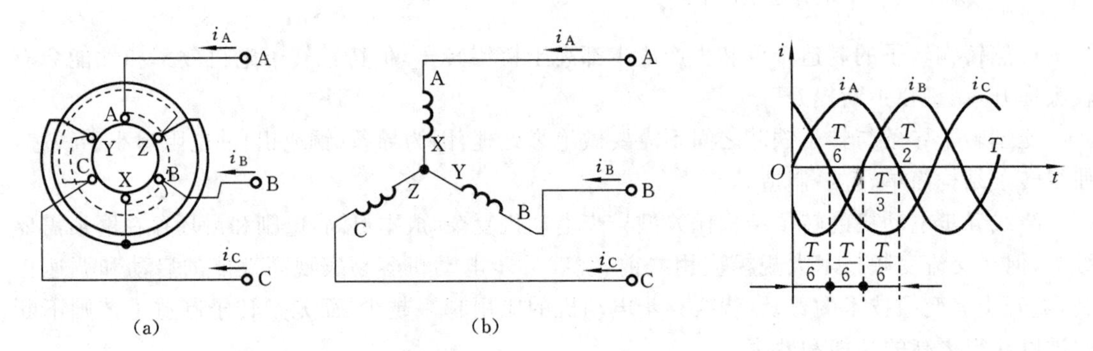

图 4.6　定子三相绕组

(a)嵌放情况；(b)星形连接图

图 4.7　三相电流波形

下面分析不同时间的合成磁场。

在 $t = 0$ 时：$i_A = 0$；i_B 为负，电流实际方向与正方向相反，即电流从 Y 端流到 B 端，i_C 为正，电流实际方向与正方向一致，即电流从 C 端流到 Z 端。

按右手螺旋法则确定三相电流产生的合成磁场，如图 4.8(a)箭头所示。

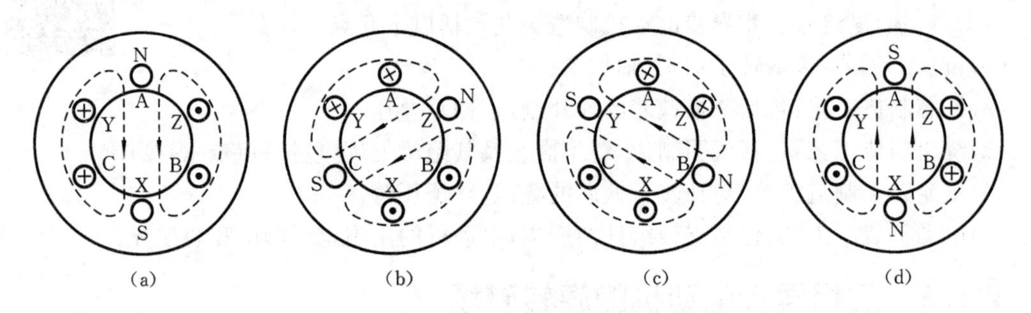

图 4.8　两极旋转磁场

(a)$t=0$；(b)$t=T/6$；(c)$t=T/3$；(d)$t=T/2$

在 $t = T/6$ 时：$\omega t = \omega T/6 = \pi/3$，$i_A$ 为正，电流从 A 端流到 X 端，i_B 为负，电流从 Y 端流到 B 端，$i_C = 0$。此时的合成磁场如图 4.8(b)所示，合成磁场已从 $t = 0$ 瞬间所在位置顺时针方向旋转了 $\pi/3$。

在 $t = T/3$ 时：$\omega t = \omega T/3 = 2\pi/3$，$i_A$ 为正，$i_B = 0$，i_C 为负。此时的合成磁场如图 4.8(c)所示，合成磁场已从 $t = 0$ 瞬间所在位置顺时针方向旋转了 $2\pi/3$。

在 $t = T/2$ 时：$\omega t = \omega T/2 = \pi$，$i_A = 0$，$i_B$ 为正，i_C 为负。此时的合成磁场如图 4.8(d)所示，合成磁场已从 $t = 0$ 瞬间所在位置顺时针方向旋转了 π。

以上分析可以说明，当三相电流随时间的变化而不断变化时，合成磁场的方向在空间也不断旋转，这样就产生了旋转磁场。

2. 旋转磁场的旋转方向

从图 4.6 和图 4.7 可见，A 相绕组内的电流超前于 B 相绕组内的电流 2π/3，而 B 相绕组内的电流又超前于 C 相绕组内的电流 2π/3，同时图 4.8 所示旋转磁场的旋转方向也是 A→B→C，即顺时针方向旋转。所以，旋转磁场的旋转方向与三相电流的相序一致。

如果将定子绕组接至电源的三根导线中的任意两根线对调，例如，将 B、C 两根线对调，如图 4.9 所示，即使 B 相与 C 相绕组中电流的相位对调，此时 A 相绕组内的电流超前于 C 相绕组内的电流 2π/3，因此，旋转磁场的旋转方向也将变为 A→C→B，逆时针方向旋转，如图 4.10 所示，即与未对调前的旋转方向相反。

由此可见，若要改变旋转磁场的旋转方向（即改变电动机的旋转方向），只要把定子绕组接到电源的三根导线中的任意两根对调即可。

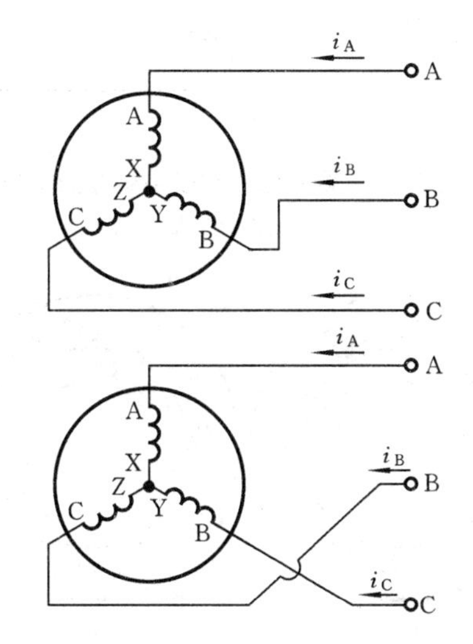

图 4.9　将 B、C 两根线对调，改变绕组中的电流相序

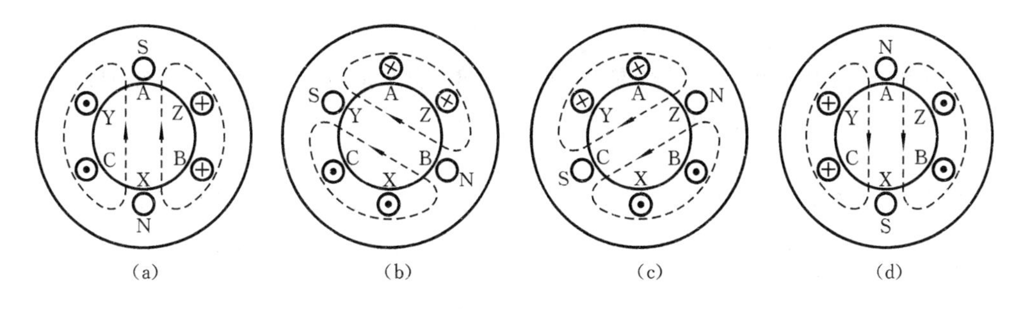

图 4.10　逆时针方向旋转的两极旋转磁场

(a)$t=0$；(b)$t=T/6$；(c)$t=T/3$；(d)$t=T/2$

3. 旋转磁场的极数与旋转速度

在交流电动机中，旋转磁场的旋转速度被称为同步转速。以上讨论的旋转磁场具有一对磁极（磁极对数用 p 表示），即 $p=1$。从上述分析可以看出，电流变化经过一个周期（变化 360°电角度），旋转磁场在空间也旋转了一周（旋转了 360°机械角度）。若电流的频率为 f，旋转磁场每分钟将旋转 $60f$ 周，以 n_0 表示旋转磁场的转速，即

$$n_0 = 60f$$

如果把定子铁芯的槽数增加 1 倍（12 个槽），制成如图 4.11 所示的三相绕组，其中，每相

绕组由两个部分串联组成，再将这三相绕组接到对称三相电源，使其通过对称三相电流(见图 4.11)，便产生具有两对磁极的旋转磁场。从图 4.12 可以看出，对应于不同时刻，旋转磁场在空间转到不同位置，此情况下电流变化半个周期，旋转磁场在空间只转过了 π/2，即 1/4 转，电流变化一个周期，旋转磁场在空间只转了 1/2 周。

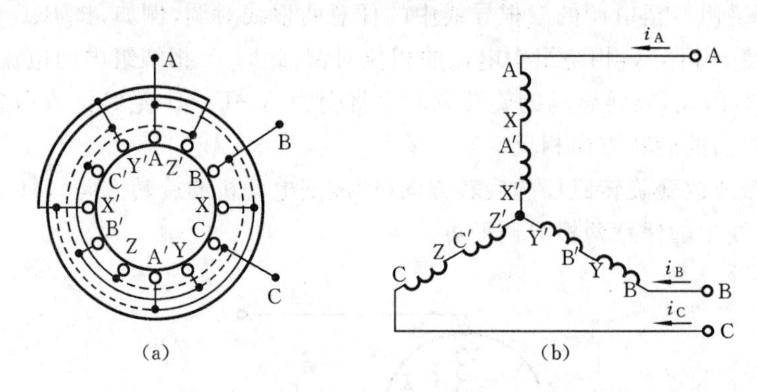

图 4.11　产生四极旋转磁场的定子绕组嵌放情况和接线图

(a)嵌放情况；(b)接线图

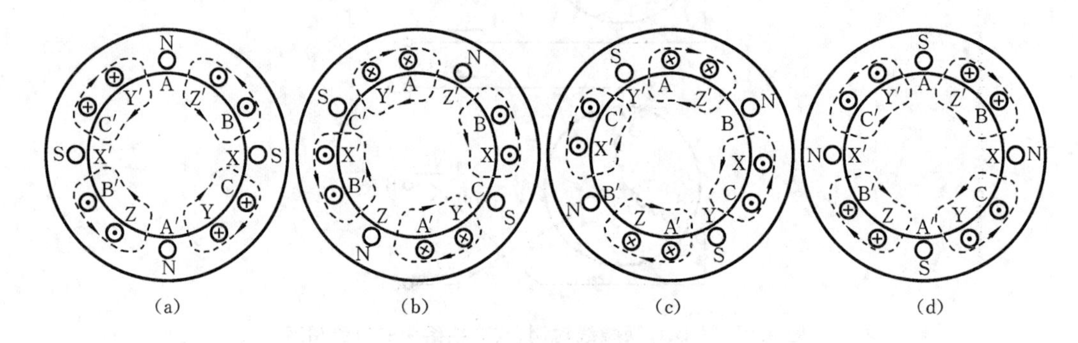

图 4.12　四极旋转磁场

(a)$t=0$；(b)$t=T/6$；(c)$t=T/3$；(d)$t=T/2$

由此可知，当旋转磁场具有两对磁极($p=2$)时，其旋转速度仅为一对磁极时的一半，即每分钟 $60f/2$ 周。依此类推，当有 p 对磁极时，其转速为

$$n_0 = 60f/p \tag{4.4}$$

所以，同步转速 n_0 与电流的频率成正比而与磁极对数成反比。在我国，因为标准工业频率(即电流频率)为 50 Hz，所以，对应于 p 等于 1、2、3、4 时，同步转速分别为 3000 r/min、1500 r/min、1000 r/min、750 r/min。

实际上，旋转磁场不仅可以由三相电流来获得，任何两相以上的多相电流，流过相应的多相绕组，都能产生旋转磁场。

4.1.4　三相异步电动机的工作原理

三相异步电动机的工作原理，基于定子旋转磁场(定子绕组内三相电流所产生的合成磁场)和转子电流(转子绕组内的电流)的相互作用。

如图 4.13(a)所示，当定子的对称三相绕组接到三相电源上时，绕组内将通过对称三相电流，并在空间产生旋转磁场，该磁场沿定子内圆周方向旋转。图 4.13(b)所示为具有一对磁极的旋转磁场，我们可以假想磁极位于定子铁芯内画有阴影线的部分。

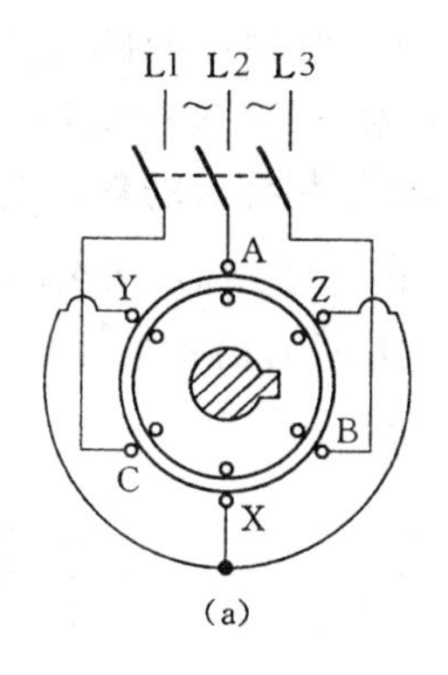

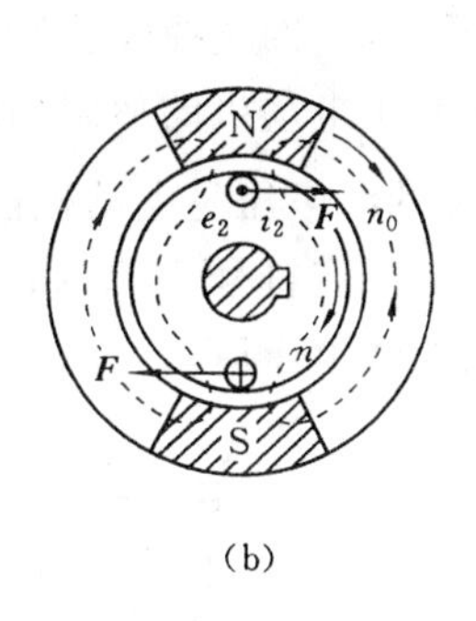

图 4.13　三相异步电动机接线图和工作原理

当磁场旋转时，转子绕组的导体切割磁通将产生感应电动势 e_2，假设旋转磁场顺时针方向旋转，则相当于转子导体向逆时针方向旋转切割磁通，根据右手定则，在 N 极下转子导体中感应电动势的方向系由图面指向读者，而在 S 极下转子导体中感应电动势方向则由读者指向图面。

由于电动势 e_2 的存在，转子绕组中将产生转子电流 i_2。根据安培电磁力定律，转子电流与旋转磁场相互作用将产生电磁力 F(其方向由左手定则决定，这里假设 i_2 和 e_2 同相)，该力在转子的轴上形成电磁转矩，且转矩的作用方向与旋转磁场的旋转方向相同，转子受此转矩作用，便按旋转磁场的旋转方向旋转起来。但是，转子的旋转速度 n（即电动机的转速）恒比同步转速 n_0 小，因为如果两种转速相等，转子和旋转磁场没有相对运动，转子导体不切割磁通，便不能产生感应电动势 e_2 和电流 i_2，也就没有电磁转矩，转子将不会继续旋转。因此，转子和旋转磁场之间的转速差是保证转子旋转的主要因素。

由于转子转速不等于同步转速，所以把这种电动机称为异步电动机，而把转速差 n_0-n 与同步转速 n_0 的比值称为异步电动机的转差率，用 S 表示，即

$$S=\frac{n_0-n}{n_0} \tag{4.5}$$

转差率 S 是分析异步电动机运行情况的主要参数。

当转子旋转时，如果在轴上加有机械负载，则电动机输出机械能。从物理本质上来分析，异步电动机的运行和变压器相似，即电能从电源输入定子绕组（原绕组），通过电磁感应的形式，以旋转磁场作媒介，传送到转子绕组（副绕组），而转子中的电能通过电磁力的作用变换成机械能输出。由于在这种电动机中，转子电流的产生和电能的传递是基于电磁感应现象的，所以异步电动机又称为感应电动机。

通常，异步电动机在额定负载时，n 接近于 n_0，转差率 S 很小，一般为 0.015～0.060。

4.2　异步电动机的连接方式和额定参数

4.2.1　定子绕组的连接方式

定子绕组的首端和末端通常都接在电动机接线盒内的接线柱上，一般按图 4.14 所示的方法排列。按照我国电工专业标准规定，定子三相绕组出线端的首端是 U1、V1、W1，末端是 U2、V2、W2。

三相电动机的定子绕组有星形(Y)和三角形(△)两种不同的接法,分别如图 4.15 和图 4.16所示。连接方式(Y 或△)的选择和普通三相负载一样,需视电源的线电压而定。如果接入电动机电源的线电压等于电动机的额定相电压(即每相绕组的额定电压),那么,它的绕组应该接成三角形;如果电源的线电压是电动机额定相电压的 $\sqrt{3}$倍,那么,它的绕组就应该接成星形。通常电动机的铭牌上标有符号△/Y 和数字 220/380,前者表示定子绕组的接法,后者表示对应于不同接法应加的线电压值。

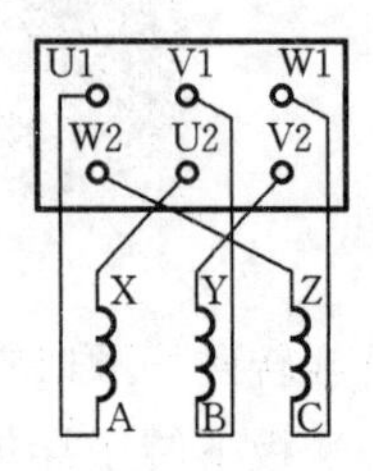

图 4.14　出线端的排列

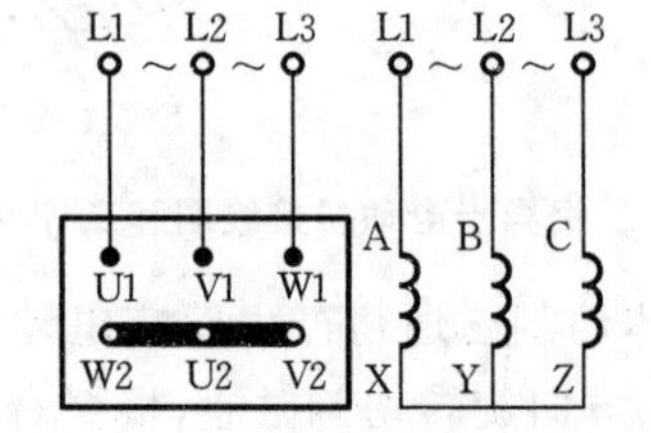

图 4.15　星形连接

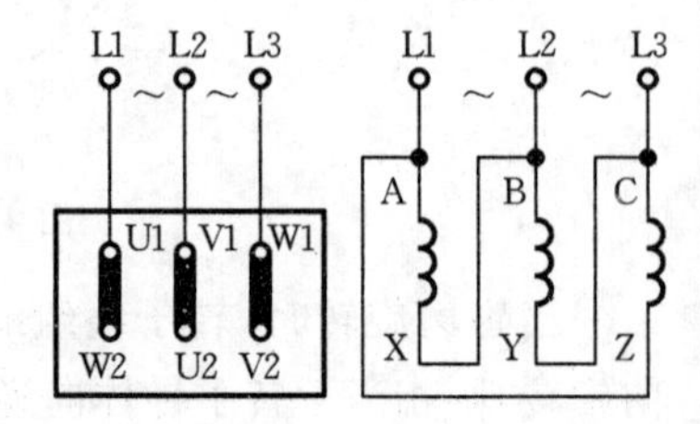

图 4.16　三角形连接

例 4.1　电源线电压为 380 V,现有两台电动机,其铭牌数据如下,试选择定子绕组的连接方式。

(1)Y90S-4,功率 1.1 kW,电压 220/380 V,连接方法△/*Y*,电流 4.67/2.7 A,转速 1400 r/min,功率因素 0.79。

(2)Y112M-4,功率 4.0 kW,电压 380/660 V,连接方法△/*Y*,电流 8.8/5.1 A,转速 1440 r/min,功率因素 0.82。

解　(1)Y90S-4 电动机应该接成星形(Y),如图 4.17(a)所示。

(2)Y112M-4 电动机应该接成三角形(△),如图 4.17(b)所示。

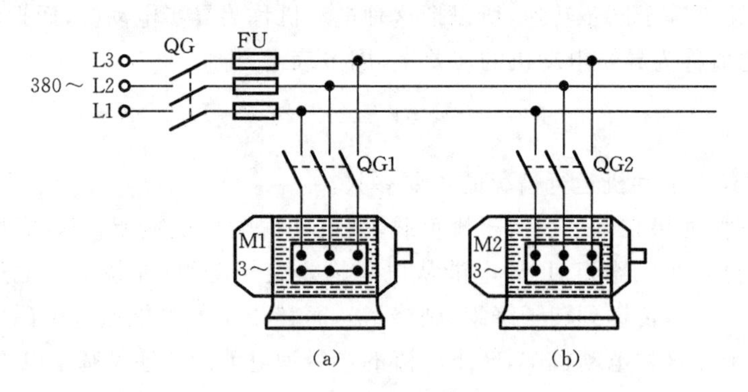

图 4.17　电动机定子绕组的连接法

(a)星形接法;(b)三角形接法

4.2.2　三相异步电动机的额定参数

在国际上,异步电动机的技术指标和特性主要由 IEC60034 标准规定,我国国家标准基本与 IEC60034 相一致。其中 IEC60034-1 定义了旋转电机的定额和性能,对应 GB 755—2008,IEC60034-12 定义了旋转电机的启动特性,IEC60034-30 定义了旋转电机的能效等级。

三相异步电动机的主要额定参数会标在铭牌上,一个具体的电动机铭牌上通常标有下列数据。

(1)型号:目前主要由电动机制造厂商自行定义。

(2)额定功率 P_N:即在额定运行情况下,电动机轴上输出的机械功率。

(3)额定电压 U_N:即在额定运行情况下,定子绕组端应加的线电压值。如果标有两种电压(例如220/380 V),则对应于定子绕组采用△/Y连接时应加的线电压值。一般规定电动机的外加电压不应高于或低于额定值的5%。

(4)额定频率 f_N:即在额定运行情况下,定子外加电压的频率(通常 $f_N = 50$ Hz)。

(5)额定电流 I_N:即在额定频率、额定电压和电动机轴上输出额定功率时,定子的线电流值。如果标有两种电流值(例如10.35/5.9 A),则对应于定子绕组为△/Y连接的线电流值。

(6)额定转速 n_N:即在额定频率、额定电压和电动机轴上输出额定功率时,电动机的转速。与此转速相对应的转差率称为额定转差率 S_N。

(7)温升(或绝缘等级):通常有A、B、F、H四级。

(8)额定效率 η_N:即在额定频率、额定电压和电动机轴上输出额定功率时,电动机输出机械功率与输入电功率之比,其表达式为

$$\eta_N = \frac{P_N}{\sqrt{3}\,U_N I_N \cos\varphi_N}$$

(9)额定功率因数 $\cos\varphi_N$:即在额定频率、额定电压和电动机轴上输出额定功率时,定子相电流与相电压之间相位差的余弦。

此外还有机座号、电动机重量、安装方式代码、防护等级代码、冷却方式代码、工作制代码等参数,相关代码含义与直流电机相同。

为了节约能源、保护环境,推广和使用高效率电动机是现今国际发展趋势,国际电工委员会IEC组织于2008年10月发布了IEC60034-30:2008《单速三相笼型感应电动机的能效分级》标准,统一了全球的电动机效率标准,将电动机能效等级分为IE1、IE2、IE3、IE4等级,其中IE1为基本效率,IE2为高效率,IE3为超高效率,IE4为更高的效率标准。我国GB 18613—2020定义了能效等级1级、2级、3级。1级对应IE4,2级对应IE3,3级对应IE2。

表4.1给出了GB 18613—2020中对15 kW和75 kW两种功率的交流异步电动机不同效率等级对应的额定效率要求。

表4.1 15 kW和75 kW的交流异步电动机不同效率等级对应的额定效率要求

额定功率/kW	额定效率/(%)											
	1级				2级				3级			
	2极	4极	6极	8极	2极	4极	6极	8极	2极	4极	6极	8极
15	94.5	95.1	94.3	92.9	93.3	93.9	92.9	91.2	91.9	92.1	91.2	89.6
75	96.5	96.7	96.3	95.3	95.6	96.0	95.4	94.2	94.7	95.0	94.6	93.1

4.2.3 三相异步电动机的能流图

三相异步电动机的功率和损耗可用图4.18所示的能流图来说明。

从电源输送到定子电路的电功率为

$$P_1 = \sqrt{3}\,U_1 I_1 \cos\varphi_1$$

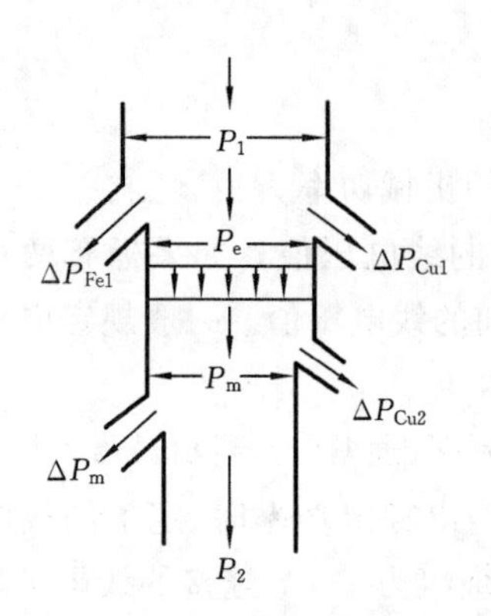

图 4.18　三相异步电动机的能流图

式中：U_1 ——定子绕组的线电压；

I_1 ——定子绕组的线电流；

$\cos\varphi_1$ ——电动机的功率因数。

P_1 为异步电动机的输入功率，其中，除去定子绕组的铜损 ΔP_{Cu1} 和定子铁芯的铁耗 ΔP_{Fe1} 外，剩下的电功率 P_e 借助于旋转磁场从定子电路传递到转子电路，这部分功率称为电磁功率。

从电磁功率中减去转子绕组的铜耗 ΔP_{Cu2}（转子铁耗忽略不计，因为转子铁芯中交变磁化的频率 f_2 是很低的）后，剩下的即转换为电动机的机械功率 P_m。

在机械功率中减去机械损失功率 ΔP_m 后，即为电动机的输出(机械)功率 P_2，异步电动机的铭牌上所标 P_2 的额定值。

输出功率与输入功率的比值称为电动机的效率，即

$$\eta = \frac{P_2}{P_1} = \frac{P_1 - \sum \Delta P}{P_1}$$

式中：$\sum \Delta P$ ——电动机的总损失功率。

电动机在轻载时效率很低，随着负载的增大，效率逐渐增高，通常在接近额定负载时，效率达到最高值。一般异步电动机的容量愈大，其效率也愈高。电动机效率的测量方法按照GB/T 1032—2020《三相异步电动机试验方法》中的方法进行测量。

若 ΔP_{Cu2} 和 ΔP_m 忽略不计，则

$$P_2 = T_2\omega \approx P_e = T\omega$$

式中：T——电动机的电磁转矩；

T_2 ——电动机轴上的输出转矩，且

$$T_2 = \frac{P_2}{\omega} = 9.55\,\frac{P_2}{n}$$

电动机的额定转矩则可由铭牌上所标的额定功率和额定转速根据该式求得。

4.3　三相异步电动机的转矩与机械特性

为了分析三相异步电动机传动系统，我们需要得到它的机械特性，为此我们首先通过分析三相异步电动机的定子、转子电路来计算其电磁转矩。

4.3.1　三相异步电动机的定子电路和转子电路

1. 定子电路的分析

三相异步电动机与变压器的电磁关系类似，定子绕组相当于变压器的原绕组，转子绕组(一般是短接的)相当于副绕组。当定子绕组接上三相电源电压(相电压为 u_1)时，则有三相电流通过(相电流为 i_1)，定子三相电流产生旋转磁场，其磁力线通过定子和转子铁芯而闭合，这磁场不仅在转子每相绕组中要产生感应电动势 e_2，而且在定子每相绕组中也要产生感应电动势 e_1（实际上三相异步电动机中的旋转磁场是由定子电流和转子电流共同产生的），如图 4.19 所示。定子和转子每相绕组的匝数分别为 N_1 和 N_2，图 4.20 为三相异步电动机的一相电

路图。

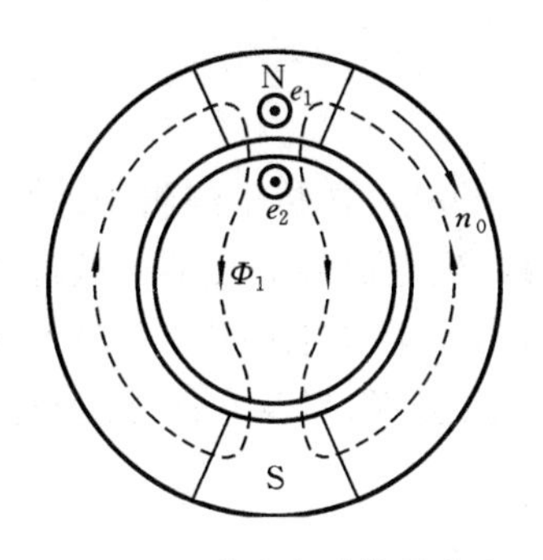

图 4.19　感应电动势的产生

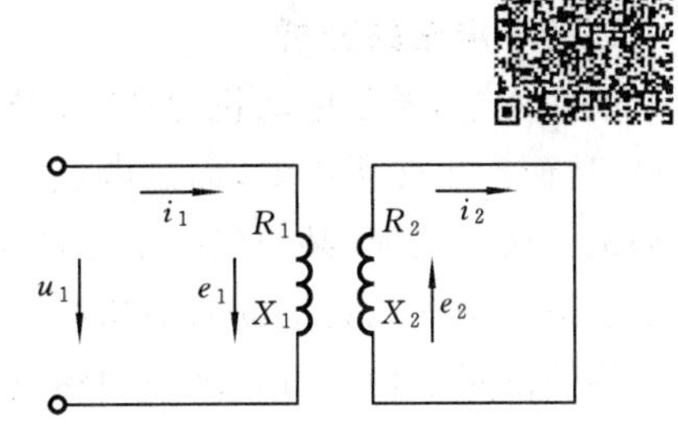

图 4.20　三相异步电动机的一相电路图

旋转磁场的磁感应强度沿定子与转子间空气隙的分布是近于按正弦规律分布的，因此，当其旋转时，通过定子每相绕组的磁通也是随时间的变化而按正弦规律变化的，即 $\varphi_1 = \Phi_m \sin\omega t$，其中，$\Phi_m$ 是通过每相绕组的磁通最大值，在数值上等于旋转磁场的每极磁通 Φ，即为空气隙中磁感应强度的平均值与每极面积的乘积。

定子每相绕组中产生的感应电动势为

$$e_1 = -N_1 \frac{d\varphi_1}{dt}$$

它也是正弦量，其有效值为

$$E_1 = 4.44 K f_1 N_1 \Phi$$

式中：f_1 —— e_1 的频率；

K——绕组系数，$K \approx 1$，常略去。

因此

$$E_1 = 4.44 f_1 N_1 \Phi \tag{4.6}$$

因为旋转磁场和定子间的相对转速为 n_0，所以

$$f_1 = \frac{p n_0}{60} \tag{4.7}$$

它等于定子电流的频率，即 $f_1 = f$。

定子电流除产生旋转磁通（主磁通）外，还产生漏磁通 Φ_{L1}。该漏磁通只围绕某一相的定子绕组，而与其他相定子绕组及转子绕组不交链。因此，在定子每相绕组中还要产生漏磁电动势 e_{L1}，有

$$e_{L1} = -L_{L1} \frac{d i_1}{dt}$$

类似于变压器原绕组的情况，加在定子每相绕组上的电压也分成三个分量，即

$$u_1 = i_1 R_1 + (-e_{L1}) + (-e_1) = i_1 R_1 + L_{L1} \frac{di_1}{dt} + (-e_1) \tag{4.8}$$

如用复数（相量式）表示，则为

$$\dot{U}_1 = \dot{I}_1 R_1 + (-\dot{E}_{L1}) + (-\dot{E}_1) = \dot{I}_1 R_1 + j\dot{I}_1 X_1 + (-\dot{E}_1) \tag{4.9}$$

式中：R_1 ——定子每相绕组的电阻；

X_1 ——定子每相绕组的漏磁感抗，$X_1 = 2\pi f_1 L_{L1}$。

由于 R_1 和 X_1（或漏磁通 Φ_{L1}）较小，其上电压降与电动势 E_1 比较起来常可忽略，于是

$$\dot{U}_1 \approx -\dot{E}_1$$
$$U_1 \approx E_1 \tag{4.10}$$

2. 转子电路的分析

如前所述,异步电动机之所以能转动,是因为定子接上电源后,在转子绕组中产生感应电动势,从而产生转子电流,而这电流同旋转磁场的磁通作用产生电磁转矩之故。因此,在讨论电动机的转矩之前,必须先弄清楚转子电路中的各个物理量——转子电动势 e_2 、转子电流 i_2 、转子电流频率 f_2 、转子电路的功率因数 $\cos\varphi_2$ 、转子绕组的感抗 X_2 以及它们之间的关系。

旋转磁场在转子每相绕组中感应出的电动势为

$$e_2 = -N_2 \frac{d\varphi_1}{dt}$$

其有效值为

$$E_2 = 4.44 f_2 N_2 \Phi \tag{4.11}$$

式中: f_2 ——转子电动势 e_2 或转子电流 i_2 的频率。

因为旋转磁场和转子间的相对转速为 $n_0 - n$,所以

$$f_2 = \frac{p(n_0 - n)}{60} = \frac{n_0 - n}{n_0} \frac{p n_0}{60} = S f_1 \tag{4.12}$$

可见转子频率 f_2 与转差率 S 有关,也就是与转速 n 有关。

在 $n=0$,即 $S=1$(电动机开始启动瞬间)时,转子与旋转磁场间的相对转速最大,转子导体被旋转磁力线切割得最快,所以这时 f_2 最高,即 $f_2 = f_1$。异步电动机在额定负载时,$S=1.5\%\sim6\%$,则$f_2=(0.75\sim3)$ Hz($f_1=50$ Hz)。

将式(4.12)带入式(4.11),得

$$E_2 = 4.44 S f_1 N_2 \Phi \tag{4.13}$$

在 $n=0$,即 $S=1$ 时,转子电动势为

$$E_{20} = 4.44 f_1 N_2 \Phi \tag{4.14}$$

这时, $f_2 = f_1$,转子电动势最大。

由式(4.13)和式(4.14)得出

$$E_2 = S E_{20} \tag{4.15}$$

可见转子电动势 E_2 和转差率 S 有关。

和定子电流一样,转子电流也要产生漏磁通 Φ_{L2} ,从而在转子每相绕组中还要产生漏磁电动势 e_{L2} ,有

$$e_{L2} = -L_{L2} \frac{di_2}{dt}$$

因此,对于转子每相电路,有

$$e_2 = i_2 R_2 + (-e_{L2}) = i_2 R_2 + L_{L2} \frac{di_2}{dt} \tag{4.16}$$

如用复数表示,则为

$$\dot{E}_2 = \dot{I}_2 R_2 + (-\dot{E}_{L2}) = \dot{I}_2 R_2 + j\dot{I}_2 X_2 \tag{4.17}$$

式中: R_2、X_2 ——转子每相绕组的电阻、漏磁感抗。

X_2 与转子频率 f_2 有关,即

$$X_2 = 2\pi f_2 L_{L2} = 2\pi S f_1 L_{L2} \tag{4.18}$$

在 $n=0$，即 $S=1$ 时，转子感抗为

$$X_{20}=2\pi f_1 L_{L2} \tag{4.19}$$

这时 $f_2=f_1$，转子感抗最大。

由式(4.18)和式(4.19)得出

$$X_2=SX_{20} \tag{4.20}$$

可见转子感抗 X_2 与转差率 S 有关。

转子每相电路的电流可由式(4.17)得出，即

$$I_2=\frac{E_2}{\sqrt{R_2^2+X_2^2}}=\frac{SE_{20}}{\sqrt{R_2^2+(SX_{20})^2}} \tag{4.21}$$

可见，转子电流 I_2 也与转差率 S 有关。当 S 增大，即转速 n 降低时，转子与旋转磁场间的相对转速 n_0-n 增加，转子导体被磁力线切割的速度提高，于是 E_2 增加，I_2 也增加。I_2 和 $\cos\varphi_2$ 与 S 的关系可用图 4.21 所示的曲线表示。当 $S=0$，即 $n_0-n=0$ 时，$I_2=0$；当 S 很小时，$R_2\gg SX_{20}$，$I_2\approx\dfrac{SE_{20}}{R_2}$，即与 S 近似地成正比；当 S 接近于 1 时，$SX_{20}\gg R_2$，$I_2\approx\dfrac{E_{20}}{X_{20}}$ 为常数。

由于转子有漏磁通 Φ_{L2}，相应的感抗为 X_2，因此 I_2 比 E_2 滞后 φ_2 角，因而转子电路的功率因数为

$$\cos\varphi_2=\frac{R_2}{\sqrt{R_2^2+X_2^2}}=\frac{R_2}{\sqrt{R_2^2+(SX_{20})^2}} \tag{4.22}$$

它也与转差率 S 有关。当 S 很小时，$R_2\gg SX_{20}$，$\cos\varphi_2\approx 1$；当 S 增大时，X_2 也增大，于是 $\cos\varphi_2$ 减小；当 S 接近于 1 时，$\cos\varphi_2\approx R_2/X_{20}$。$\cos\varphi_2$ 与 S 的关系也表示在图 4.21 中。

由上可知，转子电路的各个物理量，如电动势、电流、频率、感抗及功率因数等都与转差率有关，亦即与转速有关。

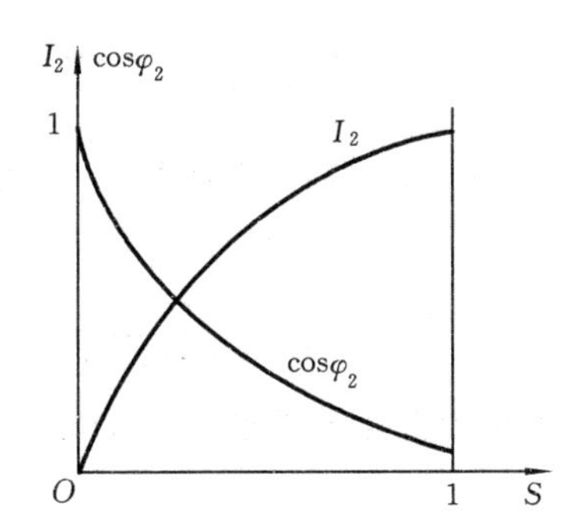

图 4.21　I_2 和 $\cos\varphi_2$ 与转差率 S 的关系

4.3.2　三相异步电动机的转矩

三相异步电动机的转矩是由旋转磁场的每极磁通 Φ 与转子电流 I_2 相互作用而产生的，它与 Φ 和 I_2 的乘积成正比。此外，它还与转子电路的功率因数 $\cos\varphi_2$ 有关，图 4.22 所示为 $\cos\varphi_2$ 对转矩的影响。图 4.22(a)所示是假设转子感抗与其电阻相比可以忽略不计，即 $\cos\varphi_2=1$ 的情况，在图中旋转磁场用虚线所示的磁极表示，根据右手定则不难确定转子导体中感应电动势 e_2 的方向(用外层记号表示)。在这种情况下，$\dot{I}_2$ 与 $\dot{E}_2$ 同相，所以，i_2 的方向(用内层的记号表示)与 e_2 的方向一致，再应用左手定则确定转子各导体受力的方向。由图可见，在 $\cos\varphi_2=1$

的情况下，所有作用于转子导体的力将产生同一方向的转矩。

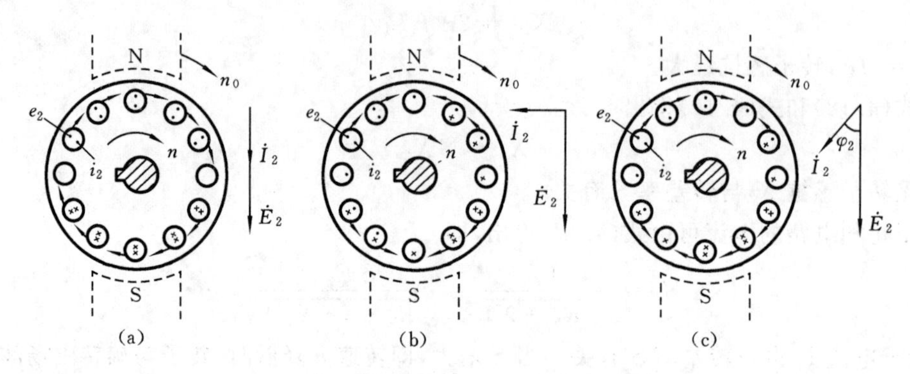

图 4.22　功率因数 $\cos\varphi_2$ 对转矩 T 的影响

(a)$\cos\varphi_2=1$；(b)$\cos\varphi_2=0$；(c)$\cos\varphi_2<1$

图 4.22(b)所示是假设转子电阻与其感抗相比可以忽略不计，即 $\cos\varphi_2=0$ 的情况，这时 $\dot{I}_2$ 与 $\dot{E}_2$ 滞后 90°。由图可见，在这种情况下，作用于转子各导体的力正好互相抵消，转矩为零。

图 4.22(c)所示是实际情况，电流 $\dot{I}_2$ 比电动势 $\dot{E}_2$ 滞后 φ_2 角，即 $\cos\varphi_2<1$。这时，各导体受力的方向不尽相同，在同样的电流和旋转磁通之下，产生的转矩较 $\cos\varphi_2=1$ 时的为小。由此可以得出

$$T=K_t\Phi I_2\cos\varphi_2 \tag{4.23}$$

式中：K_t ——仅与电动机结构有关的常数。

将式(4.14)代入式(4.21)得

$$I_2=\frac{S\times 4.44\,f_1N_2\Phi}{\sqrt{R_2^2+(SX_{20})^2}} \tag{4.24}$$

再将式(4.24)和式(4.22)代入式(4.23)，并考虑到式(4.6)和式(4.10)，则得出转矩的另一个表示式，即

$$T=K\frac{SR_2U^2}{R_2^2+(SX_{20})^2} \tag{4.25}$$

式中：K——与电动机结构参数、电源频率有关的一个常数，$K\propto 1/f_1$；

U——电源电压；

R_2 ——转子每相绕组的电阻；

X_{20} ——电动机不动($n=0$)时转子每相绕组的感抗。

4.3.3　三相异步电动机的机械特性

式(4.25)所表示的电磁转矩 T 与转差率 S 的关系 $T=f(S)$ 通常称为 T-S 曲线。

在异步电动机中，转速 $n=(1-S)n_0$，为了符合习惯画法，可将 T-S 曲线换成转速与转矩之间的关系 n-T 曲线，即 $n=f(T)$，称为异步电动机的机械特性。与直流电动机类似，它有固有机械特性和人为机械特性之分。

1. 固有机械特性

异步电动机在额定电压和额定频率下，用规定的接线方式，定子和转子电路中不串联任何

电阻或电抗时的机械特性称为固有(自然)机械特性，根据式(4.25)和式(4.5)可得到三相异步电动机的固有机械特性，如图4.23所示。从特性曲线可以看出，其上有四个特殊点可以决定特性曲线的基本形状和异步电动机的运行性能，这四个特殊点如下。

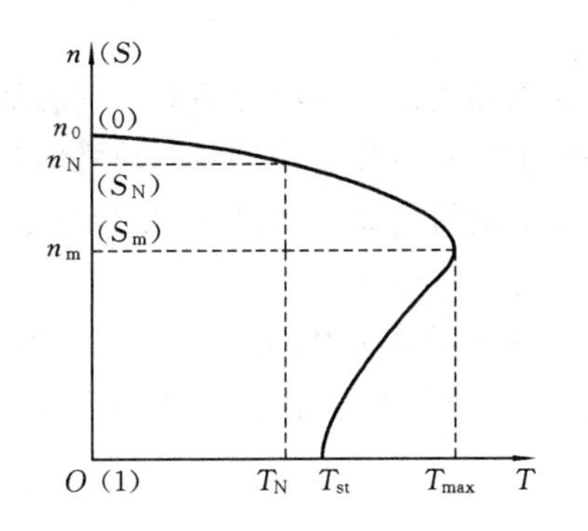

图 4.23　异步电动机的固有机械特性

(1) $T=0, n=n_0(S=0)$，为电动机的理想空载工作点，此时电动机的转速为理想空载转速 n_0。

(2) $T=T_{eN}, n=n_N(S=S_N)$，为电动机的额定工作点，此时额定电磁转矩和额定转差率分别为

$$T_{eN}=9.55\frac{P_{eN}}{n_N} \tag{4.26}$$

$$S_N=\frac{n_0-n_N}{n_0} \tag{4.27}$$

式中：P_{eN} ——电动机的额定电磁功率；

n_N ——电动机的额定转速，一般 $n_N=(0.94\sim0.985)n_0$；

S_N ——电动机的额定转差率，一般 $S_N=0.06\sim0.015$；

T_{eN} ——电动机的额定电磁转矩。

可用电动机额定转矩 $T_N=\dfrac{9.55P_N}{n_N}$ 近似替代 T_{eN}。

(3) $T=T_{st}, n=0(S=1)$，为电动机的启动工作点。

将 $S=1$ 代入式(4.25)，可得

$$T_{st}=K\frac{R_2U^2}{R_2^2+X_{20}{}^2} \tag{4.28}$$

可见，异步电动机的启动转矩 T_{st} 与 U、R_2 及 X_{20} 有关。当施加在定子每相绕组上的电压 U 降低时，启动转矩会明显减小；当转子电阻适当增大时，启动转矩会增大；而转子电抗增大时，启动转矩则会大为减小，这是我们所不需要的。通常把在固有机械特性上启动转矩与额定转矩之比 $\lambda_{st}=T_{st}/T_N$ 作为衡量异步电动机启动能力的一个重要数据，一般 $\lambda_{st}=1.0\sim1.2$。

(4) $T=T_{max}, n=n_m(S=S_m)$，为电动机的临界工作点。欲求转矩的最大值，可由式(4.25)令 $dT/dS=0$，而得临界转差率为

$$S_m=R_2/X_{20} \tag{4.29}$$

再将 S_m 代入式(4.25)，即可得

$$T_{max}=K\frac{U^2}{2X_{20}} \tag{4.30}$$

从式(4.30)和式(4.29)可看出：最大转矩 T_{max} 的大小与定子每相绕组上所加电压 U 的二次方成正比，这说明异步电动机对电源电压的波动是很敏感的。电源电压过低，会使轴上输出转矩明显下降，甚至小于负载转矩，而造成电动机停转。最大转矩 T_{max} 的大小与转子电阻 R_2 的大小无关，但临界转差率 S_m 却正比于 R_2，这对线绕式异步电动机而言，在转子电路中串接附加电阻，可使 S_m 增大，而 T_{max} 却不变。

异步电动机在运行中经常会遇到短时冲击负载，如果冲击负载转矩小于最大电磁转矩，电动机仍然能够运行，而且电动机短时过载也不会引起剧烈发热。通常把在固有机械特性上最大电磁转矩与额定转矩之比

$$\lambda_m = T_{max}/T_N \tag{4.31}$$

称为电动机的过载能力系数。它表征了电动机能够承受冲击负载的能力大小,是电动机的又一个重要运行参数。各种电动机的过载能力系数在国家标准中有规定,如普通的 Y 系列笼型异步电动机的 $\lambda_m = 2.0 \sim 2.2$,供起重机械和冶金机械用的 YZ 和 YZR 型绕线异步电动机的 $\lambda_m = 2.5 \sim 3.0$。

在实际应用中,用式(4.25)计算机械特性非常麻烦,如把它化成用 T_{max} 和 S_m 表示的形式,则方便多了。为此,用式(4.25)除以式(4.30),并代入式(4.29),经整理后就可得到

$$T = 2T_{max}/\left(\frac{S}{S_m}+\frac{S_m}{S}\right) \tag{4.32}$$

式(4.32)为转矩-转差率特性的实用表达式,也叫规格化转矩-转差率特性。

三相异步电动机可设计成不同的机械特性以满足不同的应用场合,IEC 和 NEMA 等标准化组织都给出了参考的设计类型,根据启动特性的差别,NEMA 主要定义了如下四种设计类型。

A 型:低启动转矩和高启动电流,启动速度快。

B 型:正常启动转矩和启动电流,低转差率,适用于恒速、恒转矩、不频繁启动的负载(大多数感应电动机属于此类)。

C 型:高启动转矩,正常启动电流,低转差率,适用于传送带和压缩机等负载。

D 型:高启动转矩,低启动电流,高转差率,适用于难启动和频繁启动的负载如压力机械、电梯、起重机械等。

B 型和 C 型在实际中应用最多,NEMA 的 B 型电动机对应着 IEC 的 N 型电动机,NEMA 的 C 型电动机对应着 IEC 的 H 型电动机,可根据应用场合需要选择合适的电动机类型。

2. 人为机械特性

由式(4.25)知,异步电动机的机械特性与电动机的参数有关,也与外加电源电压、电源频率有关,将关系式中的参数人为地加以改变而获得的特性称为异步电动机的人为机械特性,即改变定子电压 U、定子电源频率 f、定子电路串入电阻或电抗、转子电路串入电阻或电抗等,都可得到异步电动机的人为机械特性。

1)降低电动机电源电压时的人为机械特性

由式(4.4)、式(4.29)和式(4.30)可以看出,电压 U 的变化对理想空载转速 n_0 和临界转差率 S_m 不发生影响,但最大转矩 T_{max} 与 U^2 成正比,当降低定子电压时,n_0 和 S_m 不变,而 T_{max} 大大减小。在同一转差率情况下,人为机械特性与固有机械特性的转矩之比等于相对应电压的二次方之比。因此在绘制降低电压的人为机械特性时,是以固有机械特性为基础,在不同的 S 处,取固有机械特性上对应的转矩乘以降低电压与额定电压比值的二次方,即可得到人为机械特性,如图 4.24 所示。当 $U_a = U_N$ 时,$T_a = T_{max}$;当 $U_b = 0.8U_N$ 时,$T_b = 0.64T_{max}$;当 $U_c = 0.5U_N$ 时,$T_c = 0.25T_{max}$。可见,电压愈低,人为机械特性曲线愈往左移。异步电动机对电网电压的波动非常敏感,运行时,如电压降低太多,它的过载能力与启动转矩会大大降低,电动机甚至会发生带不动负载或者根本不能启动的现象。例如,电动机运行在额定负载 T_N 下,即使 $\lambda_m = 2$,若电网电压下降到 $70\% U_N$,则由于这时

$$T_{max} = \lambda_m T_N \left(\frac{U}{U_N}\right)^2 = 2\times 0.7^2\ T_N$$

电动机也会停转。此外,电网电压下降,在负载转矩不变的条件下,将使电动机转速下降,转差

率 S 增大，电流增加，引起电动机发热甚至被烧坏。

2)定子电路串接电阻或电抗时的人为机械特性

在电动机定子电路中串接电阻或电抗后，电动机端电压为电源电压减去定子串接电阻上或电抗上的压降，致使定子绕组相电压降低，这种情况下的人为机械特性与降低电源电压时的相似，如图 4.25 所示。图中，实线 1 为降低电源电压的人为机械特性，虚线 2 为定子电路串接电阻 R_{1s} 或电抗 X_{1s} 的人为机械特性。可以看出，定子串入 R_{1s} 或 X_{1s} 后的最大转矩要比直接降低电源电压时的最大转矩大一些，这是因为随着转速的上升和启动电流的减小，在 R_{1s} 或 X_{1s} 上的压降减小，加到电动机定子绕组上的端电压自动增大，致使最大转矩较大；而降低电源电压的人为机械特性在整个启动过程中，定子绕组的端电压是恒定不变的。

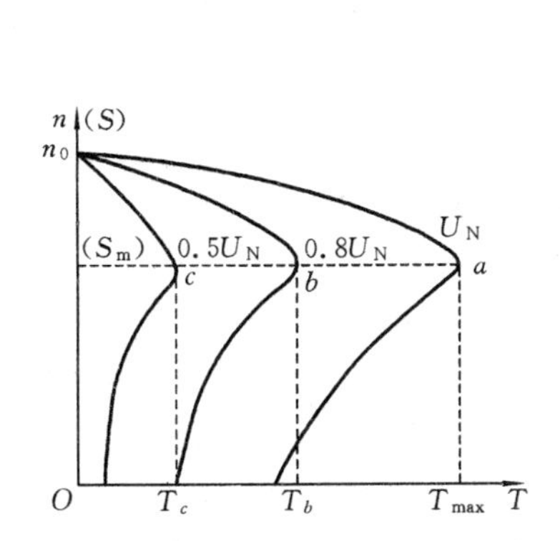

图 4.24　改变电源电压时的人为机械特性

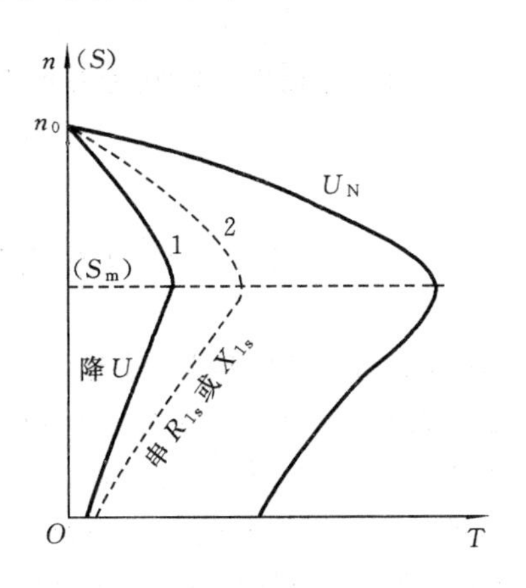

图 4.25　定子电阻串接电阻或电抗时的人为机械特性

3)改变定子电源频率时的人为机械特性

改变定子电源频率 f 对三相异步电动机机械特性的影响是比较复杂的，下面仅定性地分析 $n=f(T)$ 的近似关系。根据式(4.4)、式(4.28)至式(4.30)，并注意到上列式中 $X_{20}\propto f$，$K\propto 1/f$，且一般变频调速采用恒转矩调速，即希望最大转矩 T_{max} 保持为恒值，为此在改变频率 f 的同时，电源电压 U 也要作相应的变化，使 U/f 等于常数，这实质上是使电动机气隙磁通保持不变。在上述条件下就存在 $n_0\propto f$，$S_m\propto 1/f$，$T_{st}\propto 1/f$ 和 T_{max} 不变的关系，即随着频率的降低，理想空载转速 n_0 要减小，临界转差率要增大，启动转矩要增大，而最大转矩基本维持不变，如图 4.26 所示。

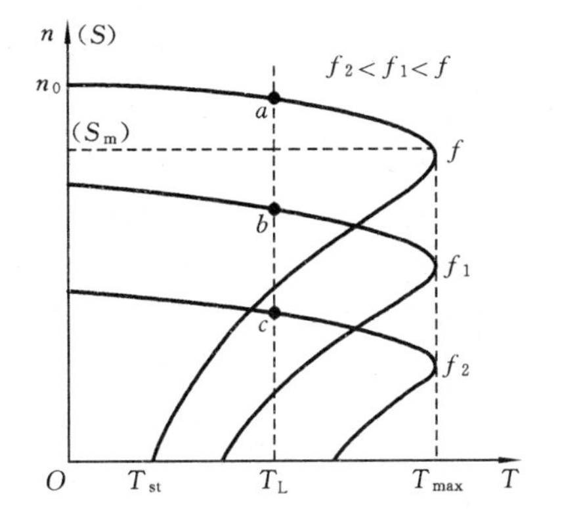

图 4.26　改变定子电源频率时的人为机械特性

4)转子电路串接电阻时的人为机械特性

在三相绕线异步电动机的转子电路中串接电阻 R_{2r}（见图 4.27(a)）后，转子电路中的电阻为 R_2+R_{2r}。由式(4.5)、式(4.29)和式(4.30)可看出，R_{2r} 的串接对理想空载转速 n_0、最大转矩 T_{max} 没有影响，但临界转差率 S_m 则随着 R_{2r} 的增大而增大，此时的人为机械特性将是比固有机械特性更软的一条曲线，如图 4.27(b)所示。

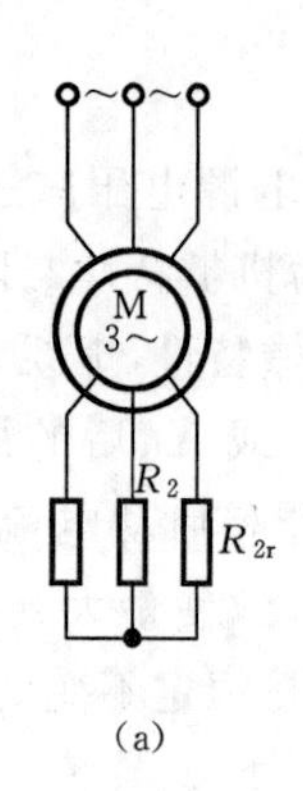

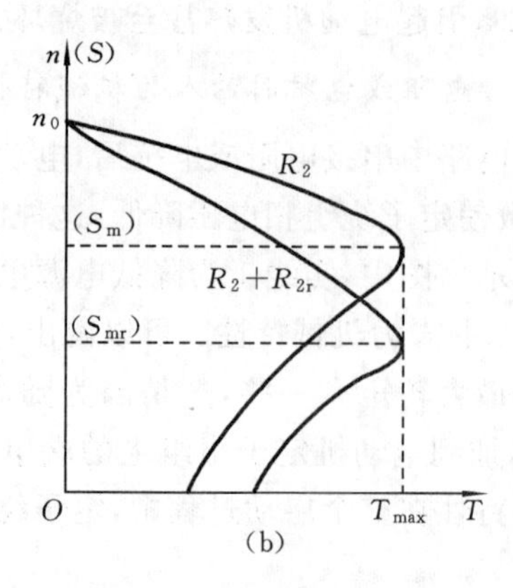

图 4.27 绕线异步电动机转子电路串接电阻时的电路原理图和人为机械特性

(a)电路原理图;(b)人为机械特性

4.4 三相异步电动机的启动特性

采用电动机拖动生产机械时,对电动机启动的主要要求如下。

(1)有足够大的启动转矩,保证生产机械能正常启动。一般场合下希望启动速度越快越好,以提高生产效率。电动机的启动转矩必须大于负载转矩,否则电动机不能启动。

(2)在满足启动转矩要求的前提下,启动电流越小越好。因为过大的启动电流冲击,对电网和电动机本身都是不利的。对电网而言,它会引起较大的线路压降,特别是电源容量较小时,电压下降太多,会影响接在同一电源上的其他负载,例如影响到其他异步电动机的正常运行甚至停止转动;对电动机本身而言,过大的启动电流将在绕组中产生较大的损耗,引起绕组发热,加速电动机绕组绝缘层老化,且在大电流冲击下,电动机绕组端部受电动力的作用,有发生位移和变形的可能,容易造成短路事故。

(3)要求启动平滑,即要求启动时平滑加速,以减小对生产机械的冲击。

(4)启动设备安全可靠,力求结构简单,操作方便。

(5)启动过程中的功率损耗越小越好。

其中,(1)和(2)是衡量电动机启动性能的两条主要技术指标。

异步电动机在接入电网启动的瞬时,由于转子处于静止状态,定子旋转磁场以最快的相对速度(即同步转速)切割转子导体,在转子绕组中感应出很大的转子电动势和转子电流,从而引起很大的定子电流。一般启动电流 I_{st} 可达额定电流 I_N 的 5～7 倍。但因启动时转差率 $S_{st}=1$,转子功率因数 $\cos\varphi_2$ 很低,因而启动转矩 $T_{st}=K_t\Phi I_{2st}\cos\varphi_{2st}$ 却不大,一般 $T_{st}=(0.8\sim1.5)T_N$。异步电动机的固有启动特性如图 4.28 所示。

显然,异步电动机的这种启动性能与生产机械对电动机的要求是相矛盾的。为了解决这个矛盾,必须根据具体情况,采取不同的启动方法。

4.4.1 笼型异步电动机的启动方法

在一定的条件下,笼型异步电动机可以直接启动,在不允许直接启动时,则采用限制启动电流的降压启动。

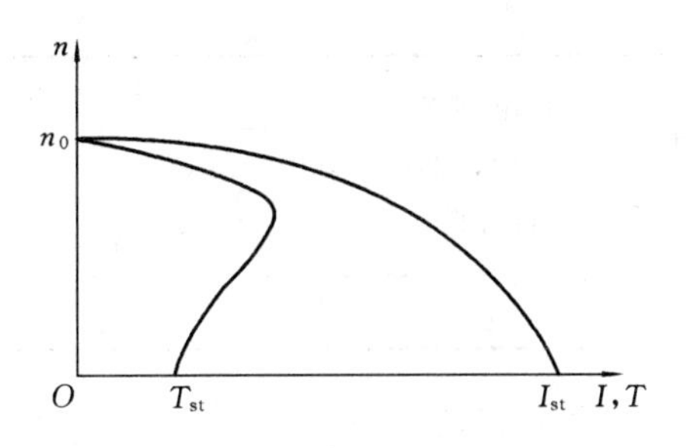

图 4.28　异步电动机的固有启动特性

1. 直接启动(全压启动)

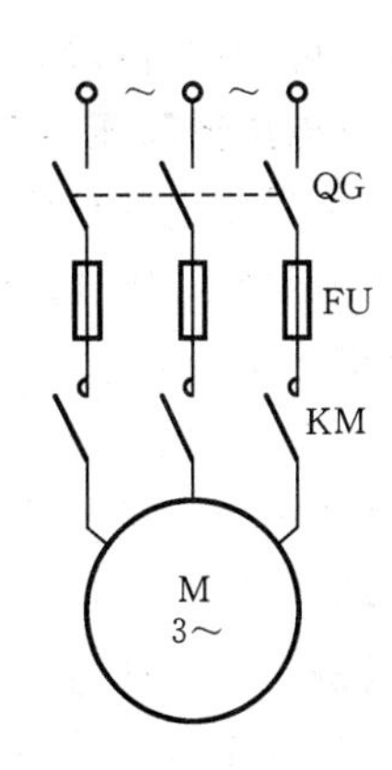

图 4.29　直接启动的电路原理图

所谓直接启动，是指将电动机的定子绕组通过断路器或接触器等开关电器直接接入电源，在额定电压下启动，图 4.29 为其电路原理图。由于直接启动的启动电流很大，因此，在什么情况下才允许采用直接启动，主要取决于电动机的功率与供电变压器的容量之比值，对此，有关供电、动力部门都有规定。一般在有独立变压器供电(即变压器供动力用电)的情况下，若电动机启动频繁，则电动机功率小于变压器容量的 20%时允许直接启动；若电动机不经常启动，则电动机功率小于变压器容量的 30%时也允许直接启动。如果在没有独立的变压器供电(即与照明共用电源)的情况下，电动机启动比较频繁，则常按经验公式来估算，满足下列关系即可直接启动：

$$\frac{\text{启动电流 } I_{st}}{\text{额定电流 } I_N} \leqslant \frac{3}{4} + \frac{\text{电源总容量}}{4 \times \text{电动机功率}} \tag{4.33}$$

例 4.2　一台要求经常启动的笼型异步电动机，其 $P_N = 20\ \text{kW}$，$I_{st}/I_N = 6.5$。如果供电变压器(电源)容量为 560 kV·A，且有照明负载，问：电动机可否直接启动？同样的 I_{st}/I_N 值，功率为多大的电动机不允许直接启动？

解　根据式(4.33)算出

$$\frac{3}{4} + \frac{560}{4 \times 20} = 7.75, \quad \frac{I_{st}}{I_N} = 6.5$$

满足式(4.33)的关系，故允许直接启动。

由 $6.5 \leqslant \frac{3}{4} + \frac{560}{4 \times P_N}$ 可算出，额定功率大于 24 kW 的电动机不允许直接启动。

笼型异步电动机直接启动的经验数据如表 4.2 所示。

表 4.2　笼型异步电动机直接启动的经验数据

供电方式	电动机的启动情况	供电网络上允许的电压降	供电变压器容量/(kV·A)					
			100	180	320	560	750	1000
			直接启动电动机的最大功率/kW					
动力与照明混合	经常启动	2%	4.2	7.5	13.3	23	31	42
	不经常启动	4%	8.4	15	27	47	62	84

续表

供电方式	电动机的启动情况	供电网络上允许的电压降	供电变压器容量/(kV·A)					
			100	180	320	560	750	1000
			直接启动电动机的最大功率/kW					
动力专用	—	10%	21	37	66	116	155	210

直接启动因无须附加启动设备,且操作和控制简单、可靠,所以,在条件允许的情况下应尽量采用。考虑到目前在大中型厂矿企业中,变压器容量已足够大,因此,绝大多数中、小型笼型异步电动机都可采用直接启动。

2. 电阻或电抗器降压启动

图 4.30 为异步电动机采用定子串接电阻或电抗器的降压启动电路原理图。启动时,接触器 KM1 断开,KM 闭合,将启动电阻 R_{st} 串接于定子电路,使启动电流减小;待转速上升到一定程度后再将 KM1 闭合,R_{st} 被短接,电动机接上全部电压而趋于稳定运行。

这种启动方法的缺点如下。

(1)启动转矩随定子电压的二次方关系下降,其机械特性如图 4.25 所示,故它只适用于空载或轻载启动的场合。

(2)不经济。在启动过程中,电阻器上消耗能量大,不适用于经常启动的电动机,若采用电抗器代替电阻器,则所需设备费较贵,且体积大。

3. Y-△降压启动

图 4.31 所示为 Y-△降压启动电路原理图。启动时,接触器 KM 和 KM1 闭合,KM2 断开,将定子绕组接成星形;待转速上升到一定程度后再将 KM1 断开,KM2 闭合,将定子绕组接成三角形,电动机启动过程完成而转入正常运行。这适用于运行时定子绕组接成三角形的情况。

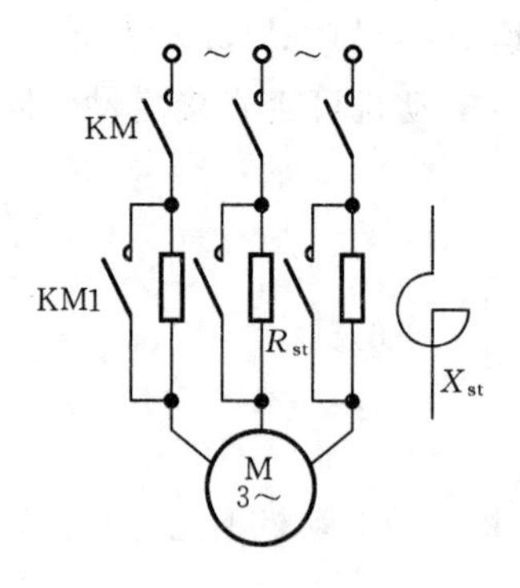

图 4.30 定子串接电阻或电抗的降压启动电路原理图

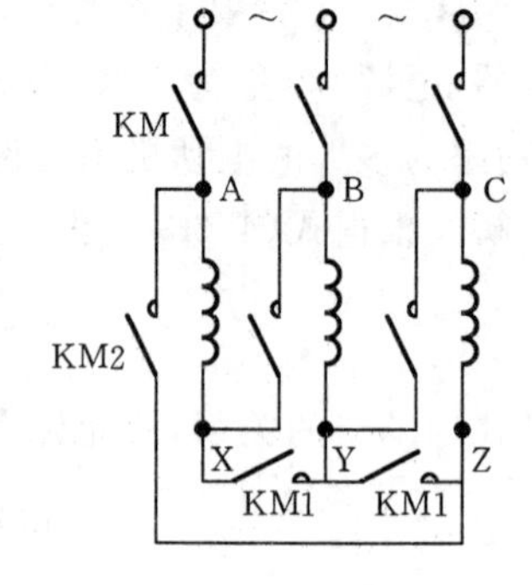

图 4.31 Y-△降压启动电路原理图

设 U_1 为电源线电压,I_{stY} 及 $I_{st\triangle}$ 为定子绕组分别接成星形及三角形的启动电流(线电流),Z 为电动机在启动时每相绕组的等效阻抗,则有

$$I_{stY} = U_1/\sqrt{3}Z, \quad I_{st\triangle} = \sqrt{3}U_1/Z$$

所以 $I_{stY} = I_{st\triangle}/3$,即定子绕组接成星形时的启动电流等于接成三角形时启动电流的 1/3,而接成星形时的启动转矩 $T_{stY} \propto \left(\frac{U_1}{\sqrt{3}}\right)^2 = U_1^2/3$,接成三角形时的启动转矩 $T_{st\triangle} \propto U_1^2$,所以,

$T_{stY} = T_{st\triangle}/3$，即星形连接降压启动时的启动转矩只有三角形连接直接启动时的1/3。

Y-△降压启动除了可用接触器控制外，还有一种专用的手操式Y-△启动器。

Y-△降压启动的优点是设备简单、经济、启动电流小，缺点是启动转矩小，且启动电压不能按实际需要调节，故只适用于空载或轻载启动的场合，并只适用于正常运行时定子绕组按三角形连接的异步电动机。由于这种方法应用广泛，我国规定4 kW及以上的三相异步电动机，其定子额定电压为380 V，连接方法为三角形连接。当电源线电压为380 V时，它们就能采用Y-△降压启动。

4. 自耦变压器降压启动

图4.32(a)为自耦变压器降压启动的电路原理图。启动时KM1、KM2闭合，KM断开，三相自耦变压器T的三个绕组接成星形，并与三相电源相接，使接于自耦变压器副边的电动机降压启动，当转速上升到一定值后，KM1、KM2断开，自耦变压器T被切除，同时KM闭合，电动机接上全电压运行。

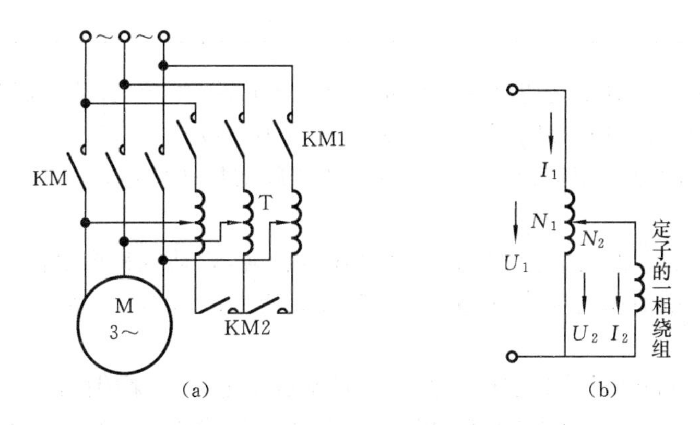

图4.32　自耦变压器降压启动电路原理图和一相电路图

(a)电路原理图；(b)一相电路

图4.32(b)所示为自耦变压器启动时的一相电路。由变压器的工作原理知，此时，副边电压与原边电压之比为$K = U_2/U_1 = N_2/N_1 < 1$，$U_2 = KU_1$，启动时加在电动机定子每相绕组的电压是全压启动时的K倍，因而电流I_2也是全压启动时的K倍，即$I_2 = KI_{st}$（注意，I_2为变压器副边电流，I_{st}为全压启动时的启动电流）。而变压器原边电流$I_1 = KI_2 = K^2 I_{st}$，即此时从电网吸取的电流I_1是直接启动时电流I_{st}的K^2倍。这与Y-△降压启动时的情况一样，只是在Y-△降压启动时的$K = 1/\sqrt{3}$为定值，而自耦变压器启动时的K是可调节的，这就是此种启动方法优于Y-△降压启动方法之处，当然它的启动转矩也是全压启动时的K^2倍。这种启动方法的缺点是变压器的体积大、重量重、价格高、维修麻烦，且启动时自耦变压器处于过电流（超过额定电流）状态下运行，因此，不适于启动频繁的电动机。它在启动不太频繁、要求启动转矩较大、容量较大的异步电动机上应用较为广泛。通常把自耦变压器的输出端做成固定抽头（一般有K=80%、65%和50%三种，可根据需要选择输出电压），连同转换开关（见图4.32中的KM、KM1和KM2）和保护用的继电器等组合成一个设备，称为启动补偿器。

为了便于根据实际要求选择合理的启动方法，现将上述几种常用启动方法的启动电压、启动电流和启动转矩的相对值列于表4.3。

表 4.3　笼型异步电动机几种常用启动方法的比较

启动方法	启动电压相对值 $K_U=\frac{U_{st}}{U_N}$	启动电流相对值 $K_I=\frac{I'_{st}}{I_{st}}$	启动转矩相对值 $K_T=\frac{T'_{st}}{T_{st}}$
直接(全压)启动	1	1	1
定子电路串电阻或电抗器降压启动	0.80	0.80	0.64
	0.65	0.65	0.42
	0.50	0.50	0.25
Y-△降压启动	0.57	0.33	0.33
自耦变压器降压启动	0.80	0.64	0.64
	0.65	0.42	0.42
	0.50	0.25	0.25

表中，U_N、I_{st} 和 T_{st} 分别为电动机的额定电压、全压启动时的启动电流和启动转矩，其数值可从电动机的产品目录中查到；U_{st}、I'_{st} 和 T'_{st} 分别为按各种方法启动时实际加在电动机上的线电压、实际启动电流(对电网的冲击电流)和实际的启动转矩。

5. 软启动器

上述的几种常用启动方法都是有级(一级)降压启动，启动过程中电流有两次冲击，其幅值比直接启动时电流(见图 4.33 曲线 1)低，而启动过程略长(见图 4.33 曲线 2)。

现代带电流闭环的电子控制软启动器可以限制启动电流并保持恒值，直到转速升高后电流自动衰减下来(见图 4.33 曲线 3)，启动时间也短于一级降压启动。主电路采用晶闸管交流调压器，用连续地改变其输出电压来保证恒流启动，稳定运行时可用接触器给晶闸管旁路，以免晶闸管不必要地长期工作。视启动时所带负载的大小，启动电流可在(0.5～4)I_N之间调整，以获得最佳的启动效果，但无论如何调整都不宜满载启动。负载略重或静摩擦转矩较大时，可在启动时突加短时的脉冲电流，以缩短启动时间。软启动的功能同样也可以用于制动，以实现软停车。基于电力电子器件的软启动器实物如图 4.34 所示。

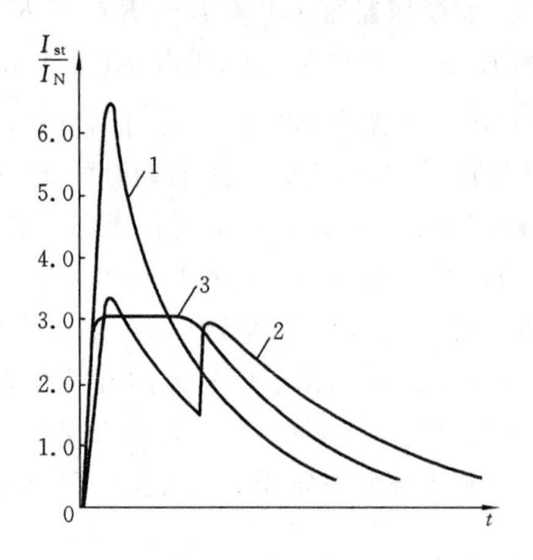

图 4.33　异步电动机启动过程与电流冲击的关系曲线

1—直接启动；2—一级降压启动；3—软启动

图 4.34　软启动器实物图

随着现代电力电子技术和微电子技术的迅速发展，以及生产机械对三相笼型异步电动机启动性能和工作性能上要求的不断提高，采用高性能变频器对三相笼型异步电动机供电已日趋广泛。在这种情况下，三相笼型异步电动机的启动就变得相当容易：只要通过控制施加到电动机定子绕组上电压的频率和幅值，就可快速、平滑地启动。

4.4.2　绕线异步电动机的启动方法

笼型异步电动机的启动转矩小，启动电流大，不能满足某些生产机械高启动转矩、低启动电流的要求。而绕线异步电动机由于能在转子电路中串接电阻，因此具有较大的启动转矩和较小的启动电流，即具有较好的启动特性。

在转子电路中串接电阻的启动方法常用的有逐级切除启动电阻法和频敏变阻器启动法。

1. 逐级切除启动电阻法

逐级切除启动电阻的方法与他励直流电动机逐级切除启动电阻方法的目的和启动过程相似，主要是为了使整个启动过程中电动机能保持较大的加速转矩。启动电路原理图为图 4.35(a)：启动开始时，触点 KM1、KM2、KM3 均断开，启动电阻全部接入，KM 闭合，将电动机接入电网。电动机的机械特性如图 4.35(b)中曲线 Ⅲ 所示，初始启动转矩为 T_A，加速转矩 $T_{a1} = T_A - T_L$，这里 T_L 为负载转矩。在加速转矩的作用下，转速沿曲线 Ⅲ 上升，轴上输出转矩相应下降，当转矩下降至 T_B 时，加速转矩下降到 $T_{a2} = T_B - T_L$。这时，为了使系统保持较大的加速度，让 KM3 闭合，各相电阻中的 R_{st3} 被短接(或切除)，启动电阻由 R_3 减为 R_2，电动机的机械特性由曲线 Ⅲ 变化到曲线Ⅱ。只要 R_2 的大小选择得合适，并掌握好切除时间，就能保证在电阻刚被切除的瞬间电动机轴上输出转矩重新回升到 T_A，即使电动机重新获得最大的加速转矩。以后各段电阻的切除过程与上述相似，直到转子电阻全部被切除，电动机稳定运行在固有机械特性曲线(即图中曲线Ⅳ)相应于负载转矩 T_L 的点 9 上，启动过程结束。

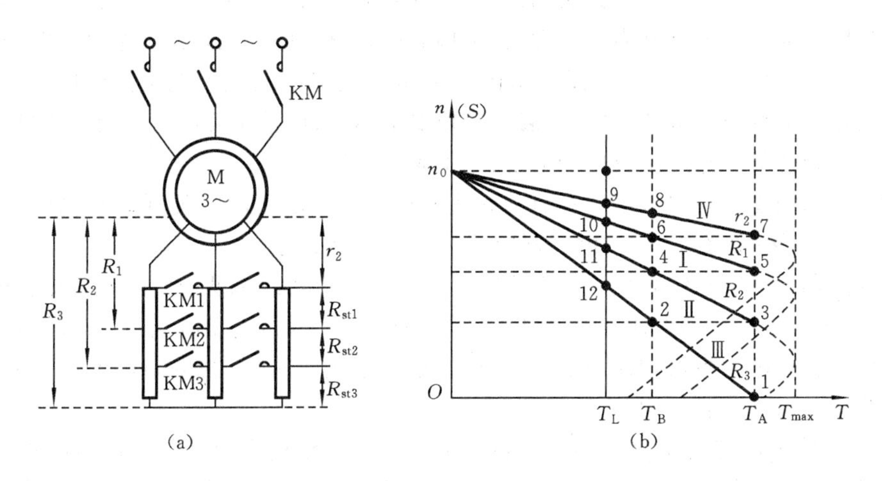

图 4.35　逐级切除启动电阻的电路原理图和机械特性

(a)电路原理图；(b)机械特性

2. 频敏变阻器启动法

采用逐级切除启动电阻法来启动绕线异步电动机时，可以由手动操作“启动变阻器”或“鼓形控制器”来切除电阻，也可以用继电器-接触器自动切换电阻。前者很难实现较理想的启动，且对提高劳动生产率、减轻劳动强度不利；后者则增加了附加设备等费用，且维修较麻烦。因此，单从启动而言，逐级切除启动电阻的方法不是很好的方法。若采用频敏变阻器来启动绕线异步电动机，则既可自动切除启动电阻，又不需要控制电器。

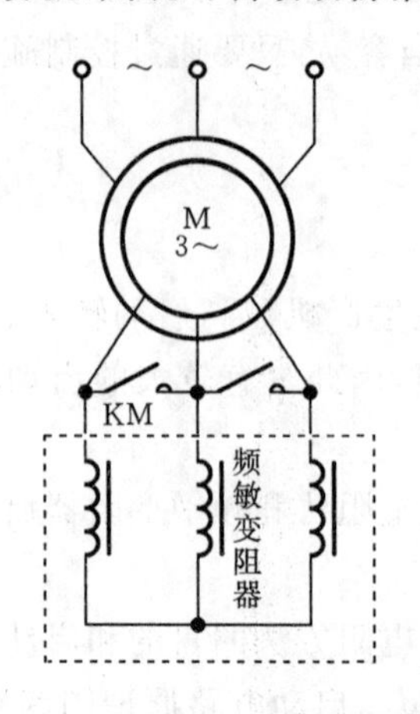

图 4.36　频敏变阻器电路原理图

频敏变阻器实质上是一个铁芯损耗很大的三相电抗器，铁芯由一定厚度的多块实心铁板或钢板叠成，一般做成三柱式，每柱上绕有一个线圈，三相线圈连成星形，然后接到绕线异步电动机的转子电路中，如图 4.36 所示。

在频敏变阻器的线圈中通过转子电流，它在铁芯中产生交变磁通，在交变磁通的作用下，铁芯中就会产生涡流，涡流使铁芯发热。从电能损失的观点来看，这和电流通过电阻发热而损失电能一样，所以，可以把涡流的存在看成是一个电阻 R。另外，铁芯中交变的磁通又在线圈中产生感应电动势，阻碍电流流通，因而有感抗 X(即电抗)存在。所以，频敏变阻器相当于电阻 R 和电抗 X 的并联电路。启动过程中频敏变阻器内的实际电磁过程如下：一方面，启动开始时，$n=0$，$S=1$，转子电流的频率($f_2=Sf$)高，铁耗大(铁耗与 f_2^2 成正比)，相当于 R 大，且 $X\propto f_2$，所以 X 也很大，即等效阻抗大，从而限制了启动电流；另一方面，由于启动时铁耗大，频敏变阻器从转子取出的有功电流也较大，从而提高了转子电路的功率因数，增大了启动转矩。随着转速的逐步上升，转子频率 f_2 逐渐下降，从而使铁耗减小，感应电动势也减小，即由 R 和 X 组成的等效阻抗逐渐减小，这就相当于启动过程中逐渐自动切除电阻和电抗。当转速 $n=n_N$ 时，f_2 很小，R 和 X 近似为零，这相当于转子被短路，启动完毕，进入正常运行。这种电阻和电抗对频率的"敏感"特性，就是"频敏变阻器"名称的由来。

和逐级切除启动电阻的启动方法相比，频敏变阻器启动法的主要优点是：具有自动平滑调节启动电流和启动转矩的良好启动特性，且结构简单，运行可靠，无须经常维修。它的缺点是：功率因数低(一般为 0.3～0.8)，因而启动转矩的增大受到限制，且不能用做调速电阻。因此，频敏变阻器用于对调速没有什么要求、启动转矩要求不大、经常正反向运转的绕线异步电动机的启动是比较合适的。它广泛应用于冶金、化工等传动设备上。

我国生产的频敏变阻器有不经常启动和重复短时工作制启动两类，前者在启动完毕后要用接触器 KM 短接(见图 4.36 中虚线框内部分)，后者则不需要。

频敏变阻器的铁芯和铁轭间设有气隙，在绕组上留有几组抽头，改变气隙大小和绕组匝数，用以调整电动机的启动电流和启动转矩，匝数少、气隙大时，启动电流和启动转矩都大。

为了使单台频敏变阻器的体积不至于过大、重量不至于过重，当电动机容量较大时，可以采用多台频敏变阻器串联使用。

由以上分析可知，普通笼型异步电动机的最大优点是结构简单，运行可靠，缺点是启动性能差，很难适应启动频繁且需较大启动转矩的生产机械(主要是起重运输机械和冶金企业中的各种辅助机械)的要求，而特殊笼型电动机可以满足对启动的要求。对特殊笼型电动机有兴趣的读者，可以阅读有关文献。

4.5　三相异步电动机的调速方法与特性

由式(4.4)和式(4.5)可以得到

$$n = n_0(1-S) = \frac{60f}{p}(1-S) \tag{4.34}$$

由式(4.34)可知，异步电动机在一定负载稳定运行的条件（$T = T_L$）下，欲得到不同的转速 n，其调速方法有变极对数 p、变转差率 S（即改变电动机机械特性的硬度）和变电源频率 f 等。交流调速的分类如下：

- 交流调速
  - 变极对数调速——改变笼型异步电动机定子绕组的极对数
  - 变转差率调速
    - 调压调速——改变定子电压
    - 转子电路串接电阻调速——绕线异步电动机转子电路串接电阻
    - 串级调速——绕线异步电动机转子电路串接电动势
    - 电磁转差离合器调速——滑差电动机调速
  - 变频调速——改变定子电源的频率

在以上三种调速方法中，变极对数调速是有级的。变转差率调速不用调节同步转速，低速时电阻能耗大，效率较低；只有串级调速情况下，转差功率才得以利用，效率较高。变频调速要调节同步转速，可以从高速到低速都保持很小的转差率，效率高，调速范围大，精度高，是交流电动机一种比较理想的调速方法。本节只介绍异步电动机几种调速方法的基本原理与特性，有关调速系统的内容将在第10章介绍。

4.5.1　变极对数调速

在生产中，有些生产机械并不需要连续平滑调速，只需要几种特定的转速就可以了，而且对启动性能也没有太高要求，一般只在空载或轻载下启动。在这种情况下采用变极对数调速的多速笼型异步电动机是合理的。

根据式(4.4)，同步转速 n_0 与极对数 p 成反比，故改变极对数 p 即可改变电动机的转速。

下面以单绕组双速电动机为例，对改变极对数调速的原理进行分析。如图4.37所示，为简便起见，将一个线圈组集中起来用一个线圈代表。单绕组双速电动机的定子每相绕组由两个相等圈数的“半绕组”组成。如图4.37(a)所示，两个“半绕组”串联，其电流方向相同；如图4.37(b)所示，两个“半绕组”并联，其电流方向相反。它们分别代表两种极对数，即 $2p = 4$ 与 $2p = 2$。可见，改变极对数的关键在于使每相定子绕组中一半绕组内的电流改变方向，即可用改变定子绕组的接线方式来实现。若在定子上装两套独立绕组，各自具有所需的极对数，两套独立绕组中每套又可以有不同的连接，这样就可以分别得到双速、三速或四速等电动机，通称为多速电动机。

注意，多速电动机的调速性质也与连接方式有关，如将定子绕组由Y连接改成YY连接（见图4.38(a)），即每相绕组由串联改成并联，则极对数减少了一半，故 $n_{YY} = 2n_Y$。可以证明，此时转矩维持不变，而功率增加了一倍，即属于恒转矩调速；而当定子绕组由△连接改成YY连接（见图4.38(b)）时，极对数也减少了一半，即 $n_{YY} = 2n_\triangle$。也可以证明，此时功率基本维持不变，而转矩约减小了一半，即属于恒功率调速。

另外，极对数的改变，不仅使转速发生了改变，而且使三相定子绕组中电流的相序也改变了。为了改变极对数后仍能维持原来的转向不变，必须在改变极对数的同时，改变三相绕组接线的相序，如图4.38所示，将B相和C相对换一下。这是设计变极对数调速电动机控制线路时应注意的一个问题。

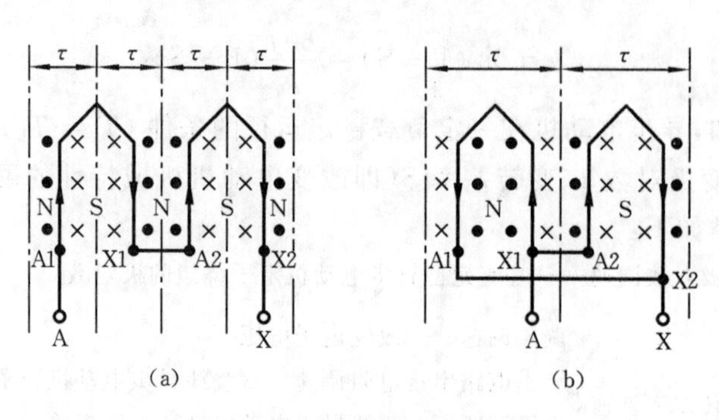

图 4.37 变极对数调速原理图

(a)串联 $2p=4$;(b)并联 $2p=2$

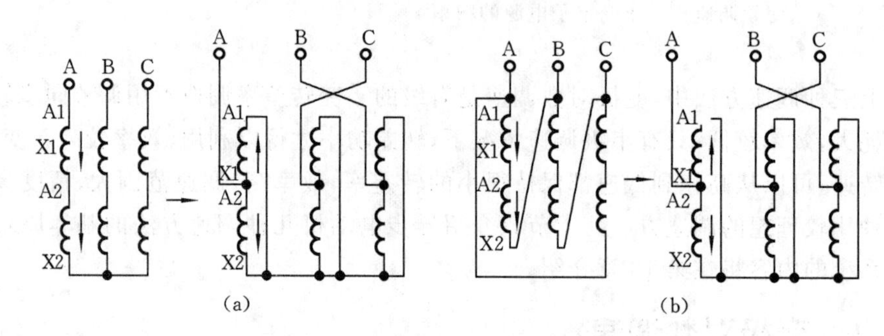

图 4.38 单绕组双速电动机的极对数变换

(a)Y→YY;(b)△→YY

多速电动机启动时宜先接成低速,再换接为高速,这样可获得较大的启动转矩。

多速电动机虽体积稍大,价格稍高,只能有级调速,但结构简单,效率高,特性好,且调速时所需附加设备少,因此,仍有较多应用。

4.5.2 变转差率调速

1. 调压调速

1)异步电动机调压特性

把图 4.24 所示的改变电源电压时的人为机械特性重画在图 4.39(a)中,可见,电压改变时,T_{max} 变化,而 n_0 和 S_m 不变。对于恒转矩性负载 T_L,由机械特性曲线 1 与不同电压下电动机机械特性的交点,可以得到点 a、b、c 所决定的速度,其调速范围很小,没有多大实用价值。若电动机拖动离心式通风机型负载曲线 2 与不同电压下机械特性的交点为 d、e、f,则可以看出,调速范围稍大。但是,随着电动机转速的降低,会引起转子电流相应增大,可能引起过热而损坏电动机。所以,为了使电动机能在低速下稳定运行又不致过热,要求电动机转子绕组有较高的电阻,故应选用高转差率电动机,它具有如图 4.39(b)所示的机械特性。这种调速方法能够无级调速,但当降低电压时,转矩按电压的二次方比例减小,所以,调速范围不大。值得注意的是,这种软机械特性的电动机除运行效率较低外,在低速运行时工作点还不易稳定,如图 4.39(b)中的点 c。要提高调压调速机械特性的硬度,就要采用速度闭环控制系统。

2)异步电动机调压调速时的损耗及容量限制

根据异步电动机的运行原理,当电动机定子接入三相电源后,定子绕组中建立的旋转磁场

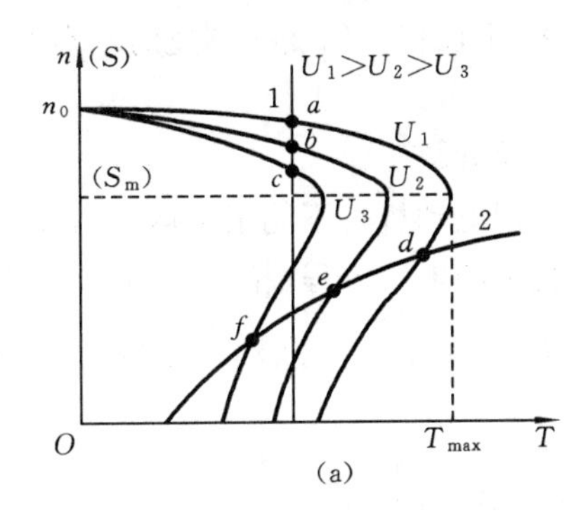

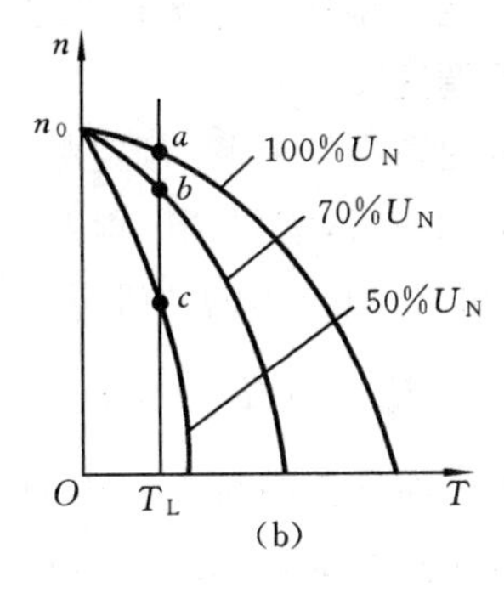

图 4.39　异步电动机调压时的机械特性

(a)普通异步电动机;(b)高转差率异步电动机

在转子绕组中感应出电流,二者相互作用产生转矩 T。这个转矩将转子加速直到最后稳定运转在低于同步转速 n_0 的某一速度 n 为止。由于旋转磁场和转子具有不同的速度,因此,传到转子上的电磁功率

$$P_e = Tn_0/9550$$

与转子轴上产生的机械功率

$$P_m = Tn/9550$$

之间存在功率差

$$P_n = P_e - P_m = T\frac{n_0 - n}{9550} = SP_e \tag{4.35}$$

这个功率称为转差功率,它将通过转子导体发热而消耗掉。由式(4.35)亦可看出,在较低转速时,转差功率将很大,所以,这种调压调速方法不太适合于长期工作在低速的工作机械。如仍要用于这种机械,电动机容量就应适当大一些的。

另外,如果负载具有转矩随转速降低而减小的特性(如通风机类型的工作机械 $T_L = Kn^2$),则当向低速方向调速时转矩减小,电磁功率及输入功率也减小,从而转差功率较恒转矩负载时小得多。因此,定子调压调速的方法特别适合于通风机及泵类等机械。

2. 转子电路串接电阻调速

转子电路串接电阻调速的电路原理图和机械特性与图 4.35 所示的相同。从图中可看出,绕线异步电动机转子电路串接不同的电阻时,其 n_0 和 T_{max} 不变,但 S_m 随附加电阻的增大而增大。对于恒转矩负载 T_L,由负载特性曲线与所串接的不同附加电阻下电动机机械特性的交点(点 9、10、11 和 12 等)可知,随着附加电阻的增大,电动机的转速降低。

当然,这种调速方法只适用于绕线异步电动机,其启动电阻可兼作调速电阻用,不过此时要考虑稳定运行时的发热,应适当增大电阻的容量。

转子电路串接电阻时,调速简单可靠,但它是有级调速。随转速降低,特性变软。转子电路电阻损耗与转差率成正比,低速时转差功率 SP_e 大,损耗大。所以,这种调速方法大多用在重复短期运转的生产机械中,如用在起重运输设备中。

4.5.3　变频调速

由式(4.4)和图 4.26 可以看出,异步电动机的转速 n 正比于定子电源的频率 f_1,若连续调节定子电源频率 f_1,即可连续地改变电动机的转速 n。变频调速是目前交流电动机调速的

一种主要方法。变频调速的方案现在已有很多,下面仅介绍变频调速的基本方法。

1. 变压变频调速

变压变频调速适合于基频(额定频率 f_{1N})以下调速。

在基频以下调速时,需要调节电源电压,否则电动机将不能正常运行,其理由如下。

由式(4.9)知,三相异步电动机每相定子绕组的电压方程(相量式)为

$$\dot{U}_1 = -\dot{E}_1 + \dot{I}_1 R_1 + \mathrm{j}\,\dot{I}_1 X_1 = -\dot{E}_1 + \dot{I}_1 (R_1 + \mathrm{j}X_1) = -\dot{E}_1 + \dot{I}_1\,\dot{Z}_1$$

$\dot{I}_1\,\dot{Z}_1$ 为定子电流在绕组阻抗上产生的电压降。

电动机在额定运行时,$I_1 Z_1 \ll U_1$,所以有式(4.10),即

$$U_1 \approx E_1 = 4.44\, f_1 N_1 \Phi_m \tag{4.36}$$

由式(4.36)有

$$\Phi_m \approx \frac{1}{4.44\, N_1}\frac{U_1}{f_1} = K\frac{U_1}{f_1} \tag{4.37}$$

由于电源电压通常是恒定的,即 U_1 为恒定,可见,当电压频率变化时,磁极下的磁通也将发生变化。

在电动机设计时,为了充分利用铁芯通过磁通的能力,通常将铁芯额定磁通 Φ_{mN} (或额定磁感应强度 B)选在磁化曲线的弯曲点(选得较大,已接近饱和),以使电动机产生足够大的转矩(转矩 T 与磁通 Φ_m 成正比)。若减小频率,磁通会增加,将使铁芯饱和;当铁芯饱和时,要使磁通再增加,则需要很大的励磁电流。这将导致电动机绕组的电流过大,造成电动机绕组过热,甚至烧坏电动机,是不允许的。因此,比较合理的方案是,当降低 f_1 时,为了防止磁路饱和,使 Φ_m 保持不变,于是要保持 E_1/f_1 为常数。但因 E_1 难以直接控制,故近似地保持 U_1/f_1 为常数。这表明,在基频以下变频调速时,要实现恒磁通调速,应使电压和频率按比例地配合调节,这相当于直流电动机的调压调速,也称恒压频比控制方式。

2. 恒压弱磁调速

恒压弱磁调速适合于基频(额定频率 f_{1N})以上调速。

在基频以上调速时,要按比例升高电压是很困难的。这是因为当频率调节到超过基频(即 $f_1 > f_{1N}$)时,若仍保持 $\Phi_m = \Phi_{mN}$,则电压 U_1 将超过额定电压 U_{1N} ,而这在电动机的运行中是不允许的(会损坏绝缘层)。因此在基频以上,只好保持电压不变(不超过电动机绝缘要求的额定电压),即 $U_1 = U_{1N}$ 为常数。这时,f_1 越高,Φ_m 越弱,这相当于直流电动机的弱磁调速,也称恒压弱磁升速控制方式。

把基频以下和基频以上两种情况合起来,可得如图 4.40 所示的异步电动机变频调速控制特性。如果电动机在不同转速下都具有额定电流,则电动机都能在温升允许范围内长期运行。基频以下属于恒转矩调速,而基频以上基本上属于恒功率调速。

综上所述,异步电动机的变压变频调速是进行分段控制的:基频以下,采取恒磁恒压频比控制方式;基频以上,采取恒压弱磁升速控制方式。

变频调速时的机械特性 $n=f(T)$ 如图 4.41 所示。

值得指出的是,上述在基频以下分析的依据 $\Phi_m \approx KU_1/f_1$,是在略去 $I_1 Z_1$ 的情况下得出的。事实上,在负载不变的情况下,随着 f_1 减小,U_1 将成比例地减小,$I_1 Z_1$ 的影响实质上就是 E_1 减小,也就是在 $\Phi_m < \Phi_{mN}$ 条件下,f_1 与 U_1 减小得越多,$I_1 Z_1$ 的影响就越大。为了补偿 $I_1 Z_1$ 对 E_1 的影响,在减小 f_1 时使 U_1 减小得少一些,也就是相当于用增加 U_1 来补偿 $I_1 Z_1$ 的影

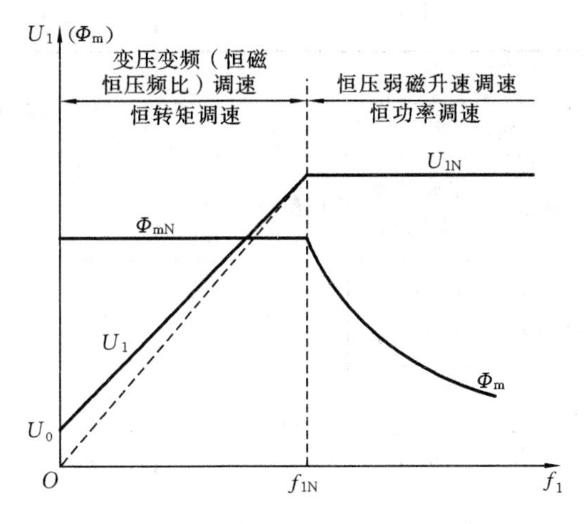

图 4.40　异步电动机变压变频调速控制特性

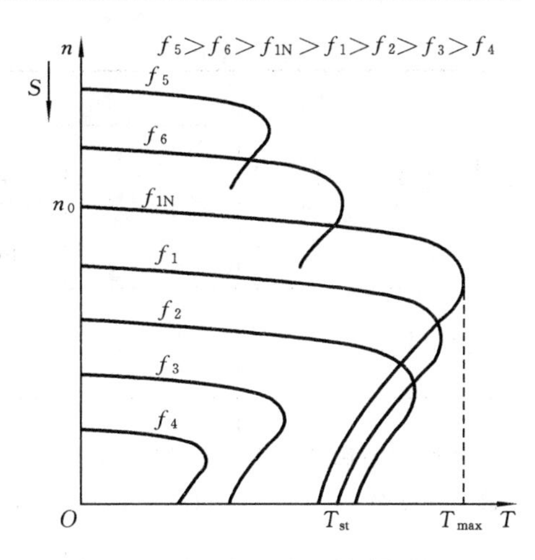

图 4.41　变频调速时的机械特性

响，这样 U_1/f_1 就不等于常数了。控制特性 U_1/f_1 曲线将为图 4.40 中 $f<f_{1N}$ 段的实直线。当然此时机械特性 $n=f(T)$ 也要作相应的改变。

迄今为止，变频调速所达到的性能指标已能和直流电动机的调速性能媲美，并具有极大的经济效益。其主要优点如下。

(1)调速范围广。通用变频器的最低工作频率为 0.5 Hz，如额定频率 $f_{1N}=50$ Hz，则在额定转速以下，调速范围可达到 $D\approx 50/0.5=100$。D 实际是同步转速的调节范围，与实际转速的调节范围略有出入。较高性能的变频器的最低工作频率仅为 0.1 Hz，则额定转速以下的调速范围可达到 $D\approx 50/0.1=500$。

(2)调速平滑性好。在频率给定信号为模拟量时，其输出频率的分辨率大多为 0.05 Hz，以四极电动机（$p=2$）为例，每两挡之间的转速差为

$$\varepsilon_n \approx \frac{60\times 0.05}{2}\ \text{r/min} = 1.5\ \text{r/min}$$

如频率给定信号为数字量，则输出频率的分辨率可达 0.002 Hz，每两挡间的转速差为

$$\varepsilon_n \approx \frac{60\times 0.002}{2}\ \text{r/min} = 0.06\ \text{r/min}$$

(3)工作特性(静态特性与动态特性)都能达到和直流调速系统不相上下的程度。

(4)经济效益高。例如，带风机、水泵等离心式通风机型负载的三相交流异步电动机，每年要消耗大量的电力。如果改用变频调速，全国范围内节省的电力将是十分可观的。这也是变频调速技术发展得十分迅速的主要原因之一。

为了便于根据实际情况选择适应不同要求的调速方法，现将异步电动机各种调速方法的调速性能进行比较，并列于表 4.4 中。电磁转差离合器调速和串级调速的原理这里不再展开介绍。

表 4.4　异步电动机各种调速方法调速性能的比较

比较项目	调速方法					
	变极对数	变转差率				变频
		转子串接电阻	调压调速	电磁转差离合器调速	串级调速	
是否改变同步转速	变	不变	不变	不变	基本不变	变

续表

比较项目	调速方法					
	变极对数	变转差率				变频
		转子串接电阻	调压调速	电磁转差离合器调速	串级调速	
静差率	小(好)	大(差)	开环时大,闭环时小	开环时大,闭环时小	小(好)	小(好)
调速范围(满足一般静差率要求)	较小($D=2\sim4$)	小($D=2$)	闭环时较大($D\leqslant10$)	闭环时较大($D\leqslant10$)	较小($D=2\sim4$)	较大($D>10$)
调速平滑性(有级/无级)	差,有级调速	差,有级调速	好,无级调速	好,无级调速	好,无级调速	好,无级调速
适应负载类型	恒转矩,恒功率	恒转矩	通风机,恒转矩	通风机,恒转矩	通风机,恒转矩	恒转矩,恒功率
设备投资	少	少	较少	较少	较多	多
能量损耗	小	大	大	大	较少	较少
电动机类型	多速电动机(笼型电动机)	绕线电动机	笼型电动机	滑差电动机	绕线电动机	笼型电动机

4.6 三相异步电动机的制动特性

4.6.1 反馈制动

当某种原因导致异步电动机的运行速度高于它的同步速度,即 $n>n_0$,且 $S=\dfrac{n_0-n}{n_0}<0$ 时,异步电动机就进入发电状态。显然,这时转子导体切割旋转磁场的方向与电动状态时的方向相反,电流 I_2 改变了方向,电磁转矩 $T=K_m\Phi I_2\cos\varphi_2$ 也随之改变了方向,即 T 与 n 的方向相反,T 起制动作用。反馈制动时,电动机从轴上吸收功率后,小部分转换为转子铜耗,大部分则通过空气隙进入定子,并在供给定子铜耗和铁耗后反馈给电网。所以,反馈制动又称发电制动。这时异步电动机实际上是一台与电网并联运行的异步发电机。反馈制动状态异步电动机的机械特性如图 4.42 所示。由于 T 为负,$S<0$,所以,反馈制动的机械特性曲线是电动状态机械特性曲线向第二象限的延伸。

异步电动机的反馈制动运行状态有两种情况。一种情况是负载转矩为位能性转矩的起重机械在下放重物时的反馈制动运行状态,例如桥式吊车,电动机反转(在第三象限)下放重物,开始在反转电动状态工作,电磁转矩和负载转矩方向相同,重物快速下降,直至 $|-n|>|-n_0|$,即电动机的实际转速超过同步转速后,电磁转矩成为制动转矩,当 $T=T_L$ 时,达到稳定状态,重物匀速下降,电动机运行在图 4.42 中的点 a。改变转子电路串接的附加电阻,可以

调节重物下降的稳定运行速度，电动机运行在图 4.42 中的点 b。转子电阻越大，电动机转速就越高，但为了不致因电动机转速太高而造成运行事故，转子附加电阻的值不允许太大。

另一种情况是电动机在变极调速或变频调速过程中，极对数突然增多或供电频率突然降低，使同步转速 n_0 突然降低时的反馈制动运行状态。例如，某生产机械采用双速电动机传动，高速运行时为四极（$2p=4$），其转速为

$$n_{01}=\frac{60f}{p}=\frac{60\times 50}{2}\ \text{r/min}=1500\ \text{r/min}$$

低速运行时为八极（$2p=8$），其转速为

$$n_{02}=750\ \text{r/min}$$

变极或变频调速时反馈制动的机械特性如图 4.43 所示。当电动机由高速挡切换到低速挡时，由于转速不能突变，在降速开始一段时间内，电动机运行到 n_{02} 的机械特性的发电区域内（点 b），此时电枢所产生的电磁转矩为负，和负载转矩一起，迫使电动机降速。在降速过程中，电动机将运行系统中的动能转换成电能反馈到电网，当电动机在高速挡所储存的动能消耗完后，电动机就进入 $2p=8$ 的电动状态，一直到电动机的电磁转矩又重新与负载转矩相平衡，电动机稳定运行在点 c。

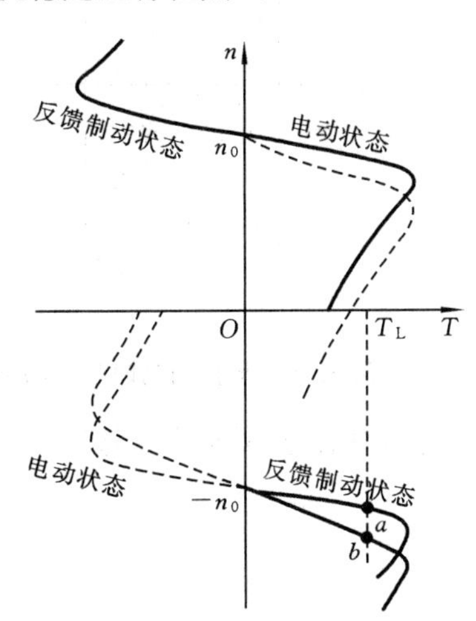

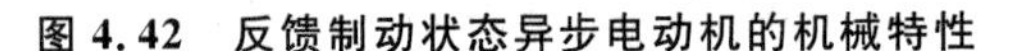
图 4.42　反馈制动状态异步电动机的机械特性

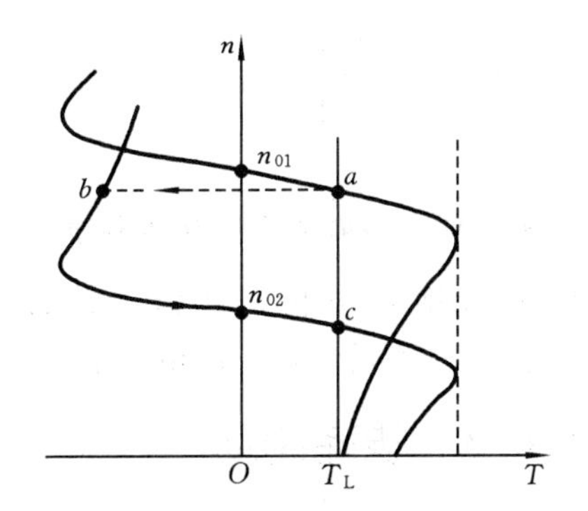

图 4.43　变极或变频调速时反馈制动的机械特性

4.6.2　反接制动

1. 电源反接

如果正常运行时异步电动机三相电源的相序突然改变，即电源反接，则旋转磁场的方向就将改变，电动状态下的机械特性曲线就由图 4.44 第一象限的曲线 1 变成了曲线 2 在第三象限的部分。但由于机械惯性的原因，转速不能突变，系统运行点 a 只能平移至特性曲线 2 的点 b，电磁转矩由正变负，则转子将在电磁转矩和负载转矩的共同作用下迅速减速。在从点 b 到点 c 的整个第二象限内，电磁转矩 T 和转速 n 的方向都相反，电动机进入反接制动状态。待 $n=0$（即点 c）时，应将电源切断，否则电动机将反向启动运行。

由于反接制动时电流很大，对于笼型电动机，常在定子电路中串接附加电阻，对于绕线电动机，则在转子电路中串接附加电阻。这时的人为机械特性如图 4.44 的曲线 3 所示，制动时工作点由点 a 转换到点 d，然后沿特性曲线 3 减速，至 $n=0$（即点 e），切断电源。

2. 倒拉制动

倒拉制动出现在位能负载转矩超过电磁转矩的时候，例如卷扬机下放重物，为了使下降速度不致太快，就常用这种工作状态。如图 4.45 所示，若卷扬机提升重物时稳定运行在特性曲线 1 的点 a，欲下放重物，就需在转子电路中串接较大的附加电阻。此时系统运行点将从特性曲线 1 的点 a 移至特性曲线 2 的点 b，负载转矩 T_L 将大于电动机的电磁转矩 T，电动机减速到点 c(即 $n=0$)。由于电磁转矩 T 仍小于负载转矩 T_L 重物将迫使电动机反向旋转，重物被下放，即电动机转速 n 由正变负，$S>1$，机械特性曲线由第一象限延伸到第四象限，电动机进入反接制动状态。随着下放速度的增加，S 增大，转子电流 I_2 和电磁转矩随之增大，直至 $T=T_L$，系统达到相对平衡状态，重物以 $-n_s$ 匀速下放。可见，与电源反接的过渡制动状态不同，倒拉制动状态是一种能稳定运转的制动状态。

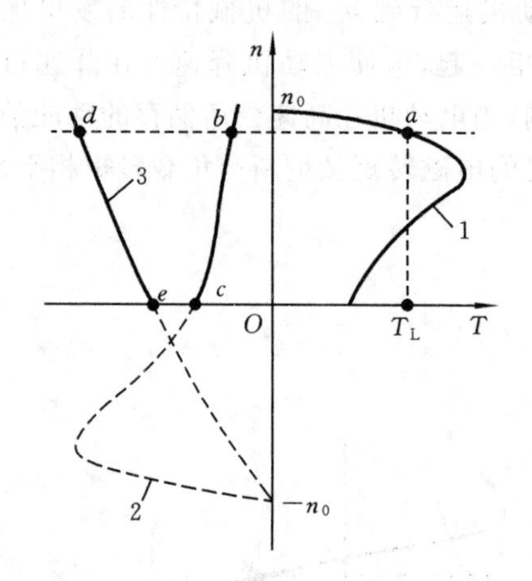

图 4.44　电源反接时反接制动的机械特性

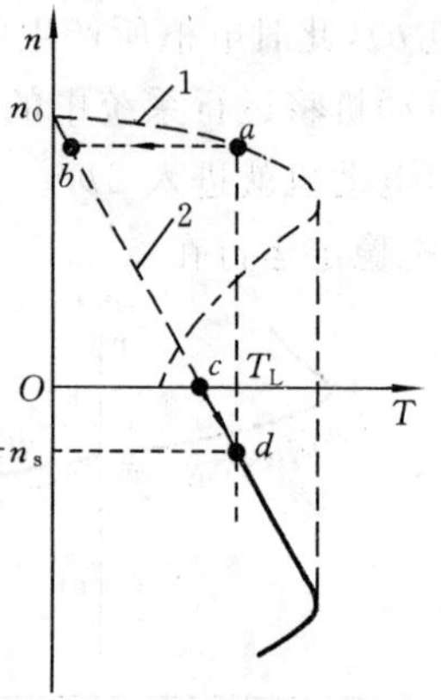

图 4.45　倒拉制动时的机械特性

在倒拉制动状态下，转子轴上输入的机械功率转变成电功率后，连同从定子输送来的电磁功率一起，消耗在转子电路的电阻上。

4.6.3　能耗制动

异步电动机的电源反接制动用于准确停车有一定的困难，因为它容易造成反转，而且电能损耗也比较大；反馈制动虽是比较经济的制动方法，但它只能在高于同步转速下使用；而能耗制动却是比较常用的准确停车的方法。

异步电动机能耗制动的电路原理图一般如图 4.46(a)所示。进行能耗制动时，首先将定子绕组从三相交流电源断开(KM1 断开)，接着立即将一低压直流电源通入定子绕组(KM2 闭合)。直流电流通过定子绕组后，在电动机内部建立一个固定不变的磁场，由于转子在运动系统储存的机械能作用下继续旋转，转子导体内就产生感应电动势和电流，该电流与恒定磁场相互作用产生作用方向与转子实际旋转方向相反的制动转矩。在它的作用下，电动机转速迅速下降，此时运动系统储存的机械能被电动机转换成电能后消耗在转子电路的电阻中。

能耗制动时的机械特性如图 4.46(b)所示。制动时系统运行点从特性曲线 1 的点 a 平移至特性曲线 2 的点 b，在制动转矩和负载转矩的共同作用下沿特性曲线 2 迅速减速，直至 $n=0$ 为止，当 $n=0$ 时，$T=0$。所以，能耗制动能准确停车，不像电源反接制动那样，如不及时切断电源会使电动机反转。不过，当电动机停止后不应再接通直流电源，因为那样将会烧坏定子绕组。另外，制动的后阶段，随着转速的降低，能耗制动转矩也很快减小，所以制动较平稳，但制

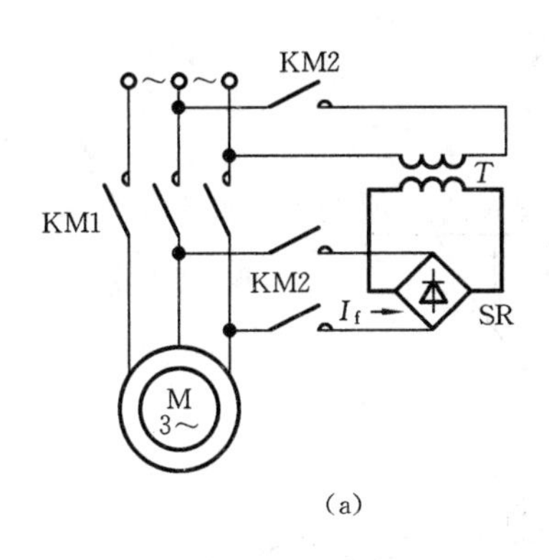

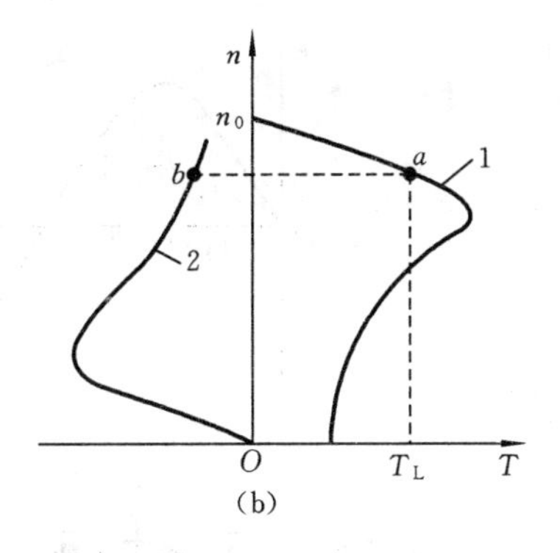

图 4.46 能耗制动时电路原理图和机械特性

(a)电路原理图;(b)机械特性

动效果比电源反接制动差。可以用改变定子励磁电流 I_f 或转子电路串接附加电阻(绕线异步电动机)的大小来调节制动转矩,从而调节制动的强弱。由于制动时间很短,所以,通过定子的直流电流 I_f 可以大于电动机的定子额定电流,一般取 $I_f = (2 \sim 3)\ I_{1N}$。

4.7 单相异步电动机

单相异步电动机是一种容量从几瓦到几百瓦、由单相交流电源供电的电动机,具有结构简单,成本低廉,运行可靠等一系列优点,所以广泛用于电风扇、洗衣机、电冰箱、吸尘器、医疗器械及自动控制装置中。

4.7.1 单相异步电动机的磁场

单相异步电动机的定子绕组为单相,转子一般为鼠笼式,形成的磁场如图 4.47 所示。当接入单相交流电源时,它在定子、转子气隙中产生一个如图 4.48(a)所示的交变脉动磁场。此磁场在空间并不旋转,只是磁通或磁感应强度的大小随时间作正弦变化,即

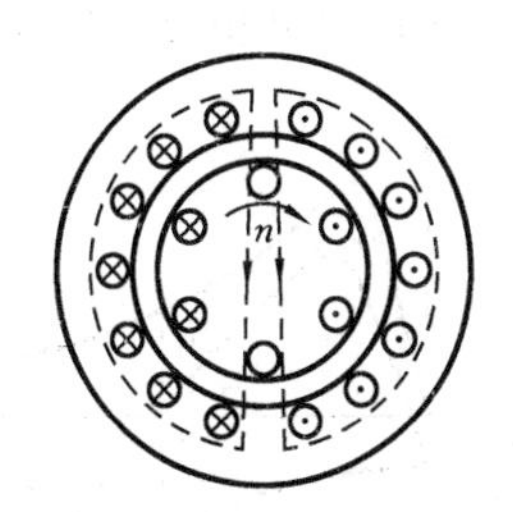

图 4.47 单相异步电动机的磁场

$$B = B_m \sin\omega t \tag{4.38}$$

式中:B_m ——磁感应强度的幅值;

ω ——交流电源角频率。

可以证明,式(4.38)所示空间轴线固定而大小按正弦规律变化的脉动磁场(用磁感应强度 B 表示),可以分解成两个转速相等而方向相反的旋转磁场 $\overline{B}_{m1}$ 和 $\overline{B}_{m2}$,如图 4.48(b)所示,磁感应强度的大小为

$$B_{m1} = B_{m2} = B_m/2$$

当脉动磁场变化一个周期,对应的两个旋转磁场正好各转一周。若交流电源的频率为 f,定子绕组的磁极对数为 p,则两个旋转磁场的同步转速为

$$n_0 = \pm 60f\ /\ p \tag{4.39}$$

与三相异步电动机的同步转速相同。

两个旋转磁场分别作用于鼠笼式转子而产生两个方向相反的转矩,其 $T = f(S)$ 曲线如图 4.49 所示。图中,T^+ 为正向转矩,由旋转磁场 $\overline{B}_{m1}$ 产生;T^- 为反向转矩,由反向旋转磁场

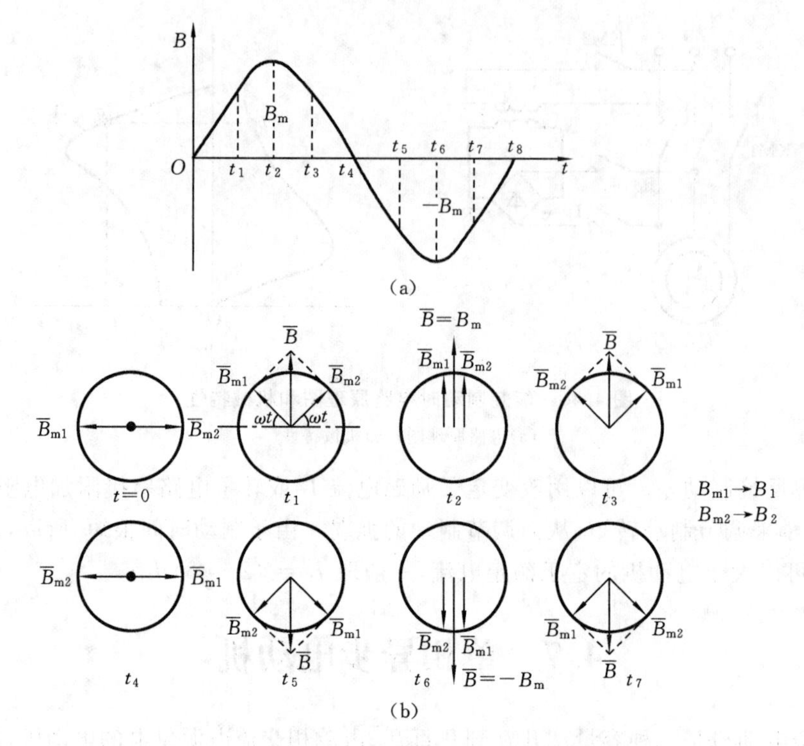

图 4.48　脉动磁场分为两个转向相反的旋转磁场

(a)交变脉动磁场;(b)脉动磁场的分解

$\overline{B}_{m2}$ 产生;T 为单相异步电动机的合成转矩;S 为转差率。

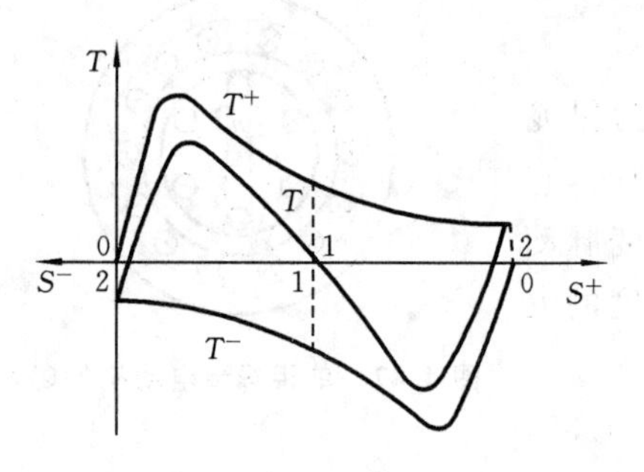

图 4.49　单相异步电动机的 $T=f(S)$ 曲线

从曲线可以看出,在转子静止 ($S=1$) 时,由于两个电磁转矩大小相等方向相反,故其作用互相抵消,合成转矩为零,即 $T=0$,因而转子不能自行启动。

如果用外力拨动转子顺时针旋转,则此时正向转矩 T^+ 大于反向转矩 T^-,其合成转矩 $T=T^+-T^-$ 为正,转子继续顺时针旋转,直至达到稳定运行状态。同理,如果朝逆时针方向推一下,电动机就会反向旋转。

由此可得出如下结论:

(1)在脉动磁场作用下的单相异步电动机没有启动能力,即启动转矩为零;

(2)单相异步电动机一旦启动,它能自行加速到稳定运行状态,其旋转方向不固定,完全取决于启动时的旋转方向。

因此,要解决单相异步电动机的应用问题,首先必须解决它的启动转矩问题。

4.7.2 单相异步电动机的启动方法

单相异步电动机在启动时若能产生一个旋转磁场,就可以建立启动转矩而自行启动。下面介绍两种常见的单相异步电动机。

1. 电容分相式异步电动机

图 4.50 为电容分相式异步电动机的接线图。

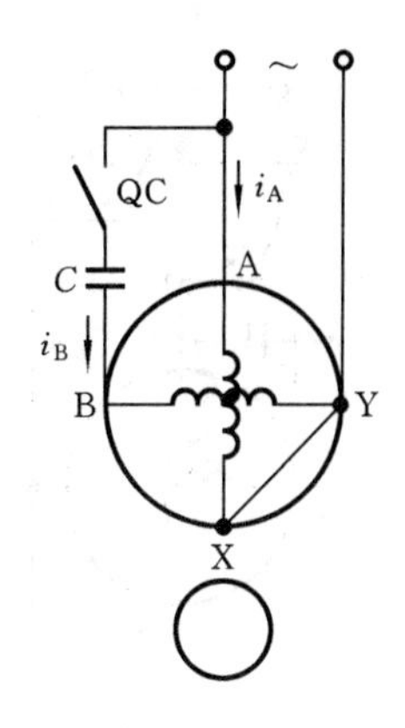

图 4.50　电容分相式异步电动机的接线图

定子上有两个绕组 AX 和 BY，AX 为运行绕组（或工作绕组），BY 为启动绕组，它们都嵌入定子铁芯中，两绕组的轴线在空间互相垂直。在启动绕组 BY 电路中串有电容 C，适当选择参数使该绕组中的电流 i_B 在相位上比 AX 绕组中的电流 i_A 超前 90°。其目的是：通电后能在定子、转子气隙内产生一个旋转磁场，使其自行启动。可以利用 4.1.3 节中旋转磁场的分析方法来讨论电容分相式异步电动机的磁场。根据两个绕组的空间位置及图 4.51(a)所示的两相电流之波形，画出 t 为 $T/8$、$T/4$、$T/2$ 时刻磁力线的分布，如图 4.51(b)所示。从该图可以看出，磁场是旋转的，且旋转磁场旋转方向的规律也和三相旋转磁场一样，是由 BY 到 AX，即由电流超前的绕组转向电流滞后的绕组。在此旋转磁场作用下，鼠笼式转子将跟着旋转磁场一起旋转。若在启动绕组 BY 支路中接入一离心开关 QC，如图 4.50 所示，电动机启动后，当转速达到额定值附近时，借离心力的作用将 QC 打开，电动机就成为单相运行了。此种结构形式的电动机称为电容分相启动电动机。也可不用离心开关，即在运行时并不切断电容支路，这种结构形式的电动机称为电容分相运转电动机。

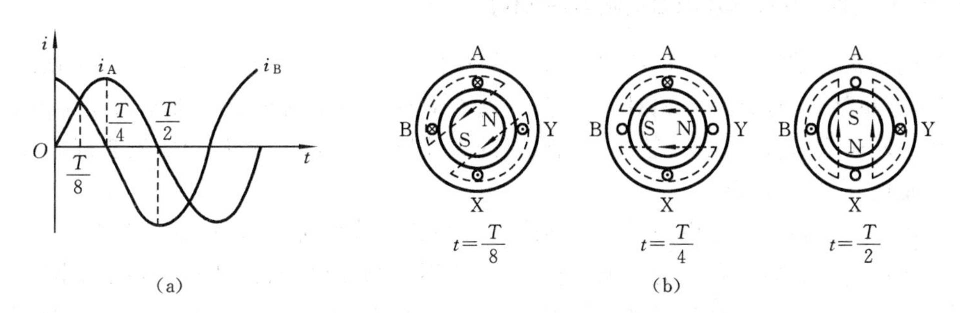

图 4.51　电容分相式异步电动机旋转磁场的产生

(a)两相电流波形；(b)两相旋转磁场

需要指出的是，欲使电动机反转，不能像三相异步电动机那样用调换两根电源线的方式来实现，而必须用调换电容 C 的串联位置的方式来实现，图 4.52 所示为其接线图，即改变 QB 的接通位置，就可改变旋转磁场的方向，从而实现电动机的反转。

2. 罩极式单相异步电动机

罩极式单向异步电动机的结构如图 4.53 所示，在磁极的一侧开一个小槽，用短路铜环罩住磁极的一部分。磁极的磁通 Φ 分为 Φ_1 与 Φ_2 两部分，当磁通变化时，由于电磁感应作用，在罩极线圈中产生感应电流，其作用是阻止通过罩极部分的磁通的变化，使罩极部分的磁通 Φ_2 在相位上滞后于未罩部分的磁通 Φ_1。这种在空间上相差一定角度，在时间上又有一定相位差的两部分磁通，合成效果与前面所述旋转磁场相似，即产生一个由未罩部分向罩极部分移动的磁场，从而在转子上产生一个启动转矩，使转子转动。

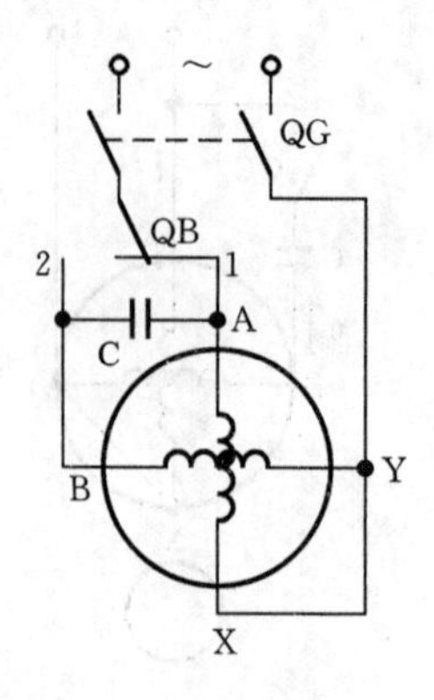

图 4.52　电容分相式异步电动机正、反转接线图

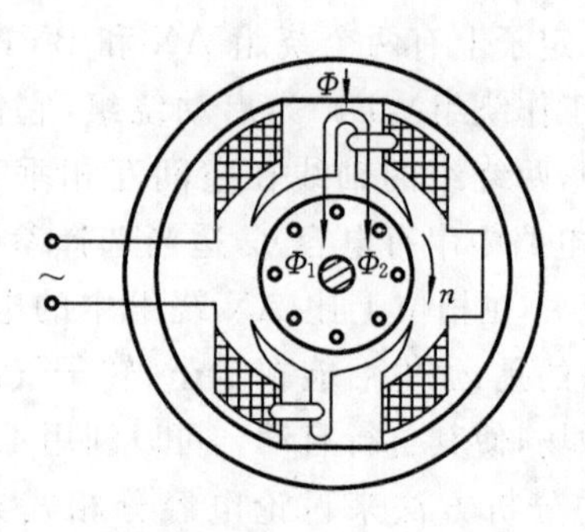

图 4.53　罩极式单相异步电动机的结构

4.8　同步电动机

同步电动机也是一种三相交流电动机,它除了用于电力传动(特别是大容量的电力传动)外,还用于补偿电网功率因数。发电厂中的交流发电机,全部采用同步发电机。本节主要讨论同步电动机的结构、基本运行原理及工作特性。

4.8.1　同步电动机的基本结构

同步电动机的结构也分定子和转子两大基本部分。定子与异步电动机一样,由铁芯、定子绕组(又称电枢绕组,通常是三相对称绕组,并通有对称三相交流电流)、机座以及端盖等主要部件组成。转子则包括主磁极、装在主磁极上的直流励磁绕组、特别设置的鼠笼式启动绕组、电刷以及集电环等主要部件。

同步电动机按转子主磁极的形状分为隐极式和凸极式两种,它们的结构如图 4.54 所示。隐极式转子的优点是转子圆周的气隙比较均匀,适用于高速电动机;凸极式转子呈圆柱形,转子有可见的磁极,气隙不均匀,但制造较简单,适用于低速(转速低于 1000 r/min)运行。

同步电动机中作为旋转部分的转子只通以较小的直流励磁功率(一般为电动机额定功率的 0.3%~2%),故特别适用于大功率高电压的场合。

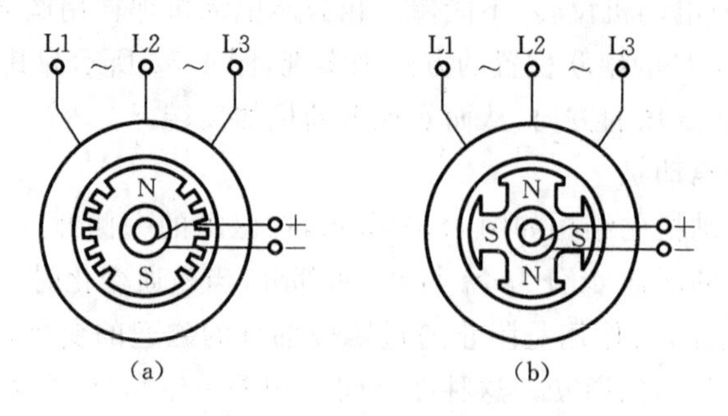

图 4.54　同步电动机的结构

(a)隐极式;(b)凸极式

4.8.2　同步电动机的工作原理和特性

同步电动机的基本工作原理可用图 4.55 来说明。电枢绕组通以对称三相交流电流后，气隙中便产生一电枢旋转磁场，其旋转速度为同步转速

$$n_0 = 60f / p \tag{4.40}$$

式中：f——三相交流电源的频率；

p——定子旋转磁场的极对数。

在转子励磁绕组中通以直流电流后，同一空气隙中，又出现一个大小和极性固定、极对数与电枢旋转磁场相同的直流励磁磁场。这两个磁场的相互作用，使转子被电枢旋转磁场拖着以同步转速一起旋转，即 $n = n_0$。“同步电动机”由此而得名。

在电源频率 f 与电动机转子极对数 p 一定的情况下，转子的转速 $n = n_0$ 为一常数，因此同步电动机具有恒定转速的特性，它的运转速度是不随负载转矩变化而变化的。同步电动机的机械特性如图 4.56 所示。

图 4.55　同步电动机工作原理图

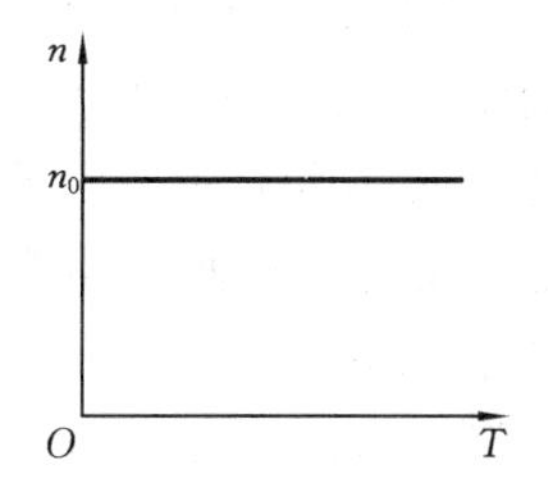

图 4.56　同步电动机的机械特性

异步电动机的转子没有直流电流励磁，它所需要的全部磁动势均由定子电流产生，所以必须从三相交流电源吸取滞后电流来建立电动机运行时所需要的旋转磁场。这样，异步电动机的运行状态就相当于电源的电感性负载了，它的功率因数总是小于 1 的。与异步电动机不同，同步电动机所需要的磁动势是由定子与转子共同产生的。同步电动机转子励磁电流 I_f 产生磁通 Φ_f，而定子电流 I 产生磁通 Φ_0，总的磁通 Φ 为二者的合成。当外加三相交流电源的电压 U 一定时，总的磁通 Φ 也应该一定，这一点与感应电动机的情况是相似的。因此，当改变同步电动机转子的直流励磁电流 I_f 使 Φ_f 改变时，如果要保持总磁通 Φ 不变，那么 Φ_0 就要改变，故产生 Φ_0 的定子电流 I 必然随之改变。当负载转矩 T_L 不变时，同步电动机输出的功率 $P_2 = Tn/9.55$ 是恒定的，若略去电动机的内部损耗，则输入的功率 $P_1 = 3UI\cos\varphi$ 也是不变的。所以，当改变 I_f 而影响 I 改变时，功率因数 $\cos\varphi$ 随之而改变。因此，可以利用调节励磁电流 I_f 使 $\cos\varphi$ 刚好等于 1，这时，电动机的全部磁动势都是由直流产生的，交流方面无须供给励磁电流。在这种情况下，定子电流 I 与外加电压 U 同相，这时的励磁状态称为正常励磁。

当直流励磁电流 I_f 小于正常励磁电流时的励磁状态称为欠励。若直流励磁的磁动势不足，定子电流将要增加一个励磁分量，即交流电源需要供给电动机一部分励磁电流，以保证总磁通不变。当定子电流出现励磁分量时，定子电路便成为电感性电路了，输入电流滞后于电压，$\cos\varphi$ 小于 1，定子电流比正常励磁时要增大一些。

当直流励磁电流 I_f 大于正常励磁电流时的励磁状态称为过励。直流励磁过剩，在交流方面不仅不需电源供给励磁电流，而且还向电网发出电感性电流与电感性无功功率，正好补偿了

电网附近电感性负载的需要,整个电网的功率因数得到提高。过励的同步电动机与电容器有类似的作用,这时,同步电动机相当于从电源吸取电容性电流与电容性无功功率,成为电源的电容性负载,输入电流超前于电压,$\cos\varphi$ 也小于 1,定子电流也要加大。

根据上面的分析可以看出,调节同步电动机转子的直流励磁电流 I_f 能控制 $\cos\varphi$ 的大小和性质(容性或感性),这是同步电动机最突出的优点。

同步电动机有时在过励下空载运行,在这种情况下电动机仅用以补偿电网滞后的功率因数,这种专用的同步电动机称为同步补偿机。

4.8.3 同步电动机的启动

同步电动机虽具有功率因数可以调节的优点,但长期以来却没有像异步电动机那样得到广泛应用,这不仅是由于它的结构复杂,价格高,而且由于它的启动困难。

如图 4.57 所示,当转子尚未转动时加以直流励磁,产生固定磁场 N-S;当定子接上三相电源,流过三相电流时,就产生了旋转磁场,并立即以同步转速 n_0 旋转。在图(a)所示的情况下,二者相吸,定子旋转磁场欲吸着转子旋转,但由于转子的惯性,它还没有来得及转动,旋转磁场就已转到图(b)所示的位置了,二者又相斥。这样,转子忽被吸,忽被斥,平均转矩为零,不能启动。就是说,在恒压恒频电源供电下,同步电动机的启动转矩为零。

为了启动同步电动机,常采用异步启动法,即在转子磁极的极掌上装有和鼠笼式绕组相似的启动绕组,如图 4.58 所示。启动时先不加入直流磁场,只在定子上加上三相对称电压以产生旋转磁场,使鼠笼式绕组内感生电动势产生电流,从而使转子转动起来。等转速接近同步转速时,再在励磁绕组中通入直流励磁电流,产生固定极性的磁场,在定子旋转磁场与转子励磁磁场的相互作用下,便可把转子拉入同步。转子达到同步转速后,启动绕组与旋转磁场同步旋转,即无相对运动,这时,启动绕组中便不产生电动势与电流。

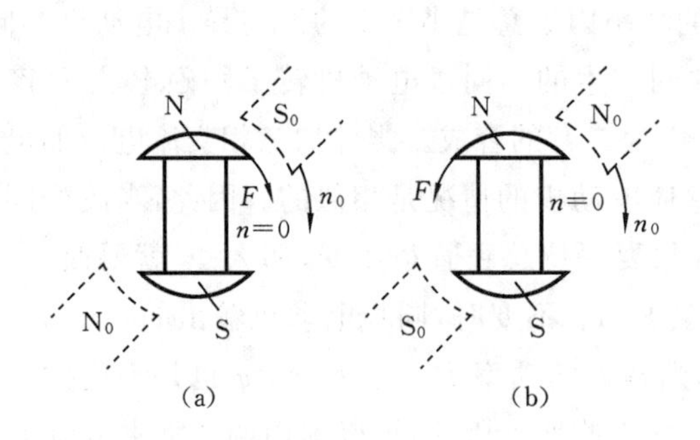

图 4.57 同步电动机的启动转矩为零

(a)二者相吸;(b)二者相斥

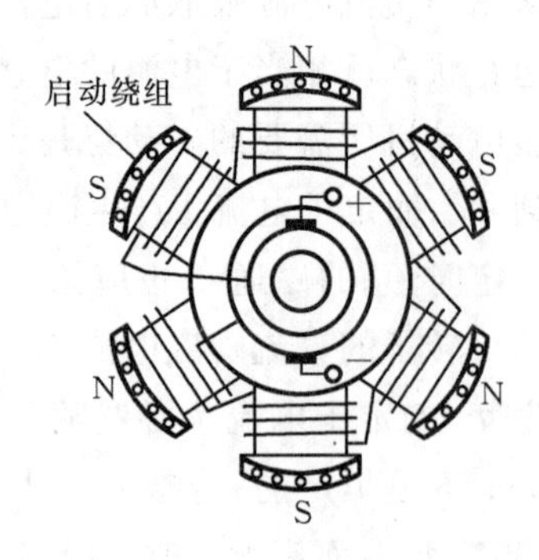

图 4.58 同步电动机的启动绕组

采用变频调速方法后,同步电动机可以在低频下直接启动,再由低频调到高频达到高速运行,从而克服了难以启动、重载时失步和振荡的问题。同步电动机具有运行速度恒定、功率因数可调、运行效率高等特点,在低速和大功率的场合,例如,大流量低水头的泵、面粉厂磨粉机的主传动轴、橡胶磨、搅拌机、破碎机、切片机、压缩机、大型水泵、轧钢机、造纸工业中的纸浆研磨机和匀浆机等的传动中得到广泛应用。

习题与思考题

4.1　有一台四极三相异步电动机，电源电压的频率为 50 Hz，满载时电动机的转差率为 0.02，求电动机的同步转速、转子转速和转子电流频率。

4.2　将三相异步电动机接三相电源的三根引线中的两根对调，此电动机是否会反转？为什么？

4.3　有一台三相异步电动机，其 $n_N = 1470$ r/min，电源频率为 50 Hz。设在额定负载下运行，试求：

①定子旋转磁场相对于定子的转速；

②定子旋转磁场相对于转子的转速。

4.4　当三相异步电动机的负载增加时，为什么定子电流会随转子电流的增加而增加？

4.5　三相异步电动机带动一定的负载运行时，若电源电压降低了，此时电动机的转矩、电流及转速有无变化？如何变化？

4.6　有一台三相异步电动机，其技术数据如题 4.6 表所示。

①线电压为 380 V 时，三相定子绕组应如何接？

②求 n_0 、p、S_N 、T_N 、T_{st} 、T_{max} 和 I_{st} ；

③额定负载时电动机的输入功率是多少？

题 4.6 表

型　号	P_N/kW	U_N/V	满载时				$\frac{I_{st}}{I_N}$	$\frac{T_{st}}{T_N}$	$\frac{T_{max}}{T_N}$
			n_N/(r/min)	I_N/A	η_N/%	$\cos\varphi_N$			
Y132S-6	3	220/380	960	12.8/7.2	83	0.75	6.5	2.0	2.0

4.7　三相异步电动机正在运行时，转子突然被卡住，这时电动机的电流会如何变化？对电动机有何影响？

4.8　三相异步电动机断了一根电源线后，为什么不能启动？而在运行时断了一线，为什么仍能继续转动？这两种情况对电动机将产生什么影响？

4.9　三相异步电动机在相同电源电压下，满载和空载启动时，启动电流是否相同？启动转矩是否相同？

4.10　三相异步电动机为什么不能运行在 T_{max} 或接近 T_{max} 的情况下？

4.11　一台三相异步电动机的铭牌数据如题 4.11 表所示。

①当负载转矩为 250 N·m 时，在 $U = U_N$ 和 $U' = 0.8U_N$ 两种情况下电动机能否启动？

②欲采用 Y-△换接启动，当负载转矩为 $0.45T_N$ 和 $0.35T_N$ 两种情况时，电动机能否启动？

③若采用自耦变压器降压启动，设降压比为 0.64，求电源线路中通过的启动电流和电动机的启动转矩。

题 4.11 表

P_N/kW	n_N/(r/min)	U_N/V	η_N/%	$\cos\varphi_N$	$\frac{I_{st}}{I_N}$	$\frac{T_{st}}{T_N}$	$\frac{T_{max}}{T_N}$	接法
40	1470	380	90	0.9	6.5	1.2	2.0	△

4.12 绕线异步电动机采用转子串接附加电阻启动时,所串接的电阻愈大,启动转矩是否也愈大?

4.13 为什么绕线异步电动机在转子串接附加电阻启动时,启动电流减小而启动转矩反而增大?

4.14 异步电动机有哪几种调速方法?这些调速方法各有何优缺点?

4.15 什么是恒功率调速?什么是恒转矩调速?

4.16 简述恒压频比控制方式。

4.17 简述异步电动机在下面三种不同的电压-频率协调控制时的机械特性,并进行比较:

①恒压恒频正弦波供电时异步电动机的机械特性;

②基频以下电压-频率协调控制时异步电动机的机械特性;

③基频以上恒压变频控制时异步电动机的机械特性。

4.18 试分析交流电动机与直流电动机在调速方法上的异同点。

4.19 异步电动机有哪几种制动状态?各有何特点?

4.20 试说明笼型异步电动机定子极对数突然增加时,电动机的降速过程。

4.21 试说明异步电动机定子相序突然改变时,电动机的降速过程。

4.22 如图 4.52 所示,为什么改变 QB 的接通方向即可改变单相异步电动机的旋转方向?

4.23 单相罩极式异步电动机是否可以用调换电源的两根线端来使电动机反转?为什么?

4.24 同步电动机的工作原理与异步电动机的有何不同?

4.25 一般情况下,同步电动机为什么要采用异步启动法?

4.26 为什么可以利用同步电动机来提高电网的功率因数?

控制电动机

第3章和第4章介绍的直流电动机和交流电动机主要面向大功率传动领域，而在各种数控机床、机器人、精密运动控制装备中则广泛使用各种控制电动机，控制电动机通常具有定位控制能力，响应速度快，精度高。常用的控制电动机有步进电动机、直流伺服电动机、交流伺服电动机等，近年来直驱电动机在伺服控制中的应用也越来越多。本章就常用控制电动机的结构、工作原理、特性及应用作基本介绍。

5.1 步进电动机

步进电动机是一种将电脉冲信号转换成相应角位移或直线位移的机电执行元件。每当输入一个电脉冲时，转子就转动一个固定的角度。脉冲一个接一个地输入，转子就一步一步地转动，故称之为步进电动机。

步进电动机的角位移量与输入电脉冲的个数成正比，旋转速度与输入电脉冲的频率成正比，即控制输入电脉冲的个数、频率和定子绕组的通电方式，就可控制步进电动机转子的角位移量、旋转速度和旋转方向。

步进电动机具有快速启停、高精度、能够直接接收数字信号进行开环控制就可达到较精确定位等特点，因而获得广泛应用，如用于打印机、复印机等办公自动化设备、低成本3D打印机、云台机构、医疗设备以及各种经济型运动控制系统等。

根据转子的结构不同，步进电动机通常分为三种类型：

变磁阻式(variable reluctance，VR)：又称反应式，转子本身没有励磁绕组，采用软磁材料。

永磁式(permanent magnet，PM)：采用永久磁铁做转子。

混合式(Hybrid，HB)：VR和PM两种结构的复合。

步进电动机的使用历史比较长，在20世纪20年代，反应式步进电动机就开始用于定位控制，20世纪50年代，美国GE、Superior Electric、Sigma Instruments等公司开发了步距角为1.8°的两相混合式步进电动机，与目前广泛使用的两相混合式步进电动机结构基本相同。德国Berger Lahr公司于1973年发明了五相混合式步进电动机及驱动器，克服了两相步进电动机振动噪声大等缺点，在1973年又进一步推出了三相混合步进电动机。混合式步进电动机是当前使用最广泛的步进电机类型。

5.1.1 反应式步进电动机的结构与工作原理

1. 反应式步进电动机的结构

反应式步进电动机的结构和一般旋转电动机一样，由定子和转子两大部分组成。

定子由硅钢片叠成的定子铁芯和装在其上的多个绕组组成。输入电脉冲对多个定子绕组轮流进行励磁而产生磁场。定子绕组的个数称为相数。

转子用硅钢片叠成或用软磁性材料做成凸极结构。凸极的个数称为齿数。

图 5.1 所示为三相反应式步进电动机的结构。

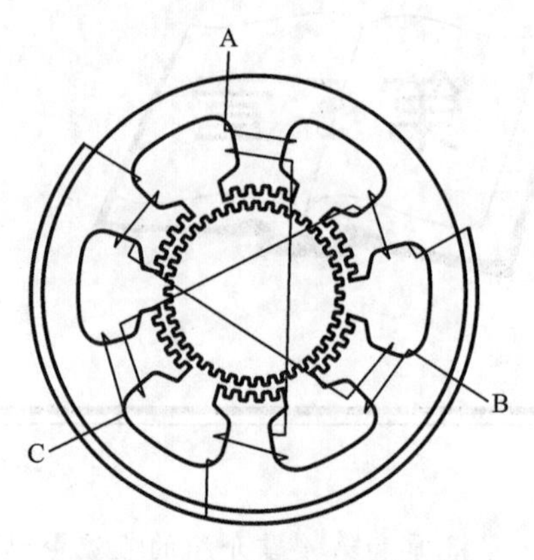

图 5.1 反应式步进电动机结构

2. 反应式步进电动机的工作原理

图 5.2 为三相反应式步进电动机的工作原理图。它的定子有 6 个极,每极上都绕有控制绕组,每两个相对的极组成一相。转子有 4 个均匀分布的齿,上面没有绕组。

磁通总是要沿着磁阻最小的路径通过是步进电动机工作的原理,相似于电磁铁的工作原理。

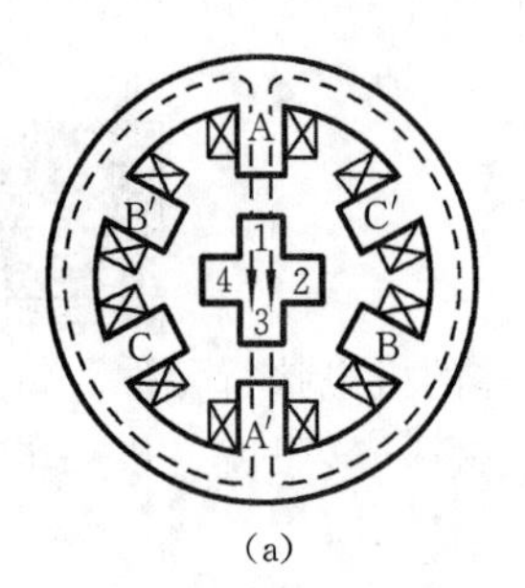

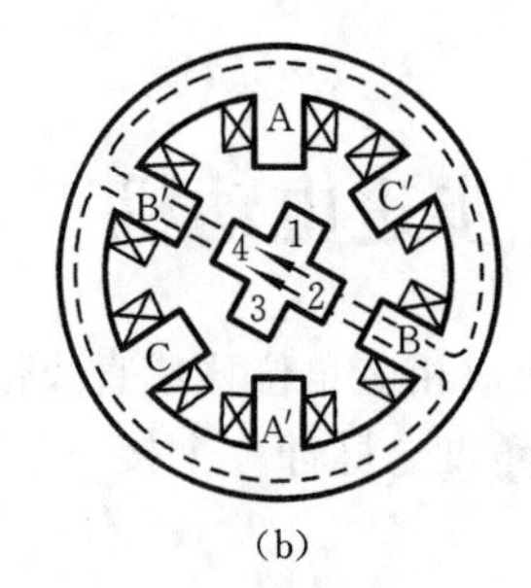

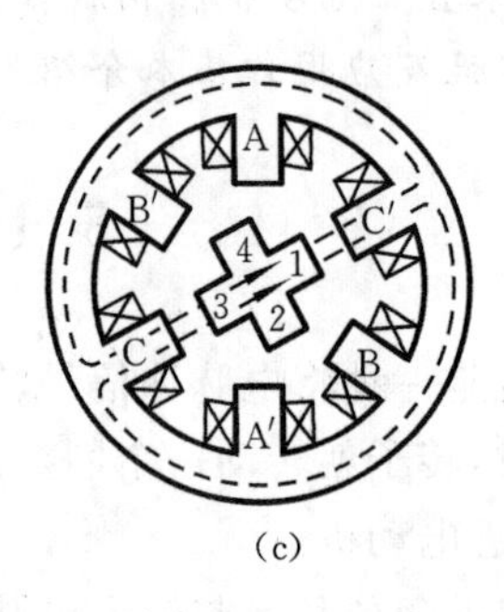

图 5.2 步进电动机工作原理图

(a)A 相通电;(b)B 相通电;(c)C 相通电

当 A 相绕组通电、B 相和 C 相绕组都不通电时,转子齿 1、3 的轴线向定子 A 极的轴线对齐,即在电磁吸力作用下,将转子齿 1、3 吸引到 A 极下。此时,转子受到的力只有径向力而无切向力,故转矩为零,转子被自锁在这个位置,如图 5.2(a)所示;当 A 相绕组通电变为 B 相绕组通电时,定子 B 极的轴线使最靠近的转子齿 2、4 的轴线向其对齐,促使转子在空间顺时针转过 30°角,如图 5.2(b)所示;当 B 相绕组通电又变为 C 相绕组通电时,定子 C 极的轴线使最靠近的转子齿 1、3 的轴线向其对齐,转子又将在空间顺时针转过 30°角,如图 5.2(c)所示。可见通电顺序为 A→B→C→A 时,电动机的转子便一步一步按顺时针方向转动,每步转过的角度均为 30°。

步进电动机转子齿与齿之间的角度称为齿距角,转子每步转过的角度称为步距角。图5.2 所示的转子有 4 个齿,齿距角为 90°。三相绕组循环通电一次,磁场旋转一周,转子前进一个齿距角,即步距角为 30°。

若按 A→C→B→A 的顺序通电,转子就反向转动。因此只要改变通电顺序,就可改变步进电动机旋转方向。

3. 步进电动机的通电方式

步进电动机有单相轮流通电、双相轮流通电,以及单、双相轮流通电三种通电方式。“单”是指每次切换前后只有一相绕组通电,“双”就是指每次有两相绕组通电。定子控制绕组每改变一次通电状态,称为一拍。

现以三相步进电动机为例说明步进电动机的通电方式。

1）三相单三拍通电方式

这种方式的通电顺序为A→B→C→A。因为定子绕组为三相，每次只有一相绕组通电，而每一个循环只有三次通电，故称为三相单三拍通电方式。单三拍通电方式每次只有一相控制绕组通电吸引转子，容易使转子在平衡位置附近产生振荡，运行稳定性较差。另外，在切换时一相控制绕组断电而另一相控制绕组开始通电，容易造成失步，因而这种通电方式实际上很少采用。

2）三相双三拍通电方式

这种方式的通电顺序为AB→BC→CA→AB。因为它是两相同时通电，而每一个循环只有三次通电，故称为三相双三拍通电方式。双三拍通电方式每次两相绕组同时通电，转子受到的感应力矩大，静态误差小，定位精度高；另外，转换时始终有一相控制绕组通电，所以工作稳定，不易失步。

3）三相六拍通电方式

这种方式的通电顺序为A→AB→B→BC→C→CA→A，如图5.3所示。这种通电方式是单、双相轮流通电，而每一个循环有六次通电，故称为三相六拍通电方式。这种通电方式具有双三拍的特点，且一次循环的通电次数增加一倍，使步距角减小一半。

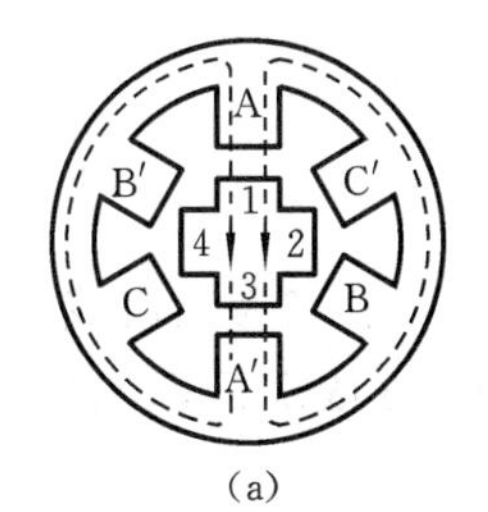

(a)

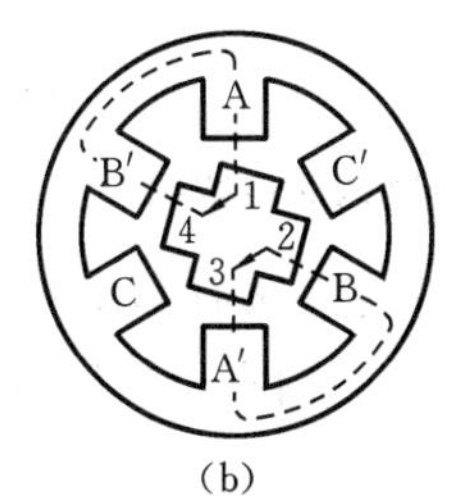

(b)

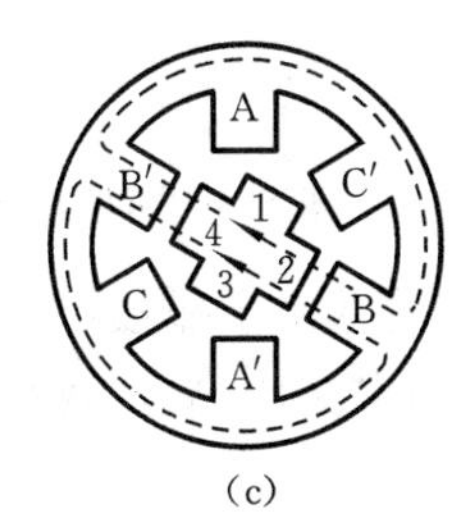

(c)

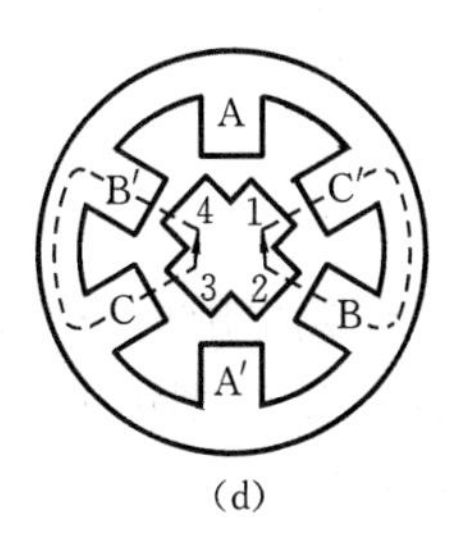

(d)

图5.3　步进电动机的三相六拍通电方式

(a)A相通电；(b)A、B相通电；(c)B相通电；(d)B、C相通电

上述步进电动机的结构是为了讨论工作原理而进行了简化，如图5.1所示的实际步进电动机的步距角一般比较小，如1.8°、1.5°等。

因为每通电一次（即运行一拍），转子就走一步，各相绕组轮流通电一次，转子就转过一个齿距，故步距角为

$$\beta=\frac{360^\circ}{Kmz}$$

式中：K——通电系数，当相数等于拍数时$K=1$，否则$K=2$；

m——定子相数；

z——转子齿数。

若步进电动机的输入电脉冲信号的频率为f，则步进电动机的转速为

$$n=60\,\frac{\beta f}{360^\circ}=60\,\frac{\frac{360^\circ}{Kmz}f}{360^\circ}=\frac{60f}{Kmz}$$

5.1.2　混合式步进电动机的结构与工作原理

混合式步进电动机是当前使用最为广泛的步进电动机,常见的混合式步进电动机有两相(步距角为1.8°/0.9°)、三相(步距角为1.5°/0.75°)、五相(步距角为0.72°/0.36°)等规格。

下面以最常见的两相混合步进电动机为例介绍其结构和工作原理。如图5.4(a)所示,转子由两段有齿环形转子铁芯、装在转子铁芯内部的环形磁钢及轴承、轴组成。环形磁钢沿轴向充磁,使得两段转子铁芯的一端呈N极性,另一端呈S极性,分别称之为N段转子和S段转子。转子铁芯的边缘加工有小齿,一般为50个,对应齿距角为7.2°。两段转子的小齿相互错开1/2齿距。

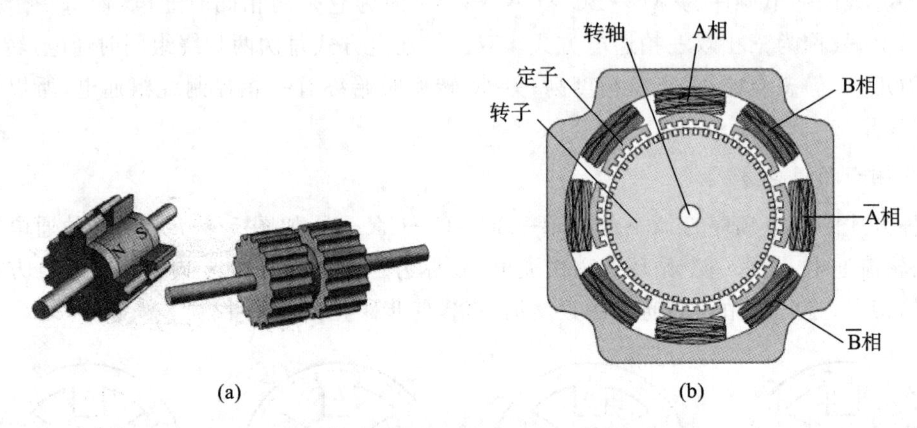

图5.4　两相混合步进电动机结构

定子侧沿圆周平均分布着八个主磁极,每个磁极边缘有多个小齿,一般多为五齿或六齿。主磁极上绕有线圈,八个线圈串接成A、B两相绕组,如图5.4(b)所示,可依次标识主磁极的相位顺序为

$$A\rightarrow B\rightarrow \overline{A}\rightarrow \overline{B}\rightarrow A\rightarrow B\rightarrow \overline{A}\rightarrow \overline{B}$$

电动机绕组可以工作在单四拍模式下,四个通电节拍依次是:

①A相绕组通正电流,主磁极A为S极,主磁极$\overline{A}$为N极。

②B相绕组通正电流,主磁极B为S极,主磁极$\overline{B}$为N极。

③A相绕组通负电流,主磁极A为N极,主磁极$\overline{A}$为S极。

④B相绕组通负电流,主磁极B为N极,主磁极$\overline{B}$为S极。

每切换一个通电节拍,N段转子或S段转子与主磁极对齐,转子转动一个步距角为1.8°。

电动机绕组也可以工作在双四拍模式或单双八拍模式,八拍模式对应的步距角为0.9°。

A、B两相的接线方式可以是双极性接线或单极性接线,如图5.5所示。

双极性接线:A、B两相各有两个引出端子,需要给两相分别提供正、负两个方向的电流,需要两组4个驱动管的全桥电路。

单极性接线:A、B两相各有三个引出端子和两个线圈,分别提供正负方向的电流,每个线圈的电流方向是固定的,可以用4个驱动管驱动。

在双极性接线中,A相绕组对应的端子为A+和A-,B相绕组对应的端子为B+和B-。在不同的通电节拍,四个端子通过电子开关依次切换接到直流电源的正极或负极,具体的通电节拍对应端子通断关系如表5.1所示。

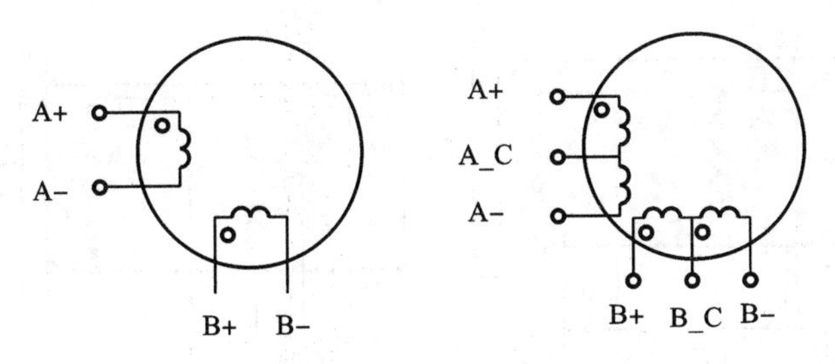

图 5.5　两相混合步进电动机线圈端子

表 5.1　双极性接线的通电节拍对应端子通断

端　子	1	2	3	4
A+	+	−	−	+
A−	−	+	+	−
B+	+	+	−	−
B−	−	−	+	+

在单极性接线中，A 相绕组对应的端子为 A+、A−和公共端 A_C，B 相绕组对应的端子为 B+、B−和公共端 B_C。公共端 A_C 和 B_C 始终接在直流电源的正极，在不同的通电节拍，A+、A−、B+、B−四个端子中有两个通过电子开关接到直流的负极，另两个端子悬空，对应的那部分绕组没有电流流过，具体的通电节拍对应端子通断关系如表 5.2 所示。

表 5.2　单极性接线的通电节拍

端　子	1	2	3	4
A+	−	悬空	悬空	−
A−	悬空	−	−	悬空
B+	−	−	悬空	悬空
B−	悬空	悬空	−	−
A_C	+	+	+	+
B_C	+	+	+	+

图 5.6 给出了双极性接线和单极性接线对应的驱动主电路示意图。

5.1.3　步进电动机的主要特性与性能指标

1. 定位精度

步进电动机的定位精度有两种表示方法：一种是用步距误差最大值来表示，另一种是用步距累积误差最大值来表示。

最大步距误差是指电动机旋转一周相邻两步之间实际步距和理想步距的最大差值。连续走若干步后步距误差会形成累积值，但转子转过一周后，会回到上一周的稳定位置，所以步进电动机步距的误差不会无限累积，只会在旋转一周的范围内存在一个最大累积误差。

最大累积误差是指在旋转一周范围内从任意位置开始经过任意步之后，角位移误差的最大值。

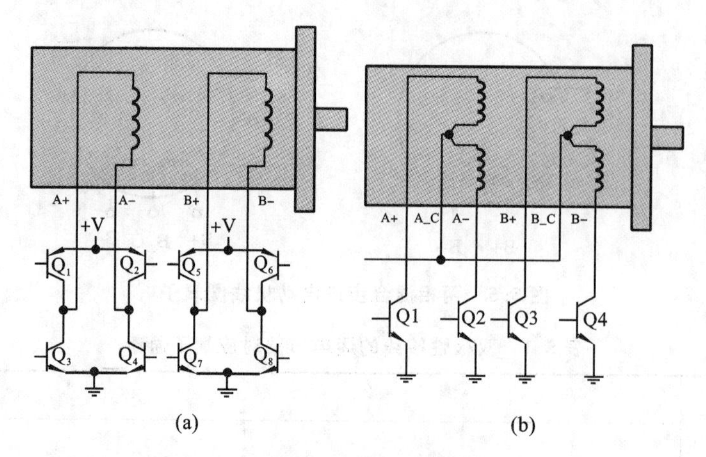

(a)　　(b)

图 5.6　两相混合步进电动机的驱动主电路

(a)单极性接线;(b)双极性接线

步距误差和累积误差是两个概念,在数值上也不一样,这就是说,精度的定义没有完全统一起来。从使用的角度看,大多数情况下用累积误差来衡量精度比较方便。

对于所选用的步进电动机,其步距精度为

$$\Delta\beta = i(\Delta\beta_L)$$

式中:$\Delta\beta_L$ ——负载轴上所允许的角度误差。

影响步距误差的主要因素有转子齿的分度精度、定子磁极与齿的分度精度、铁芯叠压及装配精度、气隙的不均匀程度、各相激磁电流的不对称度等。

高性能的步进电动机驱动器可以改善定位精度,采用细分驱动方式,可以实现步距角的细化,有助于减缓电动机的振动和实现更高的定位分辨率,但细分驱动并没有从根本上提高电动机的精度。步进电动机驱动器的结构原理详见第 11 章。

2. 保持转矩

保持转矩(也称静转矩)是指步进电动机通电但没有转动时,定子锁住转子而不使轴转动的最大转矩。它是步进电动机重要的参数之一,通常步进电动机在低速时的力矩接近保持转矩。

保持转矩与步进电动机驱动器性能无关,通常代表了步进电动机本身的性能。在电动机处于静止状态时对其进行测量,并使用额定的直流电供电。

3. 矩角特性

矩角特性反映了步进电动机电磁转矩 T 随偏转角 θ 变化的关系。定子一相绕组通以直流电后,如果转子上没有负载转矩的作用,转子齿就会和通电相磁极上的小齿对齐,这个位置称为步进电动机的初始平衡位置。当转子有负载作用时,转子齿就要偏离初始平衡位置,由于磁力线有力图缩短的倾向,从而产生电磁转矩,直到这个转矩与负载转矩相平衡。转子齿偏离初始平衡位置的角度称为转子偏转角 θ(空间角),若用电角度 θ_e 表示,则定子每相绕组通电循环一周(360°电角度),对应转子在空间转过一个齿距($\tau=360°/Z$ 机械角度),故电角度是机械角度的 Z 倍,即 $\theta_e = Z\theta$,而 $T = f(\theta_e)$ 就是矩角特性曲线。可以证明,此曲线可近似地用一条正弦曲线表示,如图 5.7 所示。从图可以看出,θ_e 达到 $\pm\pi/2$,即在定子齿与转子齿错开 1/4 个齿距时,转矩 T 达到最大值,称为最大静转矩 T_{smax}。步进电动机的负载转矩必须小于最大静转矩,否则根本带不动负载。为了能稳定运行,负载转矩一般只能是最大静转矩的 30%～

50%。这一特性反映了步进电动机带负载的能力，在技术数据中通常都有说明，它是步进电动机的最主要的性能指标之一。

4. 启动频率与启动惯频特性

在负载转矩 $T_L=0$ 的条件下，步进电动机由静止状态突然启动、不失步地进入正常运行状态所允许的最高启动频率，称为启动频率或突跳频率。启动频率与机械系统的转动惯量有关，包括步进电动机转子的转动惯量，加上其他运动部件折算至步进电动机轴上的转动惯量。转子转动惯量越小，在相同的电磁力矩作用下加速度就越大，极限启动频率也就越高。这反映了步进电动机的启动惯频特性（见图 5.8），它表示启动频率与负载转动惯量之间的关系。随着负载转动惯量的增加，启动频率下降。若同时存在负载转矩 T_L，则启动频率将进一步降低。在实际应用中，由于 T_L 的存在，可采用的启动频率要比启动惯频特性中标出的数值还要低。步进电动机拍数越多，步距角越小，极限启动频率就越高；最大静转矩越大，电磁力矩越大，转子加速度就越大，步进电动机的启动频率也就越高。这反映了步进电动机的启动频率特性。

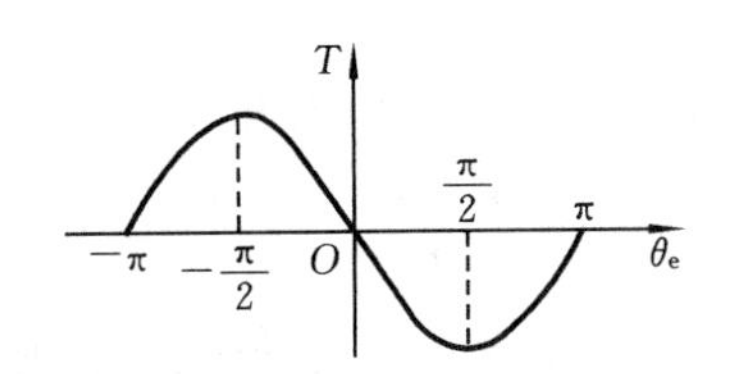

图 5.7　步进电动机的矩角特性

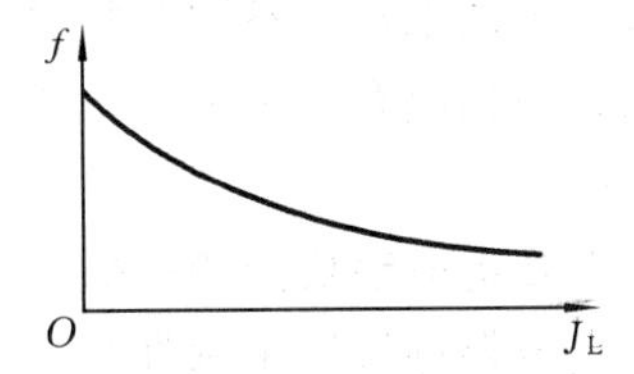

图 5.8　启动惯频特性

5. 连续运行频率与运行频率特性

步进电动机的连续运行频率 f_c 是指步进电动机启动后，当控制脉冲频率连续上升时，能不失步运行的最高频率。它的值也与负载有关。步进电动机的运行频率比启动频率高得多，这是因为在启动时除了要克服负载转矩外，还要克服轴上的惯性转矩。启动时转子的角加速度较大，它的负担要比连续运转时为重。若启动时脉冲频率过高，电动机就可能发生丢步或振荡。所以启动时，脉冲频率不宜过高，然后再逐渐升高脉冲频率。

转动惯量主要影响运行频率连续升降的速度，而步进电动机的绕组电感和驱动电源的电压对运行频率的上限影响很大。在实际应用中，启动频率比连续运行频率低得多。通常采用自动升降频的方式，即步进电动机先在低频下启动，然后逐渐升至运行频率。当需要步进电动机停转时，先将脉冲信号的频率逐渐降低至启动频率以下，再停止输入脉冲，步进电动机才能不失步地准确停止。步进电动机在低于极限启动频率下正常启动后，控制脉冲再缓慢地升高即可正常运行（不失步、不越步）。因为缓慢升高脉冲频率，故转子的加速度很小，转动惯量的影响可以忽略，但步进电动机随运行频率增高，负载能力将变差。这反映了步进电动机的运行频率特性。

6. 矩频特性

矩频特性描述了步进电动机在负载转动惯量一定且稳态运行时的最大输出转矩与脉冲重复频率的关系。步进电动机的最大输出转矩随脉冲重复频率的升高而下降。这是因为步进电动机的绕组为感性负载，在绕组通电时，电流上升减缓，使有效转矩变小；绕组断电时，电流逐渐下降，产生与转动方向相反的转矩，使输出转矩变小。随着脉冲重复频率的升高，平均电流愈小，输出转矩也就愈小。当驱动脉冲频率高到一定程度的时候，步进电动机的输出转矩已不

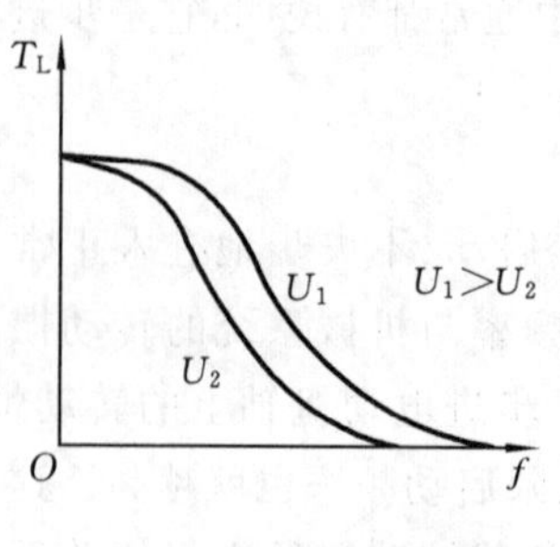

图 5.9 连续运行矩频特性

足以克服自身的摩擦转矩和负载转矩，其转子就会在原位置振荡而不能做旋转运动，这就是所谓的步进电动机堵转或失步。步进电动机的绕组电感和驱动电源的电压对矩频特性影响很大，低电感或高电压时将获得下降缓慢的矩频特性。如图 5.9 所示，矩频特性曲线的形状与电动机驱动电源的参数(如电压 U 等)有密切关系。

由图 5.9 还可看出，在低频区，矩频曲线较平坦，步进电动机保持额定转矩；在高频区，矩频曲线急剧下降，这表明步进电动机的高频特性差。因此，步进电动机用于进给运动控制，从静止状态到高速旋转要有一个加速过程。同样，步进电动机从高速旋转状态到静止也要有一个减速过程。没有加、减速过程或加、减速不当，步进电动机都会出现失步现象。

5.1.4 步进电动机的选型

1. 选择步进电动机类型和相数

目前以两相混合步进电动机最为常用，三相混合步进电动机和五相混合步进电动机具有更好的性能。

2. 确定步进电动机的静转矩

静转矩或保持转矩是选择步进电动机的主要参数之一，既要考虑负载转矩，又要考虑加减速转矩。查看电动机的矩频特性曲线，确保在各种转速下转矩必须在矩频特性曲线的范围内。

3. 确定步进电动机的运转速度范围

根据负载的主要速度范围选择合适的电动机。

4. 确定步进电动机的定位精度

通常电动机的步距角越小，定位精度越高。

5. 选择电动机的安装规格

步进电动机的安装规格主要遵循 NEMA 标准，常见的有 NEMA11(28 mm×28 mm)、NEMA14(35 mm×35 mm)、NEMA17(42 mm×42 mm)、NEMA23(57 mm×57 mm)、NEMA42(110 mm×110 mm)等。

5.2 直流有刷伺服电动机

第 3 章介绍的他励直流电动机主要用于工业上的大功率传动，由于其定子励磁和转子结构的限制，基本上没有过载能力，也难以实现快速启停，不适用于伺服控制场合。直流有刷伺服电动机的工作原理与普通直流他励电动机类似，针对伺服控制的高动态响应和高精度要求，定子普遍采用永磁体励磁，并在磁路和转子绕组等方面进行了优化设计。

在 20 世纪 50～80 年代，直流有刷伺服电动机在技术上就已经比较成熟并应用于机床等各类机电伺服系统。日本安川电机于 1958 年率先推出商品化的直流伺服电机 Minertia。

在 20 世纪 70～80 年代，宽调速范围、高转矩直流有刷伺服电动机在数控机床的进给控制中获得广泛应用，取代了液压脉冲马达和功率步进电机传动方案，电动机的驱动控制采用基于晶闸管的三相整流电路或基于功率晶体管的脉冲宽度调制斩波电路，直流伺服驱动器的结构原理在第 9 章展开介绍。

20 世纪 80 年代后期，交流伺服电动机及驱动控制开始兴起，在数控机床、工业机器人等应用中逐步取代了直流伺服装置。今天在工厂自动化领域，从几百瓦到几十千瓦的功率范围，交流伺服电动机已处于主导地位，目前常用的直流有刷伺服电动机功率范围一般在几瓦到几百瓦之间，主要应用于航空航天、机器人与自动化、精密测量系统、医疗机械等领域。

与传动用直流电动机相比，直流有刷伺服电动机的主要特点有：

①体积小，重量轻，效率高。

②通常采用高性能永磁体进行励磁。

③转子惯量小，加速性能好。

④通常安装有位置传感器，与直流伺服驱动器配合，用于定位控制。

⑤有较强过载能力。

转矩惯量比(电动机启动转矩和转子转动惯量的比值)可以用来衡量伺服电动机的动态性能。为提高转矩惯量比，通常采用高性能永磁体来增加直流伺服电动机的启动转矩，采用细长型转子减小转子转动惯量。

标准的直流有刷伺服电动机，电枢绕组安放在转子铁芯槽内，转子槽数可为 3、5、7、9、12 等不同的数值，槽数较少时，转矩脉动会增加。为了进一步改善直流有刷伺服电动机的低速性能和动态指标，从 20 世纪 60 年代起两种主要的转子改进结构先后提出，即无槽电枢和无铁芯电枢(又称为空心杯电枢)。

无槽电枢直流有刷伺服电动机的转子为铁芯式光滑无槽的圆柱体，电枢绕组用环氧树脂固化成形并与铁芯黏结在一起，其主要优点如下。

①转子转动惯量小。

②转矩惯量比大，过载能力强，最大转矩可以比额定转矩大 10 倍以上。

③铁芯无槽，没有齿槽效应，低速性能好，转矩脉动小。

空心杯电枢直流有刷伺服电动机有内外定子，其磁路结构可分为两种：一种是永磁体安装在外定子上，内定子起磁轭作用；另一种是永磁体安装在内定子上，此时外定子起磁轭作用。转子无铁芯，空心杯电枢绕组直接安装在电动机轴上，其主要优点如下。

①转子转动惯量更小，转矩惯量比很大。

②动态响应更好。

③转子无铁芯使得损耗更小，效率更高。

④无齿槽效应，转矩脉动小，低速性能好。

⑤能承受瞬间大电流，电流与转矩之间的线性特性好。

⑥电枢电感小，换向性能好。

此外，还有一类盘式电枢绕组直流伺服电动机，定子为多块扇形或圆柱形的永磁体按照 N、S 磁极交替排列，固定在端盖上，定转子之间的气隙为轴向平面气隙，主磁通沿着轴向通过气隙。转子电枢无铁芯，制作成圆盘形。

盘式电枢绕组的特点是电枢的直径远长于长度，圆盘中电枢绕组可以是印制绕组或绕线式绕组。

盘式绕组直流伺服电动机由于转子无铁芯，同样具有惯量小，转矩脉动小、低速性能和动态特性好等优点。因为轴向尺寸短，特别适用于要求薄型安装的应用场合。

直流伺服电动机经常用于位置控制，为此，需要在电动机上安装位置传感器，同时，配合直流驱动器使用，直流驱动器内部有速度闭环控制。

直流有刷伺服电动机的主要参数如下。

①额定输出功率:在额定工作点的电动机输出机械功率。

②额定转速 n_N:在额定工作点的电动机转速。

③最高转速 n_{max}:在电气绝缘和机械强度允许下电动机的最高转速,此时电动机的连续转矩和峰值转矩受到限制。

④额定转矩 T_N:在额定工作点的电动机转矩。

⑤连续堵转转矩 T_0:在连续工作状态下,电动机所能输出的最大转矩,在该转矩下连续运行,电动机绕组温度不会超过最高允许温度。

⑥峰值转矩 T_P:由峰值电枢电流产生的输出转矩,在峰值转矩下短时间工作不会引起电动机损坏。

⑦额定电流。

⑧峰值电流。

⑨转子惯量。

表 5.3 给出了两款适用于机床控制的实际直流伺服电动机的额定参数。

表 5.3 FANUC-BESK 系列直流伺服电动机额定参数

参 数	B4	B8
额定功率/kW	0.4	0.8
连续堵转转矩/(N·m)	2.8	5.5
最大过载转矩/(N·m)	24	48
最高转速/(r/min)	2000	2000
转动惯量/(kg·cm^2)	21.58	44.13
转矩常数/(N·cm/A)	24.64	49.67
机械时间常数/ms	20	13
热时间常数/min	50	60
质量/kg	12	17
静摩擦转矩/(N·cm)	28	28
最大理论加速度/(rad/s^2)	9000	9800
电枢电感/H	0.0016	0.0027
时间常数/s	0.0032	0.0038
黏性阻尼系数/(kg·cm·s/rad)	1.15	3.5
反电动势常数/(V/(kr/min))	25.3	51
额定电流/A	12	12

5.3 直流无刷电动机

直流有刷伺服电动机和通用直流有刷电动机一样,需要机械换向器和碳刷进行电流换向,在转动过程中会产生火花和碳粉,碳刷需要更换,电动机转速受到限制。1955 年,美国 D. 哈里森等人首次申请了应用晶体管换向代替电动机机械换向器的专利，1962 年，T. G. 威尔逊和 P. H. 特里克发明了一种用电子换向器代替机械换向器的新型电动机，不用恒定直流给电枢绕组供电，而是用直流脉冲供电，称之为无刷直流电动机或直流无刷电动机。

直流无刷电动机采用电子换向方式，用外部功率电子开关和电动机内置的位置传感器替代了直流有刷伺服电动机的机械换向器和碳刷，结构简单，体积小、重量轻、惯量小、效率高，得益于电力电子技术和电机控制技术的发展，直流无刷电动机在航空航天、机器人和 AGV、计算机外设、电动门窗/座椅、电动工具等领域获得越来越广泛的应用。

直流无刷电动机结构和控制电路针对具体应用进行优化设计，直流无刷电动机和低成本调速驱动器配合，可实现宽范围速度控制，直流无刷电动机的主要优点如下。

①高可靠性：转子结构简单，免维护，使用寿命长。

②高速：直流无刷电动机转速可以达到几千转/分到几万转/分甚至十几万转/分。

直流无刷电动机的位置控制性能通常低于直流有刷伺服电动机，具有高性能电流调节能力的直流无刷电动机驱动器，可以大大提升电动机控制精度和响应速度。

在直流有刷伺服电动机中，永磁体放置于定子上，直流电源通过电刷和换向器，根据转子位置来改变电枢导体内的电流方向，产生稳定的转矩。如果我们把电枢绕组放在定子铁芯的表面，而把永磁体放在转子上，根据转子位置来控制定子电枢导体内的电流方向时，同样可以产生稳定的电磁转矩。由于所要控制电流方向的绕组在定子上，所以可以用电力电子器件组成的电子换向器，从而取消机械换向器和电刷，这是直流无刷电动机的基本原理。直流有刷电动机可直接接到直流电源上，但直流无刷电动机必须与电子调速器配合使用才能工作。

直流无刷电动机的本体包括定子、转子和位置传感器三大部分，转子上安装永磁体，多相绕组线圈固定在定子圆周上，根据应用场合，有内转子和外转子两种形式。最常见的是内转子电动机。其定子及线圈位于转子外围，永磁体安装在中间的转子上，在磁场作用下旋转。而在外转子电动机中，定子及线圈位于电动机内侧，转子为在外部旋转的钟形外壳，永磁体安装在外壳上。定子内侧通常安装有霍尔传感器用于检测转子位置。（霍尔传感器的位置检测精度低，主要用于换向控制和速度控制，要实现高精度位置控制，电动机需要加装位置编码器反馈。）

内转子电动机的优势在于转子的转动惯量低，散热非常快。相反，在外转子电动机中，由于存在转子外壳和磁体，发热线圈与环境隔绝，散热相对较慢。由于转子的转动惯量转矩很大且很难控制转子外壳的平衡，所以外转子电动机不适用于旋转速度很高的模式。最常用的是内转子直流无刷电动机。定子绕组可以是两相、三相或更多相，目前最常见的是三相绕组。

图 5.10 给出了内转子直流无刷电动机的实物图和定转子结构。

图 5.11 给出了直流无刷电动机定子绕组和转子永磁体分布的简化示意图，转子磁极对数为 1 对，定子相数为 3 相。

三相绕组 A、B、C 沿着定子圆周分布，相差 120°，末端连接在一起，首端连接到驱动电路，根据驱动管的通断，A、B、C 绕组的首端分别连接到直流电源正端、负端或悬空。

由于直流无刷电动机的转子磁场由永磁体决定，所以只要知道了转子磁极位置，就知道了转子磁场方向，一种常用的检测方式是采用霍尔传感器检测转子磁极位置。可以在电动机定子上安装 3 个电角度相差 120°或 60°的霍尔传感器，可以测量转子磁极位置，并用来控制三相定子绕组的通电。

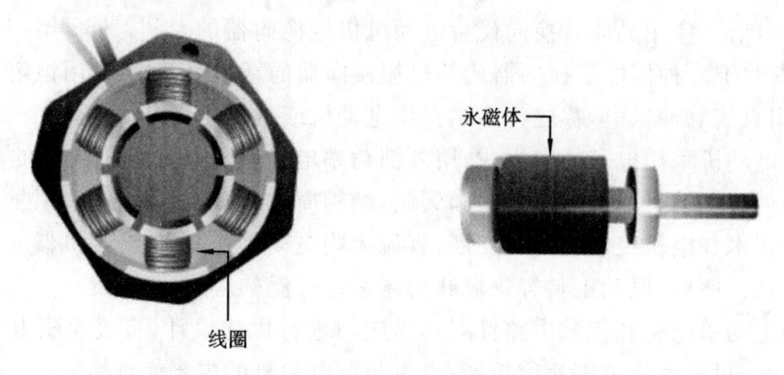

图 5.10 内转子直流无刷电动机实物图和结构图

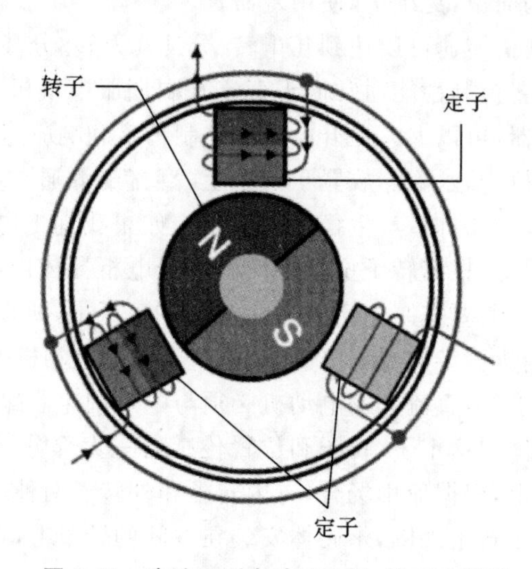

图 5.11 直流无刷电动机定子、转子示意图

图 5.12 为绕组的三相驱动电路，在不同的时刻，通过控制 6 个开关管 Q0～Q5 的通断，三相绕组会流过正向电流、反向电流或悬空无电流。在电动机定子上安装有 3 个电角度相差 60°

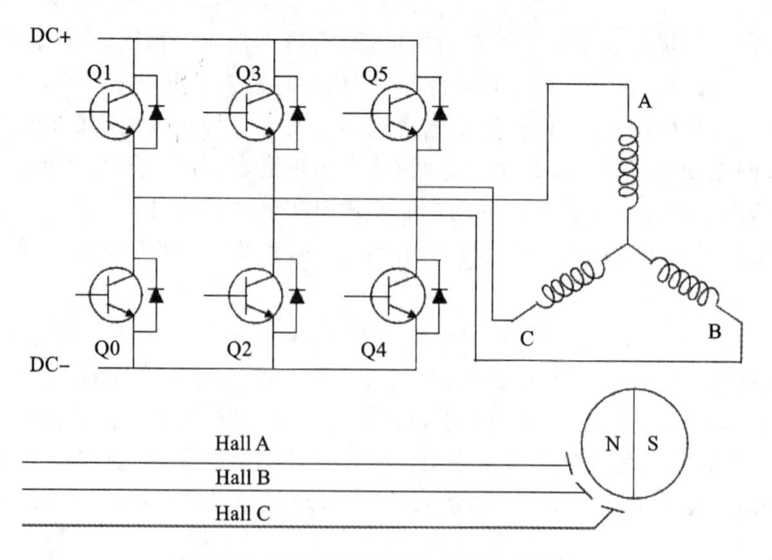

图 5.12 直流无刷电动机三相驱动电路

的霍尔传感器，转子永磁体的N极和S极交替经过霍尔传感器时，霍尔传感器A、B、C产生有效的六状态反馈信号(001、000、100、110、111、011)，用来控制三相定子绕组的通电。

表5.4给出了最简单的三相绕组6拍通电模式，按照霍尔传感器的反馈信号控制开关管的导通和关断，每个节拍有两相绕组通电，经过AC绕组通电、AB绕组通电、CB绕组通电、CA绕组通电、BA绕组通电、BC绕组通电6个节拍，定子磁场旋转一周。

表5.4 直流无刷电动机三相驱动电路控制节拍

节拍序号	霍尔传感器信号			导通开关管		相电流		
	A	B	C			A	B	C
1	0	0	1	Q1	Q4	+	悬空	−
2	0	0	0	Q1	Q2	+	−	悬空
3	1	0	0	Q5	Q2	悬空	−	+
4	1	1	0	Q5	Q0	−	悬空	+
5	1	1	1	Q3	Q0	−	+	悬空
6	0	1	1	Q3	Q4	悬空	+	−

直流无刷电动机的定子绕组结构类似于步进电动机，上述6拍通电模式也类似于步进电动机的节拍控制。两者最大的区别是转子结构和原理不同，步进电动机工作在开环模式，基于磁阻原理，当定子磁场方向变化时，转子跟随转动以使得磁阻最小。对于直流无刷电动机，为了形成稳定的转矩，定子磁场方向和转子磁场方向必须形成稳定的相位关系，因此要根据转子的当前磁场方向控制定子绕组，使得定子磁场方向始终超前于转子磁场方向，形成稳定转矩。

随着电动机控制技术的发展，直流无刷电动机的无传感器控制也应用日益广泛，该方法的核心是取消电动机内置的霍尔传感器，在驱动电路内部对绕组反电动势进行测量，并用位置估计算法计算出转子磁极当前位置。

由于直流无刷电动机的转子结构简单，相同体积下所提供的转矩可以达到直流有刷电动机的几倍，但转矩波动比直流有刷电动机大。

5.4 交流伺服电动机

第4章重点介绍了交流异步电动机的基本原理和应用，交流异步电动机结构简单，成本低廉，无电刷磨损，维修方便，但难以实现高性能速度控制和位置控制。目前在工业领域广泛使用的交流伺服电动机为永磁同步伺服电动机。

在几百瓦到几十千瓦的功率范围内的高精度、高动态运动控制场合，永磁同步伺服电动机占据绝对的主流地位。

交流异步伺服电动机的原理与标准交流异步电动机类似，结构上进行了优化设计，并配合高性能矢量变频器，可应用于伺服控制领域，但其精度、动态响应和转矩/功率密度等指标要低于永磁同步伺服电动机。标准异步电动机、异步伺服电动机和永磁同步伺服电动机的性能比较如表5.5所示，本节主要介绍通用的永磁同步交流伺服电动机结构与原理。

表 5.5　三种交流伺服电动机性能比较

指　标	标准异步电动机	异步伺服电动机	永磁同步伺服电动机
动态性能	中	高	非常高
惯量	中	低	非常低
过载能力	中	非常高	非常高
功率密度	中	高	非常高
效率	中～高	中～高	高～非常高

典型的永磁同步交流伺服电动机的结构如图 5.13 所示。

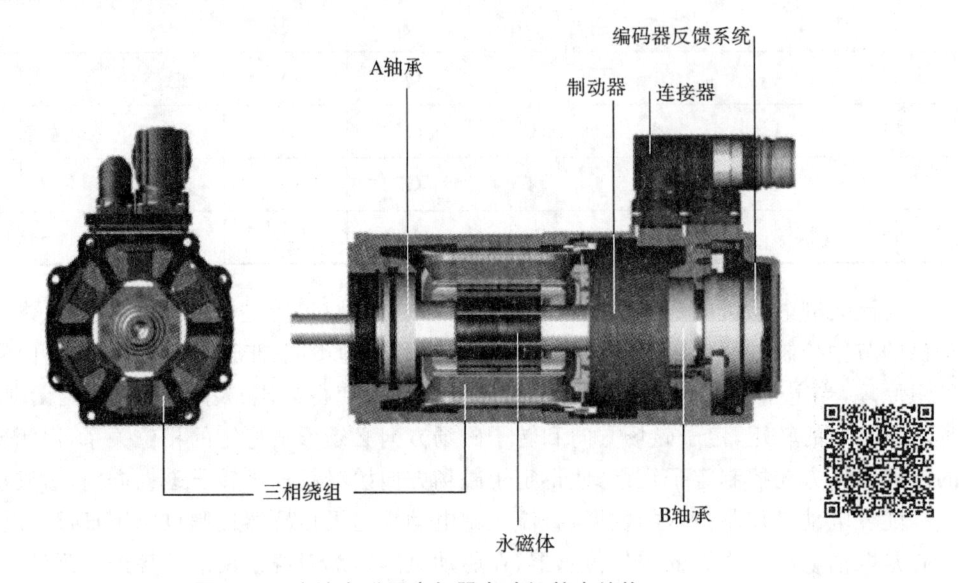

图 5.13　交流永磁同步伺服电动机基本结构

电动机定子上放置了三相对称绕组，用于产生旋转磁场，其工作原理与三相异步电动机相同。目前中小功率的永磁同步伺服电动机多采用集中式定子绕组，便于制造过程的自动化。

电动机转子的主体部分安装有永磁体磁钢，末端安装有位置反馈元件，有些伺服电动机安装有制动器，在失电情况下制动器确保电动机轴不转动。

永磁同步交流伺服电动机的结构与直流无刷电动机比较类似，二者的主要差别在于：

(1)直流无刷电动机的气隙磁场是梯形分布的，加在每相定子绕组上的是脉冲方波电压，由于电感的存在每相电流波形为梯形；永磁同步交流伺服电动机的气隙磁场是正弦分布的，加在每相定子绕组上的是正弦调制脉冲电压，每相电流波形为正弦。永磁同步交流伺服电动机的转矩控制精度远高于直流无刷电动机。

(2)直流无刷电动机的位置反馈元件多为低成本霍尔传感器，永磁同步交流伺服电动机通常配有高精度位置反馈元件。永磁同步交流伺服电动机的位置控制精度远高于直流无刷电动机。

直流无刷电动机多应用于低成本场合，永磁同步交流伺服电动机多应用于高性能场合，后者的控制算法较前者复杂，但原理上都属于根据转子磁极位置控制定子磁场旋转，近年来一些高性能直流无刷电动机及驱动器也使用了光电编码器反馈和电流控制算法以提升其性能指标。

永磁同步交流伺服电动机的位置反馈元件的作用有:①为驱动器内电流控制器提供转子磁极绝对位置用于磁场定向控制;②提供驱动器内速度控制器的电动机速度反馈(驱动器根据位置反馈值计算出实时速度);③提供驱动器内位置控制器的电动机位置反馈。

常用的反馈元件有:

①旋转编码器。旋转编码器基于磁技术,抗振动和污染能力强,成本相对较低,但位置反馈精度较低。

②增量型光电编码器+霍尔传感器。光电编码器精度高于旋转编码器,由于增量型光电编码器在上电时不能提供转子的初始位置,所以用霍尔传感器配合提供转子的初始定位。

③绝对值正弦光电编码器。绝对值正弦光电编码器的位置反馈精度高于增量型光电编码器,同时能提供转子绝对位置检测,成本更高。

同一功率等级的永磁同步交流伺服电动机,往往设计成中惯量和小惯量两个系列,以满足不同应用场合。中惯量伺服电动机主要用于数控机床、机器人、自动生产线等的控制。小惯量电动机广泛用于纺织、印刷、食品、包装等负载惯量小,转速要求高的应用领域。此外还有超低惯量电动机用于对动态响应要求特别高的场合。

表5.6给出了西门子1FT7系列伺服电动机的技术指标,该系列电动机的冷却方式有自然风冷、强制风冷、水冷三种形式。提供2.5~4倍于堵转转矩的过载能力,转矩波动小于1%,动态性能高,是新一代高动态性能伺服电动机,广泛用于高性能数控机床的进给轴伺服控制。

表5.6　西门子公司1FT7伺服电动机技术指标

电动机型号	1FT7紧凑型			1FT7高动态型	
冷却方式	风冷	强制风冷	水冷	强制风冷	水冷
额定功率/kW	0.84~10.5	5~20.7	3.14~34	4.4~10.8	5.7~21.7
额定转速/(r/min)	1500~6000	2000~4500	1500~4500	3000,4500	
额定转矩/(N·m)	1.4~61	21~78	9.2~125	13~33	16~51
堵转转矩/(N·m)	2~70	27~92	10~125	17~48	19~61
过载能力(与堵转转矩的比)	4	3	2.5	3	2.5

在进行永磁同步交流伺服电动机选型时,要注意电动机和等效负载的转速匹配、转矩匹配和惯量匹配。

5.5　旋转直驱力矩电动机

在大多数运动控制系统中,工作负载的转速相对于伺服电动机的转速低得多,所需的转矩则比伺服电动机输出轴转矩大得多,所以,二者之间常常必须用减速机构连接,以实现转速和转矩的匹配。采用减速器一方面使系统装置变得复杂,另一方面使闭环控制系统产生自激振荡,影响了系统性能的提高。因此需要有一种低转速、大转矩的伺服电动机,直驱力矩电动机就是一种能和负载直接连接产生较大转矩、能带动负载在堵转或大大低于空载转速下运转的电动机,直驱力矩电动机可以长时间工作在低速或堵转状态,仍能保证额定转矩输出能力,也

图 5.14 无框架旋转直驱电动机实物

称为力矩电动机或直驱电动机。

旋转直驱电动机可以是直流电动机，可也以是交流电动机，交流旋转直驱电动机原理与通用交流永磁同步伺服电动机相同，其具有较多的磁极对数和较高的功率密度，因此在低转速下具备超大的输出力矩。旋转直驱电动机大体上可以分为有框架直驱电动机、无框架直驱电动机和模块化直驱电动机(有框架无轴承)。

无框架直接驱动旋转电动机提供分立的电动机定子和永磁转子，未提供框架和轴承。根据实际装备的需要把定制机座框架、定子、转子和反馈元件等组装在一起。图 5.14 为科尔摩根公司的 KBM 系列无框直驱电动机实物图。

旋转直驱电动机常用于各种精密转台的驱动，具有刚度高、动态性能好、控制精度高、结构紧凑、重量轻等优点。

5.6 直线电动机

直线电动机也是一种直驱电动机，与旋转直驱电动机相比，直线电动机是一种能直接将电能转换为直线运动的伺服驱动元件。直线电动机驱动系统实现了直接驱动或零传动，不仅简化了机械结构，更重要的是使装备性能指标得到很大的提高。其优点主要体现在以下几方面：

(1)可靠性高，免维护。传统上使用滚珠丝杠、齿轮齿条、同步带等传动部件把旋转运动转换为机械直线运动，这些机械传动部件长时间运行会产生磨损，同时使传动系统刚度变差，均需要定期维护和检修。直线电动机取消了这些中间传动机构，因整个机构得到简化，可靠性、刚度和精度得以提高，振动和噪声得以减小。

(2)宽速度范围和高加速度。由于直线电动机不存在机械传动，可以实现超过 5 m/s 的应用速度。直线电动机通常可达(3～5)g 的加速度，而小型电动机可超过 10g。

(3)装配灵活性大。往往可将电动机的定子和动子分别与其他机械部件合成一体。

(4)定位精度高。采用高精度光栅尺作为位置反馈元件，配合高性能交流伺服驱动器，定位精度通常可达到微米以下。

(5)行程不受限制。传统的丝杠传动受丝杠制造工艺限制，一般 4～6 m，更长的行程需要接长丝杠，无论从制造工艺还是在性能上都不理想。而采用直线电动机伺服驱动，定子可无限加长，且制造工艺简单，已有大型高速加工中心 X 轴长达 40 m 以上。

(6)适应性广。直线电动机可无限延长定子的行程，运动的行程不受限制，并可在全行程上安装使用多个工作台。因此直线电动机广泛适用于高速、精密数控机床中。

5.6.1 直线电动机的类型及结构

从原理上讲，直线电动机相当于把旋转电动机沿径向剖开，并把定子、转子圆周展开成直线而形成的。每一种旋转电动机原则上都有其相应的直线电动机，一般按工作原理可分为步进直线电动机、直流直线电动机和交流直线电动机，而交流直线电动机按励磁方式可分为永磁式(交流永磁同步直线电动机)和感应式(交流异步直线电动机)两种。

以感应式旋转电动机和永磁式旋转电动机为例，将定子、转子圆周展开成平面，便形成了扁平形直线电动机，如图5.15所示。由原来旋转电动机定子演变而来的一侧称为初级，由转子演变而来的一侧称为次级。

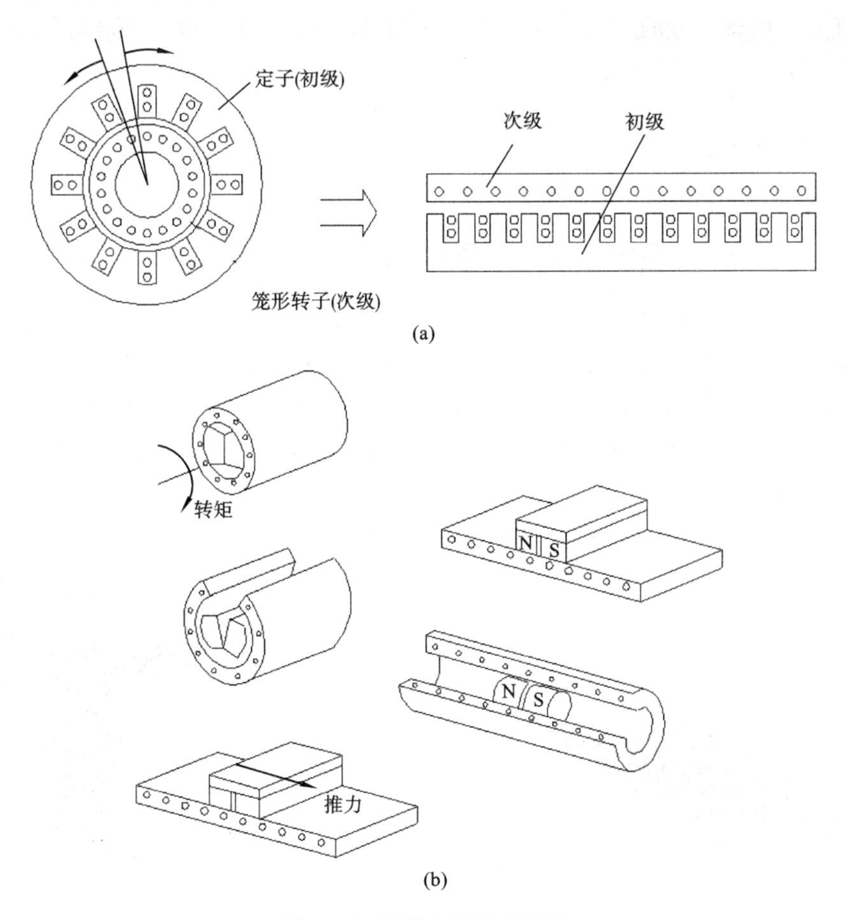

图5.15　直线电动机的演变

(a)感应式旋转电动机演变为直线电动机示意图；(b)永磁式旋转电动机演变为直线电动机示意图

由旋转电动机演变而来的直线电动机其初级与次级长度相等。由于直线电动机的初级和次级都存在边端，在做相对运动时，初级与次级之间互相耦合的部分将不断变化，不能按规律运动。为使其正常运行，需要保证在所需的行程范围内，初级与次级之间的耦合保持不变，因此，实际应用时，初级和次级长度不完全相等，有初级长、次级短或初级短、次级长两种结构。在通常情况下，由于短初级在制造成本和运行费用上均比短次级低得多，因此一般均采用短初级长次级的方式，不过在短行程的情况下可以相反处理。

在直线电动机的初级三相绕组中通入三相交流电A、B、C时，会在电动机初、次级间的气隙中产生磁场，如果不考虑端部效应，磁场在直线方向呈正弦分布。当三相交流电随时间变化时，气隙磁场将按A、B、C相序沿直线移动，称此平移的磁场为行波磁场。直线电动机内的行波磁场的移动速度与旋转电动机的旋转磁场在定子内圆表面的线速度相同，这个速度称为同步线速度v_s。

对于交流感应式异步直线电动机，在行波磁场的作用下，次级导条感应电动势并产生电流，所有导条的电流和气隙磁场相互作用，产生电磁力。在这个电磁推力的作用下，如果初级固定不动,次级则顺着行波磁场运动的方向做直线运动。若次级固定不动,初级则沿着行波磁场运动相反的方向运动。

对于交流永磁同步直线电动机来说,永磁铁的励磁磁场与行波磁场相互作用便会产生电磁推力。在这个电磁推力的作用下,由于定子固定不动,那么初级(即动子)就会沿行波磁场运动的相反方向做直线运动,其速度为

$$v_s = 2f\tau$$

式中:τ——初级的极距;

f——电源频率。

5.6.2 交流永磁同步直线电动机

目前在五轴数控加工中心、光刻机等精密运动控制场合,用得最多的是交流永磁同步直线电动机。交流永磁同步直线电动机主要有两种结构:有铁芯直线电动机和无铁芯直线电动机。有铁芯直线电动机有更大的推力输出,但铁芯的齿槽效应产生了推力波动和速度波动。无铁芯电动机消除了齿槽效应的影响,推力更平稳,速度波动小。图 5.16 为有铁芯交流永磁同步直线电动机的实物图。

图 5.17 为无铁芯交流永磁同步直线电动机的实物图。

图 5.16 有铁芯交流永磁同步直线电动机

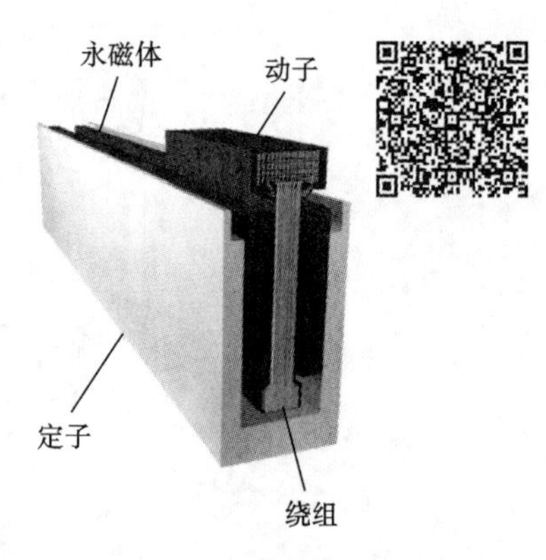

图 5.17 无铁芯交流永磁同步直线电动机

近年来,为了适应柔性自动化的需求,一种基于长直线电动机定子、多动子控制的柔性电驱在自动化物流系统中开始获得应用。在柔性电驱系统中,多个标准的直线、弧形导轨可以根据实际物流的需要进行拼接,多个动子可以在轨道上进行单独的控制,每个动子上固定托盘用于实际物料的输送,如图 5.18 所示。

图 5.18 长定子多动子柔性电驱系统

习题与思考题

5.1 通过分析步进电动机的工作原理和通电方式，可得出哪几点结论？

5.2 实用的步进电动机为什么要采用小步距角？

5.3 步进电动机按工作原理可分为哪几种？各有哪些特点？

5.4 步进电动机的步距角的含义是什么？一台步进电动机可以有两个步距角，例如，3°/1.5°是什么意思？什么是三相单三拍、三相六拍和三相双三拍？

5.5 一台五相反应式步进电动机，采用五相十拍运行方式时，步距角为1.5°，若脉冲电源的频率为3000 Hz，该电动机的转速是多少？

5.6 混合步进电机的“混合”是指什么？一台两相混合步进电机的齿距角为7.2°，则可判断出电机转子齿数为多少？若该电机驱动器采用4拍控制方式，当驱动器输入脉冲指令为600 Hz时，电机机械转速是多少转/分？

5.7 步进电动机有哪些主要特性？这些特性有什么作用？

5.8 步进电动机有哪些主要性能指标？了解这些性能指标有何实际意义？

5.9 步进电动机的运行特性与输入脉冲频率有什么关系？

5.10 步距角小、最大静转矩大的步进电动机，为什么启动频率和运行频率高？

5.11 负载转矩和转动惯量对步进电动机的启动频率和运行频率有什么影响？

5.12 有一台直流伺服电动机，电枢控制电压和励磁电压均保持不变，当负载增加时，电动机的控制电流、电磁转矩和转速如何变化？

5.13 有一台直流伺服电动机，当电枢控制电压$U_c=110$ V时，电枢电流$I_{a1}=0.05$ A，转速$n_1=3000$ r/min；加负载后，电枢电流$I_{a2}=1$ A，转速$n_2=100$ r/min。试作出其机械特性曲线。

5.14 若直流伺服电动机的励磁电压一定，当电枢控制电压$U_c=10$ V时，理想空载转速$n_0=3000$ r/min。试问：当$U_c=50$ V时，n_0为多少？

5.15 为什么直流力矩电动机要做成扁平圆盘状结构？

5.16 为什么多数数控机床的进给系统宜采用大惯量直流电动机？

5.17 调研分析机床电主轴电机的主要技术指标及结构特点。

5.18 有一台直线异步电动机，已知电源频率为50 Hz，极距r为1 cm，额定运行时的转差率S为0.05，试求其额定速度。

5.19 直线电动机较之旋转电动机有哪些优缺点？

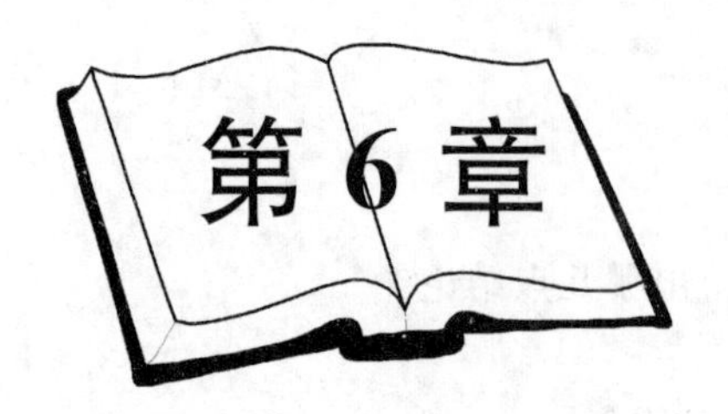

继电器-接触器控制

本章要求在熟悉各种控制电器的工作原理、功能、特点、表示符号和应用场合的基础上,着重掌握继电器-接触器控制电路中基本控制环节的构成和工作原理,学会分析较简单的控制电路,并通过训练学会设计一些较简单的控制电路。

机电传动控制系统除了各类传动和控制电动机,还必须有各种电气装置实现对电动机的控制,从20世纪20年代开始,工厂里采用继电器-接触器组合实现对电动机的启动、制动、正反转、分级调速等基本控制以及生产线的逻辑控制,20世纪50年代电力电子技术的兴起,基于晶闸管、IGBT等器件的直流调速装置和交流变频装置、伺服驱动装置可以实现对电动机电流的精确控制,从20世纪70年代起,可编程控制器在工厂中获得广泛应用,采用软件逻辑控制代替传统的继电器-接触器硬接线逻辑控制。进入21世纪后,信息技术深刻地改变了制造自动化系统,今天的机电传动系统,不仅仅需要机械和电气的协同设计,还需要基于模型的机械/电气/软件系统协同设计,电气系统不仅要满足基本的功能需求,还要提供良好的电磁兼容性能和功能安全保证。

本章对机电控制系统的常用低压电器原理和基本使用做扼要地介绍,并介绍基于继电器-接触器组成的基本电气控制回路。

6.1 常用低压电器

6.1.1 低压电器概述

开关设备和控制设备是用来接通或断开电路,以及用来控制、调节和保护用电设备的电器,按照电压等级,可分为高压电器和低压电器,高压电器主要应用于电力系统,制造装备和各类机电一体化系统中所常用的控制电器多属低压电器,根据国家标准GB/T 14048.1—2016《低压开关设备和控制设备　总则》,低压开关设备和控制设备用于连接额定电压交流不超过1000 V或直流不超过1500 V的电路。

低压电器品种繁多,可以按照多种分类方法进行分类。如按照动作性质,可分为非自动电器和自动电器,典型的非自动电器有刀开关、转换开关、按钮、行程开关等。这类电器没有动构,依靠人力或其他外力来接通或切断电路。典型的自动电器有接触器、继电器、自动开关等,这类电器有电磁铁等动力机构。按照指令、信号或参数变化而自动动作。使工作电路接通和切断。

本节按照功能介绍以下三类常用的低压电器:

(1)配电和保护电器:如熔断器、隔离开关和断路器等。

(2)控制开关电器:如接触器、各类继电器等。

(3)主令电路:如按钮、指示灯、行程开关等。

6.1.2　主电路常用配电和保护电器

1. 低压熔断器

熔断器(fuse)是指当电流超过规定值时,以本身产生的热量使熔体熔断,断开电路的一种电器。熔断器串于被保护的电路中,当电路发生短路或严重过载时,它的熔体(俗称保险丝)能自动迅速熔断,从而切断线路,使导线和电气设备不致损坏。

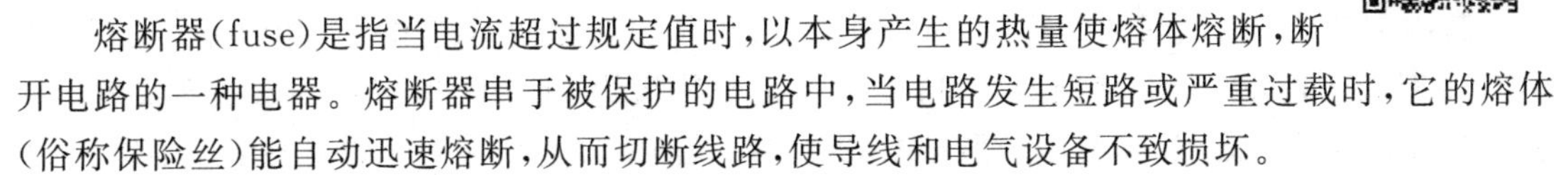

工业自动化系统和电力电子装置中使用的低压熔断器主要遵循国家标准GB/T 13539.1—2015《低压熔断器 第1部分:基本要求》、GB/T 13539.2—2015《低压熔断器 第2部分:专职人员使用的熔断器的补充要求(主要用于工业的熔断器)》和GB/T 13539.4—2016《低压熔断器 第4部分:半导体设备保护用熔断体的补充要求》。

国家标准规定了熔断器的工作等级由两个字母表示:

第一个为小写字母表示功能等级:g表示全范围保护,a表示局部范围保护。即g类型可以提供全范围的过载和短路保护,a类型仅承担系统中的短路保护功能。

第二个为大写字母表示被保护的对象,G表示配电系统和电缆导线保护类,M表示电动机保护类,L表示电缆和导线保护类,R表示半导体保护类。

常用的组合有:

gG/gL:全范围的电缆和导线保护;

aM:局部范围的电动机回路保护;

aR:局部范围的半导体保护;

gR:全范围的半导体保护。

熔断器可分为全裸型、半封闭型和全封闭型,现代熔断器几乎都是全封闭型。

熔断器通常由熔体、安装熔体的熔管和熔座三部分组成。从结构上,熔断器可分为插入式、密封管式和螺旋式,如图6.1所示。熔断器的熔体一般由熔点低、易于熔断、导电性能好的合金材料制成。根据结构和功能的不同,常用低压熔断器的型号有以下几种。

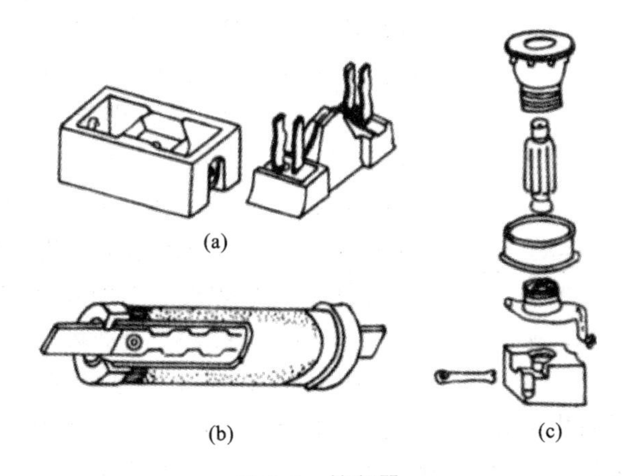

图6.1　熔断器

(a)插入式;(b)密封管式;(c)螺旋式

①RT——有填料封闭管式;

②RL——螺旋式熔断器;

③RS——快速熔断器;

④RLS——螺旋快速熔断器;

⑤RM——无填料封闭管式熔断器;

⑥RC——插入式熔断器。

其中 RT 系列有填料封闭管式熔断器广泛应用于工业控制系统中的配电保护,对应国外的 NH 型低压高分断能力熔断器,对应的主要工作等级为 gL、gG 和 aM。RS 系列快速熔断器是半导体保护熔断器,主要用于半导体(二极管、晶闸管)的保护,对应的主要工作等级为 aR 和 gR。

熔断器的主要额定参数有以下几种。

①额定电压:熔断器长期工作时和分断后能够耐受的电压,一般等于或大于电气设备的额定电压。

②额定电流:熔断器能长期通过的电流,它决定于熔断器各部分长期工作时的容许温升。

③极限分断能力:熔断器在故障条件下能可靠分断最大短路电流,它是熔断器的主要技术指标之一。插入式熔断器分断能力较差,最大为几千安;无填料封闭管式的分断能力略有提高,最大可以达到十几千安。其余螺旋式、有填料封闭管式、快速熔断器,根据不同的设计目的可以实现不同的分断能力,最高均可以达到几十千安的水平。

熔体的熔断时间与通过熔体的电流有关。它们之间的关系称为熔体的熔断特性曲线或时间-电流特性曲线,如图 6.2 所示(电流用额定电流的倍数表示)。由于熔断时间随着电流增加而单调减少,我们把这种特性称为反时限特性曲线。

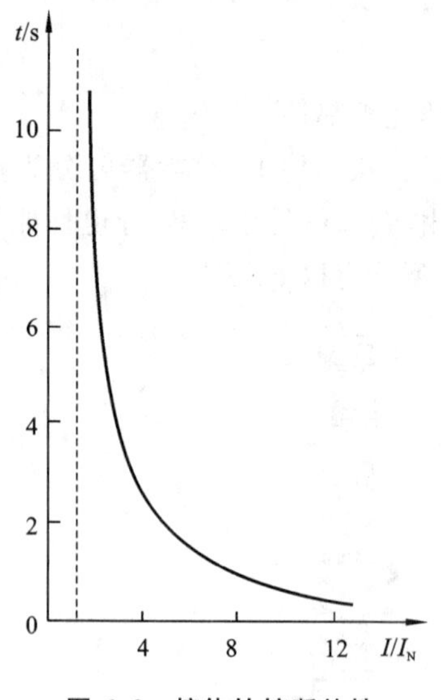

图 6.2 熔体的熔断特性

从熔体的熔断特性可看出,当通过的电流与额定电流之比 $I/I_N \leqslant 1.25$ 时,熔体将长期工作;当 $I/I_N = 2$ 时,熔体在 30～40 s 内熔断;当 $I/I_N > 10$ 时,熔体瞬时熔断。所以当电路发生短路时,短路电流使熔体瞬时熔断。

熔断器一般是根据线路的工作电压和额定电流来选择的。对一般电路、直流电动机和绕线异步电动机的保护来说,熔断器是按它们的额定电流选择的。但对笼型异步电动机却不能这样选择,因为笼型异步电动机直接启动时的启动电流为额定电流的 5～7 倍,若按额定电流选择时,熔体将即刻熔断。因此,为了保证所选的熔断器既能起到短路保护作用,又能使电动机启动,一般笼型异步电动机的熔断器按启动电流的 $1/K$($K=1.6\sim2.5$)来选择。若轻载启动、启动时间短,K 应选得大一些;若重载启动、启动时间长,K 应选得小一些。由于电动机的启动时间是短促的,故这样选择的熔断器的熔体在启动过程中来不及熔断。

低压熔断器的主要缺点是保护功能较为单一,当发生故障熔断后必须更换熔体,发生一相熔断时,对三相电动机将导致两相运转的不良后果(可用带发报警信号的熔断器予以弥补,一相熔断可断开三相)。尽管断路器可以在很多场合代替熔断器实现短路保护和过载保护,但熔断器仍有它的优势,包括:选择性好;限流特性好,分断能力高;相对尺寸较小;价格较便宜。在直流电机调速和交流电机调速等电力电子装置中,快速熔断器是不可或缺的元件。

国家标准 GB/T 24340—2009《工业机械电气图用图形符号》规定了熔断器的电气符号如图 6.3 所示。熔断器的文字符号一般用 FU 表示。

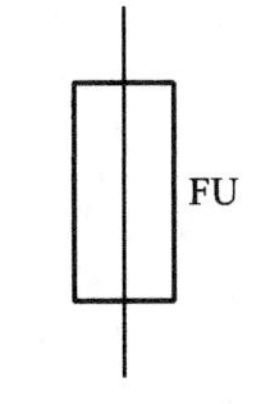

图 6.3　熔断器电气符号

2. 隔离开关/负荷隔离开关

隔离开关(switch-disconnector)用于不频繁手动接通和分断电路及隔离电源,其制造和使用遵循国家标准 GB/T 14048.3—2017《低压开关设备和控制设备 第 3 部分:开关、隔离器、隔离开关以及熔断器组合电器》。

隔离开关的核心功能是电气隔离,分闸后有可靠的绝缘间隙,将设备线路与电源用一个明显可见的断开点隔开,以保证人员和设备的安全。

低压隔离开关通常具有在非故障条件下接通或者分断负荷电流的能力,也称为负荷隔离开关,负荷隔离开关具有隔离和带负载开关两大功能,在断开状态时有明显可见的断开点,可用作工业配电系统的主控开关、急停开关、维修开关或者转换开关。负荷隔离开关可以接通和分断系统正常负载电流,但不能自动切断系统故障电流。

刀开关(也称闸刀)是在早期电气系统中常见的一种低压电器,从功能上属于隔离开关,在现代电气系统中已较少使用。

图 6.4 是西门子 3LD 负荷隔离开关实物图,负荷隔离开关常用于各种机电装备的主控开关。

图 6.4　负荷隔离开关实物图

由于负荷隔离开关不具有短路保护能力,常与熔断器配合形成组合电器,由熔断器起短路保护作用。通常有“隔离开关熔断器组”和“熔断器式隔离开关”两种组合形式。下文要介绍的断路器同时具备带负载开关能力和短路保护能力,但通常不具备隔离功能。

分断熔断器式隔离开关的电气符号如图 6.5 所示。隔离开关的文字符号一般用 Q 或 QS 表示。

隔离开关的主要额定参数有:额定工作电流 I_e、额定工作电压 U_e、极数、额定短时耐受电流 I_{cw} 等。

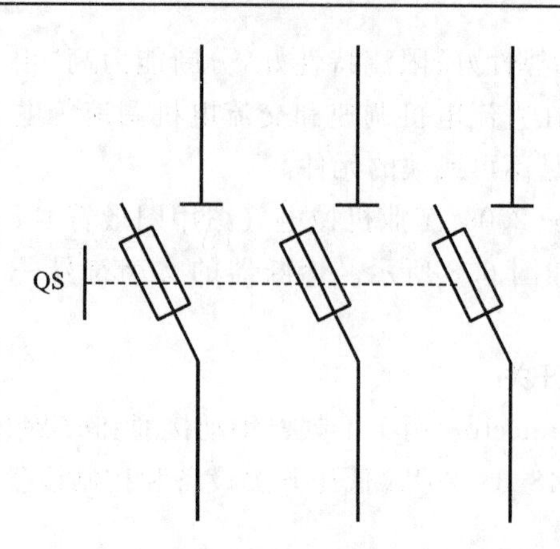

图 6.5　分断熔断器式隔离开关电气符号

3. 断路器

断路器(circuit breaker)是一种能够接通、承载和分断正常运行电路中的电流,也能在非正常运行的电路中(过载、短路)按规定接通、承载一定时间和分断电流的开关电器。其制造和使用遵循国家标准 GB/T 14048.2—2020《低压开关设备和控制设备 第 2 部分:断路器》。

低压断路器按结构形式可以分为三种:

(1)空气绝缘框架断路器(air circuit breaker,ACB),主要用在主配电系统,额定电流范围从几百安到 6300 A,成本较高。

(2)塑壳断路器(molded case circuit breaker,MCCB),常用于机电控制系统的主回路保护,额定电流范围从几安到 1600 A,成本较微型断路器高。

(3)微型断路器(miniature circuit breaker,MCB),常用于机电控制系统的控制回路保护,额定电流从 1 A 到 63 A,成本较低。

按照用途分,可分为配电保护断路器、电动机保护断路器、家用断路器、漏电断路器等。电动机保护断路器还要符合国家标准 GB/T 14048.4—2020《低压开关设备和控制设备 第 4 部分:接触器和电动机起动器　机电式接触器和电动机起动器(含电动机保护器)》,电动机保护断路器通常是单磁断路器,只有瞬间短路保护。

按极数分可分为单极断路器、双极断路器、三极断路器和四极断路器。

从使用类别上,可分为 A 类断路器和 B 类断路器。A 类断路器为非选择型断路器,B 类断路器为选择型断路器,具有长延时、短延时和瞬时三段保护功能。塑壳 MCCB 断路器通常是 A 类断路器。

塑壳断路器实物图如图 6.6 所示。

塑壳断路器由框架、操作机构、操作机构和灭弧器、触头系统、脱扣器组成。断路器的最基本脱扣器有四种:热脱扣器、磁脱扣器、欠压脱扣器和分励脱扣器,如图 6.7 所示。

热脱扣器一般用在过载保护,磁脱扣器一般用在短路保护,欠压脱扣器用在欠电压保护中,分励脱扣器则用于远程控制分闸。

一些高性能断路器采用电子脱扣器,通过电子传感器和微处理器对电流信号进行采集和运算,控制机构脱扣,可以提供三段甚至四段保护,动作值比较精确,而且可以调节,并可与控制器进行通信。

断路器的额定参数主要有以下几个。

图 6.6　塑壳断路器实物图

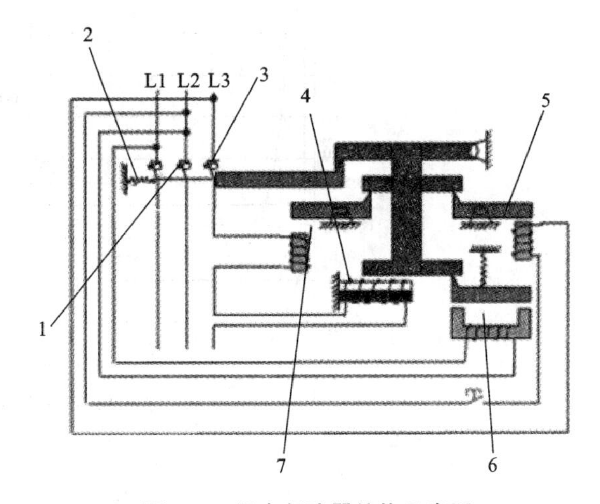

图 6.7　塑壳断路器结构示意图

1—自由脱扣机构；2—释放弹簧；3—主触点；4—热脱扣器；
5—分励脱扣器；6—失压脱扣器；7—过电流脱扣器

①额定电压 U_e：断路器在规定条件下长期运行的允许电压。

②额定电流 I_e：断路器在规定条件下长期运行的最大电流值。

③额定极限分断电流 I_{cu}：在规定的条件下断路器的分断能力，并且在分断后不考虑断路器能否继续承载它的额定电流，代表了断路器的极限分断能力。

④额定运行分断电流 I_{cs}：在规定的条件下断路器的分断能力，并且在分断后断路器还能继续承载它的额定电流，代表了断路器的重复分断能力。

断路器的基本保护特性包括过载保护和短路保护，对于过载保护，断路器脱扣时间通常从几秒钟到几分钟。对于短路保护，断路器应该在毫秒级时间内瞬时脱扣。

图 6.8 所示为三菱电动机的 NFC60 断路器动作特性曲线图。曲线图上两条曲线分别对应脱扣动作的最小和最大时间。

断路器的电气符号如图 6.9 所示，根据具体脱扣器而不同。断路器的文字符号一般用 QF 表示。

在进行断路器选型时，根据电源电压和负载确定断路器的额定电压和额定电流，根据断路器所保护的设备特性确定保护曲线，根据上级电源容量、上级断路器和供电进线阻抗等确定分断能力。注意配电用断路器和电动机保护断路器的瞬间脱扣电流是不同的。

常用的国产低压塑壳断路器通用型号有 DZ10、DZ15、DZ20 等系列，一些国外公司产品如施耐德的 GV2 系列，西门子公司的 3RV 系列、三菱电机的 NF 系列等电动机保护断路器也获得广泛应用。

4. 热继电器

热继电器是根据控制对象的温度变化来控制电流通断的继电器，即利用电流的热效应而动作的继电器。它主要用来保护电动机的过载。

电动机工作时是不允许超过额定温升的，否则会缩短电动机的使用寿命。熔断器和过电流继电器只能保护电动机不超过允许最大电流，不能反映电动机的发热状况。而在第 4 章中已指出，电动机短时过载是允许的，但长期过载就会发热，因此，必须采用热继电器进行保护。

图 6.10 所示为 JR14-20/2 型热继电器的结构。为反映温度信号，设有感应部分——发热元件与双金属片；为控制电流通断，设有执行部分——触点。发热元件用镍铬合金丝等材料制

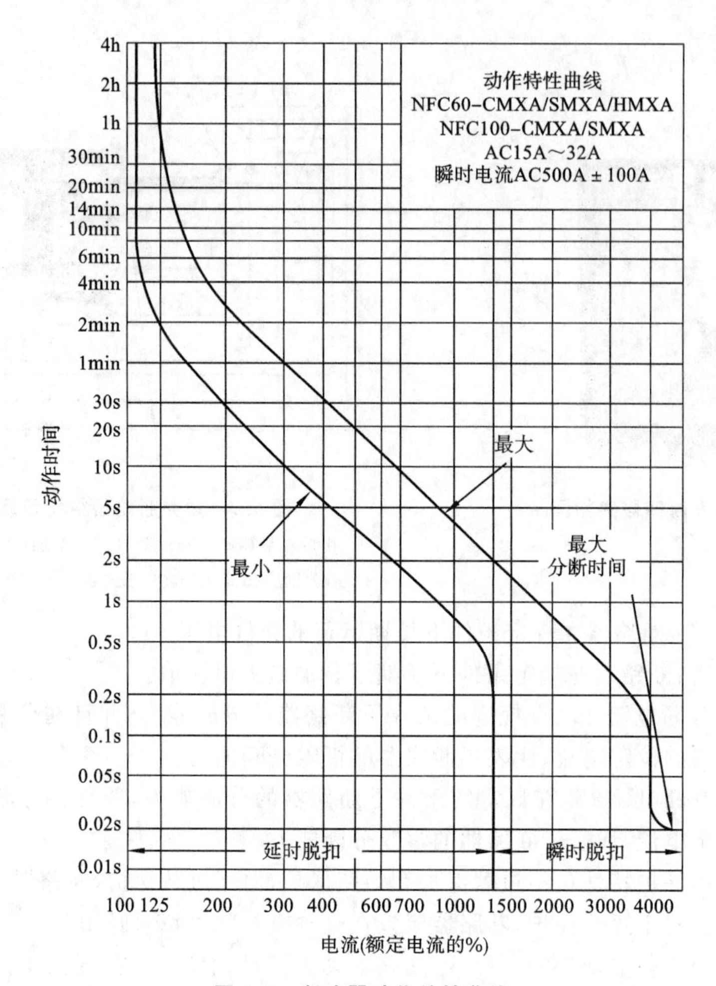

图 6.8　断路器动作特性曲线

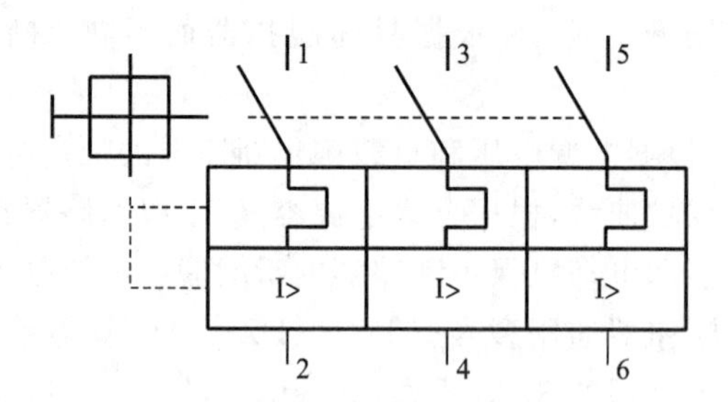

图 6.9　断路器电气符号

成,直接串联在被保护的电动机主电路内。它随电流 I 的大小和时间的长短而发出不同的热量,这些热量加热双金属片。双金属片是由两种膨胀系数不同的金属片碾压而成的,右层采用高膨胀系数的材料,左层则采用低膨胀系数的材料,双金属片的一端是固定的,另一端为自由端,过度发热便向左弯曲。一个热继电器内一般有两个或三个发热元件,通过双金属片和杠杆系统作用到同一常闭触点上,感温元件用做温度补偿装置,调节旋钮用于整定动作电流。热继电器的动作原理是:当电动机过载时,通过发热元件的电流使双金属片向左膨胀,推动绝缘杆,绝缘杆带动感温元件向左转使感温元件脱开绝缘杆,凸轮支件在弹簧的拉动下绕支点 A 顺时针方向旋转,从而使动触点与静触点断开,电动机得到保护。

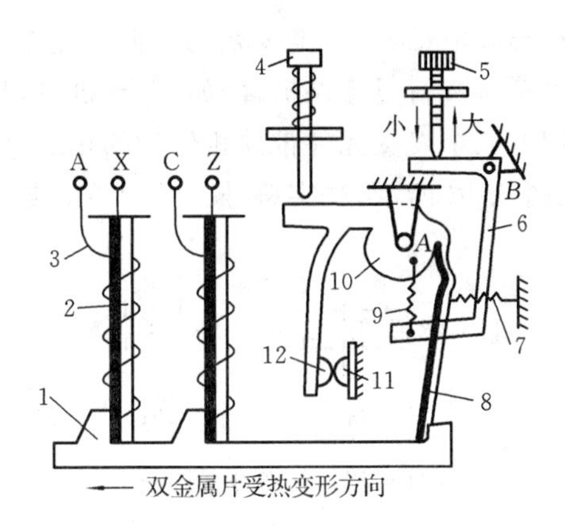

图 6.10　热继电器结构

1—绝缘杆(胶纸板);2—双金属片;3—发热元件;4—手动复位按钮;5—调节旋钮;
6—杠杆(绕支点 B 转动);7—弹簧(加压于 8 上,使 1 与 8 扣住);
8—感温元件(双金属片);9—弹簧;10—凸轮支件(绕支点 A 转动);11—静触点;12—动触点

热继电器有制成单个的(如常用的 JR14 系列),亦有和接触器制成一体、安放在磁力启动器的壳体之内的(如 JR15 系列配 QC10 系列)。

目前常用的热继电器有 JR14、JR15、JR16 等系列。

使用热继电器时要注意以下几个问题。

(1)为了正确地反映电动机的发热状况,在选择热继电器时应采用适当的发热元件。发热元件的额定电流与电动机的额定电流相等时,继电器便准确地反映电动机的发热。同一种热继电器有多种规格的发热元件,如 JR14-20 型热继电器采用的发热元件额定电流 I_N 从 0.35 A 到 22 A 有 12 种规格。而每一种规格中,电流又有一定的调整范围,如 $I_N=5$ A,其整定范围为 3.2～5 A。

(2)注意热继电器所处的周围环境温度,应保证它与电动机有相同的散热条件,对有温度补偿装置的热继电器尤其如此。

(3)由于热继电器有热惯性,大电流出现时它不能立即动作(见图 6.11),故热继电器不能用于短路保护。

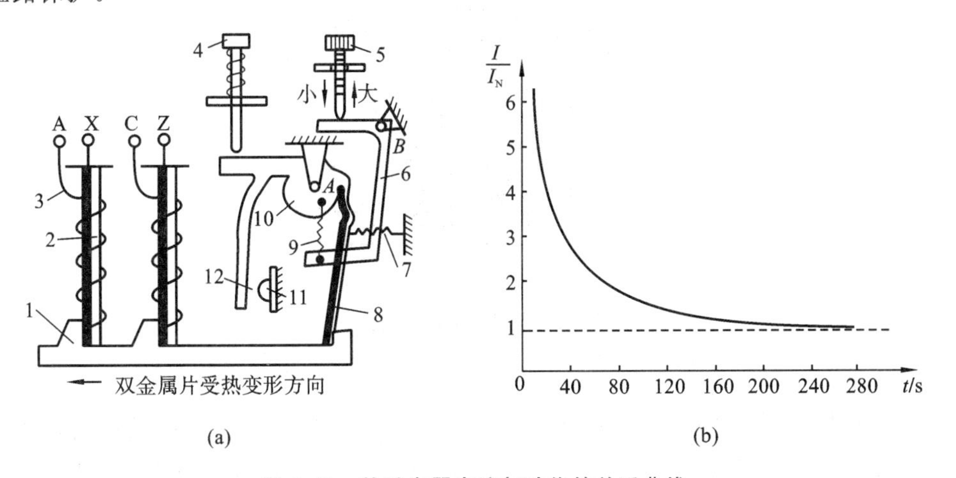

图 6.11　热继电器电流与动作的关系曲线

(4)用热继电器保护三相异步电动机时,至少要用有两个发热元件的热继电器,从而在不正常的工作状态下,也可对电动机进行过载保护,例如,电动机单相运行时,至少有一个发热元件能起作用。当然,最好采用有三个发热元件带缺相保护的热继电器。

热继电器的电气符号如图 6.12 所示,文字符号一般用 FR 或 KH 表示。

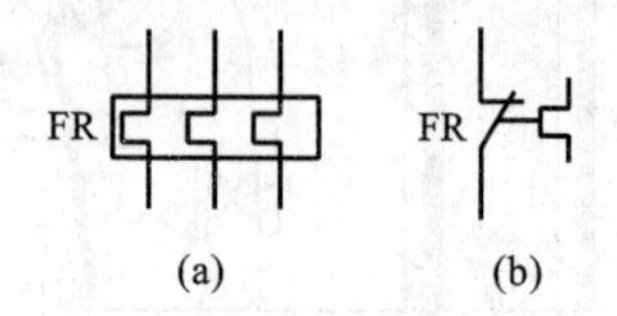

图 6.12　热继电器符号

6.1.3　接触器

接触器(contactor)是在外界输入信号下,利用电磁力使触点打开或闭合,从而自动接通或断开带有负载主电路(如电动机)的自动控制电器。它适用于频繁操作(高达每小时 1500 次)、远距离控制强电流电路,并具有低压释放的保护性能、工作可靠、寿命长(机械寿命达 2000 万次,电气寿命达 200 万次)和体积小等优点。接触器是继电器-接触器控制系统中最重要和常用的元件之一。

接触器的制造和使用遵循国家标准 GB/T 14048.4—2010《低压开关设备和控制设备 第 4 部分:接触器和电动机起动器 机电式接触器和电动机起动器(含电动机保护器)》。

根据主触点所接回路的电流种类,接触器分为交流接触器和直流接触器两种。

1)交流接触器

典型低压交流接触器结构如图 6.13 所示,其主要组成部分有电磁机构、触点系统和灭弧装置及其他辅助部件。

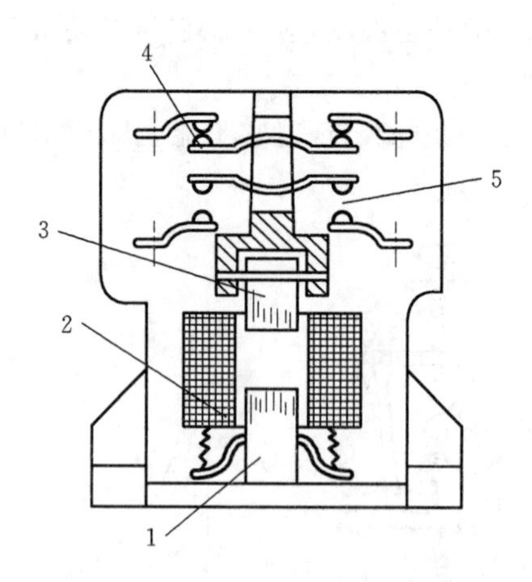

图 6.13　交流接触器结构

1—静铁芯;2—线圈;3—动铁芯;4—常闭触点;5—常开触点

(1)电磁机构。电磁机构由线圈、动铁芯(衔铁)和静铁芯组成,其作用是将电磁能转换成机械能,产生电磁吸力带动触点动作。为了减少涡流损耗,交流接触器的铁芯都用硅钢片叠铆而成,并在铁芯的端面上装有分磁环(短路环)。

在线圈中通有交变电流时，在铁芯中产生的磁通是与电流同频率变化的，当电流频率为50 Hz时，磁通每秒有100次经过零点。当磁通经过零时，它所产生的吸力也为零，动铁芯（衔铁）有离开趋势，但未及离开，磁通又很快上升，动铁芯又被吸回，结果造成振动，产生噪声。如果能使铁芯间通过两个在时间上不同相的磁通，总磁通将不会经过零点，矛盾即可解决，短路环即为此而设。

交流接触器的吸引线圈（工作线圈）一般做成有架式的，形状较扁，以避免与铁芯直接接触，改善线圈的散热情况。交流线圈的匝数较少，纯电阻小，因此，在接通电路的瞬间，由于铁芯气隙大，电抗小，电流可达到工作电流的15倍。交流接触器的线圈可能是交流线圈，也可能是直流线圈。经济型交流接触器型号通常只有交流线圈。

(2)触点系统。触点系统包括主触点和辅助触点，主触点用于通断主电路，交流接触器的主触点通常为三对常开触点，辅助触点用于控制电路，起电气联锁作用，其具体作用将在下一节进一步介绍。有的交流接触器型号只有一组常开辅助触点，有的只有一组常闭辅助触点，也有的接触器各有一组常开和常闭辅助触点。对触点的要求是接通时导电性能良好，不跳（不振动），噪声小，不过热，断开时能可靠地消除规定容量下的电弧。

为使触点接触时导电性能好，接触电阻小，触点常用铜、银及其合金制成。

(3)灭弧装置。当触点断开大电流时，在动触点与静触点间会产生强烈电弧，严重时会烧坏触点，并使切断时间增加。为使接触器可靠工作，必须使电弧迅速熄灭，故要采用灭弧装置。对于10 A电流以下的小容量接触器，可利用其触点的双断口结构实现电动力灭弧，所以不需要专用灭火装置。对于大容量的接触器，可采用栅片灭弧和纵缝灭弧等方式。

(4)其他辅助部件。包括反作用弹簧、缓冲弹簧、触点压力弹簧、传动机构及外壳等。一些交流接触器采用模块化结构，可以根据需要加装辅助触点和机械连锁等附件。

目前机电控制系统中最常用的国产通用低压交流接触器型号是CJX2系列，国外公司同类产品包括施耐德的LC1-D系列，西门子公司的3RT系列，ABB公司的A系列等交流接触器。

2)直流接触器

直流接触器主要用来控制直流电路（主电路、控制电路和励磁电路等），它的组成部分和工作原理同交流接触器类似。直流接触器的结构如图6.14所示。

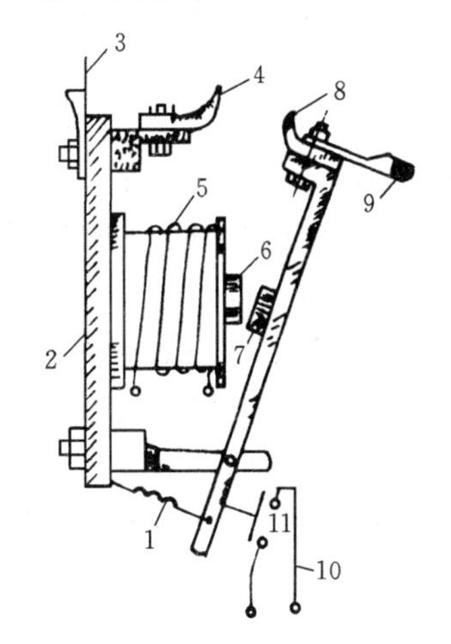

图6.14　直流接触器结构

1—反作用弹簧；2—底板；
3、9、10—连接线端；4—静主触点；
5—线圈；6—铁芯；7—衔铁；
8—动主触点；11—辅助触点

直流接触器的铁芯与交流接触器不同，它没有涡流的存在，因此一般用软钢或工业纯铁制成圆形。由于直流接触器的吸引线圈通以直流，所以没有冲击的启动电流，也不会产生铁芯猛烈撞击现象，因而它的寿命长，适用于频繁启停的场合。由于直流电弧不像交流电弧有自然过零点，灭弧更为困难，直流接触器通常采用磁吹式灭火装置。

目前常用的国产低压直流接触器型号是CZO系列，国外公司同类产品包括施耐德的LP1-D系列，西门子公司的3TC系列等直流接触器。

交、直流接触器的选用可根据线路的工作电压和电流查电器产品目录。接触器的电气符号如图 6.15 所示。

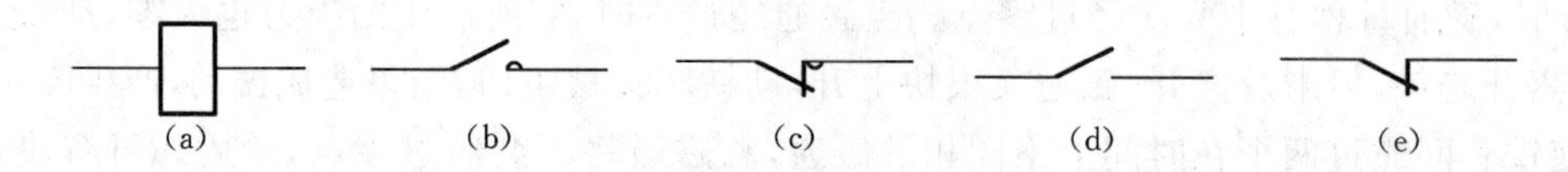

图 6.15 接触器的电气符号

(a)吸引线圈;(b)主动合触点;(c)主动断触点;(d)动合辅助触点;(e)动断辅助触点

接触器的文字符号一般用 KM 表示。

接触器的主要额定参数有:额定电压,额定电流,线圈电压,机械寿命和电气寿命,额定操作频率等。

选择接触器时,首先根据主回路是交流还是直流,选择交流接触器还是直流接触器。对于交流接触器,应根据交流负载类型进一步选择合适的接触器类型:

AC-1 类交流接触器用来控制无感或低感交流负载,如白炽灯、电阻炉等;

AC-2 类交流接触器是用来控制绕线式电动机的启动、分断;

AC-3 类流接触器是用来控制笼型感应电动机的启动、运转中分断;

AC-4 类交流接触器是用来控制笼型感应电动机的启动、反接制动或反向运转、点动。

接下来选择主回路极数:交流接触器多为 3 极或 4 极,直流接触器多为 2 极或 1 极。并选择主回路额定电流、主回路电压额定电压和控制线圈的额定电压等参数。

6.1.4 控制回路常用继电器

继电器是一种根据电压、电流、温度、速度或时间等物理量的变化来接通或切断控制电路,实现保护和控制的自动电器。接触器和各种继电器和主令电器连接在一起形成完整的继电器-接触器控制系统。

继电器的种类很多,按它反映信号的种类可分为电流、电压、速度、压力、热继电器等;按动作时间可分为瞬时动作和延时动作继电器(后者常称时间继电器);按作用原理可分为电磁式、感应式、电动式、电子式和机械式继电器等。下面重点介绍几种应用最为广泛的继电器。

1. 电磁继电器

电磁继电器的基本结构和原理与接触器类似,有直流和交流之分,但触头容量较小,一般不超过 5 A,接触器一般带有灭弧装置,电磁继电器则没有。电磁继电器具有工作可靠、结构简单、制造方便、寿命长等一系列的优点,故在机电控制系统中应用得最为广泛。

常用的电磁继电器有电流继电器、电压继电器和中间继电器。

1)电流继电器

电流继电器是根据电流信号而动作的,它的特点是线圈匝数少,线径较大,能通过较大的电流。电流继电器分为过电流继电器和欠电流继电器两种。

(1)过电流继电器。当被控制线路中出现超过所允许的正常电流时,继电器触点动作,从而切断被控制线路的电源,以保证电气设备不致因过大电流而损坏。

(2)欠电流继电器。当被控制线路电流过小时,继电器触点动作,从而切断被控制线路的电源,以保证电气设备不致因电流过小而损坏。如在他励直流电动机的励磁回路中串联一欠电流继电器,当励磁电流太小时,继电器触点动作,从而控制接触器切除电动机的电源,防止电动机因过高速度或电枢电流太大而被烧坏。

在机电控制系统中，用得较多的电流继电器的系列有 JL14、JL15、JT3、JT9、JT10 等，主要根据电路内的电流种类和额定电流大小来选用。

电流继电器的电气符号如图 6.16 所示。

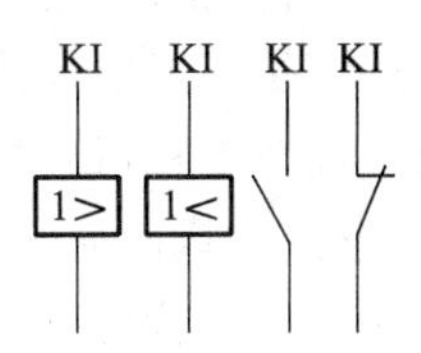

图 6.16　电流继电器的电气符号

2)电压继电器

电压继电器是根据电压信号而动作的。如果把电流继电器的线圈改用细线绕成，并增加匝数，就构成了电压继电器，它的线圈是与电源并联的。

电压继电器有如下两种：

(1)过电压继电器。当被控制线路中出现超过所允许的正常电压时，继电器触点动作，从而切断被控制线路的电源，以保证电气设备不致因过大电压而损坏。

(2)欠电压继电器。当被控制线路电压过低，使控制系统不能正常工作时，继电器触点动作，从而切断被控制线路的电源，使系统脱离不正常的工作状态。如在交流电动机的定子绕组上并联一欠电压继电器，当电源电压太低时，继电器触点动作，从而控制接触器切断电动机的电源，防止电动机堵转或速度过低而使转子电流过大而被烧毁。

在机电控制系统中常用的电压继电器的系列有 JT3、JT4 系列，主要根据线路电压的种类和大小来选用。

电压继电器的电气符号如图 6.17 所示。

3)中间继电器

中间继电器本质上是电压继电器，主要作为转换控制信号的中间元件。中间继电器的输入信号为线圈的通电或断电信号，输出信号为触点的动作，具有触点多(多至 6 对或更多)、触点承受的电流较大(额定电流 5～10 A)、动作灵敏(动作时间小于 0.05 s)等特点。

选用中间继电器的主要依据是控制线路所需触点的多少和电源电压等级。

中间继电器的电气符号如图 6.18 所示，文字符号一般用 K、KA、KV 表示。

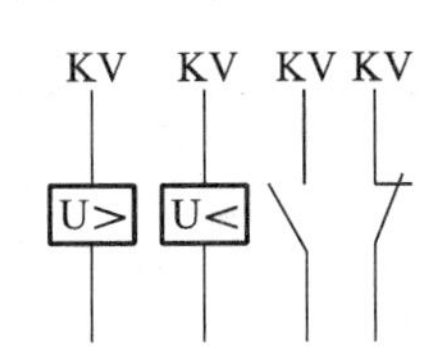

图 6.17　电压继电器的电气符号

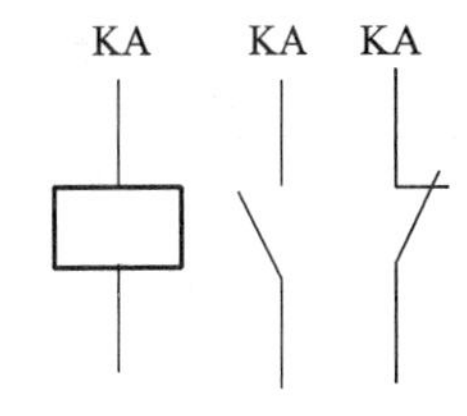

图 6.18　中间继电器的电气符号

图 6.19　中间继电器

图 6.19 所示为带插座的中间继电器实物图。

2. 时间继电器

时间继电器是一种当继电器的线圈得电后，需要延迟一段时间触点才动作的继电器。某些生产机械的动作有时间要求，例如电动机启动电阻需要在电动机启动后隔一定时间切除，可使用时间继电器来控制。

按照延迟方式的不同，时间继电器可分为通电延迟型、失电延迟型和重复延迟型。按照实现方式，主要有空气式、电磁式、电动式和电子式时间继电器。

图 6.20 所示为 JS7-A 型空气式时间继电器的结构，它主要由电磁铁、气室和工作触点三部分组成。其工作原理如下：线圈通电后，衔铁吸下，胶木块在弹簧作用下向下移动，但胶木块通过连杆与活塞相连，活塞表面上敷有橡胶膜，因此当活塞向下时，就在气室上层形成稀薄的空气层，活塞受其下层气体的压力而不能迅速下降，室外空气经由进气孔、调节螺钉逐渐进入气室，活塞逐渐下移，移动至最后位置时，挡块撞及微动开关，使其触点动作，输出信号。这段时间为自电磁铁线圈通电时刻起至微动开关触点动作时为止的时间。通过调节螺钉来调节进气孔气隙的大小，就可以调节延时时间。电磁铁线圈失电后，依靠恢复弹簧复原，气室空气经由出气孔迅速排出。

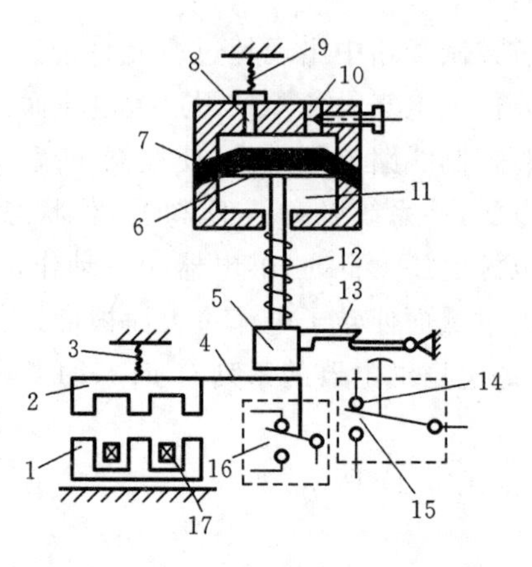

图 6.20　JS7-A 型空气式时间继电器结构

1—铁芯；2—衔铁；3、9、12—弹簧；4—挡架；5—胶木块；6—伞形活塞；7—橡胶膜；8—出气孔；10—进气孔；11—气室；13—挡块；14—延时断开的常闭触点；15—延时闭合的常开触点；16—瞬时触点；17—吸引线圈

时间继电器的触点有四种可能的工作情况，这四种工作情况和它们对应的电气符号如表 6.1 所示。时间继电器的文字符号一般用 KT 表示。

表 6.1　时间继电器电气符号

线　圈		触　点	
通电延时		延时闭合的动合触点	
		延时断开的动断触点	
失电延时		延时闭合的动断触点	
		延时断开的动合触点	

空气式时间继电器在机电控制系统中有着长期的应用，但存在着体积大、延时范围小、时间精度低等缺点，目前逐渐被电子式时间继电器所取代。

3. 速度继电器

某些生产机械需要直接测量速度信号，再用此速度信号进行控制，这就出现了测量速度的元件——速度继电器。

图 6.21 为感应式速度继电器结构。继电器的轴和需控制速度的电动机轴相连接，在轴 1 上装有转子 2，转子 2 是一块永久磁铁，定子 3 固定在另一套轴承上，此轴承则装在轴 1 上，定子与转子同心。定子内部装有绕组，其结构与笼型异步电动机的转子绕组类似，故它的工作原

理也与笼型异步电动机完全一样。当轴转动时,永久磁铁也一起转动,这相当于一旋转磁场,在绕组里感应出电动势和电流,使定子有趋势和转子一起转动,于是定子柄(杠杆)触动两个弹簧片,使两个触点系统动作(视轴的旋转方向而定)当转轴接近停止时,动触点跟着弹簧片恢复原来的位置,与两个靠外边的触点分开,而与靠内侧的触点闭合。

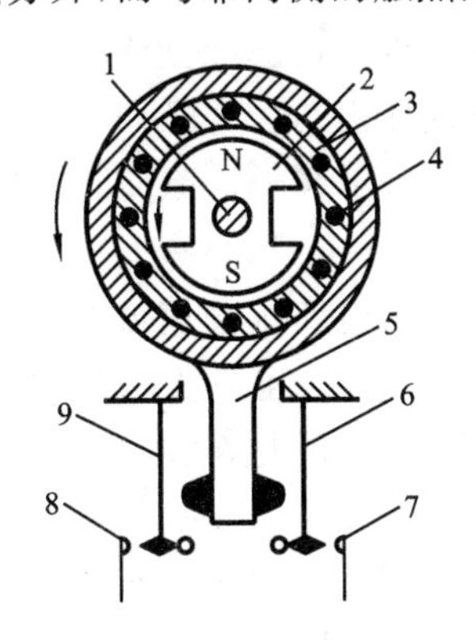

图 6.21 速度继电器结构

1—轴;2—转子;3—定子;4—绕组;5—定子柄(杠杆);7、8—触点;6、9—弹簧片

速度继电器的结构较为简单,价格便宜,但它只能反映转动的方向和反映是否停转,或者说只能够反映一种速度(是转还是不转)。所以,它仅广泛用在异步电动机的反接制动中。

速度继电器的电气符号如图 6.22 所示,文字符号一般用 KS 表示。

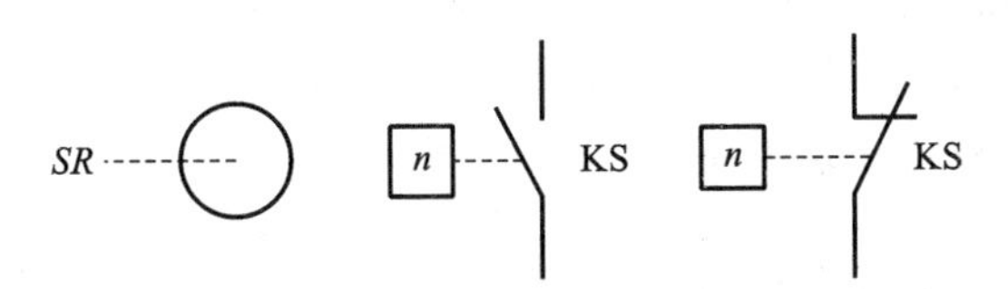

图 6.22 速度继电器的电气符号

4. 固态继电器

固态继电器(solid state relay,SSR)是一种采用固态半导体元器件组装而成的具有继电特性的无触点开关器件。它利用电子元器件的电、磁和光特性来实现输入与输出的可靠隔离,利用大功率晶体管、功率场效应晶体管、单向晶闸管和双向晶闸管等器件的开关特性,实现无触点、无火花的接通和断开电路。固态继电器与电磁式继电器相比,不含运动部件,没有机械运动,但具有与电磁式继电器相同的功能,它具有工作可靠、寿命长、对外界干扰小、能与逻辑电路兼容、抗干扰能力强、开关速度快、无火花、无动作噪声和使用方便等一系列优点,因而具有很宽的应用领域。它有逐步取代传统电磁继电器的趋势,并进一步扩展到传统电磁继电器无法应用的领域,如计算机的输入输出接口、外围和终端设备等。固态继电器的缺点是过载能力低,易受温度和辐射影响。

固态继电器的不足之处是关断后有漏电流,另外过载能力不如电磁式继电器。其主要参数包括:输入信号电压、输入电流、输入阻抗、额定输出电压、额定输出电流、断态漏电流、导通电压等。选用时应注意以下几点:

(1)固态继电器的选择应根据负载的类型(交流或直流,阻性或感性)来确定,并要采用有效的过电压保护。在低电压要求信号失真小的场合,可选用采用场效应晶体管作为输出器件的直流固态继电器;对交流阻性负载和多数感性负载,可选用过零触发性固态继电器;在作为相位输出控制时,应选用随即导通型固态继电器。

(2)输出端要采用RC浪涌吸收电路或非线性压敏电阻吸收瞬变电压。

(3)过电流保护应采用专门保护半导体器件的熔断器或动作时间小于10 ms的低压断路器。

(4)安装时采用散热器,要求接触良好,且对地绝缘。

(5)应避免负载两端短路,以免损坏固态继电器。

(6)安装使用时,应远离电磁干扰和射频干扰源,以防固态继电器误动作而失控。

5. 安全继电器

安全继电器是由多个继电器与逻辑电路组合而成的一种模块,是一种电路组成单元,也称安全继电器模块。其目的是互补彼此在故障状态下的缺陷,从而达到正确且低误动作的功能,降低失误和失效值,提高安全因素。主要应用于安全控制回路中,连接安全传感元件(如急停按钮、双手按钮、安全门、安全光幕等)和机械设备的运动控制器(如安全PLC、接触器等)。由于不同的机械设备、不同的工艺环节有不同的安全风险及不同的危险等级,因此在产品设计时,可以设计多种安全继电器以保护不同等级机械设备。当安全传感器元件被正常触发后,安全继电器会按照设定好的逻辑来处理这些信号,并将逻辑结果传递给执行单元,从而使机器进入一个相对安全的状态,保护人员和机器的安全。

根据国家标准GB/T 38225—2019《机械安全 安全继电器技术条件》,典型的安全继电器结构原理图如图6.23所示。其中A1、A2为电源端子,可外接交流或直流电源。S11-S12、S21-S22是两路控制输入,用于连接安全传感元件。S34是复位输入,S52是反馈回路输入。13-14、23-24、33-34是三路安全输出通道。41-42是辅助输出通道。

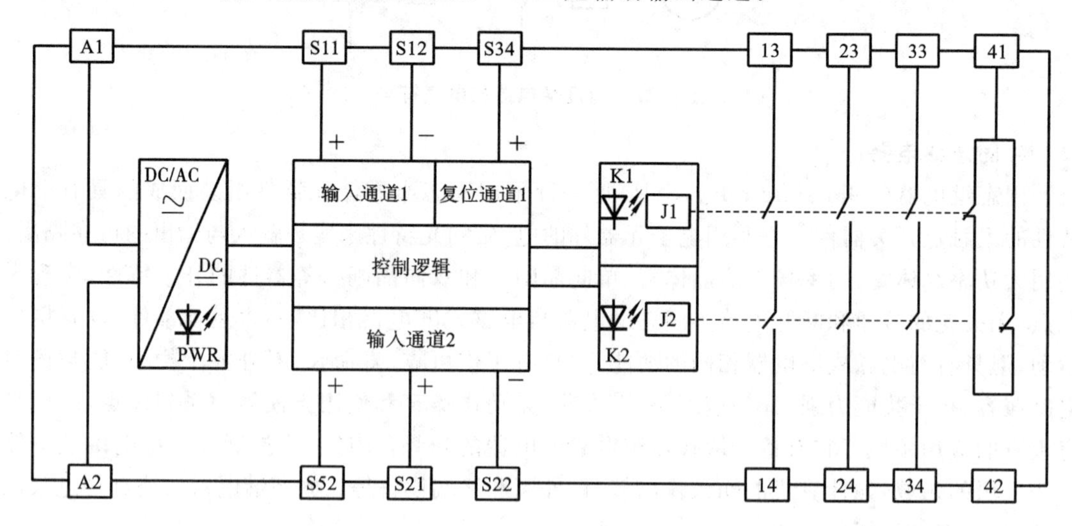

图6.23　安全继电器原理示意图

安全继电器具有强制导向触点结构,它接收双通道安全输入信号,通过内部安全逻辑电路,产生控制输出。只有当两个输入通道信号都正常时,安全继电器才能正常工作,只要其中任一通道信号断开,安全继电器都会停止输出,直到两个通道信号都正常且复位后才能正常工作。

一个典型的利用安全继电器实现急停功能的电路如图6.24所示。

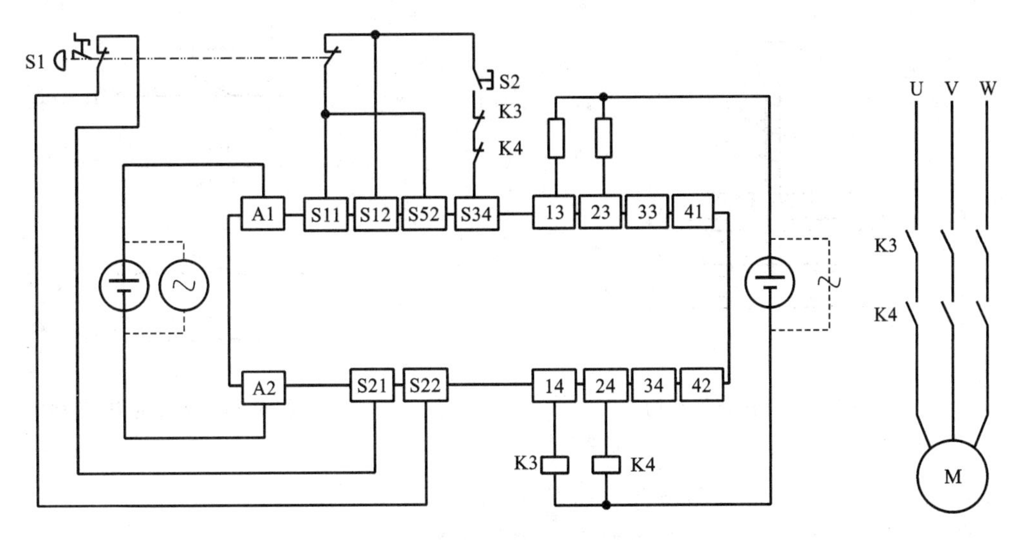

图 6.24 基于安全继电器的急停电路

急停按钮 S1(具有两个常闭触点,强制断开结构)接入安全继电器输入端 S11-S12 和 S21-S22。当按下急停按钮后,安全继电器会监测到输入信号的变化,切断安全输出,即 13-14、23-24、33-34 保持断开的状态。此时交流接触器 K3、K4 线圈失电,K3、K4 的主触点断开主回路,从而使得三相异步电动机 M 可靠地停止运行。如果电动机 M 具备了再次启动的条件,释放急停按钮 S1(常闭触点处于闭合状态),由于采用了手动复位方式,需通过按下复位按钮 S2,且在接触器 K3、K4 辅助触点为闭合的前提下(输出回路监测),安全继电器启动输出,即 13-14、23-24、33-34 闭合,接触器 K3、K4 线圈得电,接触器 K3、K4 主触点闭合,电动机 M 再次运行。

根据安全回路输入设备的不同,安全继电器通过输入设备、输出通道数、后端驱动能力要求、安全等级和功能要求这五方面来选型。机械安全回路的输入设备通常为安全传感器,主要有急停按钮、安全门、安全光幕、安全垫、联锁装置、双手按钮、激光扫描器等。

6.1.5 主令电器

除接触器、继电器外,还有一类主令电器用于在控制系统中发出指令,切换控制线路。主令电器种类比较多,包括按钮和指示灯、选择开关、万能转换开关、主令控制器、位置开关等。

1. 按钮和指示灯

按钮是一种专门发号施令的电器,用以接通或断开控制回路中的电流。图 6.25、图 6.26 所示分别是按钮开关的结构与图形符号。按下按钮帽,动合触点闭合而动断触点断开,从而同时控制了两条电路;松开按钮帽,则在弹簧的作用下使触点恢复原位。

按钮的文字符号一般用 SB 表示。

按钮一般用来遥控接触器、继电器等,从而控制电动机的启动、反转和停止,因此,一个按钮盒内常包括两个以上的按钮元件,在线路中分别起不同的作用。最常见的是由两个按钮元件组成“启动 ”“停止”的双联按钮,以及由三个按钮元件组成“正转”“反转”“停止”的三联按钮。此外,有时由很多个按钮元件组成一个控制按钮站,可以控制很多台电动机的运转。为避免误按,按钮帽一般都低于外壳。但为了在发生故障时操作方便,有些“停止”按钮的按钮帽高于外壳或做成特殊形状(如蘑菇头形)并涂以醒目的红色。

常用的按钮有 LA18、LA19、LAY3 系列。

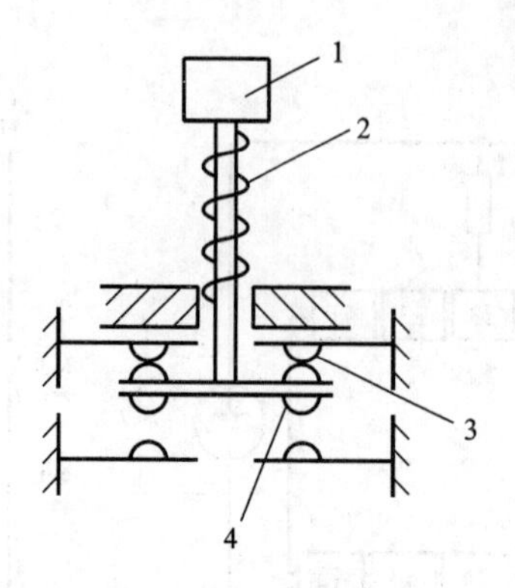

图 6.25　按钮的结构

1—按钮帽;2—弹簧;3—动断触点;4—动合触点

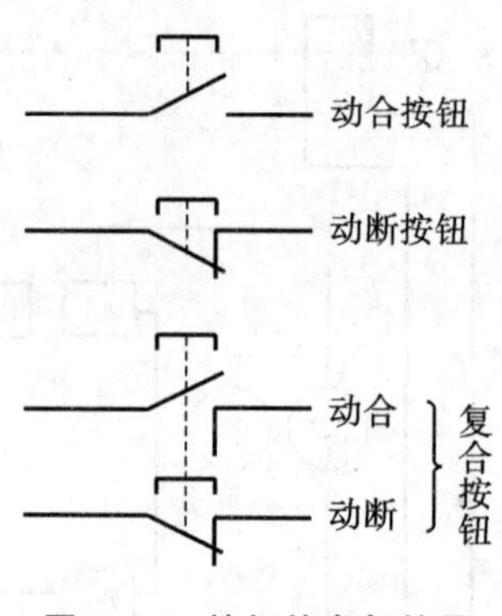

图 6.26　按钮的电气符号

GB 5226.1—2019 对指示灯颜色有如下要求。

红色:指示紧急或者危险情况,需要立刻动作去处理。

黄色:指示异常情况。

绿色:指示系统正常。

蓝色:指示操作者需要强制性动作。

白色:其他状态指示。

2. 主令控制器与万能转换开关

主令控制器与万能转换开关广泛应用在控制线路中,以满足需要多连锁的电力拖动系统的要求,实现转换线路的遥远控制。

主令控制器又名主令开关,它的主要部件是一套接触元件,其中的一组如图 6.27 所示,具有一定形状的凸轮 A 和凸轮 B 固定在方形轴上。与静触点相连的接线头上连接被控制器所控制的线圈导线。桥形动触点固定于能绕轴转动的支杆上。当转动凸轮 B 的轴时,其凸出部分推压小轮并带动杠杆,于是触点断开。按照凸轮的不同形状,可以获得触点闭合、断开的任意次序,从而达到控制多回路的要求。它最多有 12 个接触元件,能控制 12 条电路。

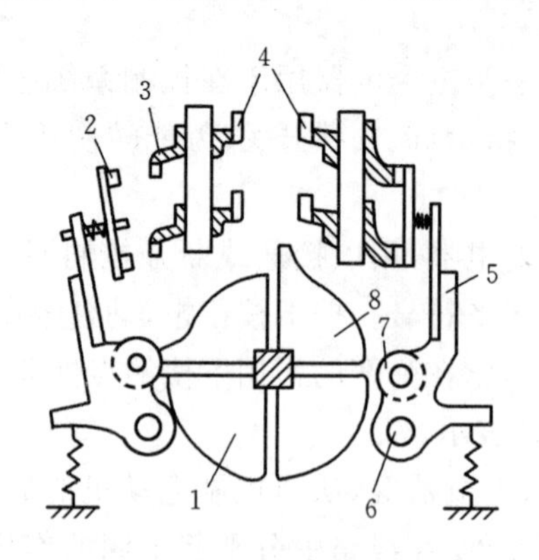

图 6.27　主令控制器的结构

1—凸轮 A;2—桥形动触点;3—静触点;4—接线头;5—支杆;6—轴;7—小轮;8—凸轮 B

常用的主令控制器有 LK14、LK15 和 LK16 系列。

万能转换开关是一个多段式能够控制多回路的电器,也可用于小型电动机的启动和调速。

3. 行程开关、微动开关和接近开关

行程开关、微动开关和接近开关都常用来限制机械运动的位置或行程，使运动机械按一定位置或行程自动停止、反向运动、变速运动或自动往返运动等的电器。行程开关和微动开关主要采用机械触点实现接通或分断。接近开关则主要是通过电磁或光电原理。

1)行程开关

行程开关是一种常用的小电流主令电器，在工作时利用生产机械运动部件的碰撞使其触头动作来实现接通或分断控制电路，达到一定的控制目的。

行程开关种类很多，按结构可主要分为直动式、滚轮式两种。如图 6.28 所示为常见的行程开关实物图。外壳主要有金属外壳和绝缘塑料外壳两种。

从结构上来看，行程开关可分为三个部分，操动器、触点系统和外壳。操动器包括直动推压柱塞型、直动滚轮柱塞型、滚动转臂型、可调滚轮转臂型、摆杆型等多种类型。操动器受到外力作用，将运动传导到行程开关内部的触点系统，使得触点动作。

行程开关的电气符号如图 6.29 所示，文字符号一般用 SQ 表示。

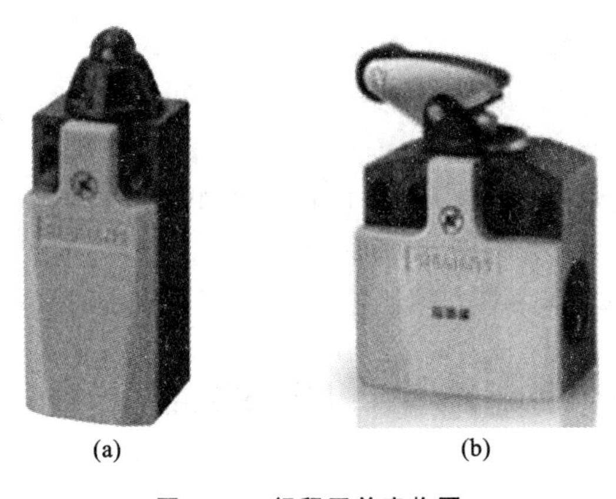

(a)　　(b)

图 6.28　行程开关实物图

(a)直动式行程开关；(b)滚轮式行程开关

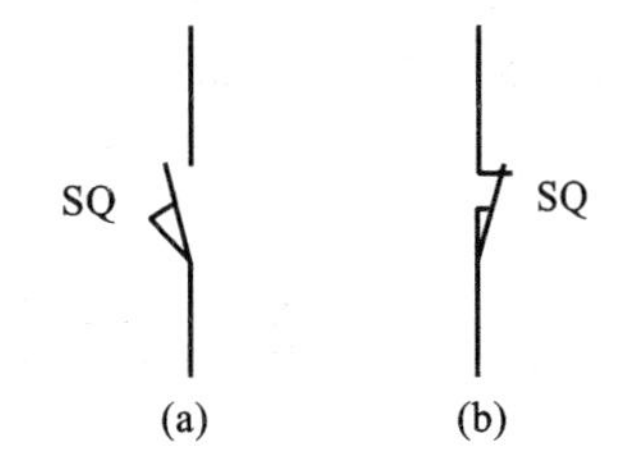

(a)　　(b)

图 6.29　行程开关的电气符号

(a)常开触点；(b)常闭触点

2)微动开关

要求行程控制的准确度较高时，可采用微动开关。微动开关具有体积小、重量轻、工作灵敏等特点，且能瞬时动作。微动开关还用做其他电器(如空气式时间继电器、压力继电器等)的触点。

常用的微动开关有 JW、JWL、JLXW、JXW、JLXS 等系列。

3)接近开关

行程开关与微动开关工作时均有挡块与触杆的机械碰撞和触点的机械分合，在动作频繁时，容易产生故障，工作可靠性较低。接近开关是一种无触点行程开关，具有使用寿命长，操作频率高，动作迅速可靠，得到了广泛应用。常用接近开关有电感式接近开关、电容式接近开关、光电式接近开关、霍尔式接近开关等。

电感式接近开关利用金属导体和交变电磁场的互感原理，位于前端的检测线圈产生高频磁场，当金属物体接近该磁场，金属物体内部产生涡电流，导致磁场能量衰减，当金属物体不断靠近传感器感应面，能量的被吸收而导致衰减，当衰减达到一定程度时，触发接近开关输出信号，从而实现非接触式的开关。电感式接近开关只能检测金属物体。

电容式接近开关的感应面由两个同轴金属电极构成，该两个电极构成一个电容，串接在RC振荡回路内。电源接通时，RC振荡器不振荡，当一目标朝着传感器感应面靠近时，电容容量增加，振荡器开始振荡。通过后级电路的处理转换成开关信号。电容式接近开关能检测金属物体，也能检测非金属物体，对于非金属物体，动作距离决定于材质的介电常数，材料的介电常数越大，可获得的动作距离越大。

光电式接近开关通常由一对光发射和接收装置组成，根据两者的位置和光的接收方式分为对射式和反射式，作用距离从几厘米到几十米不等。它把发射端和接收端之间光的强弱变化转化为电流的变化以达到探测的目的。由于光电开关输出回路和输入回路是电隔离的(即电绝缘)，所以它可以在许多场合得到应用。光电式接近开关具有体积小、功能多、寿命长、精度高、响应速度快、检测距离远，以及抗光、电、磁干扰能力强的优点。

霍尔式接近开关利用霍尔效应进行位置检测。当一块通有电流的金属或半导体薄片垂直地放在磁场中时，薄片的两端就会产生电位差，这种现象就称为霍尔效应。霍尔开关具有无触电、低功耗、长使用寿命、响应频率高等特点，内部采用环氧树脂封灌成一体化，所以能在各类恶劣环境下可靠地工作。

目前常用的国产接近开关型号有LJ、CJ、SJ等系列。

行程开关和微动开关的输出方式为机械触点输出，各类接近开关的输出方式多为NPN或PNP晶体管输出。

选用上述开关时，要根据使用场合和控制对象确定检测元件的种类。例如，当被测对象的运动速度不是太快，可以选用一般的直动式或滚轮式行程开关；而在工作频率很高，对可靠性及精度要求也很高时，应选用接近开关；当不能接触被测对象时，应选用各类接近开关。

6.2 继电器-接触器控制电路原理图的绘制

6.2.1 继电器-接触器控制电路图的形式

继电器-接触器控制电路一般有安装接线图(简称接线图)和工作原理图(简称原理图)两种形式。

1. 接线图

图6.30所示为用接触器控制异步电动机启、停的控制电路接线图，这种表示形式能形象地表示出控制电路中各电器的安装情况及相互之间的连线，对于初次阅读电路图的人比较合适，但在现代电气设计中已不再使用。

2. 原理图

图6.31所示为接触器控制异步电动机启、停的控制电路原理图。这种表示形式是根据工作原理而绘制的电路图，便于阅读和设计较复杂的控制电路。它是生产机械电气设备设计的基本和重要的技术资料。

6.2.2 电气原理图的绘制原则

在绘制电气原理图时，元件的图形符号和文字符号应符合国家标准，如GB/T 4728—2018《电气简图用图形符号》、GB/T 5465.1—2009《电气设备用图形符号　第1部分：概述与分类》、GB/T 5465.2—2008《电气设备用图形符号　第2部分：图形符号》等的规定。

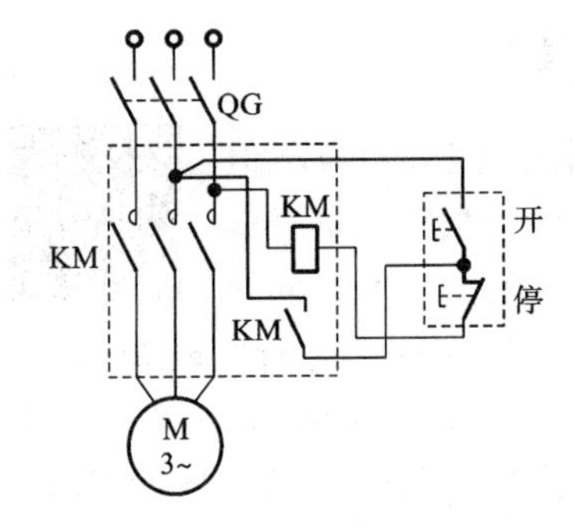

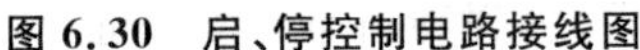
图 6.30 启、停控制电路接线图

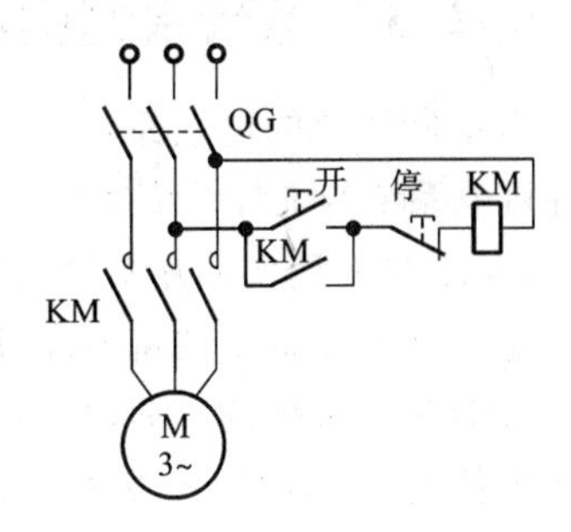

图 6.31 启、停控制电路原理图

绘制电路原理图绘制应遵循如下基本原则：

(1)通常将主回路和控制回路分开绘制。

(2)控制回路的电源线可分列左、右或上、下，各控制支路基本上按照电气元件的动作顺序从上到下或从左到右地绘制。

(3)各个电气元件的不同部分(如接触器的线圈和触点等)并不按照它的实际布置情况绘制在电路中，而是采用同一电气元件的各个部分分别绘制在它们完成作用的地方。

(4)在原理图中，各种电气元件的图形符号、文字符号均按规定绘制和标写，同一电气元件的不同部分用同一文字符号表示；如果在一个控制电路中，同一种电气元件(如接触器)同时使用多个，其文字符号的表示方法为在规定文字符号后(或前)加字母或数字以示区别。

(5)因为各个电气元件在不同的工作阶段有不同的动作，触点时闭时开，而在原理图中只能表示一种情况，因此，规定在原理图中所有电气元件的触点均表示正常位置，即各种电气元件在线圈没有通电或没有使用外力时的位置。

(6)为了查线方便，在原理图中，两条以上导线的电气连接处要打一圆点。

可结合图6.32所示的异步电动机直接启动控制电路来理解上述原则，该电路由主回路和控制回路两大部分组成，主回路是由三相异步电动机及与电动机相连接的电器、连线等组成的电路，如图6.32(a)所示；控制回路是由操作按钮、电气元件及连线等组成的电路，如图6.32(b)所示。

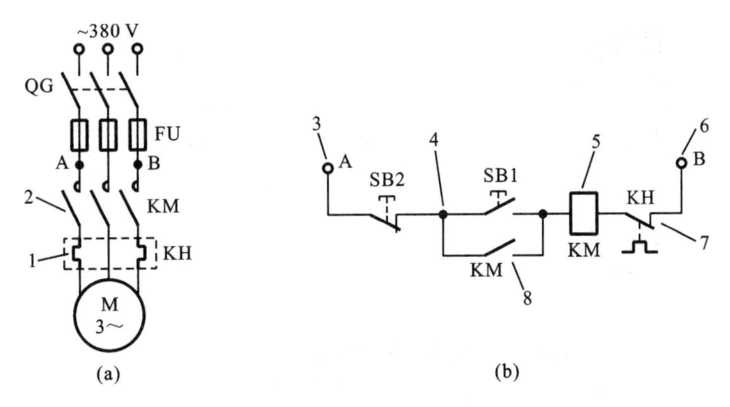

图 6.32 异步电动机直接启动控制电路

1—热继电器的热敏元件；2—接触器主触点；3、6—电源线；4—连接处的圆点；

5—接触器的线圈；7—热继电器的触点；8—接触器辅助触点

(a)主回路；(b)控制回路

6.2.3 电气原理图绘制的计算机辅助工具

本章所涉及的电气原理图主要由各种继电器、接触器、主令电器等组成，但实际机电系统的电气系统通常还包括可编程控制器、变频器、IO 模块等大量电气元件，因此在工程实际中普遍采用专业电气 CAD 软件进行原理图绘制。电气 CAD 软件提供了标准的符号库、原理图模板和方便的绘图工具，可以高效地进行原理图绘制。

智能制造系统的发展对机电一体化的协同设计提出了越来越高的要求，电气设计软件的功能也从 CAD 向 CAE 发展。以目前在全世界范围内使用最广泛的电气设计软件 EPLAN Electric P8 为例，它提供了快速原理图设计、多种报表自动生成、工程项目管理等功能。一旦原理图被建立，EPLAN 就能根据它自动生成各式各样的报表，这些报表可直接用于生产、装配、发货和维修。此外，EPLAN 还提供了专门的接口，用来和其他的 CAE 软件进行项目数据交换，确保 EPLAN 项目中的数据，与整个产品开发流程中的数据保持一致。

6.3 基于继电器-接触器的异步电动机基本控制电路

本节结合三相异步电动机启动、正反转、制动的应用介绍继电器-接触器基本控制电路的设计，有关直流电动机的启动、正反转、制动控制电路，原理类似，本节不再具体介绍。

6.3.1 异步电动机启动控制电路

1. 直接启动控制电路

异步电动机直接启动控制电路如图 6.33 所示。

1)主回路

由电路可知，当 QG 合上后，只有控制接触器 KM 的触点闭合或断开时，才能控制电动机接通或断开电源而启动运行或停止运行，即要求控制回路能控制 KM 的线圈通电或失电。

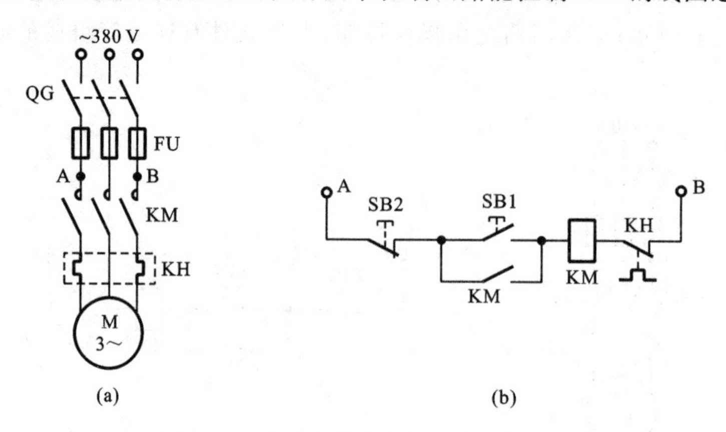

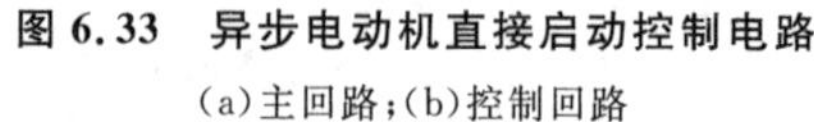
图 6.33 异步电动机直接启动控制电路

(a)主回路;(b)控制回路

2)控制回路

当 QG 合上后，A、B 两端有电压。初始状态时，接触器 KM 的线圈失电，其动合主触点和动合辅助触点均为断开状态；当按下启动按钮 SB1 时，接触器 KM 的线圈通电，其辅助动合触点自锁(松开按钮 SB1 使其复位后,接触器 KM 的线圈能维持通电状态的一种控制方法),动合主触点合上使电动机接通电源而运转;当按下停止按钮 SB2 后,接触器 KM 的线圈失电,其动合主触点断开使电动机脱离电网而停止运转。

3)保护

图 6.33 所示的电路中采用熔断器 FU 实现短路保护。当主回路或控制回路短路时,短路电流使熔断器的熔体熔化,主回路和控制回路都脱离电网而停止工作。

图 6.33 所示的电路中采用热继电器 KH 实现过载保护。KH 的发热元件串接在主回路中,用来检测电动机定子绕组的电流,当电动机工作在过载的情况下,过载电流使 KH 的发热元件发热,使串接在控制回路中的动断触点断开,接触器 KM 的线圈失电,动合主触点断开,使电动机停止运转而保护电动机不被烧坏。

图 6.33 所示电路中,当电动机在运转中电源突然中断时,电动机停止运转,接触器 KM 的线圈失电。但当电源突然接通时,由于接触器 KM 的线圈不能通电,电动机不能自动启动运行。只有按下启动按钮 SB1 后才能使电动机启动,即该电路具有零压(欠压)保护。

2. Y-△降压启动控制电路

异步电动机 Y-△降压启动时,定子绕组成星形连接,启动结束后,定子绕组换成三角形连接,其控制电路如图 6.34 所示。

1)主回路

由图 6.34(a)可知:当 QG 合上后,如果 KM1、KM3 的动合触点同时闭合,则电动机的定子绕组为星形连接;如果 KM1、KM2 的动合触点同时闭合,则电动机的定子绕组为三角形连接;如果 KM2 和 KM3 同时闭合,则电源短路。

因此,主回路对控制回路的要求是:启动时控制接触器 KM1 和 KM3 的线圈通电,启动结束时,控制接触器 KM1 和 KM2 的线圈通电,在任何时候不能使 KM2 和 KM3 的线圈同时通电。

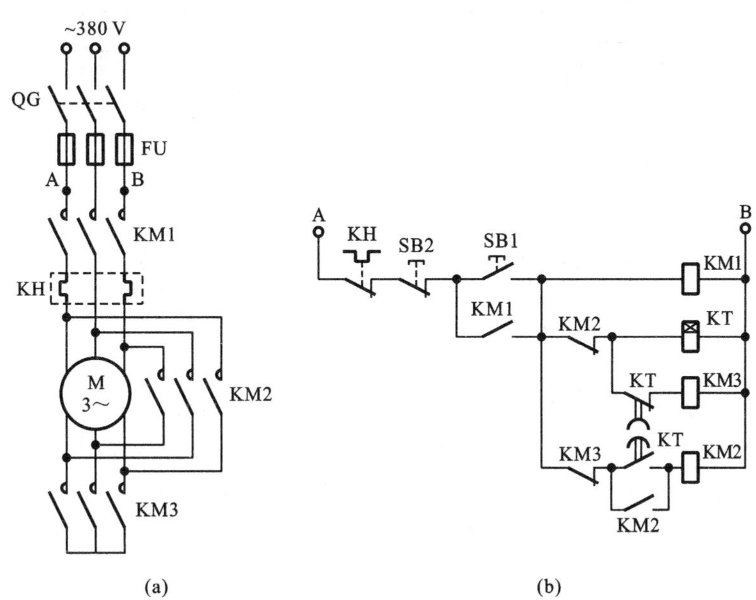

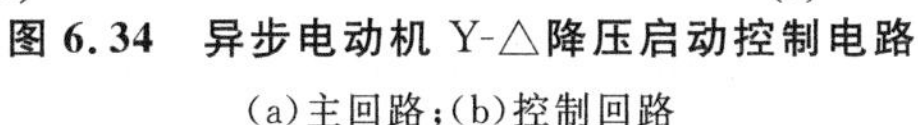
图 6.34　异步电动机 Y-△降压启动控制电路

(a)主回路;(b)控制回路

2)控制回路

由图6.34(b)可知:当电路处于初始状态时,接触器KM1、KM2、KM3和时间继电器KT的线圈均失电,电动机脱离电源而静止不动;当按下启动按钮SB1时,KM1的线圈首先通电自锁,同时KM3、KT的线圈通电,KM1和KM3的动合触点闭合,电动机为星形连接,开始启动;启动一段时间后,KT的延时时间到,其延时断开动断触点断开,使KM3的线圈失电,KM3的动合触点断开,同时,延时继电器的延时闭合动合触点使KM2的线圈通电,KM2的动合触点闭合。由于KM1的线圈继续通电,故当时间继电器的延时时间到后,控制电路自动控制KM1、KM2的线圈通电,电动机的定子绕组换为三角形连接而运行。

3)保护

电流保护、零压(欠压)保护与异步电动机直接启动控制电路相同。主回路要求任何时候KM2、KM3只能有一个通电,所以在控制回路的KM2、KM3的线圈支路中互串对方的动断辅助触点,达到保护的目的,这种保护称为互锁(联锁)保护。

4)电路特点

启动过程是按时间来控制的,时间长短可由时间继电器的延时时间来确定。在控制领域中,常把用时间来控制某一过程的方法称为时间原则控制。

3. 按时间原则控制的定子串接电阻降压启动控制电路

串接电阻对控制电路的要求是:启动时,电动机的定子绕组串接电阻,启动结束后,电动机定子绕组直接接入电源而运行。基于时间原则控制,异步电动机定子绕组串接电阻启动电路如图6.35所示。

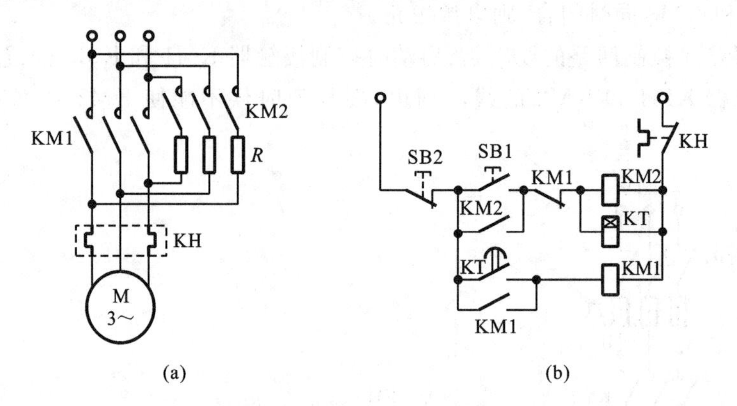

图6.35 按时间原则控制的异步电动机定子串接电阻降压启动控制电路

(a)主回路;(b)控制回路

1)主回路

由图6.35(a)可知:当KM2的主触点闭合,KM1的主触点断开时,电动机定子绕组串接电阻后接入电源;KM1的主触点闭合,KM2的主触点处于任何状态时,电动机直接接入电源。主回路对控制回路的要求是:启动时,控制KM2的线圈通电,KM1的线圈失电,当启动结束时,控制KM1的线圈通电。

2)控制回路

由图6.35(b)可知:当电路处于初始状态时,接触器KM1、KM2和时间继电器KT的线圈都失电,电动机脱离电源处于静止状态;当按下启动按钮SB1时,接触器KM2的线圈首先通电并自锁，其主触点闭合，电动机定子绕组串接电阻启动，在开始启动时，时间继电器 KT 同时开始延时；当启动一段时间后，延时继电器的延时时间到，其延时动合触点闭合，使接触器 KM1 的线圈通电，其动合主触点闭合，短接电阻，使电动机直接接入电源而运行。

KM1 的线圈通电后，KM2 的状态不影响电路的工作状态，但为了节省能源和延长电器的使用寿命，用 KM1 的动断辅助触点使 KM2 和 KT 线圈失电。

3)保护

电流保护、零压(欠压)保护与异步电动机直接启动电路相同。

4. 按电流原则控制的定子串接电阻降压启动控制电路

按电流原则控制的异步电动机定子串接电阻启动控制电路如图 6.36 所示。

由图 6.36(a)可知：主回路与图 6.35 电路的主回路基本相似，不同之处是，在定子串接电阻的回路中同时串接电流继电器，用以检测定子电流的大小。

由图 6.36(b)可知：电路处于初始状态时，接触器 KM1、KM2 的线圈均失电，电动机脱离电源而处于静止状态；当按下启动按钮 SB1 后，接触器 KM2 的线圈首先通电并自锁，由于启动按钮 SB1 的动断触点使 KM1 的线圈不能通电，故 KM2 的动合主触点闭合，使电动机定子串接电阻启动，启动电流大于电动机的额定电流，电流继电器线圈通电，动断触点断开；随着电动机的转速上升，定子电流将下降，当电流下降到设定值时，电流继电器恢复初态，其动断触点闭合，使接触器 KM1 的线圈通电并自锁，电动机直接接入电源而运行。

图 6.36 所示的电路启动过程是由电流大小来控制的。在电气控制系统中常把这种控制方式称为电流控制。

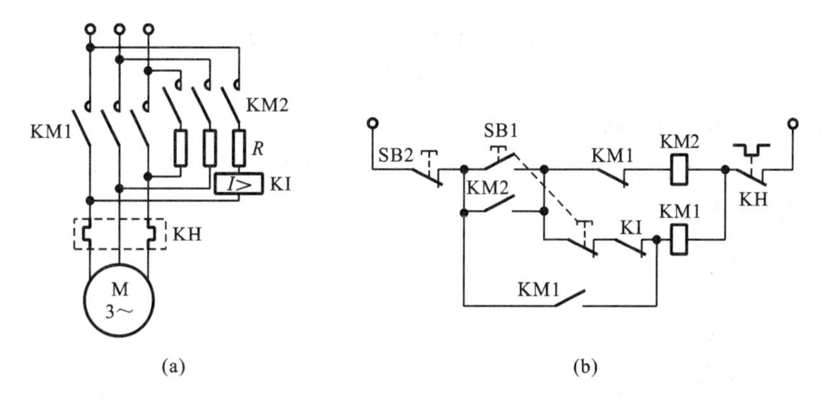

图 6.36　按电流原则控制的异步电动机定子串接电阻降压启动控制电路

(a)主回路；(b)控制回路

6.3.2　异步电动机的正反转控制电路

1. 基本的正反转控制电路

基本的正反转控制电路如图 6.37 所示。

1)主回路

由图 6.37(a)可知：假设 KM1 的主触点闭合时，电动机正转，则 KM2 的动合主触点闭合时，电动机反转；当 KM1、KM2 同时闭合时，电源短路。因此，主回路对控制回路的要求是：正转时，KM1 的线圈通电；反转时，KM2 的线圈通电；任何时候都保证 KM1、KM2 的线圈不同时通电。

2)控制回路

由图 6.37(b)可知:当电路处于初始状态时,KM1、KM2 的线圈均失电,电动机脱离电源而静止;当先按下按钮 SB2 时,接触器 KM1 的线圈通电,其动合主触点闭合,电动机正向启动运行;或当先按下按钮 SB3 时,接触器 KM2 的线圈通电,其主触点闭合,电动机反向启动运行。

如果电动机已经在正转(或反转)要使电动机改为反转(或正转)必须先按停止按钮 SB1 再按反向(或正向)按钮。

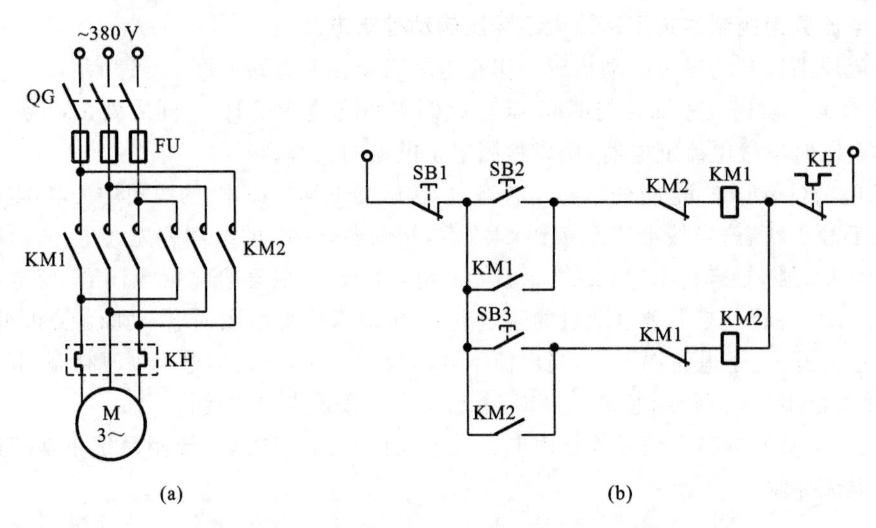

图 6.37 基本的正反转控制电路

(a)主回路;(b)控制回路

2. 实用的正反转控制电路

实用的正反转控制电路如图 6.38 所示。与上述电路不同的地方是,采用复合按钮 SB2 和 SB3,使电动机正反转的切换更容易。

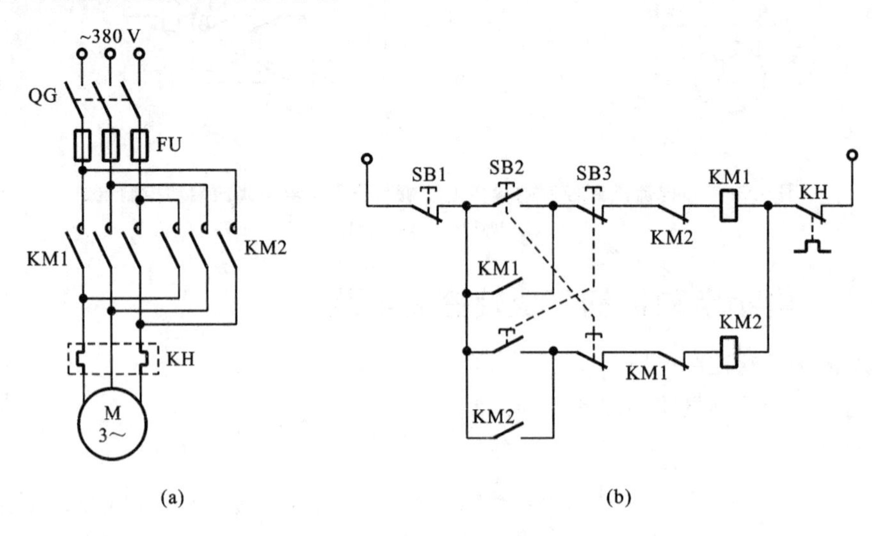

图 6.38 实用的正反转控制电路

(a)主回路;(b)控制回路

3. 典型的龙门刨床控制电路

图 6.39 是典型的龙门刨床的工作示意图。龙门刨床的工作台由异步电动机驱动，*A*、*B* 两点之间是工作台的运动行程，而 *C*、*D* 两点为工作台的极限位置(工作台不脱离运动导轨而造成机械事故的位置)，ST1、ST2 称为限位开关，ST3、ST4 称为极限保护开关。

图 6.39　龙门刨床工作台往复运动示意图

龙门刨床的工作过程是：当按下正向启动按钮 SB2 后，电动机正转带动工作台前进；前进到位撞块压下行程开关 ST1，电动机反转带动工作台后退；后退到位撞块压下行程开关 ST2 电动机又正转，工作台前进……依此循环，工作台自动往返运动，直到按下停止按钮 SB1 时，电动机停止，即工作台停止。

若先按下反向启动按钮 SB3，工作台则先后退，再前进，依此循环，工作台同样自动往返运动。

当某种原因使工作台运动到极限保护位置 C(或 D)时，撞块压下行程开关 ST3 或 ST4，电动机立即断电，使工作台停止前进(或后退)并保证电动机不能正向启动(或反向启动)。

龙门刨床自动控制电路如图 6.40 所示。

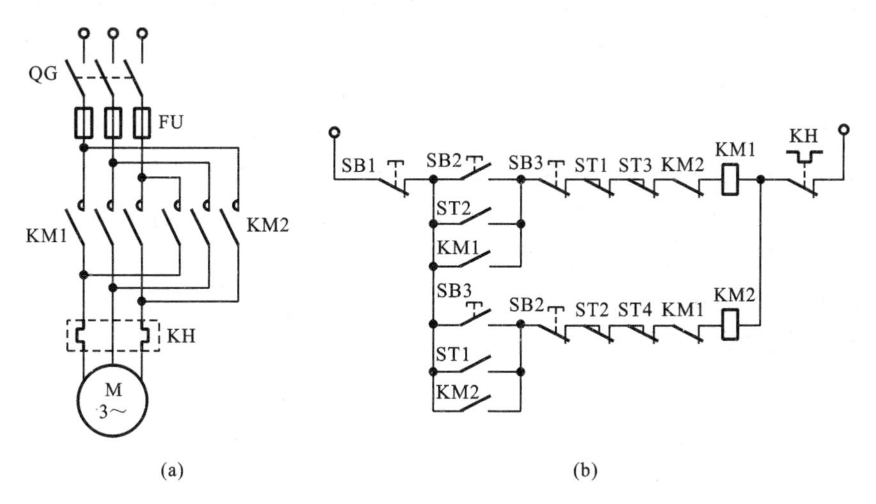

图 6.40　龙门刨床工作台控制电路

(a)主回路；(b)控制回路

6.3.3　异步电动机的制动控制电路

1. 能耗制动控制电路

能耗制动控制电路如图 6.41 所示。

1)主回路

由图 6.41(a)电路可知：当接触器 KM 的动合主触点闭合，接触器 KM1 的动断主触点断开时，电动机直接接入电源而启动运行；当接触器 KM1 的动合主触点闭合，接触器 KM 的动

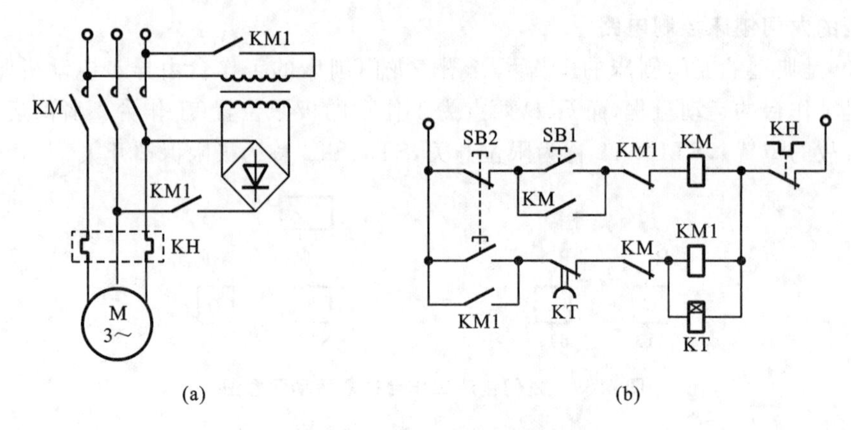

图 6.41 能耗制动控制电路

(a)主回路;(b)控制回路

合主触点断开时,电动机的定子绕组接上直流电源进行能耗制动。

因此,主回路要求:按下启动按钮时,控制电路控制接触器 KM 的线圈通电、接触器 KM1 的线圈失电;而按下停止按钮时,控制电路控制接触器 KM1 的线圈通电、接触器 KM 的线圈失电。同时保证 KM、KM1 的线圈不同时通电。

2)控制回路

由图 6.41(b)可知:电路处于初始状态时,接触器 KM、KM1 和时间继电器 KT 的线圈均失电,电动机脱离电源而静止;当按下启动按钮 SB1 时,接触器 KM 的线圈首先通电并自锁,其动合主触点闭合使电动机接入电源而启动运行;在运行的过程中,按下停止按钮 SB2,其动断触点使 KM 的线圈失电,其动合触点和 KM 的动断触点使接触器 KM1 和时间继电器 KT 的线圈同时通电并由 KM1 的动合触点自锁,KM1 的主触点使电动机的定子接上直流电源进行能耗制动,时间继电器同时开始延时;制动一段时间(电动机的速度已经为零)后,时间继电器的延时时间到,时间继电器 KT 的动断触点使接触器 KM1 和时间继电器 KT 的线圈同时失电,电动机脱离直流电源而静止,电路又重新回到初始状态。

2. 反接制动控制电路

异步电动机反接制动控制电路如图 6.42 所示。

1)主回路

异步电动机反接控制电路主回路与正反转控制电路主回路基本相同,只是电动机轴上连接一个速度继电器,用来测量电动机的转速。当速度接近于零时,速度继电器的动合触点断开,动断触点闭合。

2)控制回路

由图 6.42 可知:当电路处于初始状态时,接触器 KM1、KM2 的线圈失电,电动机脱离电网而静止;按下启动按钮 SB1 时,接触器 KM1 的线圈首先通电且自锁,其动合触点闭合,电动机接入电网直接启动运行;当电动机的速度上升到一定值时,速度继电器 KS 的动合触点闭合,但由于接触器 KM1 的动断辅助触点的作用,接触器 KM2 的线圈不能通电;当按下停止按钮 SB2 后,由于电动机的转速不能突变,速度继电器 KS 的动合触点继续闭合,此时,接触器 KM2 的线圈通电,其动合主触点使电动机的定子绕组电源反接,电动机反接制动;当电动机的转速迅速下降到接近于零时,速度继电器 KS 的动合触点断开,电动机断开电源自然停车到速

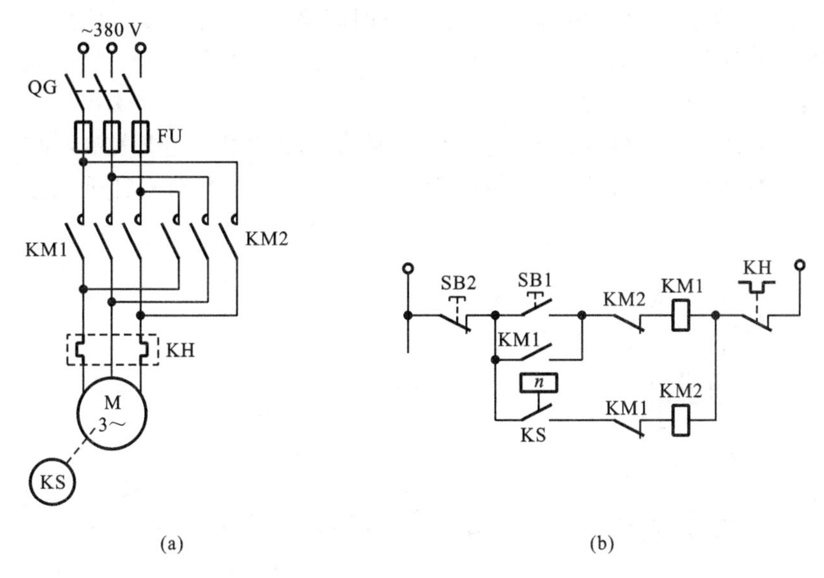

图 6.42 反接制动控制电路

(a)主回路;(b)控制回路

度为零而静止,反接制动结束,电路又重新回到初始状态。

6.3.4 控制电路的其他基本环节

1. 点动与长动

调整或维修状态下的一种间断性工作方式称为点动工作方式,正常状态下的连续工作方式称为长动工作方式。

用继电器-接触器实现长动和点动的控制电路如图 6.43 所示。在电路中,SB2 为长动控制按钮,SB3 为点动控制按钮。

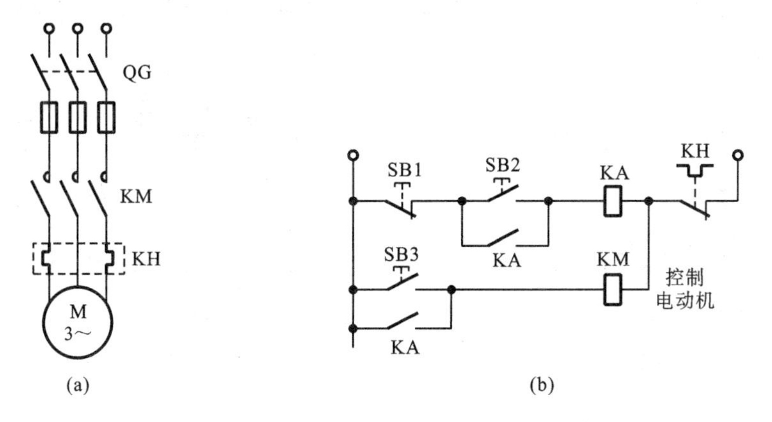

图 6.43 长动和点动控制电路

(a)主回路;(b)控制回路

当按下按钮 SB2 后,继电器 KA 的线圈通电并自锁,KA 的动合触点使接触器的线圈通电,KM 的主触点控制电动机接入电源而运行;只有当按下停止按钮 SB1 时,电动机脱离电源而停止。这一过程即长动。

当按住点动按钮 SB3 时,接触器 KM 的线圈通电,电动机接入电网运行,松开点动按钮

SB3 时,接触器 KM 的线圈就失电,电动机脱离电网而停止。因此,操作者点一下按钮,电动机动一下。这一过程即为点动。

2. 多点控制

多点控制主要用于大型机械设备,能在不同的位置对运动机构进行控制,如对驱动某一运动机构的电动机在多处进行启动和停止的控制。两地控制一台电动机启动、停止的控制电路如图 6.44 所示。

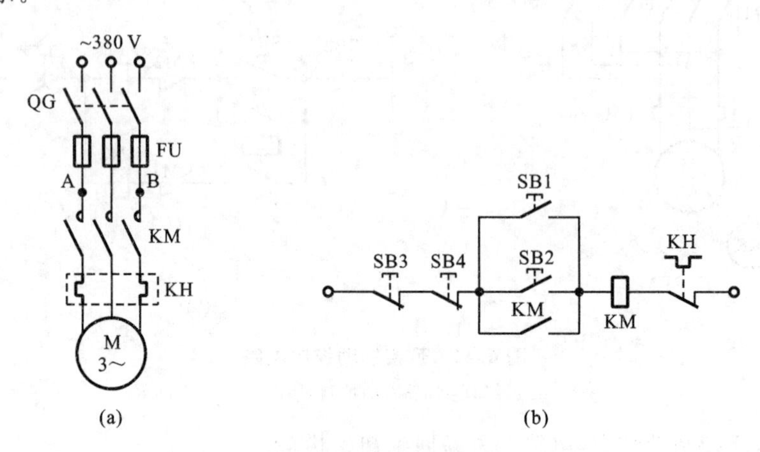

图 6.44 多点控制电路

(a)主回路;(b)控制回路

3. 顺序启/停控制

两个以上运动部件的启动、停止需按一定顺序进行的控制称为顺序控制,如切削前需先开冷却系统,工作机械运动前需先开润滑系统等。

例如,有两台电动机 M1 和 M2,要求 M1 启动后 M2 才能启动,而 M2 停止后 M1 才能停止。实现这一控制要求的控制回路如图 6.45 所示。

又如,若把上例中的要求改为:要求电动机 M1 启动一段时间后 M2 才能启动,则实现有时间要求的控制回路如图 6.46 所示。

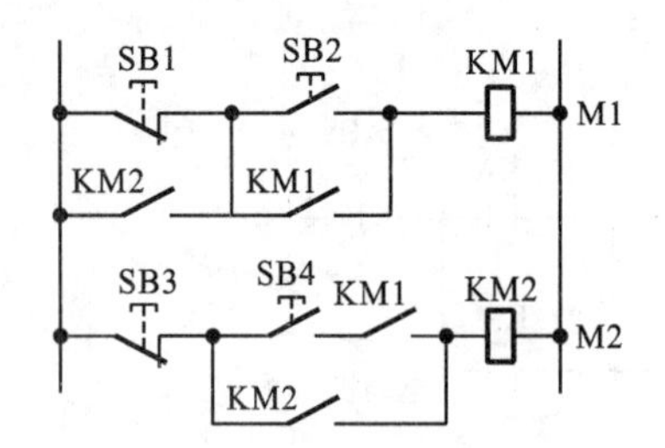

图 6.45 顺序启/停控制电路

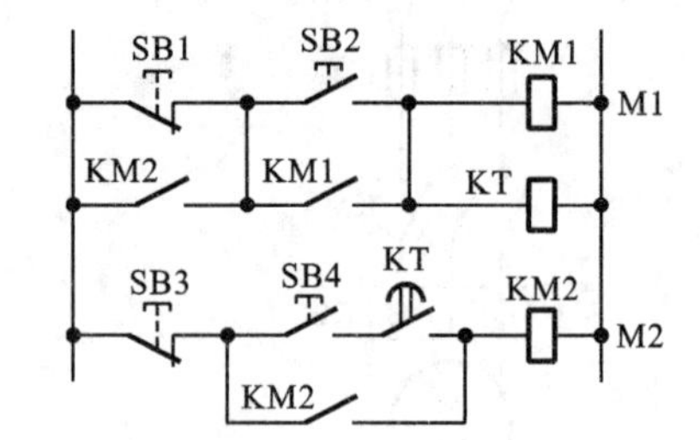

图 6.46 有时间要求的顺序启/停控制电路

6.3.5 继电器-接触器控制电路的基本保护

保护环节是电气控制系统中不可缺少的组成部分,利用它来保护电动机、电网、电气控制设备及人身安全等。电气控制系统中常用的保护环节有短路保护、过载保护、过电流保护、失压保护、零励磁保护等。

1. 短路保护

为防止用电设备(电动机、接触器等)短路而产生大电流冲击电网,损坏电源设备或保护用电设备突然流过短路电流而引起用电设备、导线和机械上的严重损坏，可采用熔断器或断路器实现短路保护。

熔断器或断路器串入被保护的线路中，当线路发生短路或严重过载时，熔断器的熔体自动迅速熔断，断路器的过电流脱钩器脱开，从而切断线路，使导线和电器设备不受损坏。

2. 长期过载保护

所谓长期过载，是指电动机带有比额定负载稍高($(1.15 \sim 1.25) I_N$)的负载长期运行。这样会使电动机等电气设备因发热而温度升高，甚至会超过设备所允许的温升而使电动机等电气设备的绝缘层损坏。所以，对长期过载必须给予保护，可采用热继电器或断路器实现保护。

采用热继电器实现过载保护时，热继电器的发热元件接在电动机回路中，而触点接在控制回路中。当电动机过载时，长时间的发热使热继电器的触点动作，断开控制回路，使电动机脱离电网。

采用断路器实现过载保护时，断路器接入被保护的线路中，长期的过电流使热脱扣器脱开，从而切断线路。

3. 过电流保护

过电流是指电动机或电器元件超过其额定电流的运行状态，过电流一般比短路电流小，在 6 倍额定电流以内。电气线路中发生过电流的可能性大于短路，特别是在电动机频繁启动和频繁正反转时。在过电流情况下，若能在达到最大允许温升之前电流值恢复正常，电器元件仍能正常工作，但是过电流造成的冲击电流会损坏电动机，所产生的瞬时电磁大转矩会损坏机械传动部件，因此要及时切断电源。

过电流保护常用过电流继电器实现。将过电流继电器线圈串接在被保护线路中，当电流达到其整定值，过电流继电器动作，其常闭触头串接在接触器线圈所在的支路中，使接触器线圈断电，再通过主电路中接触器的主触头断开，使电动机电源及时切断。

4. 失压保护

电动机正常运转时如因为电源电压突然消失，电动机将停转。一旦电源电压恢复正常，有可能自行启动，从而造成机械设备损坏，甚至造成人身事故。失压保护是为防止电压恢复时电动机自行启动或电器元件自行投入工作而设置的保护环节。

采用接触器和按钮控制的启动、停止控制线路就具有失压保护作用。因为当电源电压突然消失时，接触器线圈就会断电而自动释放，从而切断电动机电源。当电源电压恢复时，由于接触器自锁触头已断开，所以不会自行启动。

5. 零励磁保护

零励磁保护是防止直流电动机在没有加上励磁电压时，就加上电枢电压而造成机械“飞车”或电动机电枢绕组被烧坏的一种保护。零励磁保护的控制电路如图 6.47 所示。

当 QF 合上后，直流电动机的励磁绕组首先通电，且当励磁电流上升到额定值时，电流继电器 K1 线圈通电，其动合触点合上，才能使接触器 KM 线圈具备通电条件。当按下启动按钮后，KM 的线圈通电，其动合触点使电枢通电，电动机开始运转。

因此，上述电路可以保证励磁电流上升到额定值时，电枢再通电，即保证直流电动机不发生零励磁的情况。

6. 其他保护

在设计控制电路时，需根据实际需要，增加漏电保护、超速保护、行程保护等。

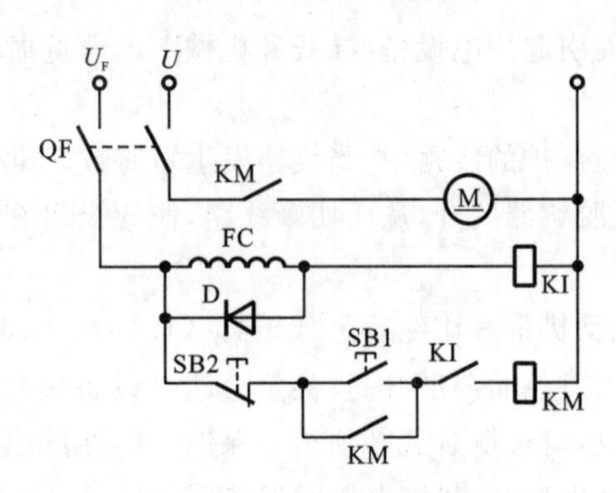

图 6.47 直流电动机零励磁保护电路

习题与思考题

6.1 从接触器的结构特征上如何区分交流接触器与直流接触器？为什么？

6.2 为什么交流电弧比直流电弧容易熄灭？

6.3 若交流电器的线圈误接入同电压的直流电源或直流电器的线圈误接入同电压的交流电源，会发生什么问题？为什么？

6.4 交流接触器动作太频繁时为什么会过热？

6.5 在交流接触器铁芯上安装短路环为什么会减小振动和噪声？

6.6 两个相同的 110 V 交流接触器线圈能否串联于 220 V 的交流电源上运行？为什么？若是直流接触器情况又如何？为什么？

6.7 电磁继电器与接触器的区别主要是什么？

6.8 电动机中的短路保护、过电流保护和长期过载(热)保护有何区别？

6.9 过电流继电器与热继电器有何区别？各有什么用途？

6.10 为什么热继电器不能作短路保护而只能作长期过载保护，而熔断器则相反？

6.11 断路器是如何实现短路保护和过载保护的？

6.12 时间继电器的四个延时触点符号各代表什么意思？

6.13 安全继电器是不是“不会发生故障的继电器”？为什么？

6.14 在装有电气控制的机床上，电动机由于过载而自动停车后，若立即按启动按钮则不能开车，这可能是什么原因？

6.15 要求三台电动机 M1、M2、M3 按一定顺序启动：即 M1 启动后 M2 才能启动，M2 启动后 M3 才能启动，停车时则同时停，试设计此控制线路。

6.16 试设计一台异步电动机的控制线路，要求：

①能实现启、停的两地控制；

②能实现点动调整；

③能实现单方向的行程保护；

④要有短路和长期过载保护。

6.17 为了限制点动调整时电动机的冲击电流，试设计它的电气控制线路，要求正常运行时为直接启动，而点动调整时需串入限流电阻。

6.18 试设计一台电动机的控制线路，要求能正反转并能实现能耗制动。

6.19　起重机上的电动机为什么不采用熔断器和热继电器保护？

6.20　试设计一条自动运输线，有两台电动机，M1 拖动运输机，M2 拖动卸料机，要求：

①M1 先启动，才允许 M2 启动；

②M2 先停止，经一段时间后 M1 才自动停止，且 M2 可以单独停止；

③两台电动机均有短路、长期过载保护。

6.21　题 6.21 图为机床自动间歇润滑的控制线路图，其中接触器 KM 为润滑油泵电动机启停用接触器（主电路未画出），控制线路可使润滑有规律地间歇工作。试分析此线路的工作原理，并说明开关 S 和按钮 SB 的作用。

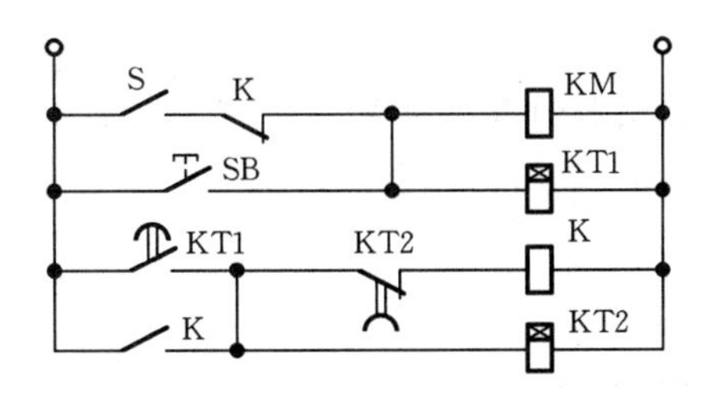

题 6.21 图

6.22　试设计 M1 和 M2 两台电动机顺序启、停的控制线路，要求：

①M1 启动后，M2 自动立即启动；

②M1 停止后，延时一段时间，M2 才自动停止；

③M2 能点动调整工作；

④两台电动机均有短路、长期过载保护。

6.23　试设计某机床主轴电动机控制线路图，要求：

①可正反转，且可反接制动；

②正转可点动，可在两处控制启、停；

③有短路和长期过载保护；

④有安全工作照明及电源信号灯。

6.24　试设计一个工作台前进→退回的控制线路，工作台由电动机 M 拖动，行程开关 ST1、ST2 分别装在工作台的原位、终点，要求：

①能自动实现前进、后退、停止到原位；

②工作台前进到达终点后停一下再后退；

③工作台在前进中可以人为地立即后退到原位；

④有终端保护。

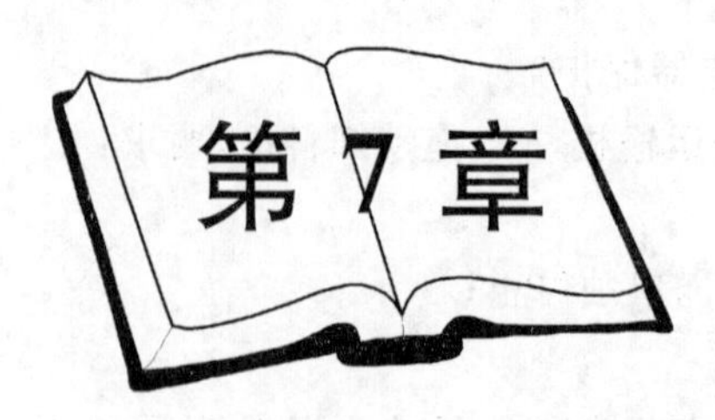

可编程控制器原理与应用

本章要求在了解可编程控制器的基本组成、工作原理、特点和用途的基础上，重点掌握可编程控制器的基本编程语言和编程方法，结合应用实例掌握基于可编程控制器的控制系统设计方法。

早期的可编程逻辑控制器(programmable logic controller)已发展为现今的可编程控制器(programmable controller)，出于习惯，一直简称为PLC。

PLC是微机控制技术与继电器控制技术相结合的产物，是在顺序控制器的基础上发展起来的，以微处理器为核心，用于数字控制的专用工业计算机。它采用了专门设计的硬件，而它的控制功能则是通过存放在存储器中的控制程序来确定的，因此，若要对控制功能作修改，只需改变软件，就可以满足各种工业自动化、物流自动化、建筑电气等多个领域的需求。随着智能制造与工业物联网技术的发展，新一代的PLC有越来越强大的网络连接能力，数据采集、存储和分析能力，以及对高级语言编程和基于模型的设计方法的支持能力。

7.1 PLC的基本结构和工作原理

7.1.1 可编程控制器的发展与基本结构形式

PLC出现于20世纪60年代后期，由于汽车生产线的顺序控制逻辑越来越复杂，采用继电器接触器电路实现控制逻辑面临着故障检修和功能变更耗时长、成本高等困难，几家公司为美国通用汽车公司开发了PLC原型控制器产品，其中Modicon公司开发的PLC采用了类似继电器-接触器原理图的梯形图编程语言进行编程，很容易被当时的电气工程师理解和使用，逐渐推广开来。

随着电子和信息技术的不断发展，可编程控制技术日趋完善，PLC的功能越来越强。它不仅可以代替继电器控制系统，使硬件软化，提高系统的可靠性和柔性，还具有运算、计数、计时、调节、联网等许多功能。其主要功能如下。

(1)基本逻辑控制功能。PLC具有逻辑运算功能，它设置有与、或、非等逻辑指令，能够描述开关量的串联、并联、串并联、并串联等连接。因此，它可以代替继电器进行组合逻辑和顺序逻辑控制。PLC为用户提供定时器、计数器并设置了定时、计数指令。定时时间和计数值可由用户在编程时设定，并能在运行中被读取与修改，使用灵活，操作方便。

(2)传感和数据采集功能。PLC通过大量模拟量采集模块和温度、振动、光电编码器等工业传感器接口模块，提供了对各个工业领域多种传感器的连接能力，并提供常用信号处理软件库。

(3)运动控制功能。基于 PLC 可实现对大量制造装备的运动控制，且其可用于构建专用数控系统和机器人控制器，由于 PLCopen 运动控制规范的广泛采用，PLC 在多轴同步运动控制领域有非常明显的优势。

(4)通信与联网功能。几乎所有的 PLC 都具有基本的联网和通信功能，用于和 HMI 通信。同时，PLC 可以通过现场总线和实时以太网连接各种传感和执行设备。通过基于 TCP/IP 的 OPC UA 新一代通信协议实现设备间通信、OT 系统和 IT 系统通信、现场与工业云的连接等，并集成了信息安全机制。

PLC 具有如下优点：

(1)抗干扰能力强，可靠性高，环境适应性好。PLC 是专门为工业控制而设计的，在设计和制造中均采用了屏蔽、滤波、隔离、无触点、精选元器件等多层次有效的抗干扰措施，因此可靠性很高。PLC 具有很强的自诊断功能，可以迅速、方便地判断故障，减少故障排除时间。此外，PLC 还可在各种恶劣的环境中使用。

(2)编程方法简单易学。PLC 的设计者充分考虑到使用者的习惯和技术水平及用户的使用方便，最早的梯形图编程语言与继电器控制电路有许多相似之处，程序清晰直观，指令简单易学，编程步骤和方法容易理解与掌握。

(3)应用灵活，通用性好。PLC 的用户程序可简单而方便地修改，以适应各种不同工艺流程变更的要求；PLC 品种多，可由各种组件灵活组成不同的控制系统，同一台 PLC 只要改变控制程序就可控制不同的对象或实现不同的控制要求。

(4)完善的监视和诊断功能。各类 PLC 都配有醒目的内部工作状态、通信状态、I/O 点状态和异常状态等的显示功能，具有完善的诊断功能，可诊断编程的语法错误、数据通信异常、内部电路运行异常、RAM 后备电池状态异常、I/O 模板配置变化等。

目前全世界的 PLC 产品众多，知名的国外厂商有西门子、罗克韦尔、施耐德、三菱电机、欧姆龙等，国产 PLC 厂商如汇川、和利时、信捷等近年来也不断取得进展。

PLC 的种类很多，大、中、小型 PLC 的功能不尽相同，其结构也有所不同，但主体结构形式大体上是相同的，由中央控制单元 CPU、存储器、输入/输出(I/O)电路、电源及编程器等构成。图 7.1 所示为典型的小型 PLC 结构框图。

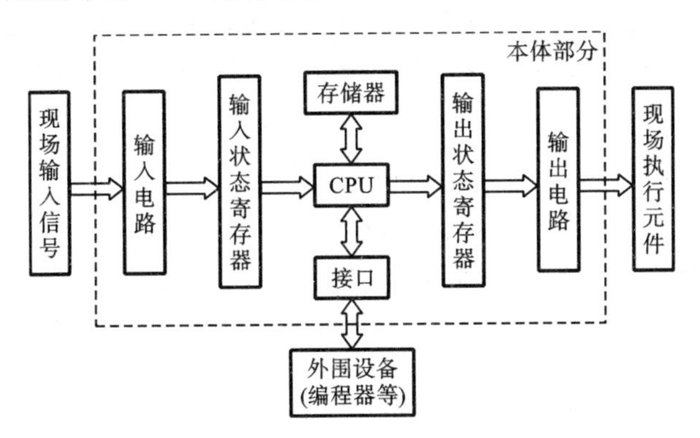

图 7.1　PLC 结构框图

1. 中央处理单元(CPU)

CPU 是 PLC 的核心，早期的 PLC 多采用单任务周期执行方式。CPU 的作用是：

(1)与 PLC 编程软件进行通信，实现用户程序的下载和上传；

(2)用扫描方式采集现场输入状态和数据,并存入输入状态寄存器中;

(3)执行用户程序,产生相应的控制信号,实现程序规定的各种功能;

(4)通过故障诊断程序,诊断 PLC 的各种运行错误。

早期 PLC 的 CPU 运算能力有限,新一代的 PLC 越来越多地采用通用 CPU 作为其核心,如 Intel 的 X86 系列 CPU,从而支持更强的计算能力。多核 CPU 可以更好地支持不同周期触发的 PLC 任务。

2. 存储器

PLC 的存储器用来存放程序和数据,因此有程序存储器和变量(数据)存储器;程序分系统程序和用户程序,因此程序存储器又分为系统程序存储器和用户程序存储器。

1)系统程序存储器

系统程序存储器存放系统程序(系统软件)。系统程序决定 PLC 性能,它包括监控程序、解释程序、故障自诊断程序、标准子程序及其他各种管理程序。系统程序用来管理、协调 PLC 各部分的工作,编译、解释用户程序,进行故障诊断等。中大型 PLC 的系统软件通常基于实时操作系统构建。

2)用户程序存储器

用户程序存储器可分为两部分,一部分用来存储用户程序,另一部分则供监控和用户程序作为缓冲单元。

3)变量(数据)存储器

变量(数据)存储器存放 PLC 的内部逻辑变量,如内部继电器、I/O 寄存器、定时器/计数器中的当前值等。由于 CPU 需要随时读取和更新这些存储器的内容,因此变量存储器采用 RAM。

用户程序存储器和变量存储器常采用低功耗的 CMOS-RAM 及锂电池供电的掉电保护技术,以提高运行可靠性。

3. 输入/输出(I/O)电路

1)输入电路

输入电路是 PLC 与外部信号连接的输入通道。现场输入信号(如按钮、行程开关及传感器输出的开关信号或模拟量)经过输入电路转换成 CPU 能接收和处理的数字信号。

2)输出电路

输出电路是 PLC 向外部执行部件输出相应控制信号的通道。通过输出电路,PLC 可对现场执行单元(如接触器、电磁阀、继电器、指示灯等)进行控制。

输入/输出电路根据其功能的不同,可分为数字输入、数字输出、模拟量输入、模拟量输出、位置控制、通信等类型。

4. 电源部件

电源部件能将交流电转换为中央控制单元、输入/输出电路所需要的直流电;能消除电源电压波动、温度变化对输出电压的影响,对过电压具有一定的保护能力,以防止电压变化损坏中央控制单元。另外,电源部件内还装有备用电池(锂电池),以保证在断电时存放在 RAM 中的信息不丢失。因此,用户程序在调试过程中,可采用 RAM 储存,以便于修改。

5. 编程器

编程器是 PLC 的重要外围设备,它能对程序进行编制、调试、监视、修改、编辑,最后将程序下载到 PLC 中。早期的 PLC 多采用专用编程器和专用电缆。目前主流 PLC 多采用基于 PC 的编程集成开发环境和串口/USB/网络进行程序的下载与在线监控/诊断。

按结构形式的不同,PLC 可分为整体式和模块式两种。图 7.2 所示为 PLC 的两种结构形式。

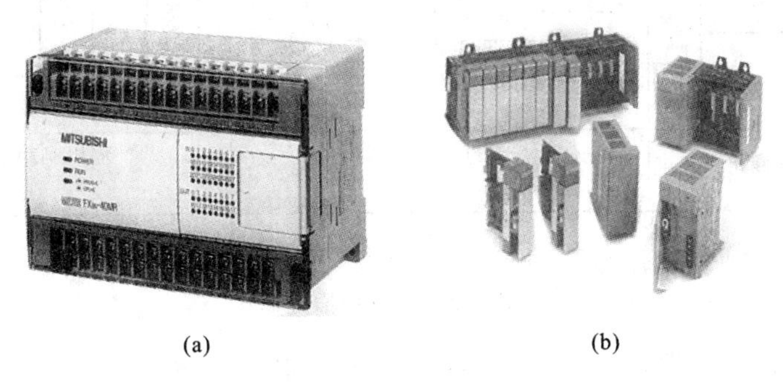

图 7.2　PLC 的结构形式

(a)整体式;(b)模块式

整体式 PLC 将所有的电路都装入一个模块内,构成一个整体。因此,它的特点是结构紧凑、体积小、重量轻。

模块式 PLC 采用搭积木的方式组成系统,在一块基板上插上 CPU、电源、I/O 模块及特殊功能模块,构成一个总 I/O 点数很多的大规模综合控制系统。这种结构形式的特点是 CPU 模块、I/O 模块等都是独立模块。因此,可以根据不同的系统规模选用不同档次的 CPU 及各种 I/O 模块、功能模块。其模块尺寸统一,安装方便,I/O 点数很多的大型系统的选型、安装调试、扩展、维修等都非常方便。这种结构形式的 PLC 除了有各种模块以外,还需要用基板(主基板、扩展基板)将各模块连成整体;有多块基板时,还要用电缆将各基板连在一起。

随着工业应用中 I/O 数量的增多,很多 PLC 都具备通过工业网络接口进行分布式 I/O 扩展的能力。

7.1.2　可编程控制器的工作原理

PLC 的输入电路是用来采集被控设备的检测信号和操作命令的,输出电路则用于驱动被控设备的执行机构,而执行机构与检测信号、操作命令之间的控制逻辑则靠微处理器执行用户程序来实现。

PLC 对用户程序进行周期性循环扫描执行,每个扫描周期如图 7.3 所示,可分为以下三个阶段。

(1)输入采样阶段:当 PLC 开始执行用户程序时,微处理器首先顺序读入所有输入端的信号状态,并逐一存入相对应的输入状态寄存器中。在程序执行期间,即使输入状态变化,输入状态寄存器的内容也不会改变。这些变化只能在下一个工作周期读入现场信号阶段才被读入。

(2)程序执行阶段:微处理器依次执行用户程序指令,即按程序进行逻辑、算术运算,再将结果存入输出状态寄存器中。

(3)输出刷新阶段。在所有的指令执行完毕后,输出状态寄存器中的状态通过输出电路转换成被控设备所能接收的电压或电流信号,以驱动被控设备。

早期的 PLC 只支持单个用户程序的循环扫描,一个循环结束后下一个循环紧接着开始,

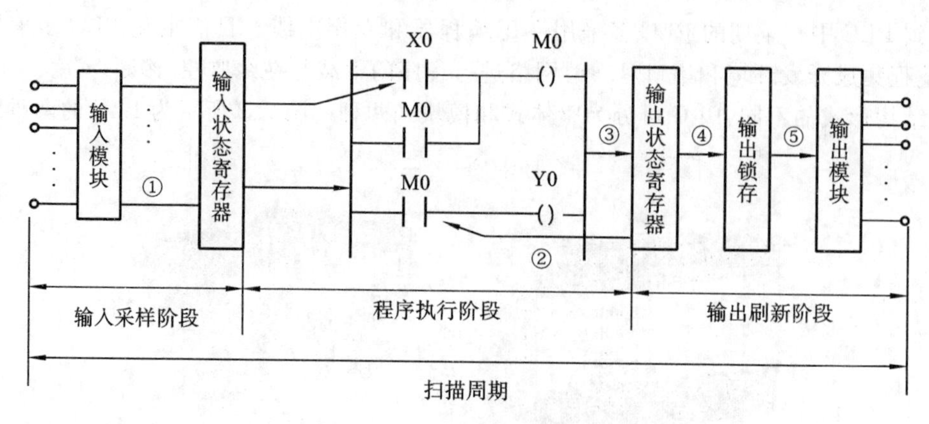

图 7.3　循环扫描周期

周而复始,直到停止运行为止。可见,全部输入、输出状态的改变需一个扫描周期,也就是输入、输出状态的保持时间为一个扫描周期。扫描周期主要取决于 PLC 的速度和程序的长短,一般在几毫秒至几十毫秒之间。

目前主流 PLC 大多支持多个 PLC 任务的周期性扫描执行,可以为每个任务设定响应的周期和优先级,这样在任务调度能力得到满足的前提下,每个任务的扫描周期具有一个确定的值。在 PLC 上电初始化阶段,PLC 也会自动执行初始化和自诊断程序,PLC 本身也周期性地执行一些系统任务,如通信和监控任务等。

功能安全已成为现代机电传动控制系统的内在需求,第 6 章介绍了基于安全继电器的功能安全,通过功能安全型 PLC、安全 I/O 模块和相关安全逻辑软件模块,可以提供更加灵活和高性能的功能安全机制。

7.2　可编程控制器的 I/O 接口和通信接口

7.2.1　可编程控制器的 I/O 接口

1. 数字量输入接口模块

PLC 的数字量输入接口模块也称为开关量输入接口模块,可分为交流数字量输入接口模块和直流数字量输入接口模块。

交流数字量输入接口模块原理如图 7.4 所示,当外部开关闭合时,交流电源通过整流桥触发光电耦合器导通,其响应速度比直流数字量输入接口模块慢,应用相对较少,但适合在恶劣环境下使用。

直流数字量输入接口模块采用直流电源供电,通过光耦实现外部数字量输入电路与 PLC 内部逻辑电路的电气隔离。为了减少端子数量,通常 PLC 的多个数字量输入端子共用一个公共端子,根据公共端子连接到直流电源的正极或负极,输入方式可分为漏型输入和源型输入。当公共端子接直流电源正极、电流流入公共端子时我们称为漏型输入。当公共端子接直流电源负极、电流流出公共端子时我们称为源型输入。

我们以汇川 H5U 系列 PLC 的数字量输入接口电路为例来具体说明漏型输入和源型输入。如图 7.5 和图 7.6 所示,H5U 提供了两组数字量输入端子,其公共端分别是 SS0 和 SS1。由图可以看出,其输入光耦隔离电路中采用了双向二极管,无论电流正向或反向流经光耦,都

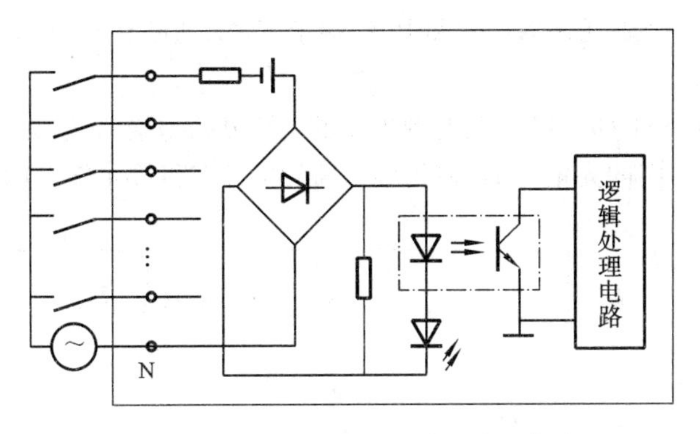

图 7.4　典型交流数字量输入接口电路

会触发光耦电路导通，所以数字量输入元件可以根据需要采用漏型输入连接或源型输入连接。

图 7.5 中，SS0 和 SS1 都连接到直流电源的正极，采用漏型输入连接，当某个输入端子如 X1 所连接的外部开关断开时，对应的光耦不导通，逻辑处理电路向相应的输入寄存器 X1 写入 0。当 X1 所连接的外部开关闭合时，对应的光耦导通，逻辑处理电路向输入寄存器 X1 写入

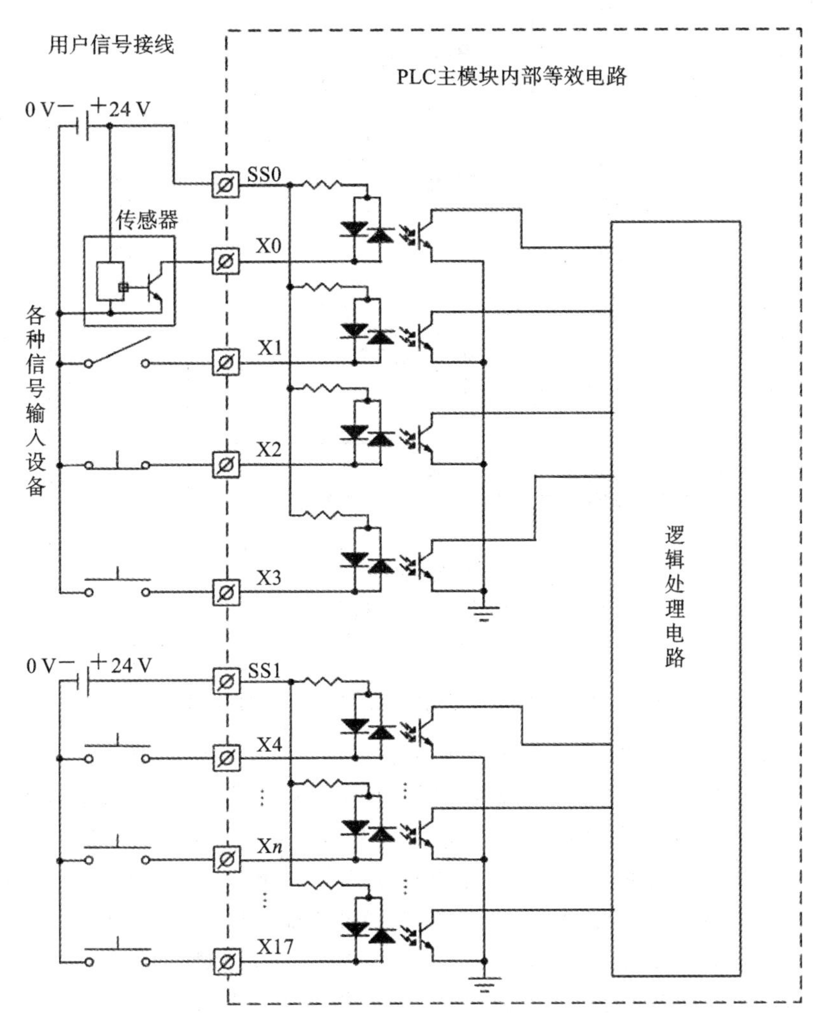

图 7.5　PLC 直流数字量输入接口电路的漏型输入接法

1。在 PLC 程序中有一个软元件 X1,它和 PLC 端子 X1 的通断状态、输入寄存器 X1 的值是完全一致的。

图 7.6 中,SS0 和 SS1 都连接直流电源的负极,采用源型输入连接,当 X1 所连接的外部开关闭合时,同样地,对应的光耦导通,使得输入寄存器 X1 和软元件 X1 的值为 1。

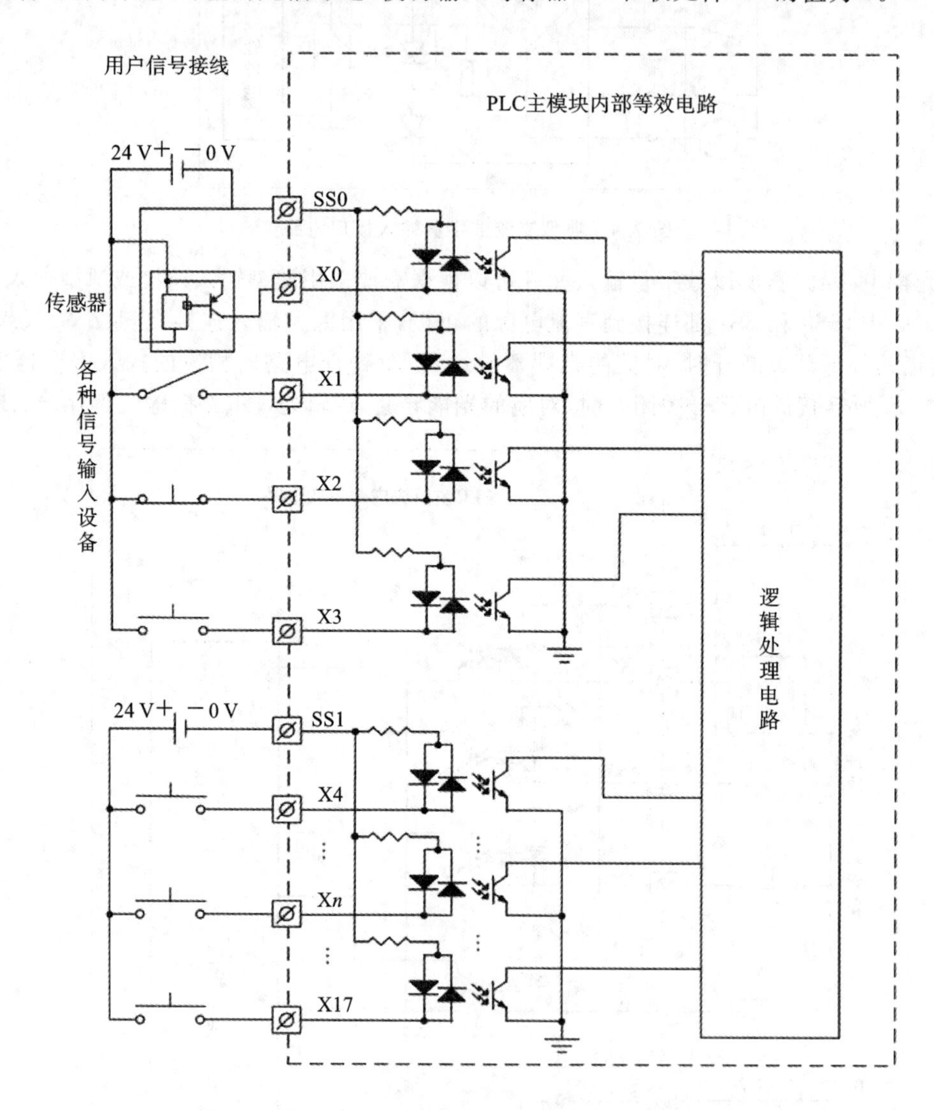

图 7.6　PLC 直流数字量输入接口电路的源型输入接法

可以看出,按钮、继电器触点、行程开关机械触点这类开关元件属于无源开关,具有闭合和断开两种状态;开关两个接点之间没有极性,可以互换。我们常称这种开关的信号为"干接点"信号。这类信号既可以采用漏型输入接法,也可以采用源型输入接法。

除此之外,在实际应用中有大量采用晶体管输出的有源传感器,如常见的三线开关传感器,这类传感器的输出有 PNP 和 NPN 两种类型,极性不能反接。图 7.5 中,X0 端子连接的是一个 NPN 输出的三线传感器,对应漏型输入接法;图 7.6 中,X0 端子连接的是一个 PNP 输出的三线传感器,对应源型输入接法。如果 NPN 输出传感器采用源型输入接法,PNP 传感器采用漏型输入接法,则它们不会正常工作。

针对一些高速计数应用,直流数字量输入端口需要支持高速开关信号输入,其硬件电路结构与标准数字量输入电路结构相同，但选用的光耦器件的开关频率更高，对应信号会接入硬件计数器。在PLC程序中，可以调用相应的编程软元件实现高速计数功能。如图7.5、图7.6所示的H5U输入接口中，X0～X3为4路高速数字量输入端子，采用相同的公共端SS0，支持200 kHz的高速开关信号输入。X4～X17为中低速数字量输入端子，支持中低速开关信号输入，采用相同的公共端SS1。

2. 数字量输出接口模块

数字量输出接口模块也称为开关量输出接口模块。为适应不同的负载，PLC的数字量输出接口一般有继电器输出、晶体管输出和晶闸管输出三种类型。

(1)继电器输出接口：可以带交流负载和直流负载，驱动能力强，响应速度慢，存在机械触点，寿命短。适用于大功率低速交直流负载。

(2)晶体管输出接口：只能带直流负载，响应速度快，适合高频输出，驱动能力小。适用于小功率高速直流负载。

(3)晶闸管输出接口：只能带交流负载，响应速度较快。适用于大功率高速交流负载。

晶体管输出接口以晶体管电路作为输出电路，用于直流负载；晶闸管输出接口以晶闸管作为输出电路，用于交流负载；继电器输出接口以继电器作为输出电路，可同时用于直流负载和交流负载。

目前晶体管输出是最普遍的数字量输出接口形式，只有部分PLC提供晶闸管输出接口。

图7.7所示是一个典型的继电器输出接口电路。Y0为输出接线端子，COM1为公共输出端。

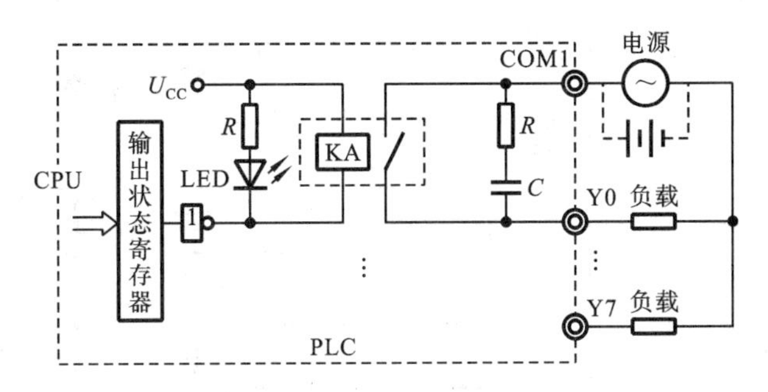

图7.7 继电器输出接口电路

当CPU输出“1”时，继电器KA的线圈通电，其常开触点闭合，Y0和COM1接通，负载通电。当CPU输出“0”时，继电器KA的线圈失电，其常开触点断开，Y0和COM1断开，负载失电。因此CPU输出“1”和“0”正好对应负载的“通电”和“失电”。

图7.8所示是典型的NPN型晶体管输出电路。

当CPU输出“1”时，发光二极管导通，感光三极管导通，负载电压经负载使三极管饱和导通，即Y0和COM1接通，负载通电。当CPU输出“0”时，发光二极管不发光，感光三极管截止，Y0和COM1断开，负载失电。因此CPU输出“1”和“0”正好对应负载的“通电”和“失电”。

在一些运动控制场合，需要输出高速控制脉冲给电动机驱动器，因此PLC会提供部分高速晶体管输出接口。如图7.9所示，汇川H5U PLC提供两组数字量输出接口，其中Y0～Y7为8路高速NPN晶体管输出，支持最高200 kHz的脉冲输出，开关响应时间为1 μs，Y10～Y15则为普通NPN晶体管输出，开关响应时间为500 μs。两组数字量输出端子各有一个公

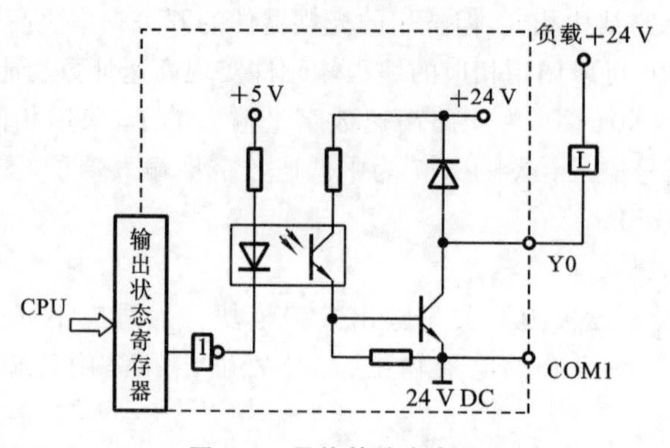

图 7.8 晶体管输出电路

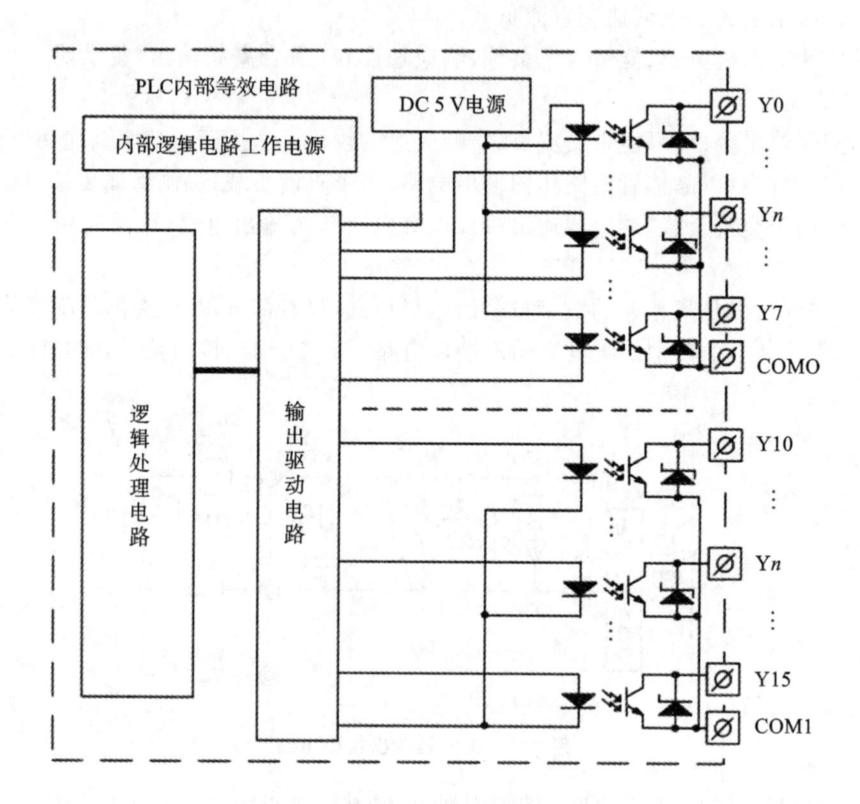

图 7.9 H5U PLC 的数字量输出接口

共端 COM0 和 COM1。

3. 模拟量输入接口模块

通用的模拟量输入接口模块可以采集外部的电流和电压信号。其中电流信号范围多为 0～20 mA 和 4～20 mA 两种,电压信号范围多为±5 V、±10 V、0～5 V、0～10 V 几种。

模拟量输入接口模块的关键技术指标包括分辨率和采样频率。

对于热电阻(RTD)和热电偶(TC)等温度传感器,通常采用专用的 RTD 接口模块和 TC 接口模块。

4. 模拟量输出接口模块

通用的模拟量输出接口模块可以提供电流和电压信号输出。其中电流信号范围多为 0～

20 mA 和 4～20 mA 两种，电压信号范围多为±5 V、±10 V、0～5 V、0～10 V 几种。

7.2.2　可编程控制器的通信和网络接口

通信接口和网络连接能力已经成为 PLC 的基本配置和功能，PLC 常用通信和网络接口有以下几种。

(1)串行接口：包括 RS-232、RS-485、RS-422 等串行接口。通信速率较低，目前主要用于 PLC 和人机界面、SCADA 系统的数据传输。常用的基于串行通信接口的通信协议有 Modbus。

(2)现场总线：包括 CAN 总线、PROFIBUS、CC-LINK 等。通信速率在 12 Mbps 以下，可以实现 I/O 级通信。

(3)工业以太网：通信速率达到 100 Mbps，可以与各种控制器和信息化系统通信。一些高性能 PLC 集成了各种实时以太网如 PROFINET、EtherCAT、Powerlink 等，可以支持高性能的运动控制。

在对 PLC 的结构组成、输入/输出接口、通信和网络接口有一定了解后，我们再结合图 7.10所示的汇川 H5U 小型 PLC 外形示意图来整体了解 PLC 的典型外部接口。

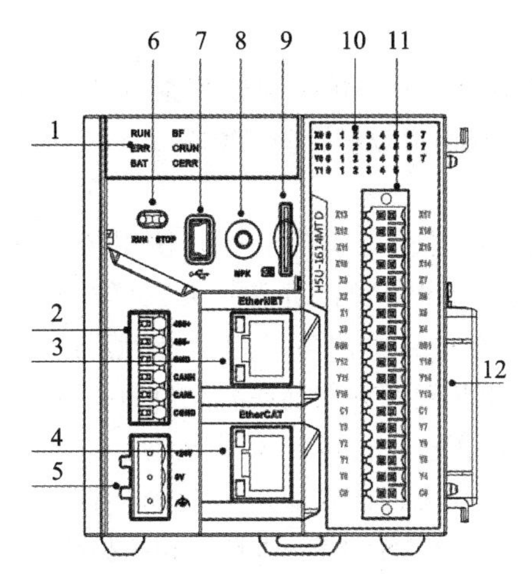

图 7.10　H5U PLC 的外形示意图

图 7.10 中各部分及其功能分别如下。

1：运行状态指示灯，用来指示系统运行状态、通信状态、故障和错误等信息。

2：串行接口和现场总线接口，该 PLC 提供了最常用的 RS-485 接口和 CAN 总线接口。

3：标准以太网口，支持 TCP/IP 通信。

4：实时以太网 EtherCAT 接口，通常用于与支持 EtherCAT 的伺服驱动器和 I/O 模块通信，以实现高速运动控制。

5：电源接口，该 PLC 采用直流 24 V 电源。

6：拨动开关，用于控制 CPU 模块运行或停止。

7：USB 接口，可用于 PLC 程序的下载。

8：多功能按键，用于 IP 地址复位。

9：SD 卡插槽，用于扩展 SD 卡。

10：数码管显示，用于显示 PLC 状态信息。

11:I/O 端子,该 PLC 提供了 16 点输入、14 点输出。

12:模块扩展接口。

7.3 小型可编程控制器的梯形图编程

在实际应用中,小型 PLC 和大型 PLC 在 CPU 速度、硬件资源、I/O 数量、支持的编程语言和软件功能上有较大的差异。本节我们首先结合小型 PLC 的梯形图编程语言来理解和学习 PLC 的基本编程方法,这是进一步学习高性能 PLC 系统设计的基础。

7.3.1 小型 PLC 的主要编程元件

在 PLC 获得广泛应用之前,我们通常用第 6 章所介绍的继电器-接触器逻辑实现顺序逻辑控制,当逻辑变更时,我们通常要增加或更换各种中间继电器或时间继电器等元件,改变硬件连线。PLC 则可通过软件编程的方式实现同样的顺序逻辑控制。为了进行软件编程,我们需要一个编程模型。一个基本的编程模型包含若干编程指令和编程指令所对应的编程元件。比如下面一行计算机汇编指令代码:

```
MOV R0,#5
```

表示把数值 5 赋给 CPU 的寄存器 R0。MOV 是赋值指令,R0 是对应的编程元件,本质上是一个 CPU 可以寻址的存储单元,我们可以把计算机的输入值、中间运算结果和输出值存放在该存储单元。

在学习 PLC 编程语言前,我们先定义若干可以使用的编程元件,也称为 PLC 软元件。PLC 软元件从物理上对应着一个可寻址的存储单元,从编程语言的角度可以理解为一个变量。其中有些元件可以由用户程序自由读写,有些元件则与 PLC 系统的特定接口和功能绑定,允许只读或只写。PLC 应用开发者利用这些软元件进行用户程序的编写,然后 PLC 开发工具把用户程序编译成二进制代码,下载到 PLC 中运行。

不同品牌的 PLC,对基本编程元件的定义方式有所不同。不失一般性,本节定义了 7 种编程元件,分别用字母 X、Y、T、C、M、S、D 表示,具体介绍如下:

1)输入继电器 X

7.2 节所述的每一路数字量输入端子都对应着一个编程元件,我们将其命名为输入继电器 X,它是对 PLC 开关量输入电路的抽象。这里的“输入继电器”只是对 PLC 内部相应的存储单元的形象化描述,在物理硬件中并没有继电器,在后面的梯形图编程中我们也会看到,我们称之为继电器是因为可以借用继电器的线圈和触点作为图形化编程的符号。如 PLC 的开关量输入端口 X1,对应着输入继电器 X1,当输入端口触点闭合时,对应的输入继电器 X1 的虚拟“线圈”得电,其虚拟“触点”也相应动作。显然,输入继电器 X 的数据类型为布尔(BOOL)型,即位数为 1 位。

2)输出继电器 Y

7.2 节所述的每一路数字量输出端子都对应着一个编程元件,我们将其命名为输出继电器 Y,它是对 PLC 开关量输出电路的抽象。和输入继电器类似,“输出继电器”只是对 PLC 内部相应的存储单元的形象化描述。如输出继电器 Y1 对应 PLC 的开关量输出端口 Y1,当输出继电器 Y1 的虚拟“线圈”得电时,对应的输出端子如果是继电器输出,则触点闭合,如果是晶体管输出，则晶体管导通。输出继电器Y的数据类型为布尔(BOOL)型。

3)定时器T

定时器是实现定时功能的编程元件，功能类似于继电器-接触器电路中的时间继电器。

4)计数器C

计数器是实现计数功能的编程元件，可对PLC的外部脉冲信号或内部脉冲信号进行计数。

5)辅助继电器M

PLC一般有通用辅助继电器、断电保持辅助继电器和特殊辅助继电器三种。在具体的PLC手册中，它们有各自确定的地址范围。

程序可对通用辅助继电器、断电保持辅助继电器进行读/写操作。对通用辅助继电器而言，断电后再通电，其状态全部自动清零，而断电保持辅助继电器在断电后再通电时，仍能保持断电前的状态。通用辅助继电器和断电保持辅助继电器相当于用户自定义的中间变量。

以汇川H5U PLC为例，M0～M7999为通用辅助继电器和断电保持辅助继电器的地址范围，可以由用户程序自由使用。其中M0～M999为不具备掉电保持功能的通用辅助继电器的地址范围，M1000～M7999为断电保持辅助继电器的地址范围。

特殊辅助继电器则相当于PLC保留的系统寄存器，用户可以通过读取相应的特殊辅助继电器获取系统的运行状态，或通过向相应的特殊辅助继电器写入特定值触发系统特定功能。

以汇川H5U PLC为例，M8000以上地址为特殊辅助继电器的地址范围，表7.1列出了部分特殊辅助继电器的功能。

表7.1 汇川H5U PLC部分特殊辅助继电器功能

特殊辅助继电器	功能描述	访问权限
M8000	用户程序运行时置为导通状态	只读
M8002	用户程序开始运行的第一个周期导通	只读
M8011	每10 ms周期导通一次	只读
M8012	每100 ms周期导通一次	只读

6)状态元件S

状态元件S和辅助继电器M类似，可以与PLC的步进顺控指令配合使用，也可作为一般的辅助继电器M使用。

7)数据寄存器D

PLC中设有许多数据寄存器。数据寄存器是存储器中的一个部分，此部分按字编址，用户程序可进行读/写操作，供模拟量控制、位置控制、数据I/O等存储参数及工作数据使用。

数据寄存器的位数一般为16位，可以用两个数据寄存器构成32位数据寄存器。

数据寄存器有以下几种：

(1)通用数据寄存器。用户程序可对通用数据寄存器进行读/写操作，已写入的数据不会发生变化，但当PLC的状态由运行变为停止时，全部数据均自动清零。

(2)掉电保护数据寄存器。掉电保护数据寄存器与通用寄存器不同的是，不论电源接通与否和PLC运行与否，其内容均保持不变，除非程序改变它。

(3)特殊数据寄存器。特殊数据寄存器供系统软件和用户软件交换信息使用。

(4)文件寄存器。文件寄存器是一类专用数据寄存器,用于存储大量重要数据,例如采集数据、统计计算数据、控制参数等。

上述编程元件中,X、Y、T、C、M、S 属于位元件,D 属于字元件。一个实际的编程元件由标识符和地址码两部分组成,如辅助继电器 M100,M 为标识符,100 为地址码。

7.3.2　小型 PLC 的梯形图编程语言基本指令

几乎所有的小型 PLC 都支持梯形图编程语言,本小节主要介绍梯形图编程语言及基本指令。

梯形图看上去与传统的继电器电路图非常相似,比较直观形象,对那些熟悉继电器电路的设计者来说,其易于被接受。图 7.11 是一个简单的梯形图程序。

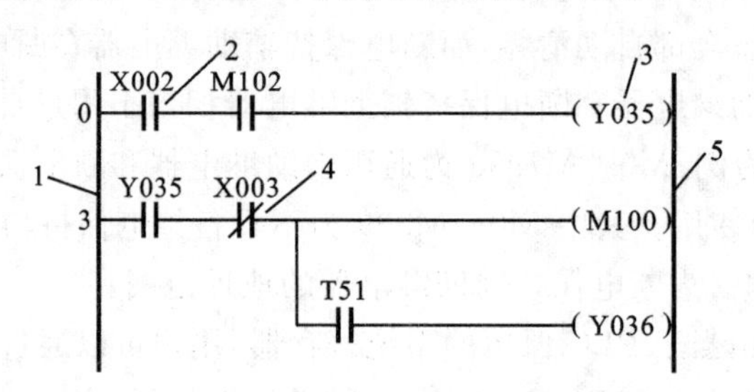

图 7.11　简单程序的梯形图

1—左母线;2—动合触点;3—线圈;4—动断触点;5—右母线

采用梯形图编制程序时,触点符号“┤├”和“┤/├”用于对各种位元件的读操作或逻辑运算操作,线圈符号“─( )─”用于对位元件的写操作。位元件即 7.3.1 节介绍的输入继电器、输出继电器、辅助继电器等,每个元件必须有相应的标志符和地址码,如图中的 X002、M102、X003 和 Y035 等。图 7.11 所表示的逻辑关系为

$$Y035 = X002 \cdot M102$$

$$M100 = Y035 \cdot \overline{X003}$$

$$Y036 = Y035 \cdot \overline{X003} \cdot T51$$

构成梯形图的程序都是一行接一行横着向下排列的。每一程序行以触点符号为起点,而最右边以线圈符号为终点。

图 7.11 的梯形图程序可以用对应的触点和连接指令文本形式来表达:

```
LD X002
AND M102
OUT Y035
LD Y035
ANI X003
OUT M100
AND T51
OUT Y036
```

不难看出,用梯形图形式更为直观,便于理解。最早的小型 PLC,通常只支持几十种指令,主要实现线圈触点的逻辑计算、定时逻辑、计数逻辑、程序跳转等功能,每条指令的执行时

间在 10 μs 以上。目前主流的小型 PLC 支持的指令数多达几百种，极大地丰富了 PLC 在数学运算、数据处理和传输、通信方面的能力，每条指令的执行时间在 1 μs 以内，高速 PLC 的每条指令执行时间在 0.1 μs 以内。

下面我们主要介绍在顺序逻辑控制中最常用的梯形图指令，其他指令可结合具体的 PLC 指令和编程手册进一步了解。不同的 PLC 产品对应的梯形图指令名称不尽相同，我们以比较有代表性的三菱电机 FX 系列 PLC 梯形图指令集为例介绍。

1. 输入、输出指令

LD(取指令)：对应梯形图中与左母线连接的或电路块开始的触点符号“┤├”。

LDI(取反指令)：对应梯形图中与左母线连接的或电路块开始的触点符号“┤/├”。

OUT(输出指令)：对应梯形图中与右母线连接的线圈符号，用于计数器、定时器时，后面必须紧跟常数 K 值。

LD 、LDI 指令可以对所有位元件进行读操作，OUT 指令可以对除输入继电器以外的其他所有位元件进行写操作。

图 7.12 所示为 LD、LDI、OUT 指令的应用示例。

对应图 7.12 所示程序的语句表如下：

LD　　X000　　　　　;读 X000

OUT　　Y030　　　　　;Y030= X000

LDI　　X001　　　　　;读 X001 并取反

OUT　　M100　　　　　;M100= $\overline{\text{X001}}$

OUT　　T50　　K19　　;驱动 T50 并设定计时值

LD　　T50　　　　　;读 T50

OUT　　Y031　　　　　;Y031= T50

2. 逻辑指令

1)逻辑与指令

AND(与指令)：对应梯形图中触点符号“┤├”的串联连接。

ANI(与非指令)：对应梯形图中触点符号“┤/├”的串联连接。

这两条指令只能用于一个触点与前面接点电路的串联连接，可以对所有位元件进行操作。图 7.13 所示为 AND、ANI 指令的应用示例。

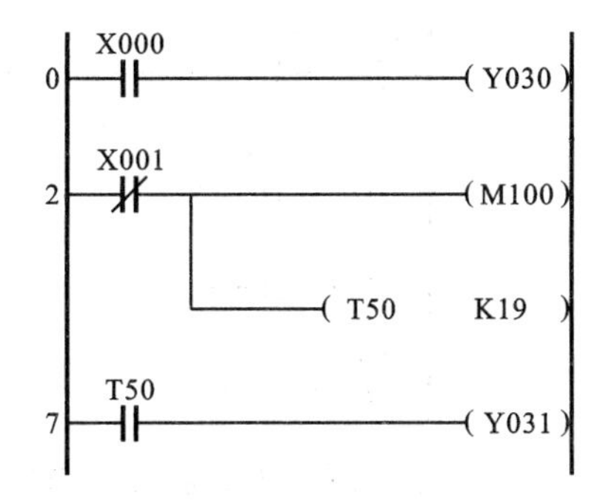

图 7.12　LD、LDI、OUT 指令的应用示例

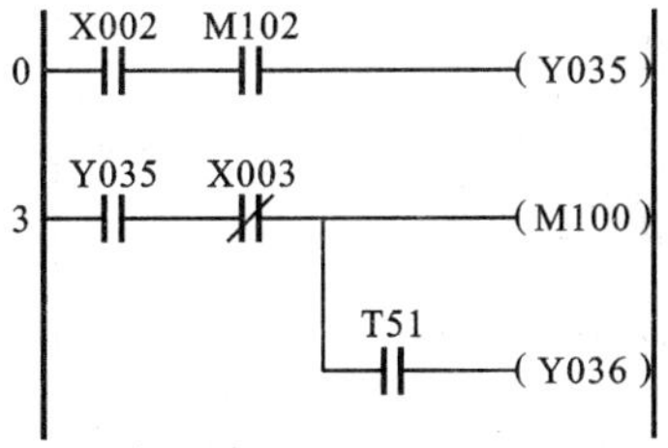

图 7.13　AND、ANI 指令的应用示例

对应图 7.13 所示程序的语句表如下：

LD　　X002　　;读 X002

AND　M102　;X002 · M102
OUT　Y035　;Y035= X002 · M102
LD　Y035　;读 Y035
ANI　X003　;Y035 · $\overline{X003}$
OUT　M100　;M100= Y035 · $\overline{X003}$
AND　T51　;Y035 · $\overline{X003}$ · T51
OUT　Y036　;Y036= Y035 · $\overline{X003}$ · T51

2)逻辑或指令

OR(或指令):对应梯形图中触点符号"┤├"的并联连接。

ORI(或非指令):对应梯形图中触点符号"┤/├"的并联连接。

这两条指令只能用于一个触点与前面接点电路的并联连接,可以对所有位元件进行操作。图 7.14 所示为 OR、ORI 指令的应用示例。

对应图 7.14 所示程序的语句表如下:

LD　X014　;读 X014
OR　X016　;X014+ X016
ORI　M102　;X014+ X016+ $\overline{M102}$
OUT　Y035　;Y035= X014+ X016+ $\overline{M102}$
LD　X005　;读 X005
AND　X015　;X005 · X015
OR　M102　;X005 · X015+ M102
ANI　X017　;(X005 · X015+ M102)$\overline{X2017}$
ORI　M100　;(X005 · X015+ M102)$\overline{X2017}$+ $\overline{M100}$
OUT　M103　;M103= (X005 · X015+ M102)$\overline{X2017}$+ $\overline{M100}$

3)支路并联指令

两个触点串联连接后组成的电路称为支路。

ORB(支路并联指令):用于两条以上支路并联连接的情况。

图 7.15 所示为 ORB 指令的应用示例。

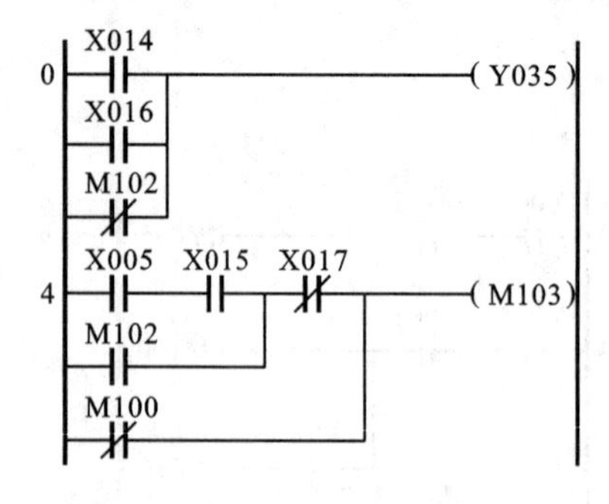

图 7.14　OR、ORI 指令的应用示例

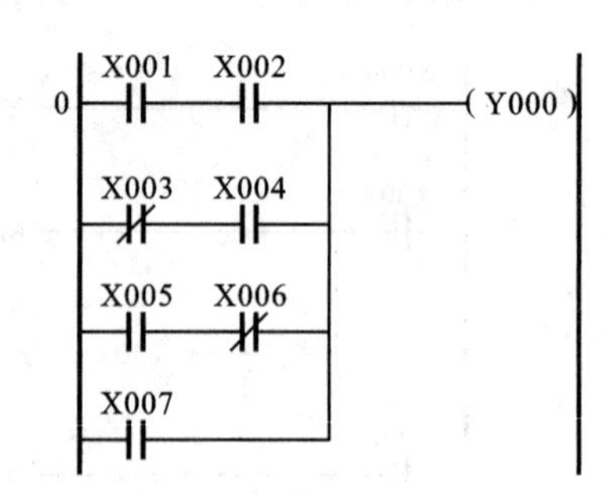

图 7.15　ORB 指令的应用示例

对应图 7.15 所示程序的语句表如下:

LD　X001 ⎫
AND　X002 ⎭ 支路 1

LDI　X003 ⎫
AND　X004 ⎭ 支路 2

ORB——支路 1 与支路 2 并联

LD　X005 ⎫
ANI　X006 ⎭ 支路 3

ORB——支路 3 与前面电路并联

OR　X007

OUT　Y000

4)电路块串联指令

两条以上支路并联连接后组成的电路称为电路块。

ANB(电路块串联指令):用于两个电路块串联连接的情况。

图 7.16 所示为 ANB 指令的应用示例。

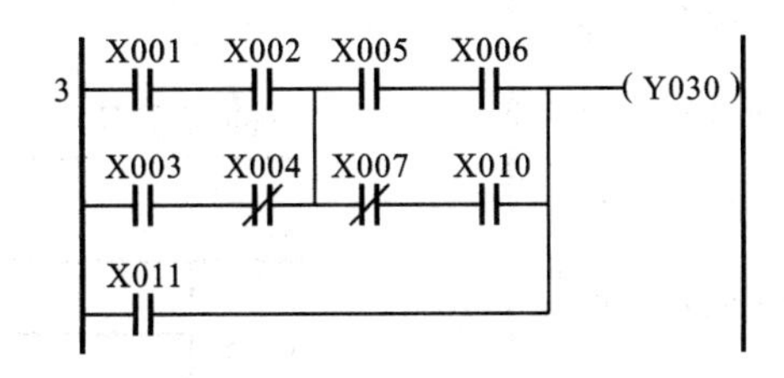

图 7.16　ANB 指令的应用示例

对应图 7.16 所示程序的语句表如下:

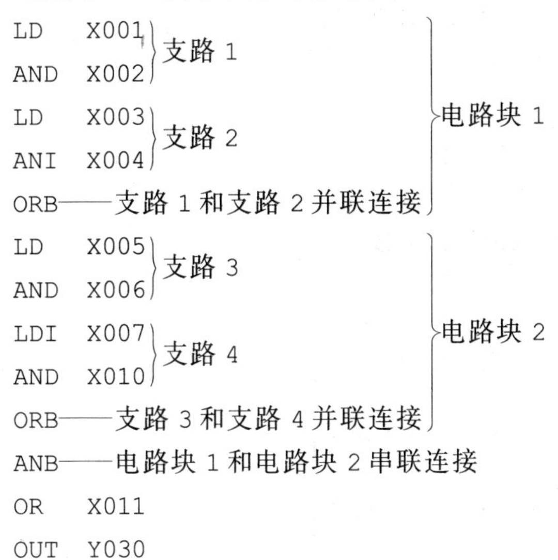
LD　X001 ⎫ 支路 1
AND　X002 ⎭
LD　X003 ⎫ 支路 2
ANI　X004 ⎭
ORB——支路 1 和支路 2 并联连接 }电路块 1
LD　X005 ⎫ 支路 3
AND　X006 ⎭
LDI　X007 ⎫ 支路 4
AND　X010 ⎭
ORB——支路 3 和支路 4 并联连接 }电路块 2
ANB——电路块 1 和电路块 2 串联连接
OR　X011
OUT　Y030

3. 置位、复位指令

SET(置位指令):用于使位元件置“1”并保持。

RST(复位指令):用于使位元件清零并保持。

图 7.17 所示为 SET、RST 指令的应用示例。

对应图 7.17 所示程序的语句表如下:

LD　　X000

SET　　Y000 ;　　　置位 Y000

```
LD      X001
RST     Y000        ;复位 Y000
LD      X002
SET     M0          ;置位 M0
LD      X003
RST     M0          ;复位 M0
LD      Y000
SET     S0          ;置位 S0
LD      M0
RST     S0          ;复位 S0
```

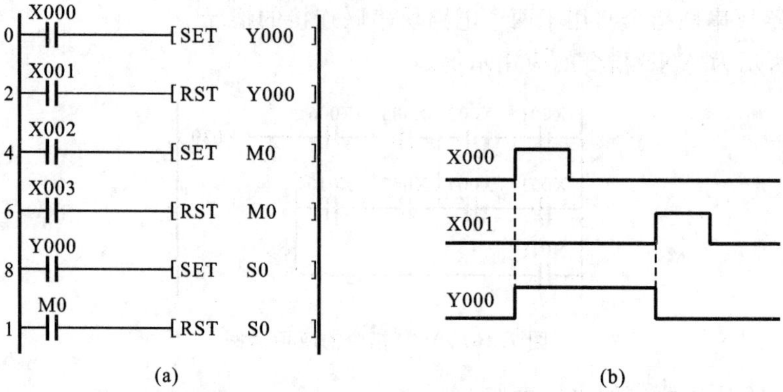

(a)　　　　(b)

图 7.17　SET、RST **指令的应用举例**

(a)程序梯形图;(b)前两行指令输入/输出关系

4. 栈指令

MPS(进栈指令):将数据存入栈内,栈内数据下移。

MRD(读栈指令):读取栈顶的数据,栈内数据不动。

MPP(出栈指令):将栈顶的数据读出,栈内的数据上移。

图 7.18 所示是栈指令的应用示例。

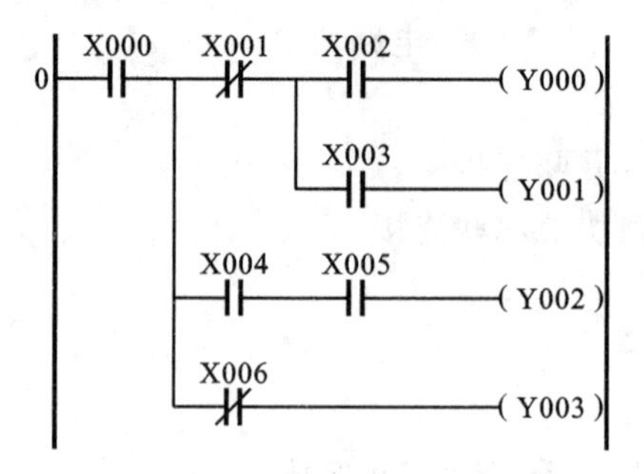

图 7.18　栈指令的应用示例

对应图 7.18 所示程序的语句表如下:

```
LD      X000
MPS
ANI     X001
```

```
MPS
AND    X002
OUT    Y000
MPP
AND    X003
OUT    Y001
MRD
AND    X004
AND    X005
OUT    Y002
MPP
ANI    X006
OUT    Y003
```

5. 脉冲指令

脉冲指令如表 7.2 所示。这组指令与 LD、AND、OR 指令相对应，指令中的 P 对应上升沿脉冲，F 对应下降沿脉冲。指令中的操作元件只在有上升沿或下降沿的一个扫描周期内为“1”。

表 7.2　脉冲指令

符号、名称	功　能	图形符号
LDP 取上升沿脉冲	上升沿脉冲逻辑运算	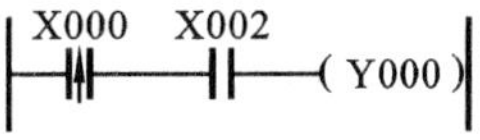 X000 X002 (Y000)
LDF 取下降沿脉冲	下降沿脉冲逻辑运算	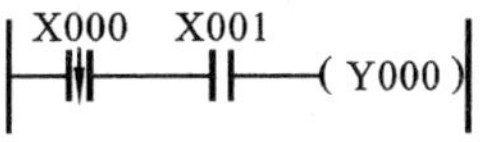 X000 X001 (Y000)
ANDP 与上升沿脉冲	上升沿脉冲串联连接	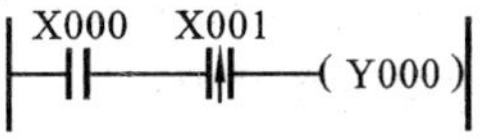 X000 X001 (Y000)
ANDF 与下降沿脉冲	下降沿脉冲串联连接	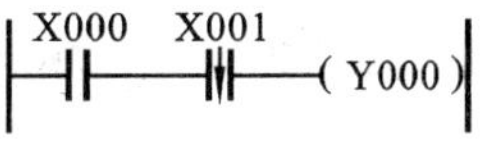 X000 X001 (Y000)
ORP 或上升沿脉冲	上升沿脉冲并联连接	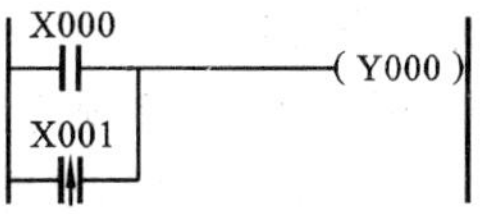 X000 X001 (Y000)
ORF 或下降沿脉冲	下降沿脉冲并联连接	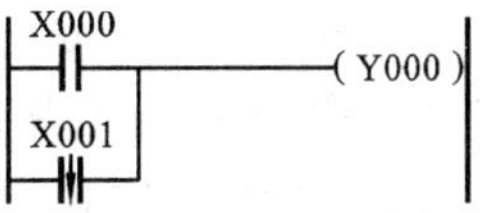 X000 X001 (Y000)

图 7.19 所示是脉冲指令的应用示例。

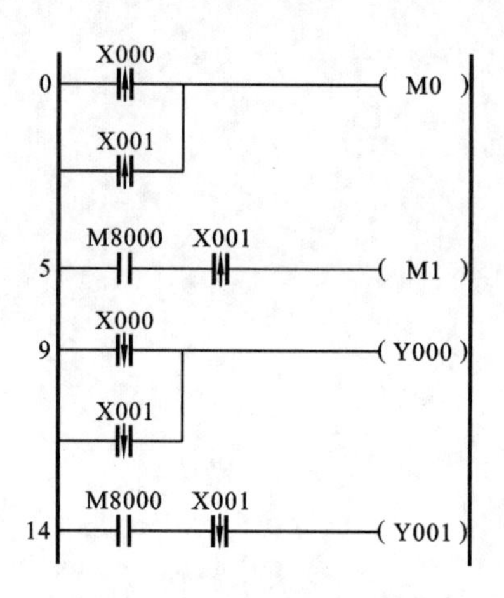

图 7.19 脉冲指令的应用示例

对应图 7.19 所示程序的语句表如下：

```
LDP     X000
ORP     X001
OUT     M0
LD      M8000
ANDP    X001
LDF     X000
ORF     X001
OUT     Y000
LD      M8000
ANDF    X001
OUT     Y001
```

6. 空操作指令 NOP

NOP 是空操作指令，不执行任何操作。

7. 程序结束指令 END

在程序结束时，使用指令 END。

7.3.3 小型 PLC 的梯形图编程注意事项

为了简化程序，减少指令，有效地缩小用户程序空间，一般来说，对于复杂的串、并联电路，有如下基本的编程技巧。

(1)对于并联电路，串联触点多的支路最好排在该功能梯形图的上面，如图 7.20 所示。图 7.20(a)、(b)所表示的逻辑关系完全相同。

(2)对于串联电路，并联触点多的电路块最好排在梯形图的左边，如图 7.21 所示。图 7.21(a)、(b)所表示的逻辑关系完全相同。

在编写梯形图时要注意避免以下错误。

(1)梯形图中，竖线上不能有触点。图 7.22(a)所示是一个错误的梯形图，触点 X003 串接在竖线上，图 7.22(b)是对应逻辑关系正确的梯形图。

(2)线圈和右母线之间一般不能连接触点。图 7.23(a)所示是一个错误的梯形图，图 7.23

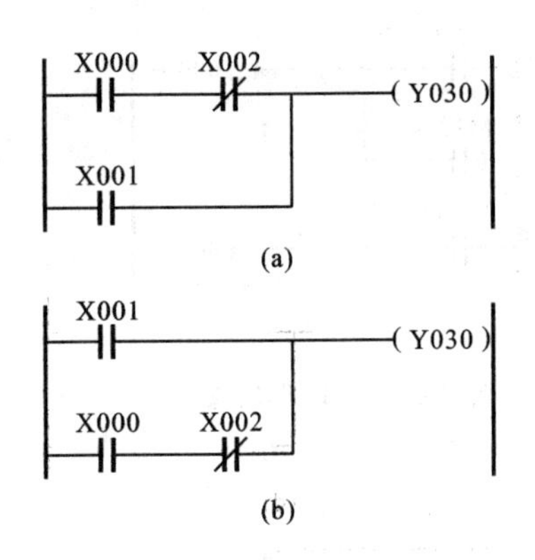

图 7.20　串联触点多的支路排在该功能梯形图的上面

(a)合理的程序;(b)不合理的程序

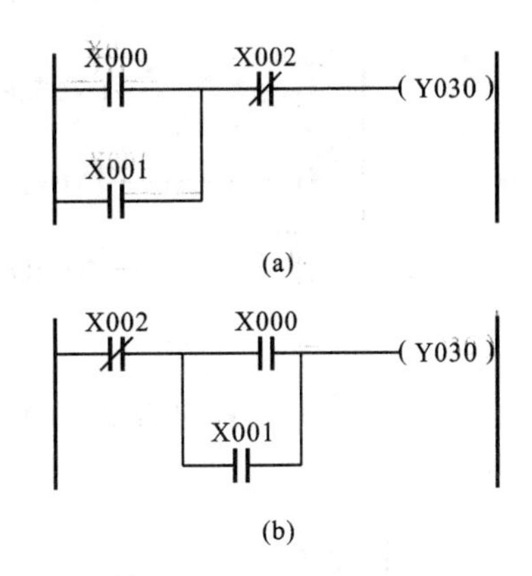

图 7.21　并联触点多的电路块排在梯形图的左边

(a)合理的程序;(b)不合理的程序

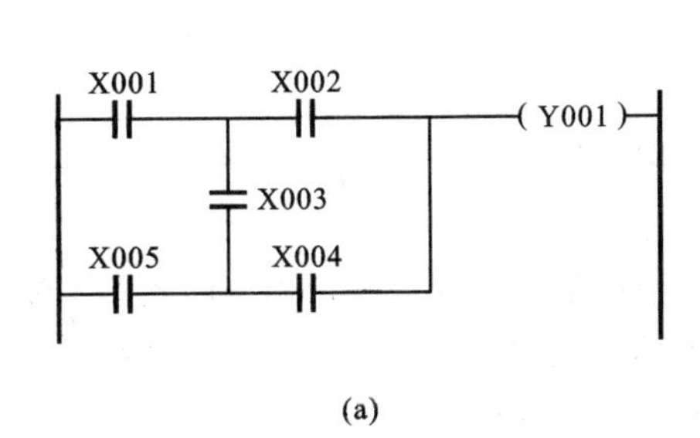

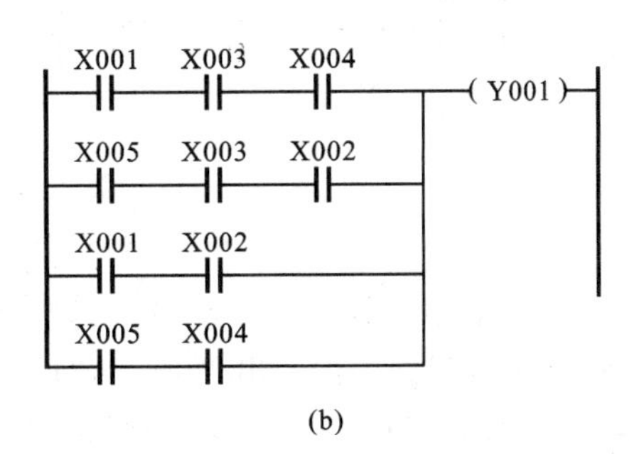

图 7.22　竖线上不能有触点

(a)错误的梯形图;(b)正确的梯形图

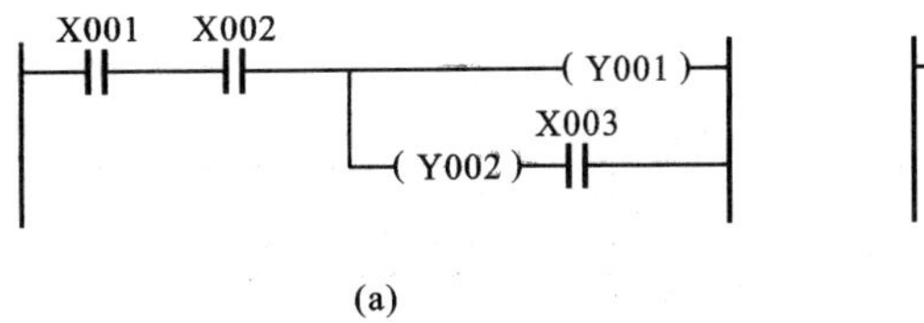

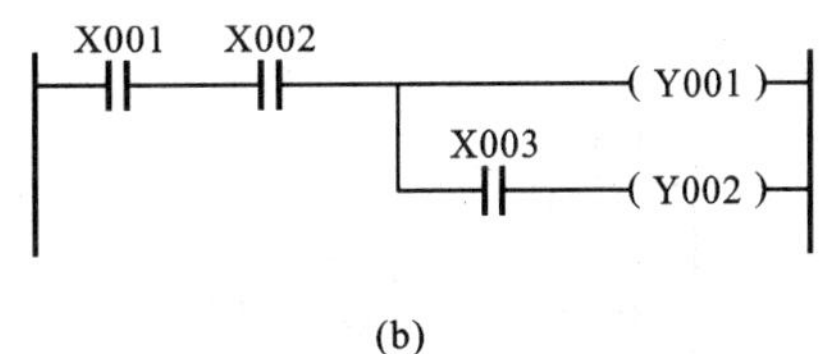

图 7.23　线圈和右母线之间不能连接触点

(a)错误的梯形图;(b)正确的梯形图

(b)是对应逻辑关系正确的梯形图。

(3)不能使用 OUT 指令对同一个元件进行两次以上的操作。图 7.24(a)所示是一个错误的梯形图,图 7.24(b)是对应逻辑关系正确的梯形图。

7.3.4　使用梯形图程序实现定时和计数逻辑

1. 在梯形图程序中使用定时器 T 实现定时逻辑

在 7.3.1 节中我们介绍了作为 PLC 编程元件的定时器 T,我们可以在梯形图逻辑中使用定时器来实现不同的定时功能。下面举三个基本的例子。

1)通电延时功能

通电延时功能即输入为"1",延时一段时间后输出才为"1",实现上述功能的程序如图7.25 所示。

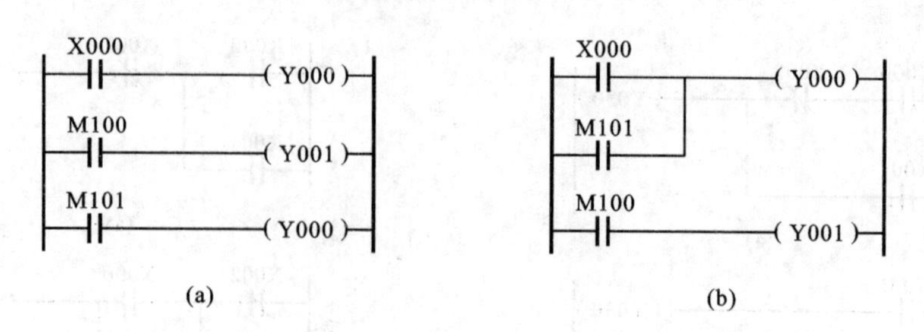

图 7.24　不能使用 OUT 指令对同一个元件进行两次以上的操作

(a)错误的梯形图;(b)正确的梯形图

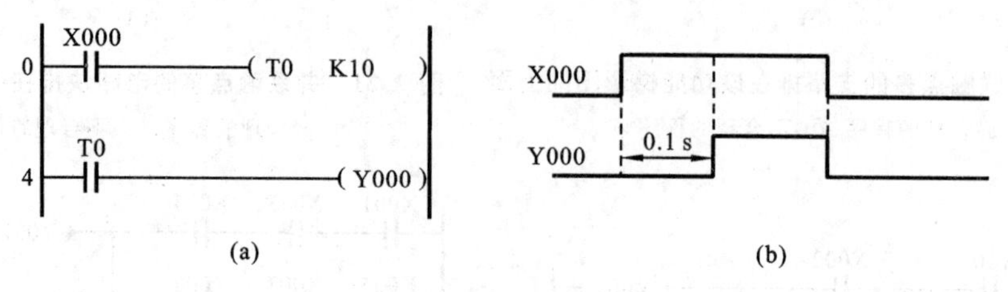

图 7.25　通电延时

(a)梯形图;(b)输入、输出之间的时序关系

图 7.25(a)表示:当输入信号 X000 为“1”时,定时器 T0 开始计时,当定时器的当前值等于设定时间(延时时间到)时,输出 Y000 为“1”,直到输入信号 X000 为“0”为止。输入、输出之间的时序关系如图 7.25(b)所示(设 T0 的时钟周期为 0.01 s)。

2)断电延时功能

断电延时即输入由“1”变“0”时,延时一段时间后输出才由“1”变“0”,实现上述功能的程序如图 7.26 所示。

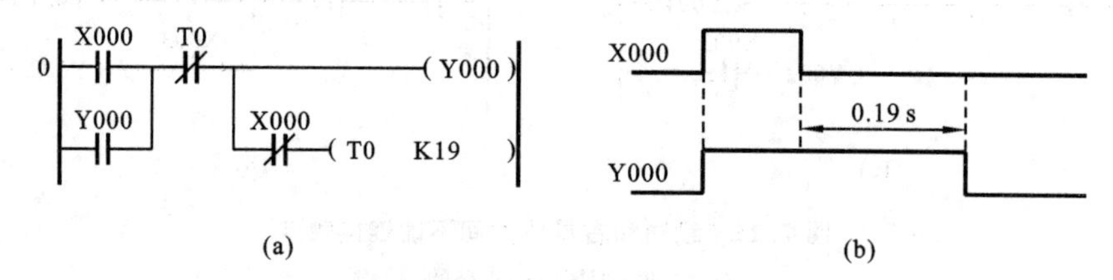

图 7.26　断电延时

(a)梯形图;(b)输入、输出之间的时序关系

图 7.26(a)表示:当输入信号 X000 为“1”时,输出 Y000 为“1”,定时器不计时。当输入信号 X000 由“1”变“0”时,Y000 继续为“1”,同时定时器 T0 开始计时,当定时器的当前值等于设定时间(延时时间到)时,T0 的状态为“1”,其反码使输出 Y000 由“1”变为“0”,定时器同时停止计时。输入、输出之间的时序关系如图 7.26(b)所示。

3)用定时器产生周期脉冲信号

在工业应用中常需要一些不同脉宽、不同频率的脉冲信号,图 7.27 所示是用两个定时器组成的脉冲输出程序。

图 7.27(a)表示:当 X000 由“0”变“1”时,T0 输出一个脉冲信号,脉冲信号的脉宽由寄存器 D2 的值确定,周期则由寄存器 D1 和 D2 的值确定。改变寄存器 D1 和 D2 的值,就可改变脉冲信号的脉宽和频率。

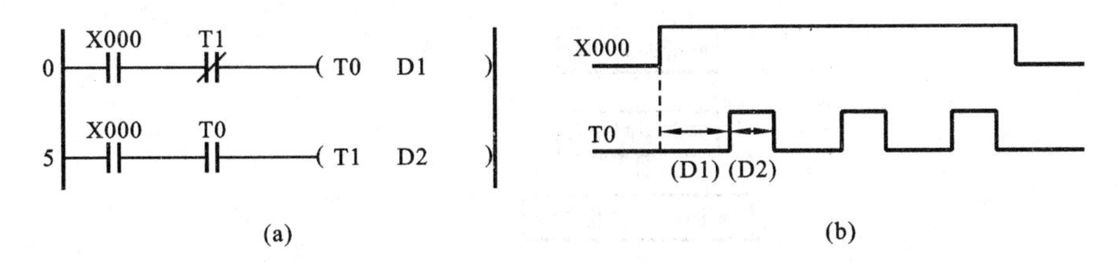

图 7.27　两个定时器形成的脉冲输出程序

(a)梯形图;(b)输入、输出之间的时序关系

2. 在梯形图程序中使用计数器 C 实现计数逻辑

在 7.3.1 节中我们介绍了作为 PLC 编程元件的计数器 C,我们可以在梯形图逻辑中使用计数器来实现不同的计数功能。

图 7.28 所示为计数器梯形图程序示例。当输入信号 X000 或辅助继电器 M10 为"1"时,计数器 C0 被复位,计数值清零。每次输入 X1 产生一次上升沿跳变时,计数器 C0 的计数值加 1,当达到设定的计数值 3 时,对应的常开触点闭合,使得输出继电器 Y030 输出"1"。

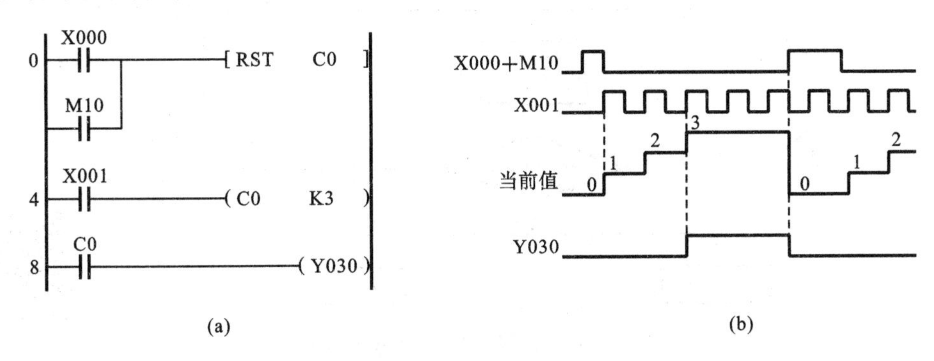

图 7.28　计数器应用示例

(a)程序梯形图;(b)执行结果

7.3.5　小型 PLC 应用系统的设计流程

小型 PLC 的 I/O 点数通常在 256 点以内,主要用于单台设备的控制,下面列出小型 PLC 的典型应用。

(1)开关量逻辑控制。开关量逻辑控制是 PLC 最早也是最基本的应用,PLC 可灵活地用于逻辑控制、顺序控制,既可实现单机控制,也可用于多机控制。

(2)简单闭环控制。一些小型 PLC 支持温度传感器输入接口,在编程指令中提供 PID 专用编程指令,可以快速构建温度闭环控制系统。

(3)简易定位运动控制。大多数小型 PLC 都提供高速脉冲输入通道,可配合高速计数指令实现对位置编码器脉冲信号的处理,并提供高速脉冲数字量输出通道,可以控制 2～4 轴步进电动机驱动器实现简易定位控制。

新一代小型 PLC 的运算速度有了大幅提升,指令集不断扩充,网络通信能力不断增强,可以实现电子齿轮、电子凸轮等典型多轴同步运动控制功能,越来越多的小型 PLC 开始支持物联网功能。

用小型 PLC 完成一个对机器设备的逻辑控制,可以采用图 7.29 所示的设计步骤。

从图 7.29 看出,PLC 控制系统的设计任务分为硬件和软件设计两部分。进行小型 PLC 编程时,通常采用梯形图和指令程序,一般按下述步骤进行。

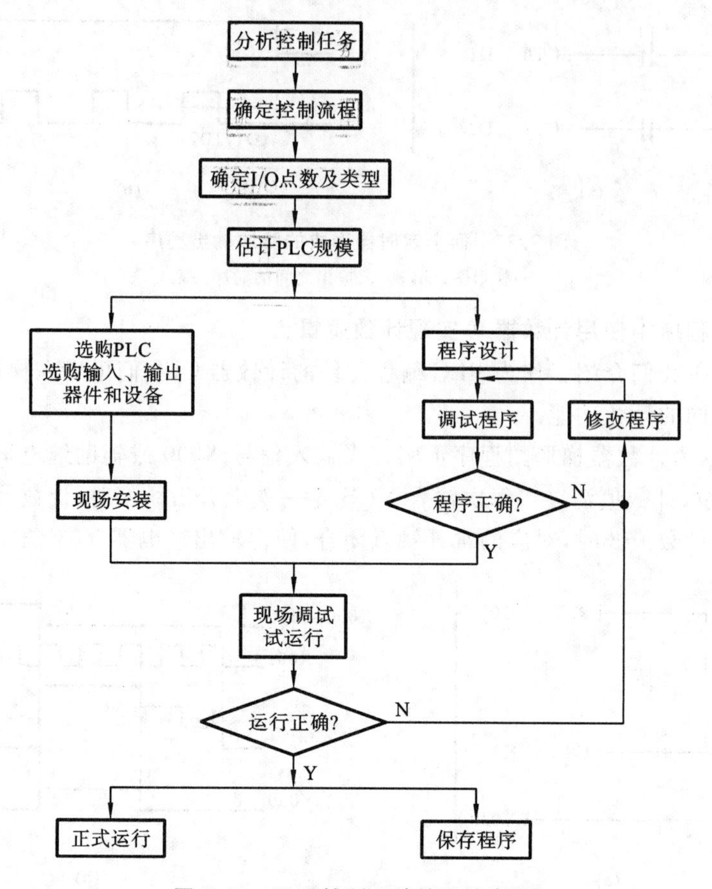

图 7.29　PLC 控制系统的设计步骤

1. 分析控制功能任务、确定输入/输出接口需求

设计一个 PLC 控制系统时，首先应详细分析控制过程与要求，全面、清楚地掌握具体的控制任务，确定被控系统必须完成的动作及完成这些动作的顺序，可通过工艺流程图和动作顺序表来进行图形化表述。

进行 PLC 硬件选型时，必须了解系统中有哪些输入量，采用什么传感器和输入设备；有哪些是输出量(被控量)，采用什么执行元件或设备。常见的输入、输出设备类型如表 7.3 所示。

表 7.3　常见的输入、输出设备类型

类型		例子
输入	数字量	操作开关、行程开关、光电开关、继电器触点、按钮等
	模拟量	流量、压力、温度等传感器信号
	中断	限位开关和报警信号、停电信号、紧急停止信号等
	脉冲量	光电传感器、位置编码器等脉冲源
	字输入	触摸屏(HMI)和上位机等设备
输出	数字量	继电器、接触器、电磁阀等
	模拟量	支持模拟量控制的伺服阀等执行设备
	字输出	触摸屏(HMI)和上位机等设备

2. 选择 PLC

首先应估计需要的 PLC 规模，然后选择功能和容量满足要求的 PLC。

1)PLC 规模的估算

完成预定的控制任务所需要的 PLC 的规模，主要取决于设备对输入、输出点的需求量和控制过程的难易程度。估算 PLC 需要的各种类型的输入、输出点数，并据此估算出用户的存储容量，是系统设计中的重要环节。

(1)输入、输出点的估算。为了准确地统计出被控设备对输入、输出点的总需求量，可以把被控设备的信号源一一列出，并认真分析输入、输出点的信号类型。

除统计大量的开关量输入、输出点外，其他类型输入、输出点也要分别进行统计。PLC 与上位机(如 SCADA 系统)、触摸屏等设备连接所需的通信接口也应一起列出来。

考虑到在实际安装、调试和应用中还可能会出现一些估算中未预见到的因素，需要根据实际情况增加一些输入、输出信号点数。因此，要按估算数再增加 15%～20%的输入、输出点数，以备将来调整、扩充使用。

(2)存储容量的估算。小型 PLC 的用户存储器是固定的，不能随意扩充选择。因此，选购 PLC 时，要注意它的用户存储器容量是否够用。

用户程序占用内存的多少与多种因素有关，例如，输入、输出点的数量和类型，输入、输出量之间关系的复杂程度，需要进行运算的次数，处理量的多少，程序结构的优劣等，这些都与内存容量有关。因此，在用户程序编写、调试好以前，很难估算出 PLC 所应配置的存储容量。一般只能根据输入、输出的点数及其类型，控制的繁简程度加以估算。一般粗略的估计方法是：

(输入点数＋输出点数)×(10～12)＝指令语句数

在按上述数据估算后，通常再增加 15%～20%的备用量，作为选择 PLC 内存容量的依据。

2)PLC 的选择

PLC 产品的种类、型号很多，它们的功能、价格、使用条件各不相同。在选用时，除输入、输出点数外，一般还应考虑以下几方面的问题。

(1)PLC 的功能。PLC 的功能要与所完成的控制任务相适应，这是最基本的要求。如果选用的 PLC 功能不恰当或功能太强，则很多功能用不上，就会造成不必要的浪费；如果所选 PLC 的功能不强，又满足不了控制任务的要求。

绝大多数的小型 PLC 都具备逻辑运算、定时器、计数器等基本功能，可以满足一般机械设备的简单顺序控制需求。

如果涉及高速计数和脉冲式定位控制，需要确保 PLC 的高速数字量输入通道数和高速数字量输出通道数，以及通道所支持的最高信号频率能够满足系统功能要求。

如果使用标准的数字量输入通道检测传感器信号，还必须考虑 PLC 的扫描周期的影响。PLC 采用顺序扫描方式工作，它不可能可靠地接收持续时间小于扫描周期的信号。

例如，要检测传送带上产品的数量，产品的有效检测宽度为 2.5 cm＝0.025 m，传送速度为 50 m/min，则产品通过检测点的时间间隔为

$$T=\frac{0.025}{50/60}\ \mathrm{s}=30\ \mathrm{ms}$$

为了确保不漏检传送带上的产品，PLC 的扫描周期必须小于 30 ms，为了保证可靠计数，

这样的应用应尽量使用高速输入接口和对应的高速计数逻辑指令来处理。

(2)输入电路模块。PLC 的输入直接与被控设备的一些输出量相连。因此,除按前述估算结果考虑输入点数外,还要根据输入设备类型选择合适的输入接口。我们在 7.2 节介绍了常用的 PLC 输入接口。

(3)输出电路模块。输出电路模块的任务是将 PLC 的内部输出信号变换成可以驱动执行机构的控制信号。我们在 7.2 节介绍了常用的 PLC 输出接口。除考虑输出点数外,在选择时通常还要注意下面两个问题。

①输出电路模块允许的工作电压、电流应大于负载的额定工作电压、电流值。对于灯丝负载、容性负载、电动机负载等,要注意启动冲击电流的影响,应留有较大的余量。

②对于感性负载,应注意在断开瞬间可能产生很高的反向感应电动势。为避免这种感应电动势击穿元器件或干扰 PLC 主机的正常工作,应采取必要的抑制措施。

另外,还要考虑其可靠性、价格、可扩充性、维修和软件开发的难易程度等问题。

3. 绘制电气图和编制 I/O 分配对照表

在绘制电气图纸时,PLC 的输入/输出端子都有相应的端子号,PLC 端子和输入设备之间的线缆都有相应的线号,输入/输出设备也都有各自的代号。为便于程序设计、现场调试和查找故障,在完成电气图纸设计后,需要编制一个已确定下来的现场输入/输出信号的代号和分配到 PLC 内与其相连的输入/输出继电器号或元件号的对照表,简称 I/O 分配表。简单 PLC 系统的 I/O 分配表可手工整理,一些电气设计软件提供了自动导出 I/O 分配表的功能。

4. 编写用户程序

根据系统的功能需求,结合 I/O 分配表,用梯形图等编程语言设计用户程序。

5. 使用 PLC 编程软件进行模拟调试

每个 PLC 厂商都会提供 PLC 编程工具,用于程序输入、下载、离线仿真和在线调试等。一般在现场调试之前,先进行模拟调试,以检查程序设计和程序输入是否正确。如有问题及时修改程序,然后再进行调试,直至完全正确为止。

6. 进行硬件系统的安装

在模拟调试的同时,进行硬件系统的安装连线。

7. 对整个系统进行现场调试和试运行

若在现场调试中又发现程序有问题,则要返回到步骤 5,对程序进行修改,直至完全满足控制要求为止。

8. 正式投入使用

硬件和软件系统均满足要求后,PLC 即可正式投入使用。

9. 保存程序和技术文档

将调试通过的用户程序和技术文档作为技术文件存档备用。

7.3.6 梯形图编程应用实例

下面结合几个应用实例来介绍如何使用梯形图编程来实现常用的逻辑控制。

1. 三相异步电动机启动、停止控制

三相异步电动机启动、停止控制是电动机最基本的控制,在各种复杂的控制系统中都不可缺少。图 7.30 给出了主回路、PLC 外部接线及控制程序梯形图。图中,SB1 为启动按钮,SB2 为停止按钮,KH 为热继电器。

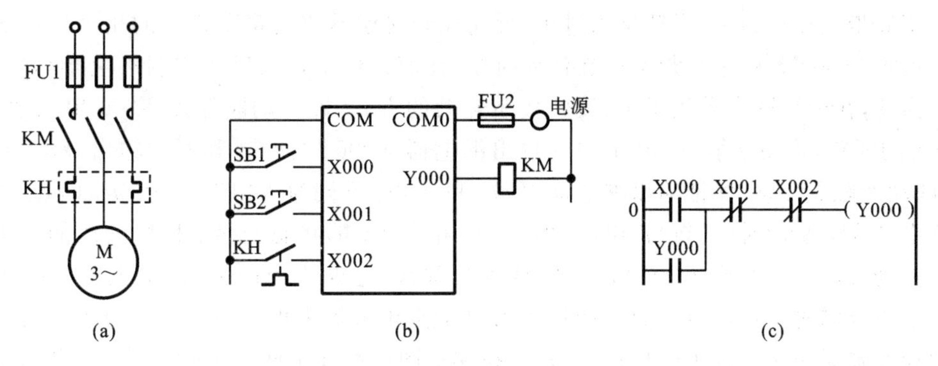

图 7.30　三相异步电动机启动、停止控制的主回路和 PLC 外部接线及控制程序梯形图

(a)主回路;(b)PLC 外部接线;(c)控制程序梯形图

2. 三相异步电动机正、反转控制

三相异步电动机正、反转控制的主回路和 PLC 外部接线及控制程序如图 7.31 所示。

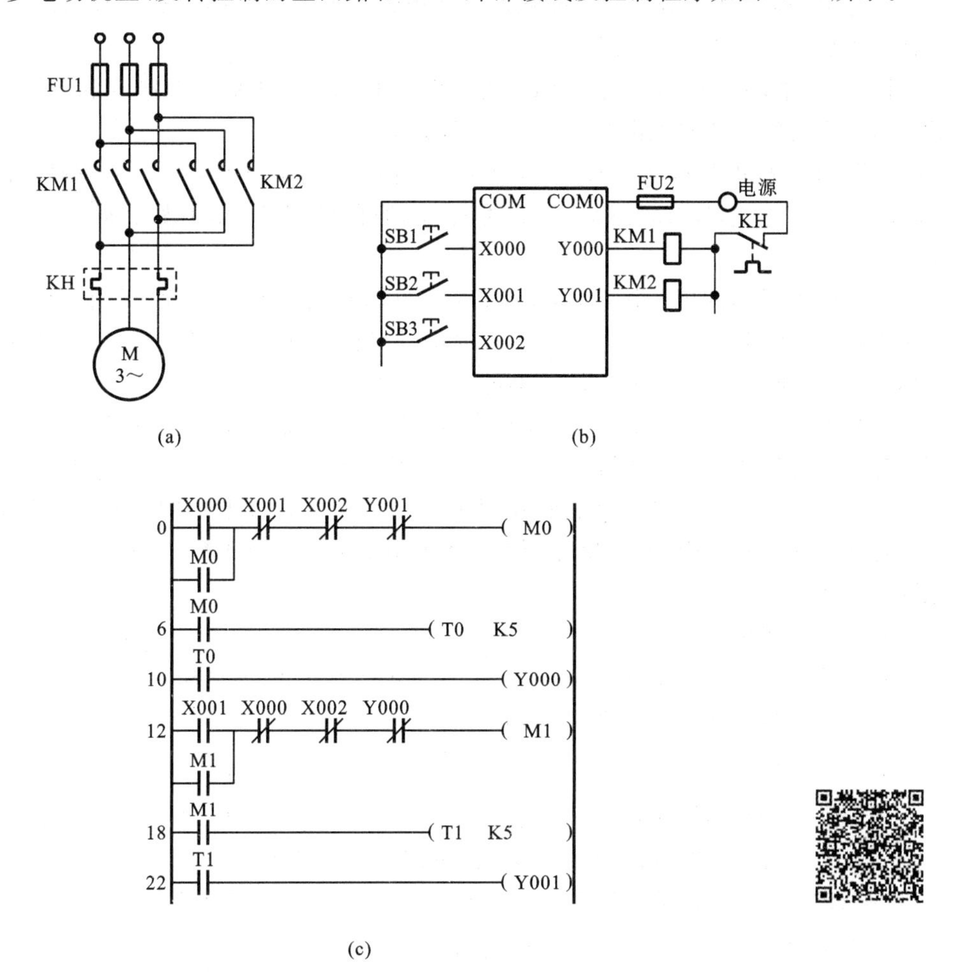

图 7.31　三相异步电动机正、反转控制的主回路和 PLC 外部接线及控制程序梯形图

(a)主回路;(b)PLC 外部接线;(c)控制程序梯形图

图 7.31 中,SB1 为正向启动按钮,SB2 为反向启动按钮,SB3 为停止按钮,KM1 为正向控制接触器,KM2 为反向控制接触器。

三相异步电动机的正、反转是通过正、反向控制接触器改变定子绕组的相序来实现的，其中一个很重要的问题就是必须保证在任何时候、任何条件下，正、反向控制接触器都不能同时接通。为此，在梯形图中采用了正、反转按钮互锁的方式，即将动断触点 X000 串入输出继电器 Y001 的回路，将动断触点 X001 串入输出继电器 Y000 的回路，和两个输出继电器 Y000、Y001 的动断触点互锁，保证输出继电器 Y000 和 Y001 不同时为“1”。但在实际运行中，输出锁存器中的变量是同时(并行)输出的，即 Y000 和 Y001 的状态变换是同时完成的。例如，由正转切换到反转，Y000 变为“0”和 Y001 变为“1”同时完成，KM1 的线圈失电释放和 KM2 的线圈通电吸合同时动作，有可能在 KM1 断开其触点电弧尚未熄灭时，KM2 的触点已闭合，造成电源相间瞬时短路。为了避免这种情况，在梯形图中增加了两个定时器 T0 和 T1，使正、反向切换过程中，被切断的接触器瞬时动作，而被接通的接触器则要延时一段时间才动作，以保证系统工作可靠。

3. 三相异步电动机 Y-△启动控制

Y-△降压启动是异步电动机常用的启动控制方式之一。其电路主回路、PLC 外部接线及控制程序梯形图如图 7.32 所示。

图 7.32 中，SB1 为启动按钮，SB2 为停止按钮，KM 为电源接触器，KM1 为星形连接接触器，KM2 为三角形连接接触器。其启动过程如下。

按下启动按钮 SB1，动合触点 X000 为“1”，输出继电器 Y000 为“1”并保持，Y000 为“1”使 Y001 也为“1”，接触器 KM、KM1 同时通电，电动机成星形连接，开始启动，同时定时器 T0 开始计时。

当定时器 T0 延时时间(启动时间)到后，T0 动断触点使 Y001 为“0”(同时使 T0 复位)，切断星形连接接触器 KM1，电动机失电(此时电动机已启动到某一转速并由于惯性继续转动)，T0 动合触点使 M0 为“1”并保持，定时器 T1 开始计时。

经延时后，T1 动合触点使输出继电器 Y002 为“1”，使三角形连接接触器 KM2 闭合，电动机成三角形连接继续启动到额定转速后进入正常运行，Y002 动断触点使定时器 T1 复位。

定时器 T0 和 T1 只在启动过程中提供 Y-△变换所需的延时时间，正常工作后不起作用。按下停止按钮 SB2，动断触点 X001 为“0”，使输出继电器 Y000 断开，切断电源接触器 KM，电动机失电停止。

4. 交通灯控制

城市道路十字路口交通灯的工作过程是大家非常熟悉的，采用 PLC 来控制非常简单。十字路口交通信号灯的设置如图 7.33 所示。

1)确定控制任务

十字路口的交通灯共有 12 个，同一方向的两组红、黄、绿灯的变化规律相同。所以，十字路口的交通灯的控制就是一双向红、黄、绿灯的控制。

对双向红、黄、绿灯进行控制的时序图如图 7.34 所示，它是程序设计的主要依据。

2)PLC 连线图设计与输入/输出地址分配

输入信号是启动信号，而输出信号可以是 12 个或 6 个信号，这里采用 6 个输出信号的方案，也就是同一方向同一个颜色、相同功率的两个灯并联由一个输出信号控制。对应的 PLC 连线图如图 7.35 所示。

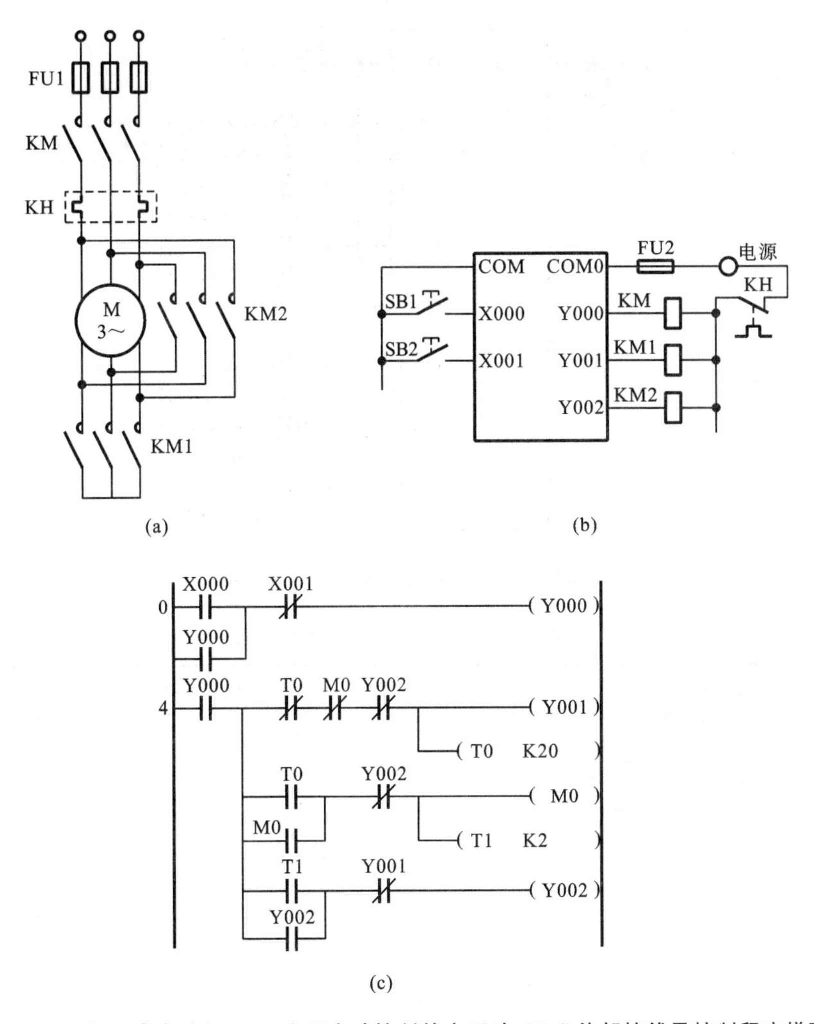

图7.32　三相异步电动机Y-△降压启动控制的主回路、PLC外部接线及控制程序梯形图

(a)主回路；(b)PLC外部接线；(c)控制程序梯形图

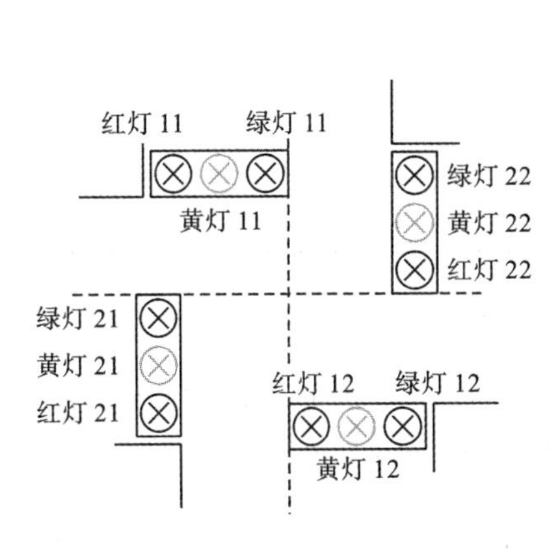

图7.33　十字路口交通信号灯的设置

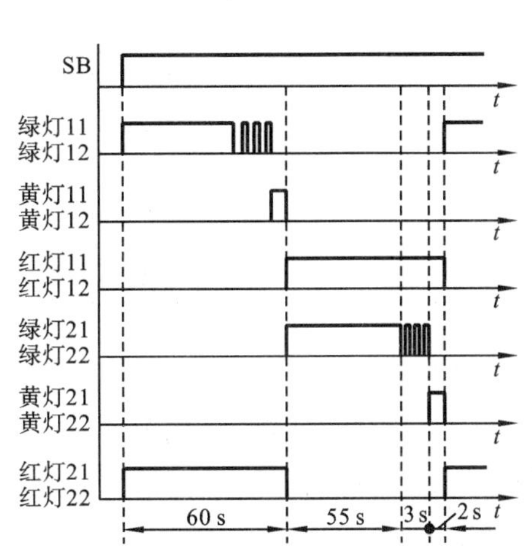

图7.34　对双向红、黄、绿灯进行控制的时序

对应的输入/输出地址分配如表7.4所示。

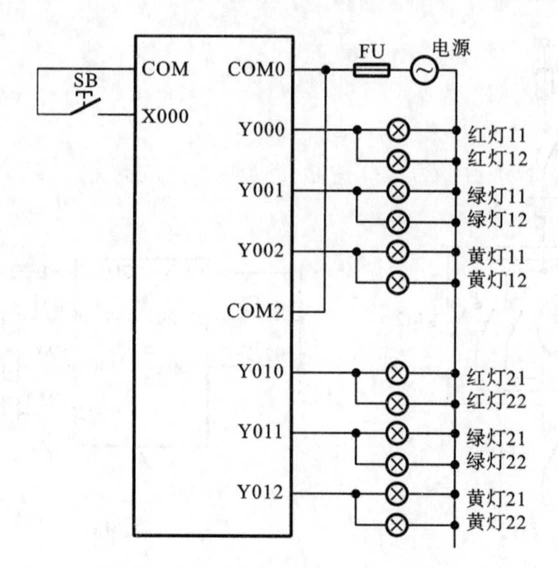

图 7.35　交通灯控制的 PLC 连线

表 7.4　PLC 输入/输出地址分配

现场信号		PLC 地址	说　明
输入	启动 SB	X000	
输出	红灯 11	Y000	南北方向
	红灯 12		
	绿灯 11	Y001	
	绿灯 12		
	黄灯 11	Y002	
	黄灯 12		
	红灯 21	Y010	东西方向
	红灯 22		
	绿灯 21	Y011	
	绿灯 22		
	黄灯 21	Y012	
	黄灯 22		

3)梯形图程序

由图 7.34 可知,两个方向的红、黄、绿灯控制的时序相同。在一组红灯亮 60 s 的期间,另一组绿灯亮 55 s 后闪烁 3 次共 3 s,接着黄灯亮 2 s。黄灯熄灭后,一个 60 s 结束,接着另一个 60 s 开始。

通过上述分析可知,这是一个按时间原则的顺序控制,主要设计一组灯的控制程序即可,而另一组灯的控制程序可套用此程序。

整个程序可以分为开始信号的处理程序、定时时间控制程序和信号灯的控制程序等三个部分。

(1)开始按钮 SB 信号的读取与保持。

当按下 SB 按钮后,交通灯开始工作,并一直保持,其控制程序梯形图如图 7.36 所示。可知,当按下按钮 SB 后,M100 始终为“1”,这是交通灯工作的条件。

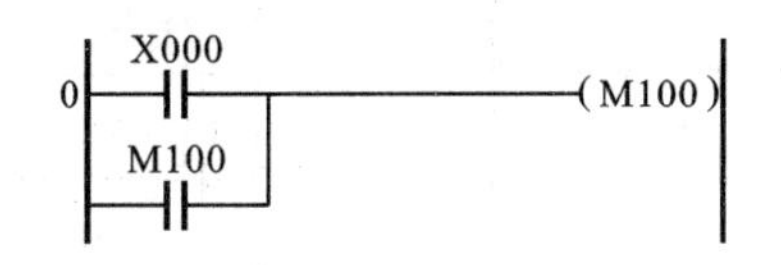

图 7.36 开始信号的处理程序梯形图

(2)定时时间控制程序。

两组红灯交替亮 60 s,两组绿灯 3 s 闪烁 3 次,因此可用两组定时器分别产生 60 s 和0.5 s 两个周期脉冲信号来实现上述控制要求。程序和周期脉冲信号如图 7.37 所示。

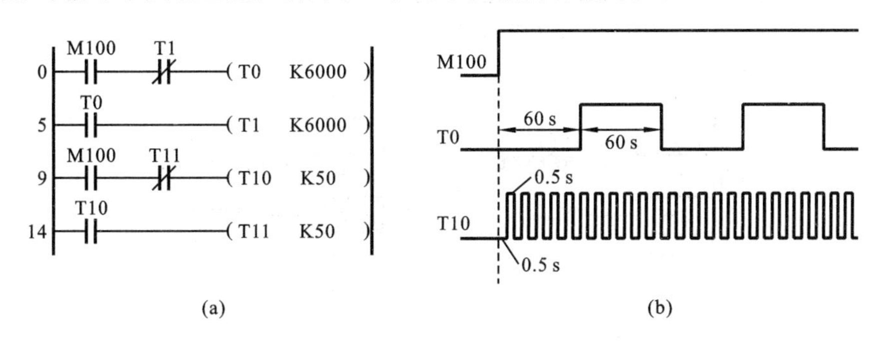

图 7.37 周期信号程序梯形图和周期脉冲信号

(a)控制程序梯形图;(b)周期脉冲信号

由图 7.37 可知:当 M100 为“1”时,T0 和 T1 以及 T10 和 T11 两组定时器工作,分别使 T0 和 T10 输出 60 s 和 0.5 s 的周期信号。因此,可以使 T0 为“1”时控制一个方向的红灯亮,而 T0 为“0”时控制另一个方向的红灯亮,60 s 周期信号保证两个方向的红灯交替亮与灭。T10 则控制绿灯的闪烁。

(3)信号灯控制程序。

根据上述两个周期信号,交通灯的控制程序梯形图如图 7.38 所示。

7.3.7 小型 PLC 的步进顺控指令和编程应用实例

在 7.3.1 节我们介绍过状态元件 S,作为编程元件,状态元件 S 主要用于配合一些 PLC 的步进顺控指令。步进顺控指令使得较复杂逻辑关系的顺序控制程序简单易读。用步进顺控指令编写程序时,可用状态转移图的程序表达方式。

图 7.39 所示为一个用状态转移图表示的程序。在这个程序中有两个状态,分别用状态元件 S30 和 S31 表示,S30 到 S31 的转移条件为输入信号 X020 的状态。图 7.39(a)(b)分别表示状态 S30 和 S31 有效时程序的执行情况。

图 7.39 所示程序执行情况如下:

当 S30=1 时,Y010=1,Y011 置“1”并保持;等待转移条件 X020 的变化。

当 S30=1,且 X020 由“0”变为“1”时,状态由 S30 转移到 S31,即 S31 由“0”变为“1”,同时 S30 由“1”变为“0”。

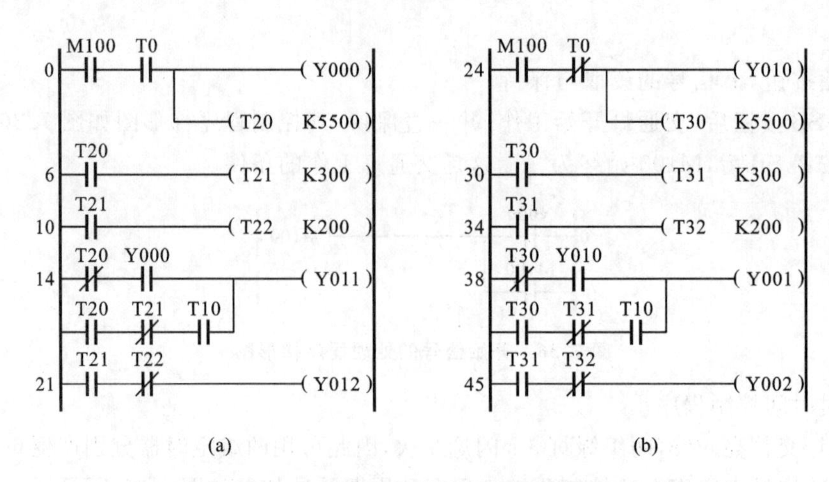

图 7.38　交通灯的控制程序梯形图

(a)红灯 1、绿灯 2、黄灯 2;(b)红灯 2、绿灯 1、黄灯 1

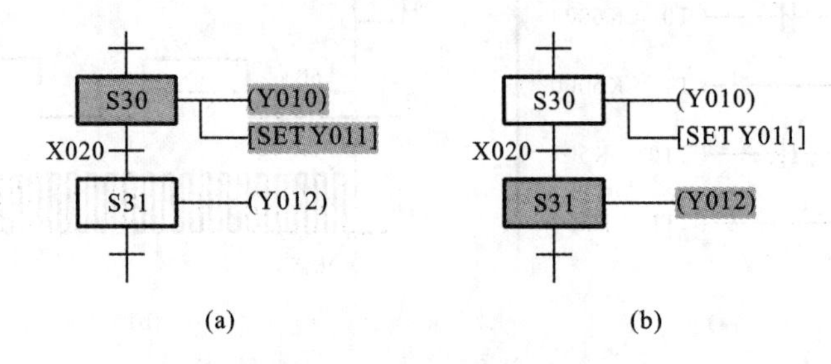

图 7.39　状态转移图

(a)状态 S30 有效;(b)状态 S31 有效

当状态由 S30 转移到 S31 后,S30 下输出信号 Y010 变为“0”,置位输出信号 Y011 保持为“1”;同时 S31 下输出信号 Y012 变为“1”,等待转移条件的变化。

下面我们结合一个搬运机械手的控制来介绍顺控指令/状态转移图的应用实例。

有一搬运工件的机械手,其功能是将工件从左工作台搬到右工作台,图 7.40 所示为工艺流程图。

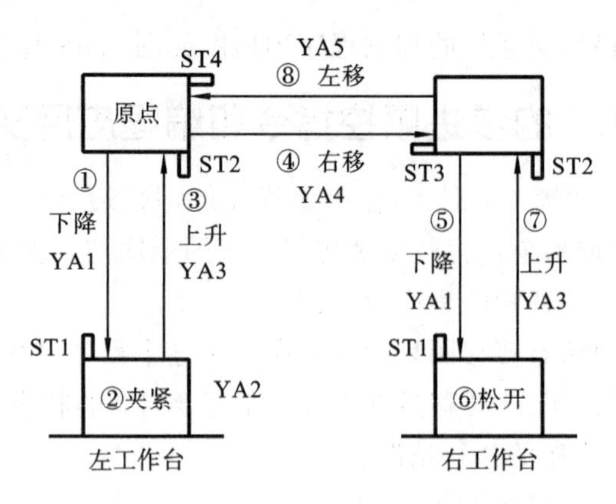

图 7.40　搬运机械手工艺流程图

机械手工作前应位于原点,不同的位置分别装有行程开关。ST1 为下限位开关,ST2 为上限位开关,ST3 为右限位开关,ST4 为左限位开关。

机械手的上、下、左、右移动以及工件的夹紧均由电磁阀驱动气缸来实现。电磁阀YA1通电，机械手下降；电磁阀YA2通电，夹紧工件；电磁阀YA3通电，机械手上升；电磁阀YA4通电，机械手右移；电磁阀YA5通电，机械手左移。

机械手的工作过程如下：

一个循环开始时，机械手必须在原位位置。

按下启动按钮SB1，下降电磁阀YA1通电，机械手由原位位置下降，碰到下限位开关ST1后，停止下降；夹紧电磁阀YA2通电，将工件夹紧，为保证工件可靠夹紧，机械手在该位置等待3 s；上升电磁阀YA3通电，机械手开始上升，碰到上限位开关ST2后，停止上升；右移电磁阀YA4通电，机械手右移，碰到右限位开关ST3后，停止右移；下降电磁阀YA1通电，机械手下降，碰到下限位开关ST1后，停止下降；夹紧电磁阀YA2失电，将工件松开，放在右工作台上，为确保可靠松开，机械手在该位置停留2 s；上升电磁阀YA3通电，机械手上升，碰到上限位开关后，停止上升；左移电磁阀YA5通电，机械手左移，回到原点，压在左限位开关ST4和上限位开关ST2上，各电磁阀均失电，机械手停在原位。再按下启动按钮，又重复上述过程。表7.5所示为机械手的动作顺序表，表中，SB1为启动按钮，HL为原位位置指示灯。

表7.5　机械手动作顺序表

步　序	输入条件	输出状态					
		YA1通电 下降	YA2通电 夹紧	YA3通电 上升	YA4通电 右移	YA5通电 左移	HL灯
原点	ST2·ST4	−	−	−	−	−	+
下降	SB1	+	−	−	−	−	−
夹紧	ST1	−	+	−	−	−	−
上升	KT1	−	+	+	−	−	−
右移	ST2	−	+	−	+	−	−
下降	ST3	+	+	−	−	−	−
松开	ST1	−	−	−	−	−	−
上升	KT2	−	−	+	−	−	−
左移	ST2	−		−	−	+	−

PLC的连线如图7.41所示。

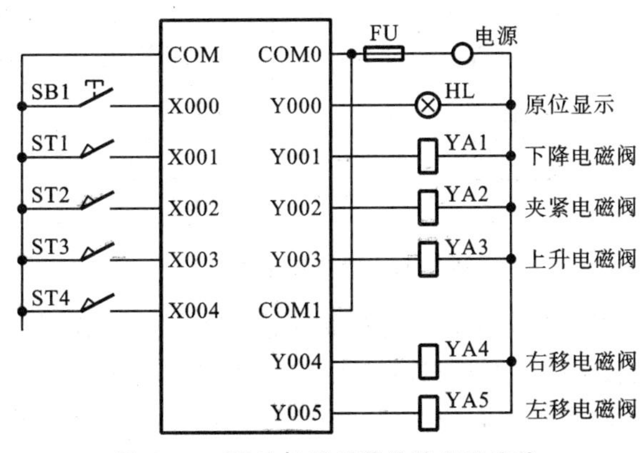

图7.41　PLC与现场器件的实际连线

表 7.6 所示为 PLC 的输入/输出地址分配，它表示了机械手各位置检测信号和执行元件与 PLC 输入/输出接点的连接。

表 7.6　PLC 输入/输出地址分配

现场器件		内部继电器地址	说　明
输入	SB1	X000	启动按钮
	ST1	X001	下限位开关
	ST2	X002	上限位开关
	ST3	X003	右限位开关
	ST4	X004	左限位开关
输出	YA1	Y001	下降电磁阀
	YA2	Y002	夹紧电磁阀
	YA3	Y003	上升电磁阀
	YA4	Y004	右移电磁阀
	YA5	Y005	左移电磁阀
	HL	Y000	原位指示灯

根据系统功能需求和输入/输出地址分配表，设计满足机械手控制任务的状态转移图程序，如图 7.42 所示。

在图 7.42 中，由于 M100 和 M101 有一个为“1”时，就要使 Y001 为“1”，M102 和 M103 有一个为“1”时，就要使 Y003 为“1”，因此，必须在图 7.42 程序的基础上，再加一段图 7.43 所示的程序。

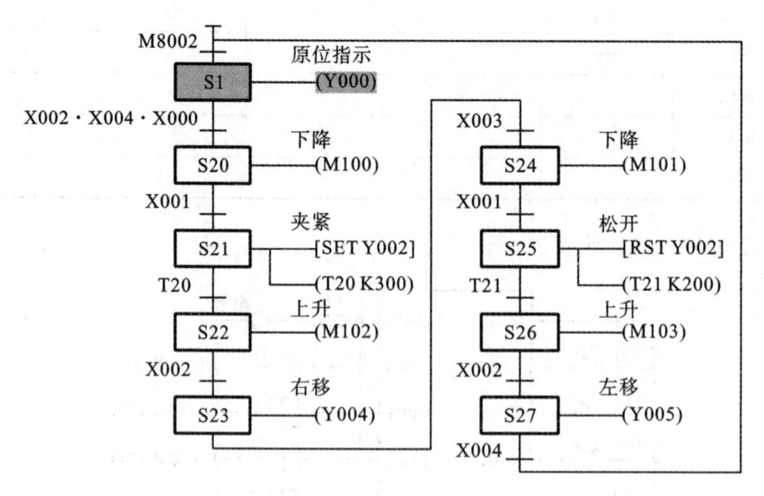

图 7.42　状态转移图程序

在图 7.42 所示的状态转移图中，S1 为初始状态，S20～S27 分别表示机械手完成搬运任务的 8 个顺序动作的状态元件。在状态转移图中，必须以初始状态元件开始，最后一个动作结束后返回到初始状态元件，表示不同动作的状态元件按动作的先后顺序依次从上至下排列，状态元件号可以是不连续的。

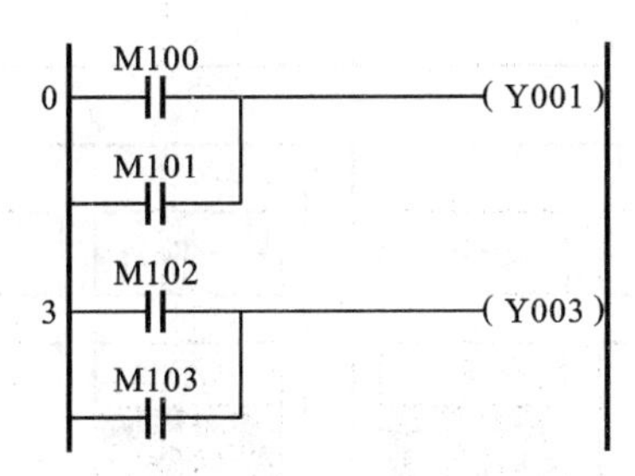

图 7.43　由 M100、M101 控制 Y001 以及 M102、M103 控制 Y003 的程序

7.4　基于 IEC 61131-3 标准的中大型 PLC 软件编程

7.3 节我们介绍了基于梯形图的 PLC 编程。尽管梯形图编程语言得到了广泛的支持，但是由于缺少一些开放的标准，不同 PLC 产品所使用的梯形图指令并不兼容，一些 PLC 厂商会不断扩充一些专用指令来增加功能。同时为了实现高性能应用，新的 PLC 编程语言也不断提出，彼此之间也不兼容。

国际电工委员会（IEC）于 1993 年制定了 IEC 61131-3 标准，用于规范可编程逻辑控制器编程系统的标准，应用 IEC 61131-3 标准已经成为工业控制领域的趋势。PLC 编程软件只需符合 IEC 61131-3 国际标准规范，便可借由符合各项标准的语言架构，开发可重用的控制程序。2003 年 IEC 61131-3 标准第二版发布，2013 年第三版发布。IEC 61131-3 标准对应的我国当前国家标准为 GB/T 15969.3-2017《可编程序控制器 第 3 部分：编程语言》。

IEC 61131-3 标准将信息技术领域的先进思想和技术（例如：软件工程、结构化编程、模块化编程、面向对象的思想及网络通信技术等）引入工业控制领域，定义了 PLC 编程语言的语法和语义，也定义了语句和句法。编程语言中所使用的变量、数据类型、程序、函数、功能块、类和方法等都有统一表达方式和性能，这使应用开发变得容易。

目前，主流的中型和大型 PLC 系统普遍支持基于 IEC 61131-3 标准的编程语言和开发环境。

7.4.1　IEC 61131-3 标准的软件编程模型

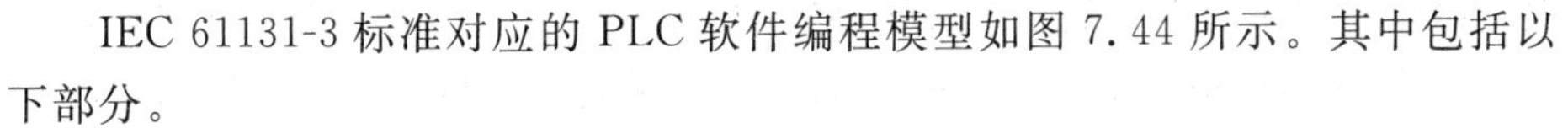

IEC 61131-3 标准对应的 PLC 软件编程模型如图 7.44 所示。其中包括以下部分。

（1）配置：对应一个完整的 PLC 软件工程，可包含多个资源。

（2）资源：一个资源通常对应一个 CPU，一个 CPU 可运行多个任务。

（3）任务：每个任务可以配置不同的执行周期和优先级，每个任务执行一个或多个程序。

（4）程序：可以被不同的任务调用，用 IEC 61131-3 标准编程语言编写，基于模块化设计，可调用功能块和函数。

软件编程模型的特点如下：

（1）能够灵活地用于宽范围的不同的 PLC 体系结构。由于该软件模型是基于国际标准的软件模型，它并不针对某一具体的 PLC 系统，因此具有很强的适用性，能够应用于不同制造商的 PLC 产品。

（2）在一台 PLC 中可同时装载、启动和执行多个独立程序。IEC 61131-3 标准允许一个配置内有多个资源，每个资源可支持多个程序，因此，在一台 PLC 中可以同时装载、启动和执行

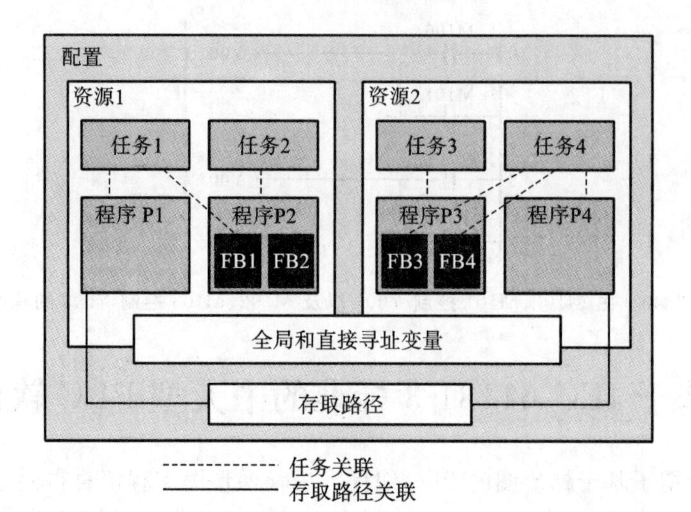

图 7.44 IEC 61131-3 标准对应的 PLC 软件编程模型

多个独立程序。而传统的 PLC 程序只能同时运行一个。

(3)同时适合小规模系统和大型分布式系统。

(4)增强了分级设计的分解。一个复杂程序软件可以通过分层分解,最终分解为可管理的程序组织单元。

(5)软件能够被设计成可重复使用的程序组织单元,即程序、功能块和函数。软件模型的可重复使用性是 IEC 61131-3 软件模型的重要优点。

(6)实现对程序执行的完全控制能力。IEC 61131-3 标准采用“任务”机制,保证 PLC 系统对程序执行的完全控制能力。传统 PLC 程序只能顺序扫描和执行,对某一段程序不能按用户实际要求定时执行,而 IEC 61131-3 程序允许程序的不同部分、在不同的时间、以不同的比率并行执行,扩大了 PLC 应用范围。

7.4.2 IEC 61131-3 标准支持的数据类型和变量类型

IEC 61131-3 标准对程序中的数据类型进行了严格定义。在以前的编程过程中,人们发现许多程序错误是由于在程序的不同部分中,数据类型表达的不同及处理方法的不同所造成的。因此,在 IEC 61131-3 标准中严格定义了有关变量的数据类型,使程序的可靠性、可维护性和可读性大大提高。

IEC 61131-3 标准支持的数据类型极为丰富,表 7.7 列出了最常用的部分数据类型定义。

表 7.7 IEC 61131-3 标准常用的基本数据类型定义

数据类型	关键字	位数	允许范围	约定初始值
布尔	BOOL	1	0 或 1	0
短整数	SINT	8	-128 到 $+127$ (-2^7 到 2^7-1)	0
整数	INT	16	-32768 到 32767(-2^{15} 到 $2^{15}-1$)	0
双整数	DINT	32	-2^{31} 到 $2^{31}-1$(-2147483648～2147483647)	0
长整数	LINT	64	-2^{63} 到 $2^{63}-1$	0

续表

数据类型	关键字	位数	允许范围	约定初始值
无符号短整数	USINT	8	0到+255(0到2^8-1)	0
无符号整数	UINT	16	0到+65535(0到$2^{16}-1$)	0
无符号双整数	UDINT	32	0到$+2^{32}-1$(0～4294967295)	0
无符号长整数	ULINT	64	0到$+2^{64}-1$	0
实数	REAL	32	IEC 60559单精度浮点格式	0.0
长实数	LREAL	64	IEC 60559双精度浮点格式	0.0
持续时间	TIME			T＃0s
日期	DATE			DATE＃0001-01-01
变长度单字节字符串	STRING			″

除了基本数据类型，IEC 61131-3标准还支持枚举、数组、结构等派生数据类型。

基于派生数据类型，在用户程序中可以自定义复杂的结构数据类型，使得在不同程序组织单元之间传送复杂信息也可像传送单一变量一样。因此，IEC 61131-3标准使程序的可读性大大提高，也保证了有关数据存取的准确性。

基于数据类型，可以为用户程序定义变量。IEC 61131-3标准对变量定义了属性。通过设置变量属性将有关性能赋予给变量。表7.8所示是变量的类型和基本属性。

表7.8 IEC 61131-3标准变量类型和基本属性

变量类型关键字	变量属性和用法
VAR	内部变量，程序组织单元内部变量。从内部到实体(函数、功能块等)，变量值在一次调用到下一次调用之间不保留
VAR_INPUT	输入变量，在程序组织单元实体内部不能修改
VAR_OUTPUT	输出变量，由程序组织单元提供给外部实体使用
VAR_IN_OUT	输入/输出变量，能够在程序组织单元实体内部修改并提供对外部实体的支持
VAR_EXTERNAL	外部变量，能在程序组织单元内部修改，由全局变量组态提供
VAR_GLOBAL	全局变量，能在声明的配置、资源内使用的全局变量
END_VAR	上述各变量声明段的结束

每一个程序组织单元(程序、函数或功能块)必须包含至少一个变量声明，用于指定在该程序组织单元内部所用到的变量的类型，以及变量的物理或逻辑地址(在该变量需要和实际的物理接口相关联的情况下)。

7.4.3 IEC 61131-3标准编程语言

IEC 61131-3的编程语言部分定义了两大类编程语言：文本化编程语言和图形化编程语言。文本化编程语言包括指令表(instruction list，IL)编程语言和结构化文本(structured text，ST)编程语言，图形化编程语言包括梯形图(ladder diagram，LD)编程语言和功能块图

(function block diagram,FBD)编程语言。在标准中定义的顺序功能图(sequence function chart,SFC)既没有归入文本化编程语言,也没有归入图形化编程语言,它被作为公用元素予以定义。这表示顺序功能图既可用于文本化编程语言,也可用于图形化编程语言。

指令表语言在新的PLC应用中很少使用,梯形图编程语言在7.3节已经做了介绍,下面重点介绍其他三种编程语言。

1. 结构化文本编程语言

结构化文本编程语言是高级编程语言,类似于高级计算机编程语言PASCAL,它具有下列特点:

(1)编程语言采用高度压缩化的表达形式,因此,程序结构紧凑,表达清楚。

(2)具有强有力的控制命令流的结构。例如,可用选择语句、迭代循环语句等控制命令的执行。

(3)程序结构清晰,便于理解。

(4)采用高级程序设计语言,可完成较复杂的控制运算。

采用结构化文本编程语言需要掌握一定的高级编程语言知识和编程技巧,这也是智能装备和智能制造系统发展对相关人员PLC软件能力的内在需求。

结构化文本编程语言中的语句有赋值语句、选择语句和循环语句等,以分号为语句的结束标志。

常用的结构化文本语句如表7.9所示。

表7.9　常用的结构化文本主要语句

语句类型	语　　法
赋值语句	＜变量＞：＝＜表达式＞；

IF选择语句	IF ＜布尔表达式＞ THEN
	＜语句1＞
	ELSE
	＜语句2＞
	END_IF；

CASE选择语句	CASE ＜条件变量＞ OF ＜数值1＞：＜语句1＞； …… ＜数值 n＞：＜语句 n＞； ELSE 　＜ELSE语句＞； END_CASE；
FOR循环语句	FOR ＜变量＞：＝＜初始值＞TO＜目标值＞｛ BY ＜步长值＞｝ DO ＜语句＞ END_FOR；

续表

语句类型	语　　法
WHILE 循环语句	WHILE ＜布尔表达式＞ ＜语句＞ END_WHILE；
REPEAT 循环语句	REPEAT ＜语句＞ UNTIL ＜布尔表达式＞ END_REPEAT；
跳转语句	EXIT；
返回语句	RETURN；

下面举一个简单的IF选择语句编程示例：PLC程序要根据当前温度值确定是否打开加热器，如果温度低于20.5 ℃，就打开加热器，否则就关闭。编程时，可以定义一个Real类型变量temperature，一个BOOL类型变量heating_on。相应的语句如下：

```
VAR
    temperature: REAL;
    heating_on: BOOL;
END_VAR

    IF temperature <  20.5 THEN
        heating_on :=  TRUE;
    ELSE
        heating_on :=  FALSE;
    END_IF;
```

2. 功能块编程语言

功能块(function block)是在执行时能够产生一个或多个值的程序组织单元。它用于模块化编程并构建程序明确定义的部分。功能块概念由功能块类型和功能块实例实现。

功能块类型由下列部分组成：

(1)划分为输入、输出和内部变量的数据结构的定义；

(2)当调用功能块实例时，数据结构的元素执行的一组操作集合。

功能块实例是一个功能块类型的多个命名的实例；每个实例都有一个相应的标识符(实例名)和一个包含静态输入、输出和内部变量的数据结构。静态变量是在功能块的一次执行到下一次执行中保持其值的变量，因此，用同样的输入参数，调用功能块实例时会有不同的输出值，即功能块具有记忆属性。

利用IEC 61131-3标准的功能块，可以把重复使用的控制算法和控制逻辑进行封装。

下面以一个信号灯顺序控制为例说明功能块的使用。

信号灯顺序控制系统有 5 个信号灯,当 START 开关闭合时,每隔 1 s 点亮一个信号灯,最后一个信号灯点亮后隔 1 s 全部信号灯熄灭。重复上述过程,直到 START 开关断开。信号灯顺序控制系统的信号时序波形图如图 7.45 所示。

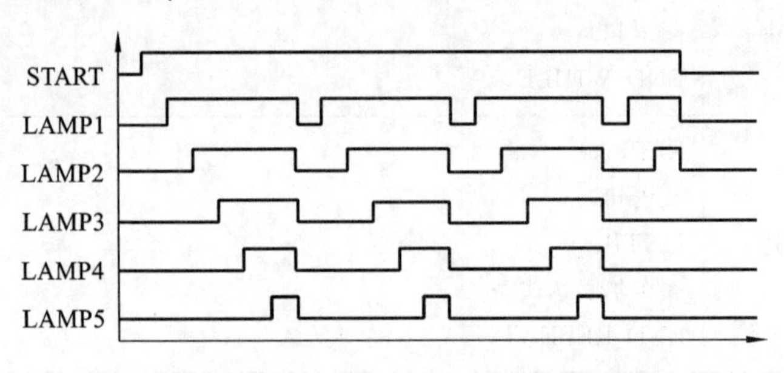

图 7.45 信号灯顺序控制系统的信号时序波形图

首先我们声明所使用的变量。我们定义 1 个 BOOL 型输入变量 START 和 5 个 BOOL 型输出变量 LAMP1、LAMP2、LAMP3、LAMP4、LAMP5。由于这 6 个变量要和 PLC 系统的外部输入设备(按钮)和输出设备(信号灯开关)连接,因此需要为其指定对应的输入端口和输出端口物理地址。具体的物理地址分配根据 I/O 地址分配表确定。

我们为 START 分配的物理地址为%IX0.0,为 LAMP1～LAMP5 分配的物理地址分别为%QX0.0～%QX0.4。

在程序中我们调用 6 个定时器功能块 TON,在局部变量中声明这 6 个定时器功能块,并声明一个 BOOL 型变量 AGAIN 用于循环控制。

变量声明如下:

```
VAR_INPUT
    START  AT  % IX0.0 :BOOL;
END_VAR
VAR_OUTPUT
    LAMP1  AT  % QX0.0: BOOL;
    LAMP2  AT  % QX0.1: BOOL;
    LAMP3  AT  % QX0.2: BOOL;
    LAMP4  AT  % QX0.3: BOOL;
    LAMP5  AT  % QX0.4: BOOL;
END_VAR
VAR
    FB1_1, FB1_2, FB1_3, FB1_4, FB1_5, FB1_6: TON;
    AGAIN: BOOL;
END_VAR
```

功能块图程序如图 7.46 所示。

程序执行过程如下:

开关 START 闭合时,由于 AGAIN 反馈变量为 0,经非运算后的信号为 1,因此,经 FB1_1 与函数,返回值为 1,它被送至 FB1_2 定时器功能块,延时时间 1 s 到后点亮 LAMP1 地址连

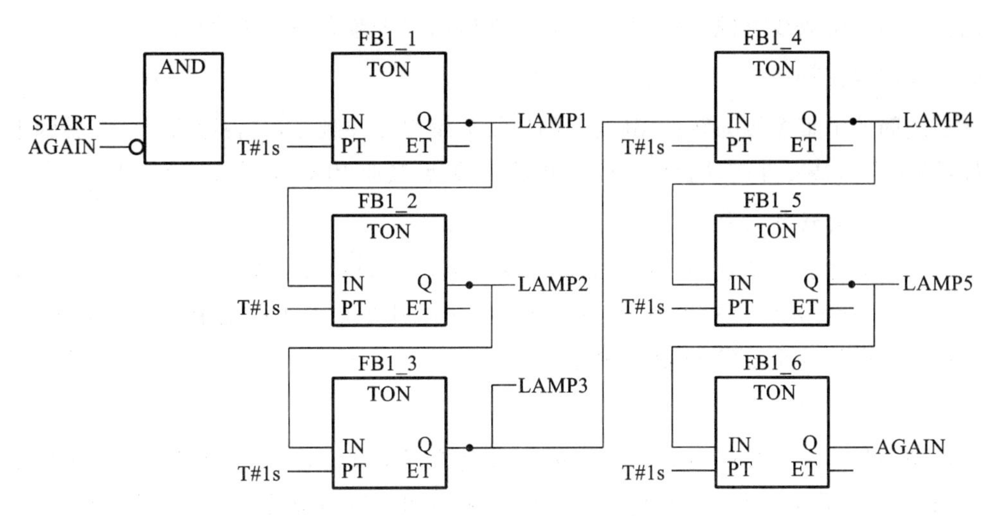

图 7.46　信号灯控制系统的功能块图程序

接的信号灯，并保持点亮，该信号同时经定时器 FB1_3 延时 1 s 后点亮 LAMP2 地址连接的信号灯，依次点亮 LAMP3、LAMP4 和 LAMP5 地址连接的信号灯。然后，再延时 1 s 使 AGAIN 反馈变量为 1，从而使 FB1_1 与函数的返回值变为 0，各信号灯熄灭。一旦信号灯熄灭，AGAIN又变为 0，从而开始新一轮信号灯的点亮和熄灭过程。当 START 开关断开时，各信号灯熄灭，整个过程结束，等待下一次 START 开关的闭合。

3. 顺序功能图编程语言

IEC 61131-3 标准中，顺序功能图是作为编程语言的公用元素定义的。它是采用文字叙述和图形符号相结合的方法描述顺序控制系统的过程、功能和特性的一种编程方法。它既可作为文本类编程语言，也可作为图形类编程语言，但通常将它归为图形类编程语言。

在 7.3.7 节中，我们介绍了小型 PLC 的步进顺控指令编程，其可以看作 SFC 编程的简化版。

顺序功能图是针对顺序控制系统的控制条件和过程而提出的一套表示逻辑控制功能的方法。由于该方法精确严密、简单易学，有利于设计人员和其他专业人员进行沟通和交流，因此，该方法很快被一些 PLC 厂商转化为 PLC 编程语言，并最终成为 IEC 61131-3 标准编程语言。顺序功能图有明显的系统级建模能力，在大型 PLC 软件开发中有明显的优势。

顺序功能图将一个完整的控制过程分为若干阶段，各阶段具有不同的动作，阶段间有一定的转换条件，转换条件满足就实现阶段转移，上一阶段动作结束，下一阶段动作开始。它提供了一种组织程序的图形方法。在顺序功能图中可以用别的语言嵌套编程，步、路径和转换是顺序功能图的三种主要元素。

顺序功能图主要由步、有向连线、转换、转换条件和动作（或命令）组成。

1）步

将系统的一个工作周期划分成若干顺序相连的阶段，这些阶段称为步。

2）初始步

系统的初始状态对应的“步”称为初始步，初始状态一般是系统等待启动命令的相对静止的状态。初始步用双线方框表示，每一个顺序功能图至少应有一个初始步。

3)转换、转换条件

两步之间的垂直短线为转换，其线上的横线为编程元件触点，它表示从上一步转到下一步的条件，横线表示某元件的动合触点或动断触点，触点接通 PLC 才可执行下一步。

4)与步对应的动作或命令

可以将一个控制系统划分为被控系统和施控系统。如在数控车床系统中，数控装置是施控系统，车床是被控系统。对于被控系统，在某一步中其要完成某些“动作”；对于施控系统，其在某一步中要向被控系统发出某些“命令”。

5)活动步

当系统正处于某一步所在的阶段时，称该步处于活动状态，即该步为活动步。步处于活动状态时，相应的动作被执行；处于不活动状态时，相应的非存储型的动作被停止执行。

7.4.4 IEC 61131-3 标准库

IEC 61131-3 标准定义了十类标准函数。它们是：

(1)数据类型转换函数；

(2)数值函数；

(3)算术函数；

(4)位串函数；

(5)选择和比较函数；

(6)字符串函数；

(7)日期和时间函数；

(8)字节序转换函数；

(9)枚举数据类型函数；

(10)验证函数。

支持 IEC 61131-3 标准的 PLC 开发平台都支持上述标准函数，提高了用户编写程序的效率及程序的规范性和可移植性。

IEC 61131-3 也定义了标准的功能块供用户应用程序调用，包括：

(1)双稳态元素功能块；

(2)边沿检测功能块；

(3)计数器功能块；

(4)定时器功能块。

在标准函数和功能块的基础上，PLC 厂商和应用开发人员可以编写自定义的函数和功能块，实现模块化和结构化编程，提高程序的重用性。

在基于 PLC 实现运动控制设计时，经常使用 PLCopen 组织定义的单轴定位和多轴同步运动控制功能块，其主要功能块定义如表 7.10 所示。

表 7.10　PLCopen 运动控制功能块概述

轴管理模块		轴运动模块	
单轴	多轴	单轴	多轴
MC_Power	MC_CamTableSelect	MC_Home	MC_CamIn
MC_ReadStatus		MC_Stop	MC_CamOut
MC_ReadAxisError		MC_Halt	MC_GearIn
MC_ReadParameter		MC_MoveAbsolute	MC_GearOut
MC_ReadBoolParameter		MC_MoveRelative	MC_GearInPos
MC_WriteParameter		MC_MoveAdditive	MC_PhasingAbsolute
MC_WriteBoolParameter		MC_MoveAdditive	MC_PhasingRelative
MC_ReadDigitalInput		MC_MoveSuperimposed	MC_CombineAxis
MC_ReadDigitalOutput		MC_MoveVelocity	
MC_WriteDigitalOutput		MC_MoveContinuousAb-solute	
MC_ReadActualPosition		MC_MoveContinuousRel-ative	
MC_ReadActualVelocity		MC_TorqueControl	
MC_ReadActualTorque		MC_PositionProfile	
MC_ReadAxisInfo		MC_VelocityProfile	
MC_ReadMotionState		MC_AccelerationProfile	
MC_SetPosition			
MC_SetOverride			
MC_TouchProbe			
MC_DigitalCamSwitch			
MC_Reset			
MC_AbortTrigger			
MC_HaltSuperimposed			

在编写 PLC 控制程序时，一些简单的定位运动控制应用只需要调用 PLCopen 运动控制功能块即可实现。

7.4.5　基于 IEC 61131-3 标准的模块化编程

随着 PLC 软件规模的日益复杂，在进行 PLC 软件开发时应遵循软件工程思想，并使用软件工程工具。一个典型的智能装备的 PLC 控制软件设计应该与机械设计、电气设计协同进行，从而有效提取软件功能需求，并进行概要设计和模块化软件开发，充分利用各种仿真工具和虚拟调试工具进行软件测试和调试，最后形成良好的软件架构、完善的软件维护文档。整个设计流程如图 7.47 所示。

设计一个装备的 PLC 控制系统时，首先应详细分析控制过程与要求，全面、清楚地掌握具体的控制任务。充分考虑如下功能需求：

(1)PLC 软件需要支持设备的哪些运行模式(如全自动模式、手动模式、半自动模式、维护

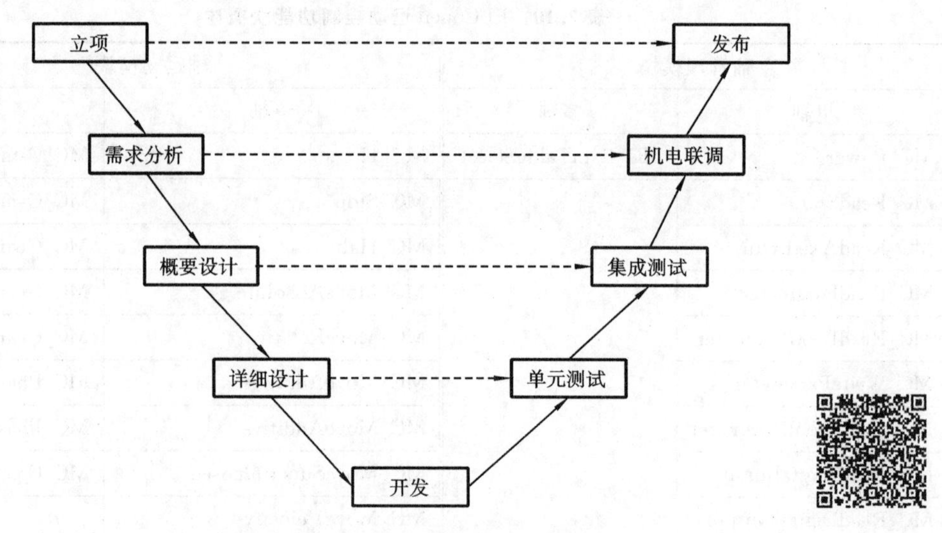

图 7.47　复杂 PLC 控制系统设计流程

模式等),以及如何从一种模式切换到另一种模式。

(2)PLC 软件需要满足设备的哪些工艺要求和运动控制要求。

(3)PLC 软件如何处理各种紧急情况和错误,提供功能安全。

(4)PLC 软件如何提供完善的诊断信息,实现良好的可维护性。

(5)PLC 控制软件如何和人机界面(各种触摸屏和操作面板)交互。

(6)PLC 控制软件如何与数字制造系统软件平台通信。

根据功能需求,进一步进行软件的模块化概要设计。设计控制软件总体结构,按主要的软件需求划分子系统,然后为每个系统定义功能模块及各功能模块间的关系,并描述各子系统的接口界面;给出每个功能模块的功能描述、数据接口描述、外部文件及各功能模块的关系。

在设计控制软件的整体结构时,应力争使其具有好的形态,各功能模块间应具有低耦合度,而各功能模块应具有高内聚度;功能模块的作用范围应在其控制范围之内;应降低模块接口的复杂性,提高目标系统的可靠性。模块接口定义必须保证整个开发过程的稳定性。

在设计较复杂的 PLC 软件时,一般采用自顶向下的方法,进行模块化开发,即将问题划分为几个部分,对各个部分再进行细化,直到分解为较易解决的问题为止。模块化设计,简单地说就是在软件开发时不是一开始就进行具体的代码编写,而是首先用主程序、子程序、子过程等框架把软件的主要结构和流程描述出来,并定义和调试好各个框架之间的输入、输出连接关系,逐步求精的结果是得到一系列以功能块为单位的算法描述。以功能块为单位进行程序设计,实现求解算法的方法称为模块化。模块化的目的是降低程序复杂度,使程序设计、调试和维护等操作简单化。

习题与思考题

7.1　PLC 由哪几个主要部分组成?各部分的作用是什么?

7.2　输入、输出接口电路中的光电耦合器的作用是什么?

7.3　IEC61131-3 标准定义了哪几种 PLC 编程语言,主要特点各是什么?

7.4　结合一个具体的 PLC 产品,分析其编程软件的主要功能。

7.5 设计8个灯亮的PLC控制系统。具体控制要求如下：

(1)一个亮灯的循环；

(2)两个连续亮灯且两个同时变化的循环；

(3)两个连续亮灯且一个亮一个灭的循环。

7.6 设计利用PLC控制汽车拐弯灯的梯形图。具体要求是：汽车驾驶台上有一开关，有三个位置分别控制左闪灯亮、右闪灯亮和关灯。当开关扳到S1位置时，左闪灯亮（要求亮、灭时间各为1 s）；当开关扳到S时，右闪灯亮（要求亮、灭时间各为1 s）；当开关扳到S0位置时，关断左、右闪灯；当司机开灯后忘了关灯时，则过1.5 min后自动停止闪灯。

7.7 试用PLC设计按行程原则实现机械手的夹紧→正转→放松→反转→回原位的控制。

7.8 题7.8图所示为由三段传送带组成的金属板传送带，电动机1、2、3分别用于驱动三段传送带，传感器（采用接近开关）1、2、3用来检测金属板的位置。当金属板正在传送带上传送时，其位置由一个接近开关检测。接近开关安放在两段传送带相邻接的地方，一旦金属板进入接近开关的检测范围，可编程控制器便发出一个控制输出，使下一个传送带的电动机投入工作。当金属板超出检测范围时，定时器开始计时，在达到整定时间时，上一个传送带电动机便停止运行，即只有载有金属板的传送带在运转，而未载金属板的传送带则停止运转。这样就可节省能源。

试用PLC实现上述要求的自动控制。

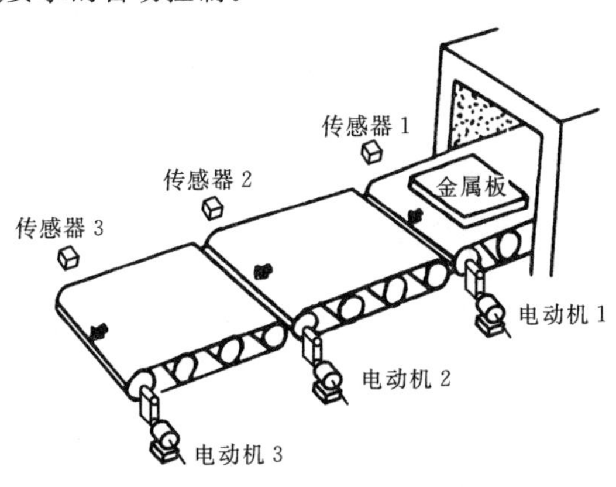

题7.8图

7.9 试设计一条用PLC控制的自动装卸线。自动装卸线结构如题7.9图所示。电动机M1驱动装料机加料，电动机M2驱动料车升降，电动机M3驱动卸料机卸料。装卸线操作过程为：

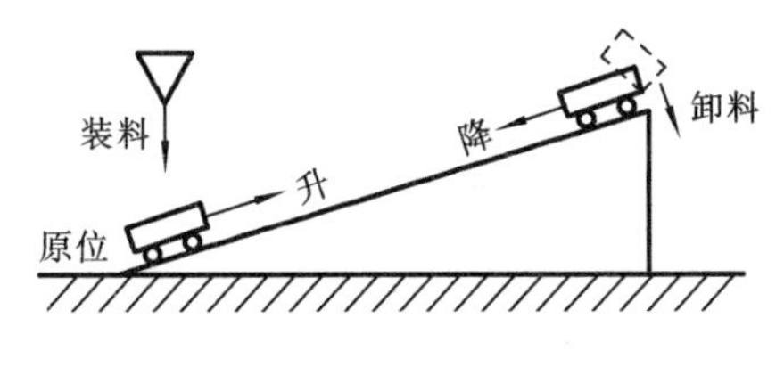

题7.9图

①料车在原位，显示原位状态，按启动按钮，自动线开始工作；

②加料定时5 s，加料结束；

③延时 1 s,料车上升;

④上升到位,自动停止移动;

⑤延时 1 s,料车自动卸料;

⑥卸料 10 s,料车复位并下降;

⑦下降到原位,料车自动停止移动。

要求:能实现单周装卸及连续循环操作。

第8章 电力电子技术基础

本章要求掌握晶闸管和全控型开关器件的基本工作原理及特性，了解其驱动电路和保护措施，掌握可控整流电路、逆变电路、斩波电路与PWM控制技术的基本工作原理。

在第3章、第4章和第5章我们介绍了直流电机、交流电机和控制电机的结构原理，在第6章中，我们介绍了基于接触器开关的电机控制电路，但这样的控制电路显然不能满足现代机电传动控制系统的要求。为了实现高效率、高精度的机电传动控制，我们需要对电机绕组的电压和电流进行连续和精确的调节，实现这一作用的电力电子装置已经成为机电传动控制系统中的一个有机组成部分。

电力电子装置的核心是由电力电子器件组成的主电路，电力电子器件可以看作一个固态开关元件，与继电器、接触器等机械开关元件相比，具有开关频率高、效率高、体积小、寿命长等优点。电力电子技术以电力电子器件为核心，可实现电功率的变换和控制。

电机传动控制是电力电子技术的应用领域之一，二者相互促进。近几十年来，电气传动控制系统的发展与电力电子技术的飞速发展是密不可分的。在20世纪50年代，晶闸管问世和相控整流电路快速发展，二者迅速取代了20世纪初问世的水银整流器，使得直流电机调速系统获得广泛应用。20世纪80年代以后，以IGBT为代表的全控型器件及逆变技术的发展，使得交流电机变频调速得到迅速的推广应用。

随着电力电子器件朝大电流、高电压、高频率、集成化、模块化方向发展，第三代电力电子器件成为20世纪90年代制造的变频器的主流产品，中、小功率的变频调速装置（1～1000 kW）主要采用IGBT和功率MOSFET，中、大功率的变频调速装置（1～10 MW）采用GTO器件。

从20世纪90年代末开始，电力电子器件进入第四代，主要在IGBT、GTO的基础上朝高电压、大容量、集成模块化方向发展。近年来性能更为优越的SiC/GaN等宽禁带器件已经开始在工业中获得应用。

本章首先介绍常用的电力电力器件，然后介绍如下几种在电机控制中广泛应用的电力电子电路及装置。

(1)可控整流电路。它把固定频率、电压的交流电（一般是电网上工频为50 Hz的交流电）变成电压固定的或可调的直流电。可控整流电路可用于直流电动机调速，也可为交流电机变频控制提供可调的中间直流电源。

(2)无源逆变电路和有源逆变电路。逆变电路把直流电变成频率固定或可调的交流电。逆变电路是交流电动机变频调速的核心，此外，由逆变电路组成的不间断电源（UPS）可以在交流电网停电时，把蓄电池的直流电变为交流电。一些新能源发电系统（如风力发电系统）也常采用有源逆变电路把中间环节的直流电变换成与电网电压频率一致的交流电接入电网。

(3)直流斩波电路。它把固定的直流电压变成可调的直流电压。斩波电路常用于中小功率直流电动机的控制。直流斩波电路也是今天各种电子设备所使用的开关电源的核心。

(4)交-交变频电路。它直接把固定频率的交流电变成低频的交流电,目前主要用于大功率交流电动机控制。

此外,在电动机控制系统中常用的软启动器、固态继电器等设备,也属于相对简单的电力电子电路。

8.1　电力电子器件

电力电子器件根据其导通与关断可控性的不同可以分为以下三类。

(1)不可控型器件,即导通与关断都不能控制的器件,主要指功率二极管。

(2)半控型器件,即只能控制其导通,不能控制其关断的器件。普通晶闸管 SCR 及其派生器件属于半控型器件。

(3)全控型器件,即导通与关断都可以控制的器件。GTR、GTO、功率 MOSFET、IGBT 等都属于全控型器件。

一个理想的电力电子器件应该是全控型的,导通时阻抗为零,关断时阻抗为无穷大,导通关断时间和开关损耗为零。实际电力电子器件的导通损耗、开关损耗、导通关断时间等指标都是不能忽略的。

8.1.1　功率二极管

功率二极管是不可控型电力电子器件,可以组成不可控整流电路,同时,功率二极管也常与各种可控电力电子器件相配合,提供续流等功能。

根据开关恢复时间和通态压降指标的不同,功率二极管可分为通用 PN 结整流二极管、快恢复二极管和肖特基二极管等类型。

目前功率二极管最高额定电流可达 7500 A,耐压可达 8000 V。(注意,额定电压最高的二极管,其额定电流不一定最高;反之亦然。)

基于硅 PN 结的功率二极管结构如图 8.1 所示。在阳极和阴极之间由高掺杂 P 型半导体(P^+层)、低掺杂 N 型半导体(N^-层)和高掺杂 N 型半导体(N^+层)形成了 PN 结,其中低掺杂 N 型半导体的厚度 W_P决定了二极管的耐压能力。采用垂直导电结构提高通流能力,通过低掺杂区提高耐压能力,也是大多数电力电子器件的特点。

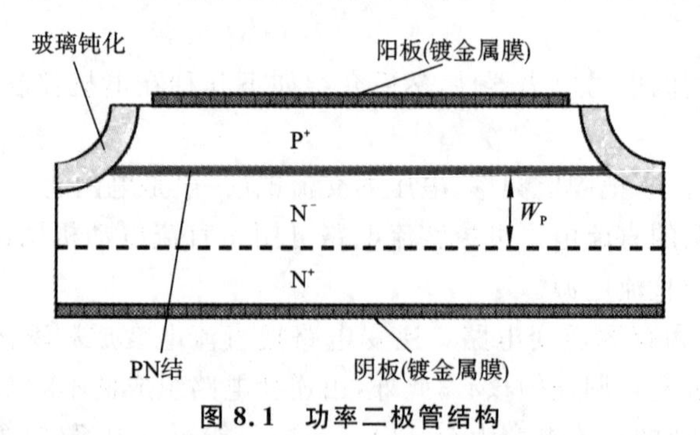

图 8.1　功率二极管结构

当功率二极管阳极与阴极加正向电压时自然导通，正向导通时电压降一般为0.8～1 V，这比变换电路的额定工作电压要小得多，可以忽略不计，相当于开关的闭合；加反向电压时，它就截止（关断），反向截止时的反向电流仅为反向饱和电流，其值远小于正向导通时的额定电流（约为正向导通电流的万分之一），相当于开关的断开，因此功率二极管可视为一个正向导通、反向截止的静态单向电力电子开关。正向导通时尽管电压降很小，但对功率二极管来说，额定正向电流很大时的功耗及其发热不容忽略。这是在使用功率二极管时需要注意的。

功率二极管的主要参数包括：

（1）额定电压，即二极管所能承受的最大反向电压，如果超过最大反向电压，二极管将反向击穿；

（2）额定电流，即二极管导通时的正向电流。

通用PN结整流二极管的开关时间为50～100 μs，但正向导通损耗低，适用于整流电路。快恢复二极管的开关时间为5～10 μs，多用于高频场合，常与可控型电力电子器件配合使用。肖特基二极管的开关时间小于1 μs，适用于高频整流或需要高速开关的场合。

近年来获得快速发展的基于碳化硅（SiC）的肖特基二极管具有更小的反向电流、更低的导通损耗和更短的开关时间，工作结温可高于200 ℃。

分立的功率二极管封装形式包括：轴向引线型（额定电流小于6 A）、螺栓型（额定电流小于600 A）和平板型（额定电流大于600 A）。

经常把两个功率二极管封装成模组形式，实物和内部拓扑连接如图8.2所示。

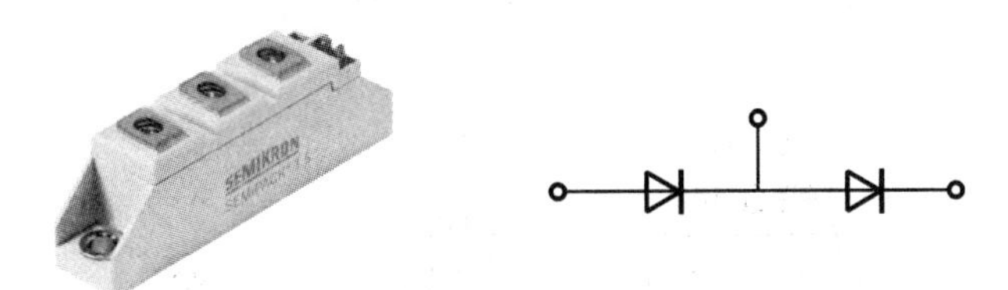

图8.2　功率二极管模组实物和内部拓扑连接

8.1.2　半控型电力电子器件

半控型电力电子器件主要指晶闸管及其派生器件。

1. 普通（逆阻型）晶闸管

晶闸管（thyristor，TH）是晶体闸流管的简称，又称为可控硅整流器（silicon controlled rectifier，SCR），以前常简称为可控硅。

晶闸管是在半导体二极管、三极管之后出现的一种新型大功率半导体器件，问世后在包括机电传动控制在内的各个工业领域迅速得到广泛应用，它具有以下一系列的优点：

（1）可用很小的功率（电流自几十毫安到一百多毫安，电压自两伏到四伏）控制较大的功率（电流自几十安到几千安，电压自几百伏到几千伏），功率放大倍数可以达到几十万；

（2）控制灵敏、反应快，晶闸管的导通和关断时间都在微秒级；

（3）损耗小、效率高，晶闸管本身的压降很小（仅1 V左右），总效率可达97.5%；

（4）体积小、重量轻。

常见的分立晶闸管器件有螺栓安装型和平板安装型两种，如图8.3所示。

螺栓安装型晶闸管带有螺栓的一端是阳极A，它可与散热器固定，另一端的粗引线是阴极

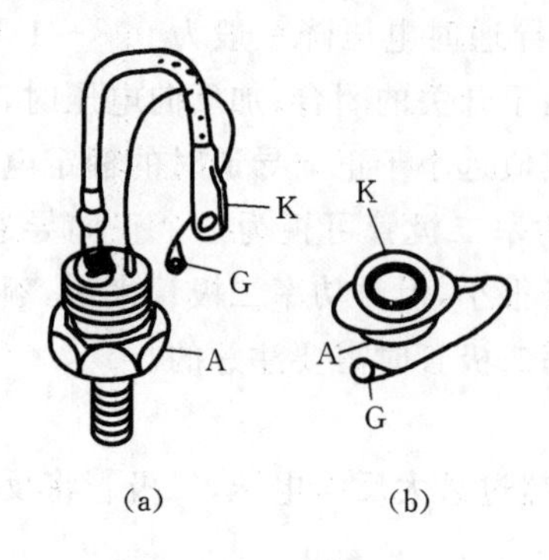

图 8.3 晶闸管

(a)螺栓安装型;(b)平板安装型

K,细线是控制极(又称门极)。这种结构适合高耐久性和装配方便的应用场合,多用于电流小于 100 A 的场合。

平板安装型晶闸管中间引出的是控制极 G,离控制极较远的一面是阳极 A,较近的一面是阴极 K。这种结构的器件散热效果比较好,多用于电流在 200 A 以上的大功率场合。

图 8.4 所示是螺栓安装型晶闸管和平板安装型晶闸管的实物。

晶闸管是由四层半导体构成的。图 8.5(a)所示为螺栓安装型晶闸管的内部结构,它由单晶硅薄片 P_1、N_1、P_2、N_2 四层半导体材料叠成,形成三个 PN 结,其中 P_1、N_2 为高掺杂区,N_1 和 P_2 为低掺杂区。图 8.5(b)、(c)所示分别为其示意图和图形符号。

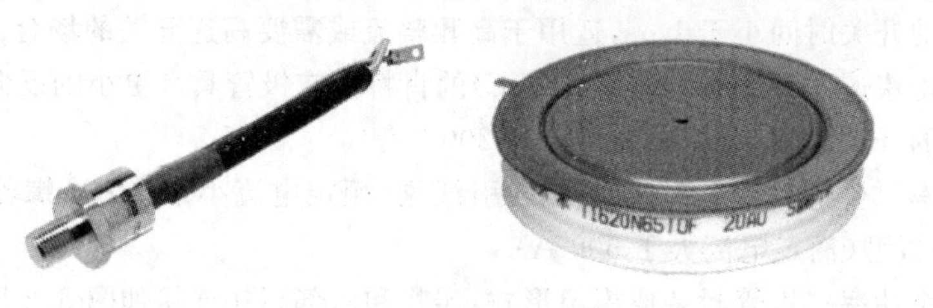

图 8.4 晶闸管实物

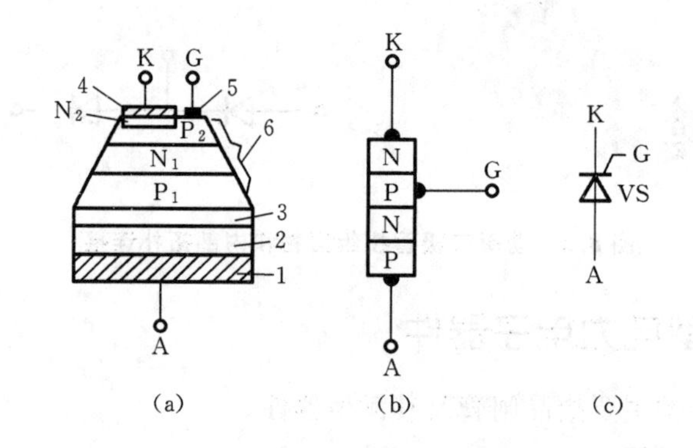

图 8.5 晶闸管的内部结构、示意图和图形符号

(a)内部结构;(b)示意图;(c)图形符号

1—铜底座;2—钼片;3—铝片;4—金锑合金片;5—金硼钯片;6—硅片

1)晶闸管的工作原理

在晶闸管的阳极与阴极之间加反向电压时,有两个 PN 结反向偏置;在阳极与阴极之间加正向电压时,中间的那个 PN 结反向偏置。所以,晶闸管都不会导通(称为截止)。下面通过实验来观察晶闸管的工作情况。

普通晶闸管的控制电路及其波形如图 8.6 所示。主电路加上交流电压,控制极电路接入 E_g ,在 t_1 瞬间合上开关 S,在 t_4 瞬间断开开关 S,则在电阻 R_L 上产生电压 u_d。

可见:当 $t = t_1$ 时,晶闸管阳极对阴极的电压为正,开关 S 合上时,控制极对阴极的电压为正,所以,晶闸管导通,晶闸管压降很小,电源电压 u_2 加于电阻 R_L 上;当 $t = t_2$ 时,由于$u_2 = 0$,流过晶闸管的电流小于维持电流,晶闸管关断,之后晶闸管承受反向电压,不会导通;当 $t = t_3$

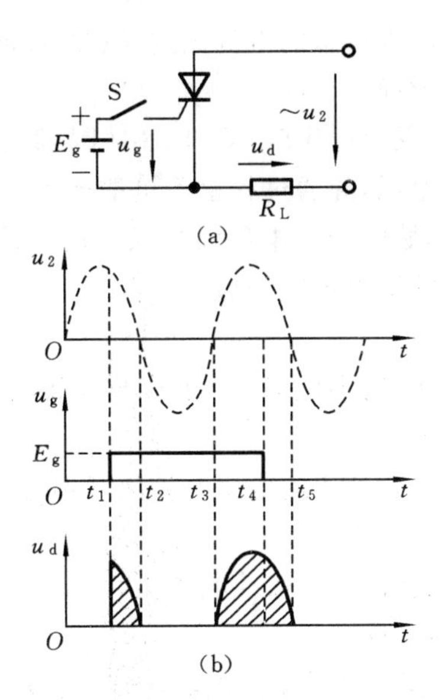

图 8.6　普通晶闸管的控制电路及其波形

(a)控制电路；(b)波形

时，u_2 从零变正，晶闸管的阳极对阴极又开始承受正向电压，这时，控制极对阴极有正电压 $u_g = E_g$，所以，晶闸管又导通，电源电压 u_2 再次加于 R_L 上；当 $t = t_4$ 时，$u_g = 0$，但这时晶闸管处于导通状态，维持导通；当 $t = t_5$ 时，$u_2 = 0$，晶闸管又处于截止状态。这种现象称为晶闸管的可控单向导电性。

为了能以简化模型说明晶闸管的工作原理，根据晶闸管的内部结构，可以把它等效地看成是由两只晶体管组合而成的，其中，一只为 PNP 型晶体管 VT1，另一只为 NPN 型晶体管 VT2，中间的 PN 结为两管共用，其示意图如图 8.7 所示。

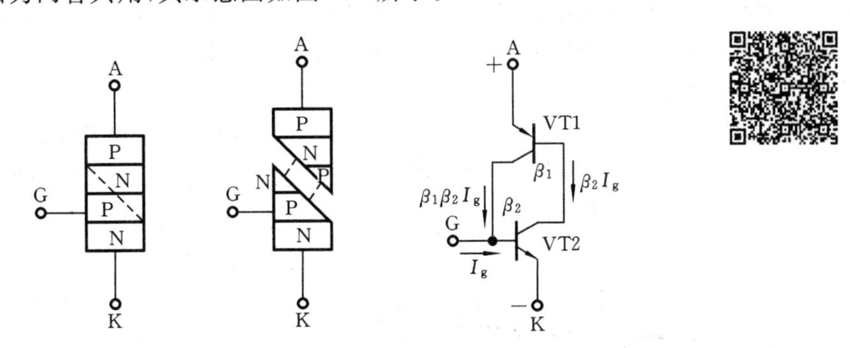

图 8.7　晶闸管的示意图

当在晶闸管的阳极与阴极之间加上正向电压时，VT1 和 VT2 都承受正向电压，如果在控制极上加一个对阴极为正的电压，就有控制电流 I_g 流过，它就是 VT2 的基极电流 I_{b2}。经过 VT2 的放大，在 VT2 的集电极上就产生电流 $I_{c2} = \beta_2 I_{b2} = \beta_2 I_g$($\beta_2$ 为 VT2 的电流放大系数)，而这个 I_{c2} 又恰恰是 VT1 的基极电流 I_{b1}，这个电流再经过 VT1 的放大，便得到 VT1 的集电极电流 $I_{c1} = \beta_1 I_{b1} = \beta_1\beta_2 I_g$($\beta_1$ 为 VT1 的电流放大系数)。由于 VT1 的集电极和 VT2 的基极是接在一起的，因此这个电流又流入 VT2 的基极，再次放大。如此循环下去，形成了强烈的正反馈，即 $I_g = I_{b2} \rightarrow I_{c2} = \beta_2 I_{b2} = I_{b1} \rightarrow I_{c1} = \beta_1\beta_2 I_g$，直至元件全部导通为止。这个导通过程是在极短的时间内完成的，一般只需要几微秒，故称之为触发导通过程。在晶闸管导通后，

VT2 的基极始终有比控制电流 I_g 大得多的电流流过,因此,晶闸管一经导通,则即使去掉控制极的控制电压,晶闸管仍可保持导通。

当在晶闸管阳极与阴极间加反向电压时,VT1 和 VT2 都处于反向电压作用下,它们都没有放大作用,这时即使加入控制电压,导通过程也不可能产生,所以普通晶闸管是具有反向截止功能的逆阻型晶闸管。如果起始时控制电压没加入或极性接反,则不可能产生起始的 I_g,这时即使阳极加上正向电压,晶闸管也不能导通。

综上所述,可得以下结论:

(1)开始时若控制极不加电压,则不论阳极加正向电压还是反向电压,晶闸管均不导通,这说明晶闸管具有正、反向截止能力;

(2)晶闸管的阳极和控制极同时加正向电压时晶闸管才能导通,这是晶闸管导通必须具备的条件;

(3)在晶闸管导通之后,其控制极就失去控制作用,欲使晶闸管恢复截止状态,必须把阳极正向电压降低到一定值(或断开,或反向)。

晶闸管的 PN 结可通过几十安至几千安的电流,因此,它是一种大功率的半导体器件。由于晶闸管导通相当于两只三极管饱和导通,因此,阳极与阴极间的管压降为 1 V 左右,而电源电压几乎全部加在负载电阻 R_L 上。

2)晶闸管的伏安特性

晶闸管的阳极电压与阳极电流的关系称为晶闸管的伏安特性,如图 8.8 所示。在晶闸管的阳极与阴极间加上正向电压、晶闸管控制极开路($I_g=0$)的情况下,元件中开始有很小的电流(称为正向漏电流)流过,晶闸管阳极与阴极间表现出很大的电阻,晶闸管处于截止状态。这种状态称为正向截止状态,简称断态。当阳极电压上升到某一值时,晶闸管突然由截止状态转为导通状态,简称通态。阳极这时的电压称为断态不重复峰值电压(U_{DSM})或正向转折电压(U_{BO})。导通后,元件中流过较大的电流,其值主要由限流电阻(使用时由负载)决定。在减小阳极电源电压或增大负载电阻时,阳极电流随之减小,当阳极电流小于维持电流 I_H 时,晶闸管便从通态转为断态。

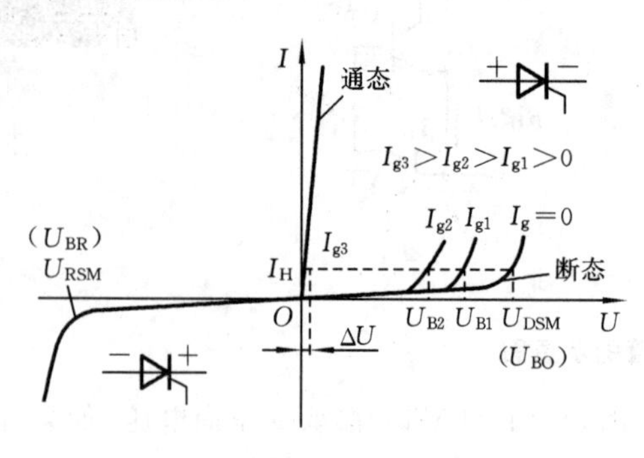

图 8.8 晶闸管的伏安特性

由图 8.8 可看出,当晶闸管的控制极流过正向电流 I_g 时,晶闸管的正向转折电压降低,I_g 越大,转折电压越小。当 I_g 足够大时,晶闸管正向转折电压很小,一加上正向阳极电压,晶闸管就导通。实际规定,在晶闸管元件阳极与阴极之间加上 6 V 直流电压时,能使元件导通的控制极最小电流(电压)称为触发电流(电压)。

在晶闸管阳极与阴极间加上反向电压时,开始晶闸管处于反向截止状态,只有很小的反向漏电流流过;当反向电压增大到某一值时,反向漏电流急剧增大,这时的反向电压称为反向不重复峰值电压(U_{RSM})或反向转折(击穿)电压(U_{BR})。可见,晶闸管的反向伏安特性与二极管反向特性类似。

3)晶闸管的主要参数

为了正确选用晶闸管,必须了解它的主要额定参数和极限参数。

(1)断态重复峰值电压U_{DRM}。在控制极断路和晶闸管正向截止的条件下,可以重复加在晶闸管两端的正向峰值电压,规定其值比正向转折电压小100 V。

(2)反向重复峰值电压U_{RRM}。在控制极断路时,可以重复加在晶体管两端的反向峰值电压,规定其值比反向击穿电压小100 V。

通常把U_{DRM}与U_{RRM}中较小的一个值作为器件型号上的额定电压,瞬时过电压会使晶闸管遭到破坏,因而选用晶闸管时,应要求其额定电压为正常工作峰值电压的2~3倍,以保证安全。

(3)额定通态平均电流(额定正向平均电流)I_T。在环境温度不高于40 ℃和标准散热及全导通的条件下,晶闸管可以连续通过的工频正弦半波电流(在一个周期内)的平均值,称为额定通态平均电流I_T,简称额定电流。通常所说多少安的晶闸管,就是指额定电流的值。需要指出的是,晶闸管的发热主要是由通过它的电流有效值决定的。正弦半波电流的平均值为

$$I_T = \frac{1}{2\pi}\int_0^{\pi} I_m \sin(\omega t)\mathrm{d}(\omega t) = \frac{I_m}{\pi}$$

而其有效值为

$$I_e = \sqrt{\frac{1}{2\pi}\int_0^{\pi} I_m^2 \sin^2(\omega t)\mathrm{d}(\omega t)} = \frac{I_m}{2}$$

有效值I_e和平均值I_T的关系可用下式计算:

$$\frac{I_e}{I_T} = K = \frac{I_m/2}{I_m/\pi} = \frac{\pi}{2} = 1.57$$

即

$$I_e = KI_T = 1.57I_T \tag{8.1}$$

式中:K——波形系数。

例如,一个额定电流I_T为100 A的晶闸管,其允许通过的电流有效值为157 A。为确保晶闸管安全可靠地工作,一般按下式来选晶闸管:

$$I_T = (1 \sim 2)\frac{I'_e}{1.57}$$

式中:I'_e——实际通过晶闸管的电流有效值。

显然,波形系数K是与电路结构和导通角有关的,使用时可查看有关手册。

(4)维持电流I_H。在规定的环境温度下控制极断路时,维持器件持续导通的最小电流称维持电流I_H,其大小一般为几十毫安到一百多毫安,其具体数值与器件的温度成反比。在120 ℃时的维持电流约为25 ℃时的一半。晶闸管的正向电流小于这个电流时将自动关断。

(5)导通时间t_{on}与关断时间t_{off}。晶闸管从断态到通态的时间称为导通时间t_{on},一般t_{on}为几微秒;晶闸管从通态到断态的时间称为关断时间t_{off},一般t_{off}为几微秒到几十微秒。

(6)断态电压临界上升率$\mathrm{d}u/\mathrm{d}t$与通态电流临界上升率$\mathrm{d}i/\mathrm{d}t$。使用中断态电压上升率和通态电流上升率实际值必须低于其临界值,若大于$\mathrm{d}u/\mathrm{d}t$则管子容易误导通,若大于$\mathrm{d}i/\mathrm{d}t$则管子容易损坏。为了限制$\mathrm{d}u/\mathrm{d}t$与$\mathrm{d}i/\mathrm{d}t$,常采用缓冲电路。

2. 派生晶闸管器件

晶闸管除了继续朝大电流、高电压方向发展以外,还不断出现了一些派生的具有特殊性能

的晶闸管。

双向晶闸管(triode AC switch,TRIAC)是一种三端子 NPNPN 五层元件,可直接工作于交流电源,其控制极对电源的两个半周均有触发控制作用,即双方向均可由控制极触发导通。它相当于两只普通的晶闸管反并联,故称为双向晶闸管或交流晶闸管。在交流调压和交流开关电路中使用它,可减少元件,简化触发电路,有利于降低成本和增加装置的可靠性。

图 8.9(a)、(b)所示分别为双向晶闸管的外形与图形符号,图中引线分别为阳极 1(MT1)、控制极(G)、阳极 2(MT2),通常以 MT1 作为电压测量的基准点;图 8.9(c)所示为其伏安特性。

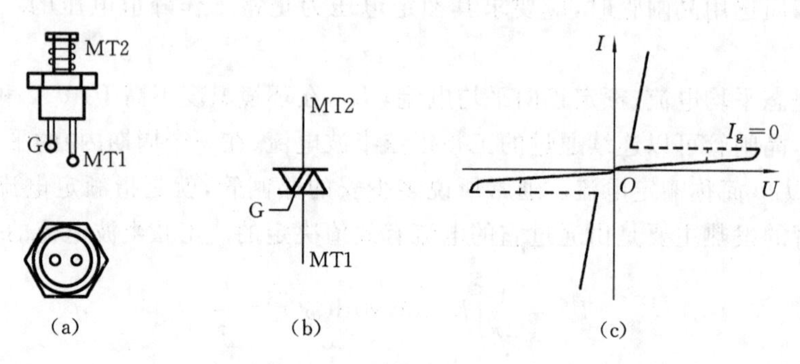

图 8.9 双向晶闸管的外形、图形符号和伏安特性

(a)外形;(b)图形符号;(c)伏安特性

当控制极无信号输入时,它与晶闸管相同,MT2 与 MT1 端子间不导电。若 MT2 上所施加的电压高于 MT1 上的,而控制极加正极性或负极性信号,则晶闸管导通,电流自 MT2 流向 MT1;若 MT1 上所施加的电压高于 MT2 上的,而控制极加正极性或负极性信号,则晶闸管导通,电流自 MT1 流向 MT2。

由于双向晶闸管通常用在交流电路中,正、负半波都工作,故使用时需特别注意:双向晶闸管的额定电流不是像二极管和晶闸管那样按正弦半波电流平均值定义的,而是用有效值定义的,即额定值为100 A 的双向晶闸管只能通过有效值为100 A 的电流,而额定电流为100 A 的二极管、逆阻晶闸管可通过有效值为 157 A 的电流。以 200 A(有效值)双向晶闸管为例,其峰值电流为 $I_{\mathrm{m}} = \sqrt{2} \times 200\ \mathrm{A} = 283\ \mathrm{A}$,而普通晶闸管的额定通态平均电流为

$$I_{\mathrm{T}} = \frac{I_{\mathrm{m}}}{\pi} = \frac{283}{\pi}\ \mathrm{A} \approx 90\ \mathrm{A}$$

可知,一个 200 A(有效值)的双向晶闸管可代替两个 90 A(平均值)的普通(逆阻型)晶闸管。

双向晶闸管广泛应用于灯光控制、加热控制、家用电器电动机控制,并可用在固态继电器(solid state relay,SSR)等中。

此外,一些晶闸管派生器件还有:逆导晶闸管(reverse conducting thyristor,RCT)、光控晶闸管(light triggered thyristor,LTT)、快速晶闸管(fast switching thyristor,FST)、门极可关断晶闸管(gate-turn-off thyristor,GTO)、集成门极换流晶闸管(integrated gate commutated thyristor,IGCT)等。

8.1.3 全控型电力电子器件

1. 全控型电力电子器件概述

全控型电力电子器件按其结构与工作原理可分为双极型、单极型和混合型。

双极型器件是指器件内部的电子和空穴两种载流子同时参与导电的器件，常见的有GTR、GTO等，这类器件的特点是通流能力强，导通损耗小，但工作频率较低，且有可发生二次击穿现象等弱点。

单极型器件是指器件内只有一种载流子，即只有多数载流子参与导电的器件，其典型代表是功率 MOSFET。单极型器件工作频率高，不会发生二次击穿现象，但导通损耗相对较大，限制了功率范围。

混合型器件是双极型与单极型器件的集成混合，兼备二者的优点，最具发展前景，IGBT是其典型代表。

宽禁带全控型电力电子器件将是未来的重要发展方向。

2. GTR/GTO

大功率晶体管(giant transistor，GTR)是一种耐高电压、大电流的双极结型晶体管(bipolar junction transistor，BJT)。GTR 与普通的双极结型晶体管的基本原理是一样的，但是GTR 最主要的特性是耐压高、电流大、开关特性好，而不像小功率的用于信息处理的双极结型晶体管那样注重单管电流放大系数、线性度、频率响应以及噪声和温漂等性能参数。因此，GTR 通常采用至少由两个晶体管按达林顿接法组成的单元结构。在新的应用设计中，不推荐使用 GTR。

门极可关断晶闸管(gate-turn-off thyristor，GTO)也是晶闸管的一种派生器件，它可以通过在门极施加负的脉冲电流关断，因而属于全控型器件。

现今 GTO 产品的额定电流、电压已分别超过 6 kA、6 kV，它在开关频率要求几百赫兹到数千赫兹、容量为 10 MV · A 以上的特大型电力电子变换装置中应用广泛。

3. 功率场效应晶体管

功率场效应晶体管又称功率 MOSFET。

与我们在电子技术中学过的用于信息处理的小功率场效应晶体管(field effect transistor，FET)一样，功率场效应晶体管也分为结型和绝缘栅型，在机电传动控制系统中主要使用的是绝缘栅型，即功率 MOSFET(metal oxide semiconductor FET)。

功率 MOSFET 种类和结构繁多，其导电沟道可分为 P 沟道和 N 沟道。当栅极电压为零时，漏极与源极之间就存在导电沟道的称为耗尽型功率 MOSFET；对于 N(P)沟道器件，当栅极电压大于(小于)零时才存在导电沟道的称为增强型功率 MOSFET。实际电路中以 N 沟道增强型功率 MOSFET 为主。

功率 MOSFET 与小功率 MOSFET 导电机理相同，但二者在结构上有较大的区别。小功率 MOSFET 是由一次扩散形成的器件组成的，而功率 MOSFET 是多元集成结构，一个器件由许多个小 MOSFET 元组成。功率 MOSFET 的基本接法如图 8.10 所示。它的三个极分别是源极 S、漏极 D、和栅极 G。

功率 MOSFET 是用栅极电压 u_{GS} 来控制漏极电流 I_D 的，改变 u_{GS} 的大小，主电路的漏极电流 I_D 也跟着改变。由于 G 与 S 间的输入阻抗很大，故控制电流几乎为零，所需驱动功率很小。与 GTR 相比，其驱动系统比较简单，工作频率也较高。功率 MOSFET 的开关时间为 10～100 ns，其工作频率可达 100 kHz 以上，是主要电力电子器件中工作频率较高的(SiC 等宽禁带器件的工作频率更高)。功率 MOSFET 的热稳定性也优于 GTR。但是功率 MOSFET 电流容量小，耐压低，一般只适用于功率不超过 10 kW 的高频电力电子装置。

图 8.11(a)所示是常规的采用垂直结构的功率 MOSFET 即 VDMOS 的结构，栅极和源极

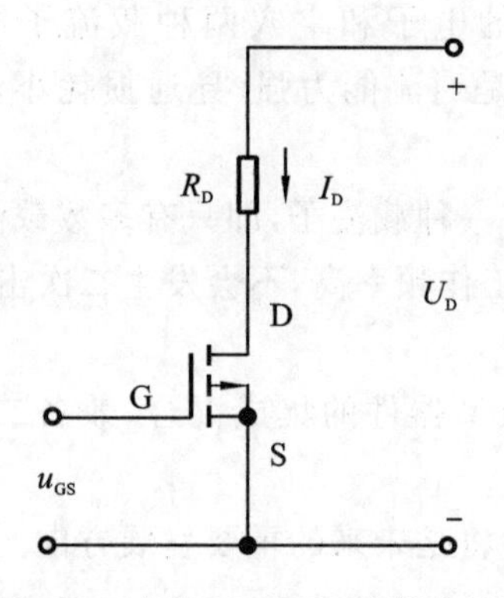

图 8.10 功率 MOSFET 的基本接法

接口在芯片的上面,而底面是漏极的接口。负载电流从外部垂直流过芯片。图 8.11(b)所示的沟槽结构可以进一步提高器件的耐压能力,减小器件尺寸。

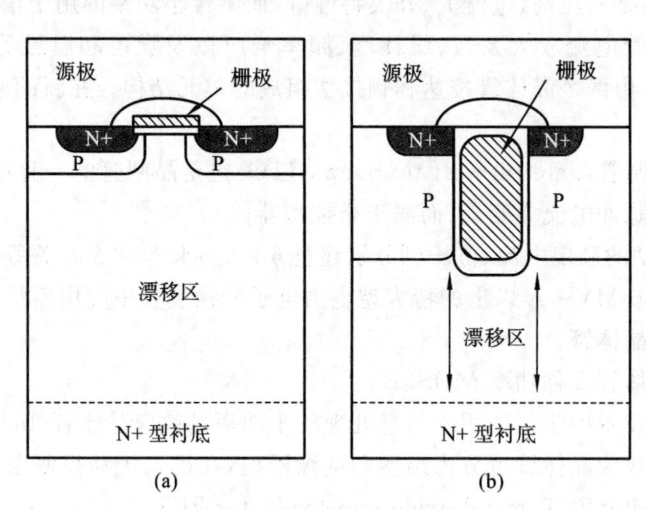

图 8.11 功率 MOSFET 结构

近年来功率 MOSFET 的制造工艺仍在不断发展和完善,如 Cool MOSFET 可以实现更小的导通电阻和导通损耗,实现更大的功率密度。

功率 MOSFET 的主要参数如下。

(1)开启电压 U_T。当 u_{GS} 上升到开启电压 U_T 时,开始出现漏极电流 i_D。一般情况下,功率 MOSFET 的 $U_T = 2 \sim 4$ V。

(2)漏极电压 U_{DS}。这是标称功率 MOSFET 电压定额的参数。

(3)漏极直流电流 I_D 和漏极脉冲电流幅值 I_{DM}。这是标称功率 MOSFET 电流定额的参数。

(4)栅源电压 U_{GS}。栅源之间的绝缘层很薄,$U_{GS} > 20$ V 将导致绝缘层被击穿。

(5)极间电容。MOSFET 的三个电极之间分别存在极间电容 C_{GS} 、C_{GD} 和 C_{DS}。一般生产厂家提供的是漏极和源极短路时的输入电容 C_{iss} 、共源极输出电容 C_{oss} 和反向转移电容 C_{rss} ,它们之间的关系是 $C_{iss} = C_{GS} + C_{GD}$、$C_{oss} = C_{DS} + C_{GD}$、$C_{rss} = C_{GD}$。

目前功率 MOSFET 的最高电压为 1000 A,最高电流为 200 A。

4. 绝缘栅双极晶体管(IGBT)

功率 MOSFET 器件是单极型、电压控制型开关器件，因此其通断驱动控制功率很小，开关速度快，但通态压降大，难以制成高压大电流器件。大功率晶体管 GTR 是双极型、电流控制型开关器件，因此其通断控制驱动功率大，开关速度不够快，但通态压降低，可制成较高电压和较大电流的开关器件。绝缘栅双极晶体管(insulated gate bipolar transistor，IGBT)则是二者结合起来的新一代半导体电力开关器件，它的输入控制部分类似 MOSFET，输出主电路部分则类似双极型三极晶体管。其简化等效电路、图形符号和基本电路如图 8.12 所示。它的三个极分别是集电极 C、发射极 E 和栅极 G。

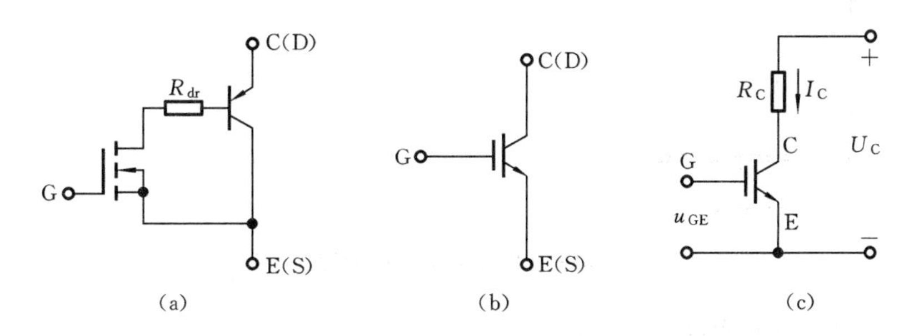

图 8.12　IGBT 的简化等效电路、图形符号和基本电路

(a)简化等效电路；(b)图形符号；(c)基本电路

至今，IGBT 经历了几轮主要的技术改进，主要从器件纵向结构、栅极结构以及硅片的加工工艺等方面不断迭代改进，以达到如下目标：

(1)减小 IGBT 通态压降，达到增大电流密度、降低通态功率损耗的目的。

(2)降低 IGBT 开关时间，特别是关断时间，达到提高应用时使用频率、降低开关损耗的目的。

(3)提高 IGBT 断态耐压水平，以满足应用电压等级需要。

IGBT 发展过程中几种主流的结构如图 8.13 所示。

图 8.13(a)所示为最早商用化的穿通(punch through，PT)型 IGBT 结构，这种 IGBT 以高浓度的 P+直拉单晶硅为起始材料，先生长一层掺杂浓度较高的 N 型缓冲层，然后再继续淀积轻掺杂的 N 型外延层，最后通过扩散和注入工艺构造发射极和栅极。如果要制作高耐压的器件，需要比较厚的 N 型外延层，制作难度较大，且成本很高。

图 8.13(b)所示为非穿通(non punch through，NPT)型结构，这种 IGBT 采用轻掺杂 N−区熔单晶硅作为起始材料，先在硅面的正面制作好发射极和栅极，之后再将硅片减薄到合适厚度，最后在减薄的硅片背面注入硼，形成 P+集电极。因为电场不能"穿通"N 型衬底，所以称为非穿通型。

图 8.13(c)所示为场终止(field stop，FS)+沟槽栅(trench)结构，也是目前 IGBT 的主流结构，一方面，它在 NPT 工艺的基础上增加了电场终止层，使得硅片更薄，导通损耗更小，关断时间及关断损耗更小；另一方面，通过把平面栅极结构改为沟槽栅进一步降低了导通损耗。

场终止层和垂直沟槽栅是目前主流 IGBT 的主要结构特点。IGBT 厂商通常针对不同的工业应用进行系列产品的优化设计，如英飞凌公司的 IGBT7 系列产品进一步采用了微沟槽优化设计，针对电动机驱动应用提高了过载能力，改善了开关特性。

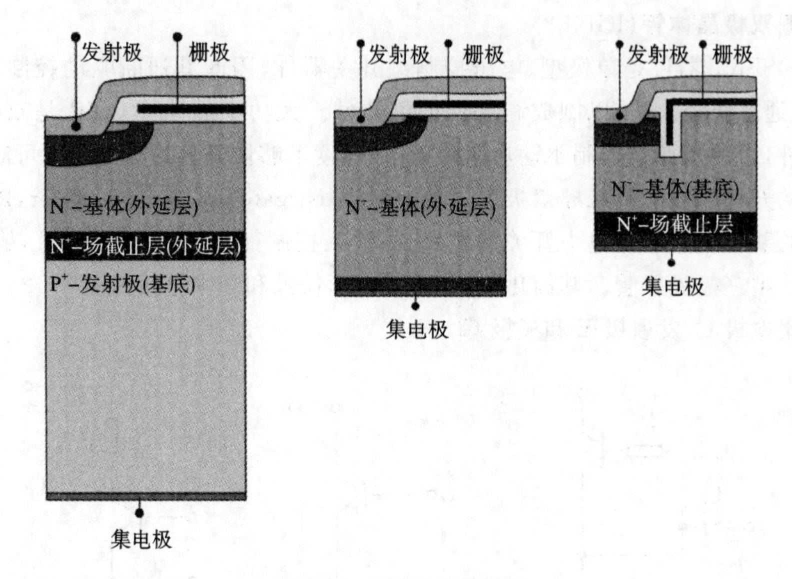

图 8.13 IGBT 结构发展

IGBT 的主要特性参数如下。

(1)额定集电极-发射极电压(U_{CES})。额定集电极-发射极电压是指栅极-发射极短路时,IGBT 的集电极与发射极间能承受的最大电压(如 500 V、1000 V 等)。

(2)额定集电极电流 I_C。额定集电极电流是指 IGBT 导通时能流过集电极的最大持续电流(目前已有 1200 A/3300 V 和 1800 A/4500 V 的 IGBT 器件)。

(3)集电极-发射极饱和电压(即导通压降)$U_{CE(sat)}$。集电极-发射极饱和电压一般在 2.5～5.0 V 之间,此值越小,管子的功率损耗就越小。

(4)开关频率。开关频率一般在 10～40 kHz 之间。

IGBT 兼有功率 MOSFET 和 GTR 二者的优点,如:

(1)驱动功率小(输入阻抗高,取用前级的控制电流小,比 GTR 小);

(2)开关速度快(频率高,比 GTR 高得多);

(3)导通压降低(功率损耗小,比 MOSFET 小得多,与 GTR 相当);

(4)关断电压高(耐压高);

(5)承受电流大(容量大、功率大)。

IGBT 由于具有上述显著的优点,加上它的驱动电路简单,保护容易,而且成本也逐渐下降到接近 GTR 的水平,因此,目前在新设计的电力电子装置中已取代了原来 GTR 和一部分功率 MOSFET,成为中小功率电力电子设备的主导器件。

8.1.4 功率模块

一个实际的电力电子器件需要把内部半导体芯片和外部端子连接起来并进行封装。连接和封装工艺与电力电子芯片制造工艺同样重要,良好的连接和封装才能保证电力电子器件有效散热和长期可靠地工作。电力电子器件的内部连接主要采用键合工艺,外部连接可采用焊接、烧结和压接工艺。

实际的电力电子电路通常包含多个电力电子器件，器件之间需要良好的连接，连接到不同电位的散热片又需要相互隔离，在材料、体积和生产工时等方面都十分浪费，同时导线也引入了寄生电感，对电路性能有不利影响。

功率模块则是把电力电子器件按一定的功能连接组装在一起，注入绝缘隔离物质进行封装。具有良好导热能力的绝缘物质既保证了内部电路的相互隔离，又能使内部元器件同外部的散热器有良好的热连接。

功率模块可以包含功率二极管、快速二极管、晶闸管、功率 MOSFET 或 IGBT 模块。图 8.14 所示为英飞凌公司的 EasyPIM 功率模块实物，内部集成了 IGBT 三相逆变桥和制动电路、二极管三相整流电路和测温电阻，如图 8.15 所示。在后面章节的学习中我们会了解到，这个功率模块基本实现了三相电动机驱动装置的功率主电路。这种集成功率模块尺寸小，具有较高的功率密度，系统成本较低且损耗较小，可满足电动机控制中日益提高的高能效要求。

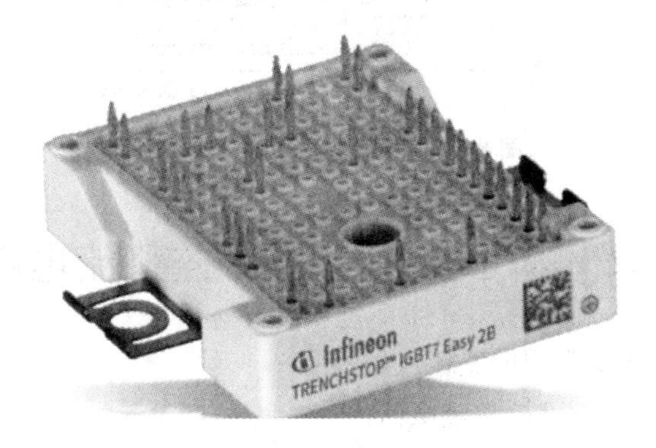

图 8.14　功率模块实物

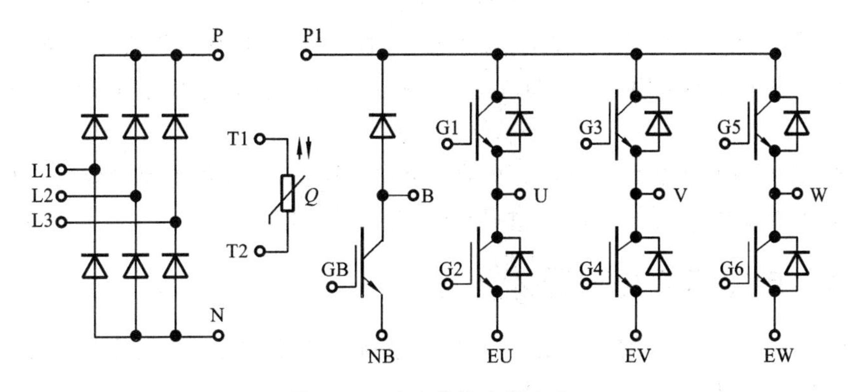

图 8.15　功率模块内部电路

近年来，具有驱动、保护、检测功能，含有电力电子器件的智能功率模块(intelligent power module，IPM)在许多电力电子装置中得到应用。图 8.16 所示的智能功率模块包含一对IGBT和驱动电路、短路检测和保护电路、电压检测和保护电路、温度检测和过热保护电路等。

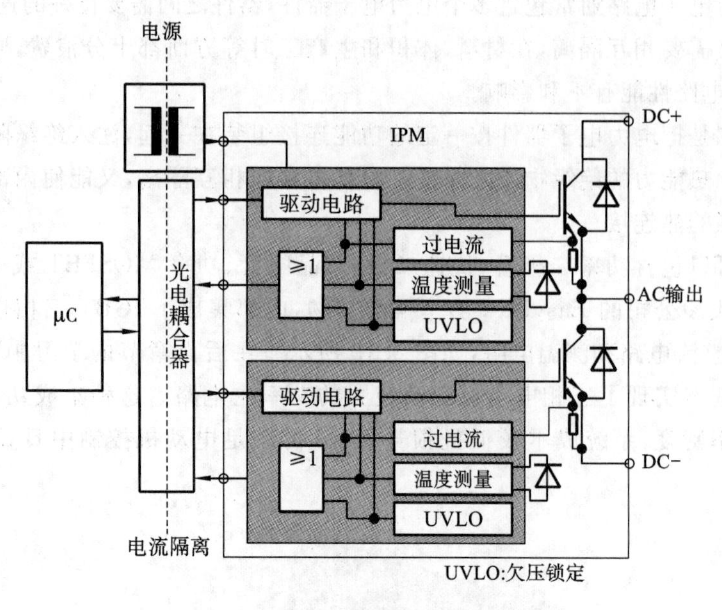

图 8.16 智能功率模块内部结构

8.2 基于晶闸管的可控整流电路

在机电传动控制系统中常用的整流电路有:

(1)基于功率二极管的不可控整流电路。

(2)基于晶闸管等半控型器件的相控整流电路。

(3)基于 IGBT 等全控型器件的 PWM 整流电路。

PWM 整流电路具有更好的性能,但成本较高,控制复杂;功率二极管整流电路实现简单,成本最低,但输出电压不能调节。目前在大功率应用中基于晶闸管的整流电路仍是主要的方案。

由晶闸管组成的可控整流电路同二极管整流电路类似,依所用交流电源的相数和电路的结构,它可分为单相半波、单相桥式、三相半波和三相桥式等。

8.2.1 单相半波可控整流电路

单相半波可控整流电路实际应用较少,但它电路简单,调整容易,且便于理解可控整流的原理,所以从它开始进行分析。

1. 带阻性负载的可控整流电路

图 8.17 所示为单相半波可控整流电路及其带阻性负载时的电压、电流波形。图中,α 为控制角,是晶闸管元件承受正向电压起始点到触发脉冲的作用点之间的电角度;θ 为导通角,是晶闸管在一周期时间内导通的电角度。对单相半波可控整流而言,$\alpha=0\sim\pi$,而对应的 $\theta=\pi\sim0$,由图 8.17(b)可见

$$\alpha+\theta=\pi$$

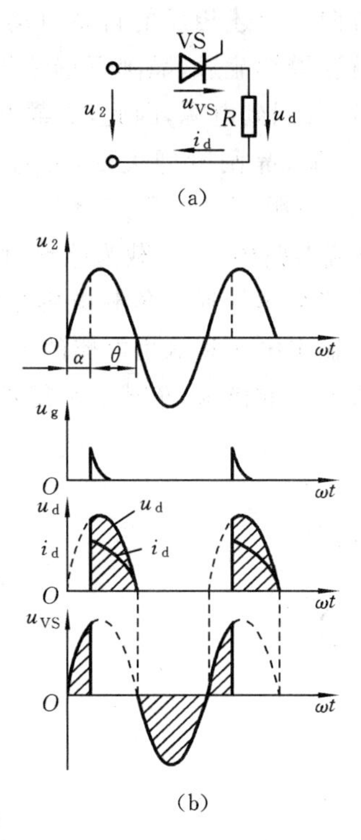

图 8.17　单相半波可控整流电路及其带阻性负载时的电压、电流波形

(a)电路;(b)波形

当不加触发脉冲信号时,晶闸管不导通,电源电压全部加于晶闸管上,负载上电压为零(忽略漏电流),晶闸管承受的最大正向与反向电压为 $\sqrt{2}U_2$。当 $\omega t=\alpha(0<\alpha<\pi)$ 时,晶闸管上电压为正,若在控制极上加触发脉冲信号,则晶闸管触发导通,电源电压将全部加于负载(忽略晶闸管的管压降)上。当 $\omega t=\pi$ 时,电源电压从正变为零,晶闸管内流过的电流小于维持电流而关断,之后,晶闸管就承受电源的反向电压,直至下个周期触发脉冲再次加到控制极上,晶闸管重新导通。改变 α 的大小就可以改变负载上的电压波形,也就改变了负载电压的大小。

输出电压平均值的大小可由下式求得:

$$U_{\mathrm{d}}=\frac{1}{2\pi}\int_{\alpha}^{\pi}\sqrt{2}U_2\sin(\omega t)\mathrm{d}(\omega t)=0.45U_2\frac{1+\cos\alpha}{2} \tag{8.2}$$

负载电流平均值的大小由欧姆定律决定,其值为

$$I_{\mathrm{d}}=\frac{U_{\mathrm{d}}}{R}=0.45\frac{U_2}{R}\frac{1+\cos\alpha}{2} \tag{8.3}$$

2. 带感性负载的可控整流电路

负载的感抗 ωL 与电阻 R 的大小相比不可忽略时称为感性负载,这类负载有各种电动机的励磁线圈等。整流电路带感性负载时的工作情况与带阻性负载时的有很大不同,为了便于分析,把电感与电阻分开。带感性负载无续流二极管的晶闸管整流电路及其电流、电压波形如图 8.18 所示。

由于电感具有阻碍电流变化的作用,当电流上升时,电感两端的自感电动势 e_{L} 阻碍电流的上升,所以,晶闸管被触发导通时,电流要从零逐渐上升。随着电流的上升,自感电动势逐渐减小,这时在电感中便储存了磁场能量。当电源电压下降以及过零变负时,电感中电流在变小

的过程中又由于自感效应,产生方向与上述相反的自感电动势 e_L ,来阻碍电流减小。只要 e_L 大于电源的负电压,负载上电流就会继续流通,晶闸管继续导通。这时,电感中储存的能量释放出来,一部分消耗在电阻上,一部分回到电源,因此,负载上电压瞬时值出现负值。到某一时刻,流过晶闸管的电流小于维持电流,晶闸管即关断,并且承受反向电压。所以,晶闸管在 $\omega t=\alpha$ 触发导通后在 $\omega t=\alpha+\theta$ 时关断。

由此可见,在单相半波可控整流电路中,当负载为感性时,晶闸管的导通角 θ 将大于 $\pi-\alpha$,也就是说,在电源电压为负时仍可能继续导通。负载电感愈大,导通角 θ 愈大,每个周期中负载上的负电压所占的比重就愈大,输出电压和输出电流的平均值也就愈小。所以,单相半波可控整流电路用于感性负载时,如果不采取措施,负载上就得不到所需要的电压和电流。

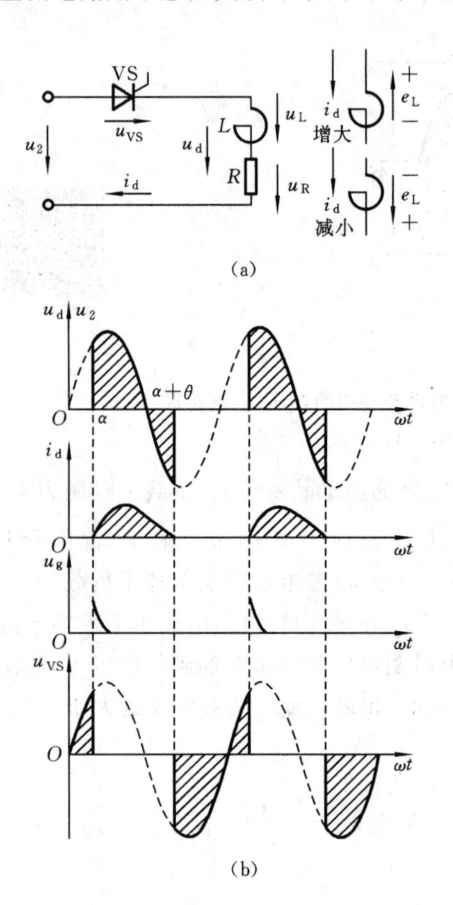

图 8.18 带感性负载无续流二极管的晶闸管整流电路及其电流、电压波形

(a)电路;(b)波形

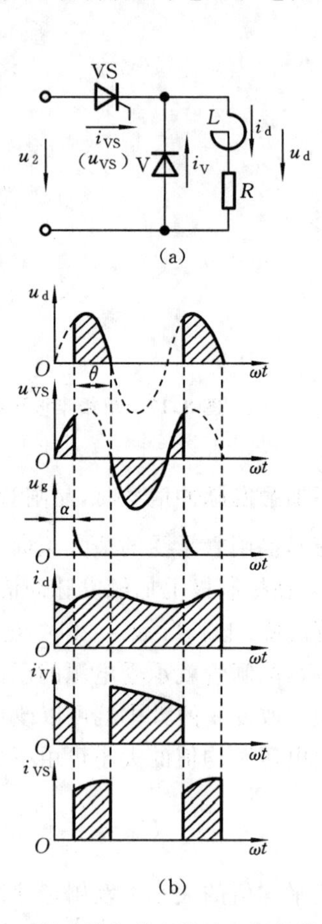

图 8.19 带感性负载有续流二极管的晶闸管整流电路及其电压、电流波形

(a)电路;(b)波形

3. 续流二极管的作用

为了提高带感性负载时的单相半波可控整流电路整流输出平均电压,可以采取措施,如在负载两端并联一只二极管 V,使电源的负电压不加于负载上,如图 8.19(a)所示。在晶闸管导通的情况下,当电源电压为正时,二极管 V 截止,负载上电压波形与不加二极管 V 时相同;当电源电压为负时,V 导通,负载上由电感维持的电流流经二极管。此二极管称为续流二极管。二极管导通时,晶闸管承受反压自行关断,没有电流流回电源,负载两端电压仅为二极管管压

降，接近于零，此时，由电感放出的能量消耗在电阻上。有了续流二极管，输出电压 u_d 与 α 的关系也与式(8.2)一样。但是，感性负载电流与阻性负载电流的波形有很大不同，如图 8.19(b)所示。负载电流 i_d 在晶闸管导通期间由电源提供，而当晶闸管关断时由电感通过续流二极管来提供。当 $\omega L \geqslant R$ 时，电流的脉动将很小，所以，这时电流波形可以近似地看成一条平行于横轴的直线。假若负载电流的平均值为 I_d，则流过晶闸管与续流二极管的电流平均值分别为

$$I_{dVS} = \frac{\theta}{2\pi} I_d \tag{8.4}$$

$$I_{dV} = \frac{2\pi - \theta}{2\pi} I_d \tag{8.5}$$

8.2.2　单相桥式可控整流电路

1. 单相半控桥式整流电路

在单相桥式整流电路中，把其中两只二极管换成晶闸管，就组成了半控桥式整流电路，如图 8.20(a)所示。这种电路在中小容量场合中应用很广，它的工作原理如下：当电源 1 端为正的某一时刻，触发晶闸管 VS1，电流途径如图中实箭线所示。这时 VS2 及 V1 均承受反向电压而截止。同样，在电源 2 端为正的下半周期，触发晶闸管 VS2，电流途径如图中的虚箭线所示，这时 VS1 及 V2 处于反压截止状态。下面分三种不同负载情况来讨论。

1）阻性负载

带阻性负载时，整流输出的电流、电压波形及晶闸管上电压波形如图 8.20(b)所示，电流波形与电压波形相似。晶闸管在 $\omega t = \alpha$ 时被触发导通，当电源电压过零变负时，电流降到零，晶闸管关断。输出电压平均值 U_d 与控制角 α 的关系为

$$U_d = \frac{1}{\pi}\int_{\alpha}^{\pi} \sqrt{2} U_2 \sin(\omega t)\mathrm{d}(\omega t) = 0.9 U_2 \frac{1+\cos\alpha}{2} \tag{8.6}$$

电流平均值 I_d 为

$$I_d = \frac{U_d}{R} = 0.9\frac{U_2}{R}\frac{1+\cos\alpha}{2} \tag{8.7}$$

在桥式整流电路中，元件承受的最大正反向电压是电源电压的最大值，即 $\sqrt{2}U_2$。

2）感性负载

图 8.21 所示的单相半控桥式整流电路在带感性负载时也采用加接续流二极管的措施。有了续流二极管，当电源电压降到零时，负载电流流经续流二极管，晶闸管因电流为零而关断，不会出现失控现象。

若晶闸管的导通角为 θ，则每周期续流二极管导通时间为 $2\pi - 2\theta$，因此，流过每只晶闸管的平均电流为 $\frac{\theta}{2\pi} I_d$，流过续流二极管的平均电流为 $\frac{\pi-\theta}{\pi} I_d$。

图 8.22 所示的半控桥式整流电路在带感性负载时，可以不加续流二极管，这是因为在电源电压过零时，电感中的电流通过 V1 和 V2 形成续流，可确保 VS1 或 VS2 可靠关断，这样也就不会出现失控现象。由于省去了续流二极管，整流装置的体积减小了。因两只晶闸管阴极没有公共点，故用一套触发电路触发时，必须采用具有两个线圈的脉冲变压器供电。本线路中流过 VS1、VS2 的电流与图 8.20(b)所示的相同，但流过 V1、V2 的电流增大了，其值为

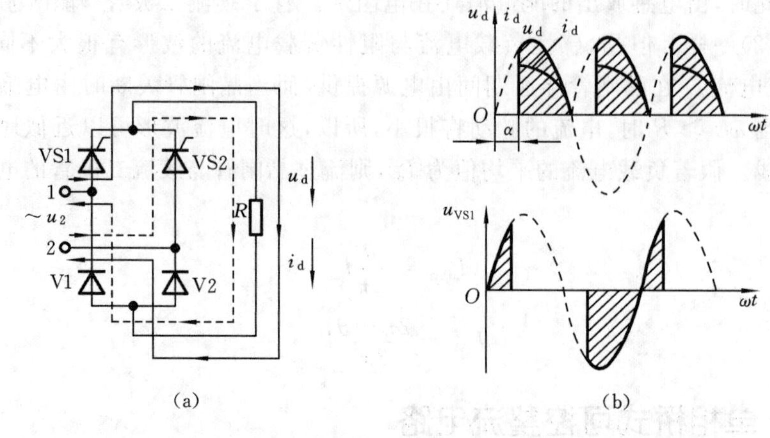

图 8.20　带阻性负载的单相半控桥式整流电路及其电压、电流波形

(a)电路;(b)波形

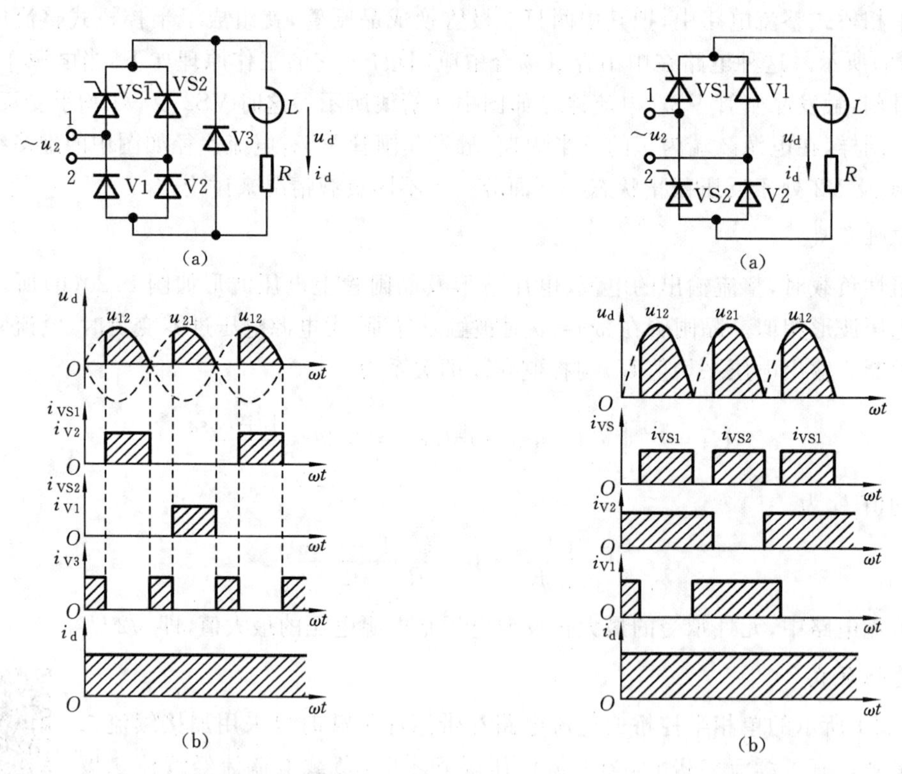

图 8.21　带感性负载的单相半控桥式整流电路及其电压、电流波形

(a)电路;(b)波形

图 8.22　晶闸管串联的半控桥式整流电路及其电压、电流波形

(a)电路;(b)波形

$$I_{dV}=\frac{2\pi-\theta}{2\pi}I_d \tag{8.8}$$

为了节省晶闸管元件,还可采用图 8.23 所示的电路。它是由四只整流二极管组成的单相桥式电路,将交流电整流成脉动的直流电,然后用一只晶闸管进行控制,改变晶闸管的控制角 α,即可改变其输出电压。晶闸管由触发脉冲导通,在电源电压接近于零的短暂时间内,因流过晶闸管的电流小于维持电流而关断。该电路带阻性负载时,其输出电压平均值的计算公式与半控桥式电路的一样。但带感性负载时，为了避免晶闸管失控，必须在负载两端并接续流二极管，否则，感性电流会在电源电压为零时维持晶闸管导通，使晶闸管无法关断，从而造成失控。

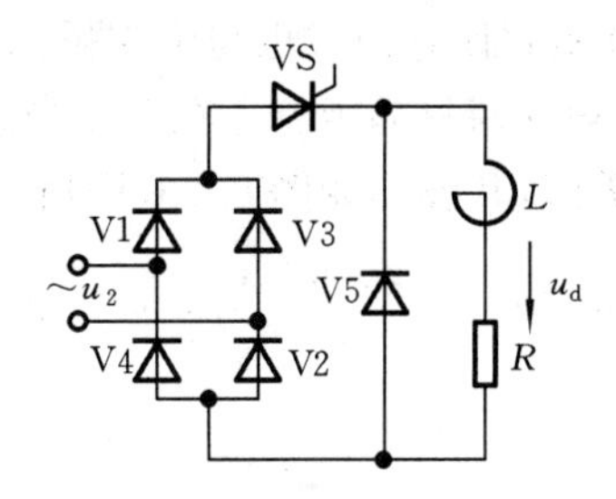

图 8.23　只用一只晶闸管的单相桥式整流电路

该电路的优点是晶闸管用得少，因此控制线路简单，加在晶闸管上的电压是整流过的脉动电压，当负载为阻性或感性负载时，晶闸管不承受反向电压。该电路的不足之处是：需要五只整流二极管，使装置尺寸加大，输出电流 I_d 要同时经过三个整流元件，故压降、损耗较大；另外，该电路必须选用维持电流较大的晶闸管，否则容易失控。

3)反电动势负载

当整流电路输出端接有反电动势负载时，只有在电源电压的瞬时值大于反电动势，同时又有触发脉冲的条件下，晶闸管才能导通，整流电路才有电流输出，在晶闸管关断的时间内，负载上保留原有的反电动势。单相半控桥式整流电路带反电动势负载（见图 8.24(a)）时，输出电压、电流波形如图 8.24(b)所示。负载两端的电压平均值比带阻性负载时的高。例如，直接由电网 220 V 电压经桥式整流输出，带阻性负载时，可以获得最大为 0.9×220 V=198 V 的平均电压，但接反电动势负载时的电压平均值可以增大到 250 V 以上。

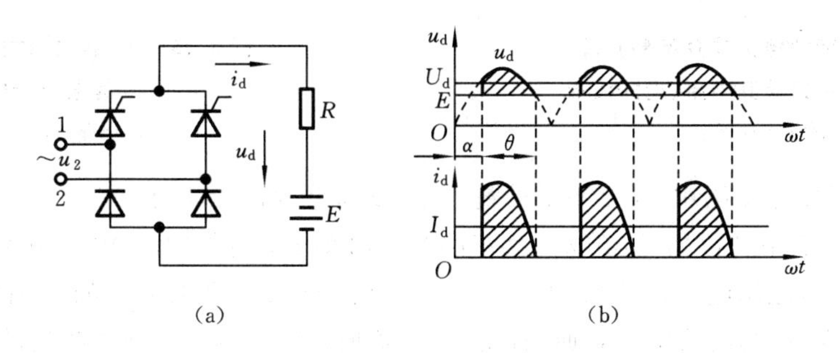

图 8.24　带反电动势负载的单相半控桥式整流电路及其电压、电流波形

(a)电路；(b)波形

当整流输出直接加于反电动势负载时，输出平均电流为

$$I_d = \frac{U_d - E}{R}$$

其中，$U_d - E$ 即图 8.24(b)中斜线部分的面积对一周期取平均值。因为导通角小，导电时间短，回路电阻小，所以，电流的幅值与平均值之比相当大，晶闸管工作条件差，必须降低电流定额使用。另外，对直流电动机来说，整流子换向电流大，易产生火花，由于电流有效值大，故要求电源的容量也大。因此，对于大容量电动机或蓄电池负载，常常串联电抗器（见图 8.25(a)），用以平滑电流的脉动（见图 8.25）。

2. 单相全控桥式整流电路

单相全控桥式整流电路如图 8.26(a)所示。把半控桥中的两只二极管用两只晶闸管代替即构成全控桥。带阻性负载时，电路的工作情况与半控桥没有什么区别，晶闸管的控制角移相范围也是 0～π，输出平均电压、电流的计算公式也与半控桥式电路的计算公式相同，所不同的仅是全控桥式电路每半周期要求触发两只晶闸管。在电路带感性负载且没有续流二极管的情况下，输出电压的瞬时值会出现负值，其波形如图 8.26(b)所示，这时输出电压平均值为

$$U_{\mathrm{d}} = \frac{2}{2\pi}\int_{\alpha}^{\alpha+\pi}\sqrt{2}U_2\sin(\omega t)\mathrm{d}(\omega t) = \frac{2\sqrt{2}U_2}{\pi}\cos\alpha = 0.9U_2\cos\alpha \quad \left(0 \leqslant \alpha \leqslant \frac{\pi}{2}\right) \tag{8.9}$$

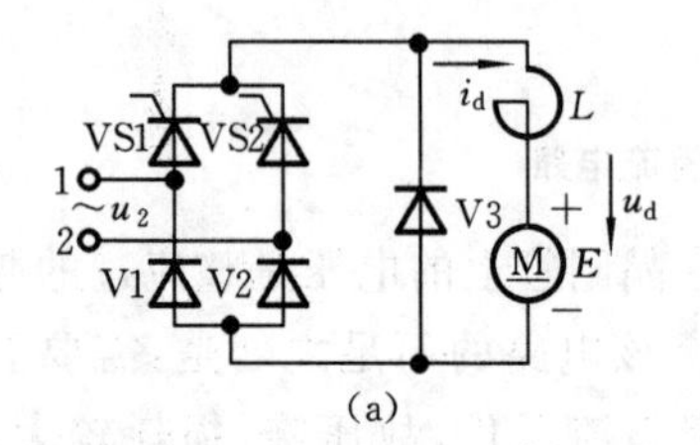

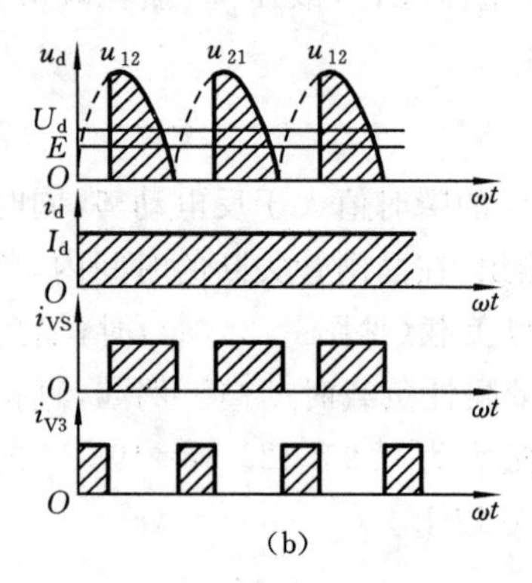

图 8.25　带反电动势负载有电感滤波时的电路及其电流、电压波形

(a)电路；(b)波形

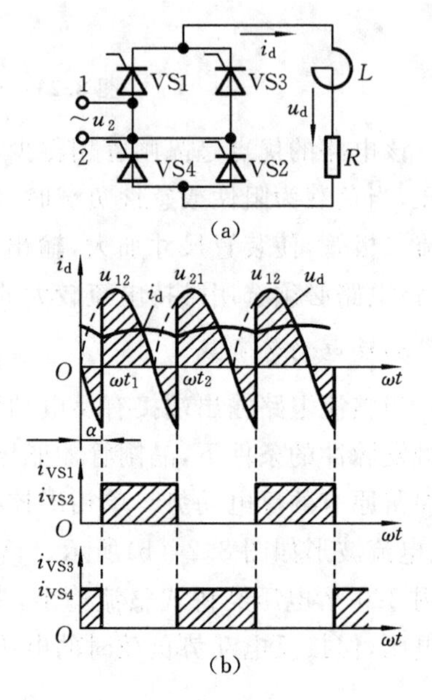

图 8.26　单相全控桥式整流电路及其电流、电压波形

(a)电路；(b)波形

在全控桥式整流电路中，元件承受的最大正、反向电压是$\sqrt{2}U_2$。

这个电路的工作过程如下：在 u_{12} 为正的某一时刻 t_1，给晶闸管 VS1 和 VS2 触发脉冲，VS1 和 VS2 导通，电源电压加于负载；当 $u_{12}=0$ 时，电感上反电动势的作用维持电流通过 VS1 和 VS2 及电源，晶闸管继续导通；直至 u_{12} 为负值(即 u_{21} 为正)，在下半周的同一控制角所对应的时刻 t_2，当 VS3 和 VS4 有触发脉冲时，VS3 和 VS4 导通，VS1 和 VS2 因承受反向电压而关断。同样，VS3 和 VS4 要导通到触发 VS1 和 VS2 时才关断。当 α 在 0～π/2 内变化时，U_{d} 从 $0.9U_2$ 下降到接近于零，电流 i_{d} 连续；当 $\alpha>\pi/2$ 时，输出电压平均值接近于零，电流断续且很小。为了提高整流电压，也可在负载两端并接续流二极管。

在一般阻性负载的情况下，由于该整流电路不比半控桥式整流电路优越，但比后者线路复杂，所以，一般采用半控桥式整流电路。它主要用于电动机需要正、反转的逆变电路中。

例 8.1　欲装一台白炽灯调光电路，需要可调的直流电源，调节范围：电压$U_0=0$～180 V，电流$I_0=0$～10 A。现采用单相半控桥式整流电路(见图 8.20)，试求最大交流电压和电流的有效值，并选择整流元件。

解　设在晶闸管导通角 θ 为 π(控制角 $\alpha=0$)时，$U_0=180$ V，$I_0=10$ A，则交流电压有效值

为

$$U = \frac{U_0}{0.9} = \frac{180}{0.9}\ \text{V} = 200\ \text{V}$$

实际上还要考虑电网电压波动、管压降及导通角常常到不了180°等情况，交流电压要比上述计算而得到的值大10%左右，即大约为220 V。因此，在本例中可以不用整流变压器，直接接到220 V的交流电源上。

交流电流有效值

$$I = \frac{U}{R_L} = \frac{220}{180/10}\ \text{A} = 12.2\ \text{A}$$

晶闸管所承受的最高正向电压U_{FM}、最高反向电压U_{RM}和二极管所承受的最高反向电压相等，即

$$U_{FM} = U_{RM} = \sqrt{2}U = 1.41 \times 220\ \text{V} = 310\ \text{V}$$

流过晶闸管和二极管的平均电流为

$$I_{VS} = I_V = \frac{1}{2}I_0 = \frac{10}{2}\ \text{A} = 5\ \text{A}$$

为了保证晶闸管在出现瞬时过电压时不致损坏，通常根据下式选取晶闸管的U_{DRM}和U_{RRM}：

$$U_{DRM} > 2U_{FM} = 2 \times 310\ \text{V} \approx 600\ \text{V}$$

$$U_{RRM} > 2U_{RM} = 2 \times 310\ \text{V} \approx 600\ \text{V}$$

根据上面的计算，晶闸管可选用3CT10/600，考虑留有余量，故额定电流采用10 A。二极管可选用2CZ10/300，因为二极管的最高反向工作电压一般是取反向击穿电压的一半，已有较大余量，所以选300 V已足够。

8.2.3　三相半波可控整流电路

图8.27所示为三相半波可控整流电路。整流变压器副边接成星形，有一个公共零点“0”，所以也称为三相零式电路。图中，u_A、u_B、u_C分别表示三相对零点的相电压u_{2p}，电源的三个相电压分别通过VS1、VS2、VS3晶闸管向负载电阻R供给直流电流，改变触发脉冲的相位即可以获得大小可调的直流电压。现分阻性负载和感性负载分别加以讨论。

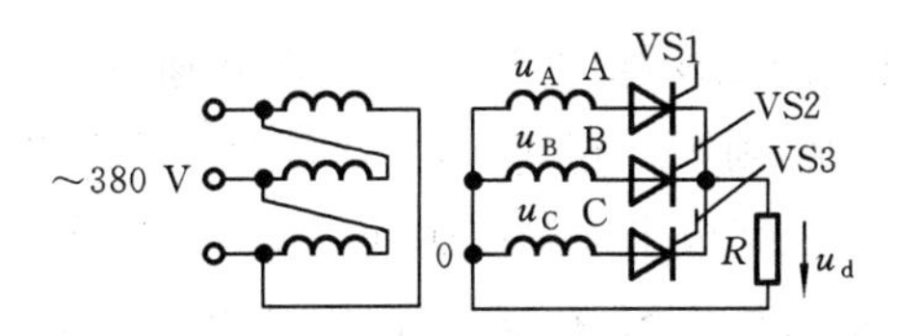

图8.27　三相半波可控整流电路

1. 阻性负载

从图8.28所示三相电源电压的波形可以看出，对于VS1、VS2、VS3，只有在点1、2、3之后对应于该元件承受正向电压期间来触发脉冲，该晶闸管才能触发导通，点1、2、3是相邻相电压波形的交点，也是不控整流的自然换相点。对三相可控整流而言，控制角α就是从自然换相点算起的。当晶闸管没有触发信号时，晶闸管承受的最大正向电压为$\sqrt{2}U_{2p}$，可能承受的最大反向电压为$\sqrt{2} \times \sqrt{3}U_{2p} = \sqrt{6}\,U_{2p}$。现按不同控制角$\alpha$分下列三种情况进行讨论。

1)当 $\alpha=0$ 时

当 $\alpha=0$ 时,触发脉冲在自然换相点加入,其波形如图 8.28 所示。在 $t_1\sim t_2$ 时间内,A 相电压比 B、C 相电压都高,如果在 t_1 时刻触发晶闸管 VS1,负载上得到 A 相电压,电流经 VS1 和负载回到中性点 0。在 t_2 时刻触发晶闸管 VS2,VS1 因承受反向电压而关断,负载上得到 B 相电压。依此类推。负载上得到的脉动电压 u_d 波形与三相半波不控整流的一样,在一个周期内每只晶闸管的导通角为 $2\pi/3$,要求触发脉冲间隔也为 $2\pi/3$。从这里可以看出,在三只晶闸管共阴极连接的情况下,触发脉冲到来时,与相电压最高的那一相连接的晶闸管就导通,这只管子导通后将使其他管子承受反压而关断。带阻性负载时,电流波形与电压波形相似。

这时,负载上电压平均值与三相半波不控整流的一样,由下式决定:

$$U_d=\frac{1}{2\pi/3}\int_{\pi/6}^{5\pi/6}\sqrt{2}U_{2p}\sin(\omega t)\mathrm{d}(\omega t)=1.17U_{2p} \tag{8.10}$$

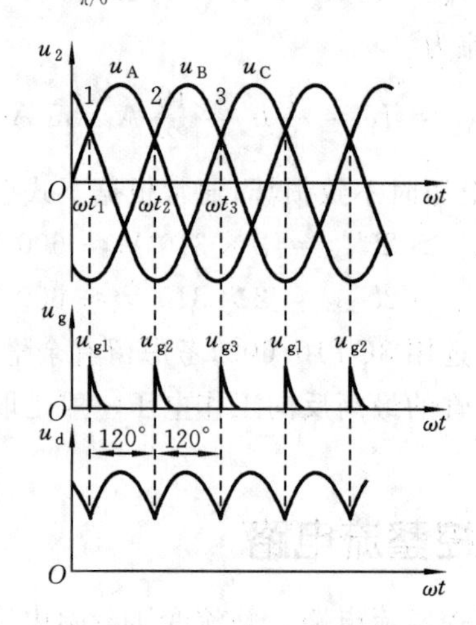

图 8.28　$\alpha=0$ 时三相半波可控整流电路输出电压波形

2)当 $0<\alpha\leqslant\pi/6$ 时

图 8.29 所示为 $\alpha=\pi/6$ 时三相半波可控整流电路的输出电压波形,u_A 使 VS1 上电压为正,若在 t_1 时刻对 VS1 控制极加触发脉冲,VS1 就立即导通,而且在 u_A 为正时维持导通。到 t'_1 时刻,如果是不可控整流电路,则第二相导通,并迫使第一相关断;而可控整流电路要求触发脉冲间隔 120°,由于此时 VS2 控制极未加触发脉冲,VS2 不能导通,故 VS1 不能关断,直到 t_2 时刻,对 VS2 控制极加了触发脉冲,VS2 在 u_B 正向阳极电压作用下导通,迫使 VS1 承受反向电压而关断。同理,到 t_3 时刻,VS3 导通而迫使 VS2 关断。依此类推。在一个周期内三相轮流导通,负载上得到脉动直流电压 u_d,其波形是连续的。电流波形与电压波形相似,这时,每只晶闸管导通角为 120°,负载上电压平均值与 α 的关系为

$$U_d=\frac{1}{2\pi/3}\int_{\pi/6+\alpha}^{5\pi/6+\alpha}\sqrt{2}U_{2p}\sin(\omega t)\mathrm{d}(\omega t)=1.17U_{2p}\cos\alpha \tag{8.11}$$

3)当 $\pi/6<\alpha\leqslant5\pi/6$ 时

图 8.30 所示为 $\alpha=\pi/2$ 时三相半波可控整流电路的输出电压波形,u_A 使 VS1 上电压为正,若 t_1 时刻向 VS1 控制极加触发脉冲,VS1 立即导通,当 A 相相电压过零时,VS1 自动关

断。同理，在 t_2 时刻对 VS2 控制极加触发脉冲，VS2 在 u_B 正向阳极电压作用下导通，当 B 相相电压过零时 VS2 自动关断。依此类推。三相轮流导通，负载上电压波形是断续的。这时，输出电压的平均值为

$$U_d = \frac{1}{2\pi/3}\int_{\pi/6+\alpha}^{\pi}\sqrt{2}U_{2p}\sin(\omega t)\mathrm{d}(\omega t) = 1.17U_{2p}\frac{1+\cos(30°+\alpha)}{\sqrt{3}} \tag{8.12}$$

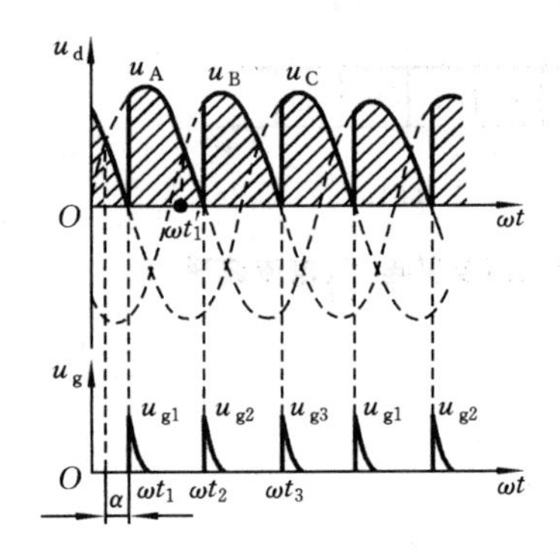

图 8.29　$\alpha=\pi/6$ 时三相半波可控整流电路输出电压波形

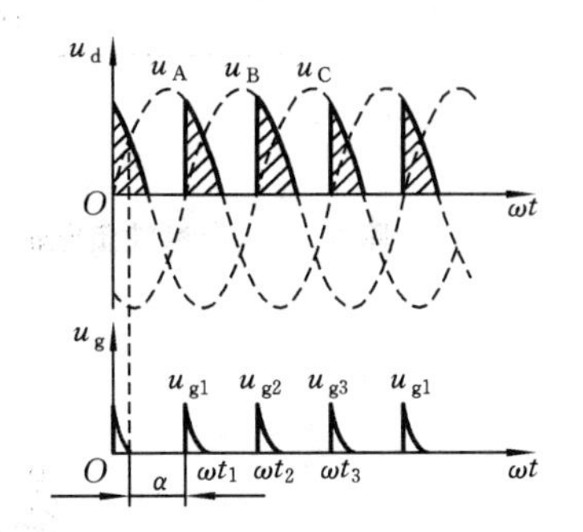

图 8.30　$\alpha=\pi/2$ 时三相半波可控整流电路输出电压波形

当 $\alpha=5\pi/6$ 时，$U_d=0$。所以，对于三相半波可控整流电路，α 的移相范围为 $0\sim5\pi/6$。

总之，在带阻性负载的情况下，当 α 在 $0\sim5\pi/6$ 内移相时，输出平均电压由最大值 $1.17U_{2p}$ 下降到零，输出电流的平均值为 $I_d=U_d/R$，流过每只晶闸管元件的电流平均值为 $I_d/3$。

2. 感性负载

在带阻性负载的情况下，当 $\alpha\leqslant\pi/6$ 时整流输出电压波形是连续的，而当 $\alpha>\pi/6$ 时整流输出电压波形是不连续的，当电源电压下降到零时，电流 i_d 也同时下降到零，所以，导通的晶闸管关断。在带感性负载的情况下，如图 8.31(a)所示，在 VS1 管导通时，电源电压 u_A 加到负载上，当 $t=t_1$ 时，$u_A=0$，由于自感电动势的作用，电流的变化将落后于电压的变化，所以 $t=t_1$ 时负载电流 i_d 并不为零，VS1 要维持导通，若电感 L 足够大，VS1 要一直导通至 t_2 时刻，当 VS2 控制极来触发脉冲，使 VS2 导通，电源电压 u_B 加于负载时，VS1 才因承受反向电压而关断，这时，由于电感大，电流脉动小，可以近似地把电流波形看成一条水平线，如图 8.31(b)所示。这时每只晶闸管导通角为 $2\pi/3$，输出电压的平均值为

$$U_d = \frac{1}{2\pi/3}\int_{\pi/6+\alpha}^{5\pi/6+\alpha}\sqrt{2}U_{2p}\sin(\omega t)\mathrm{d}(\omega t) = 1.17U_{2p}\cos\alpha \tag{8.13}$$

由式(8.13)可知，当 $\alpha=\pi/2$ 时，$U_d=0$，这时整流电路电压的波形如图 8.32 所示，电压 u_d 波形正、负面积相等，即 $U_d=0$。故三相半波整流电路带感性负载时，要求触发脉冲的移相范围是 $0\sim\pi/2$。

三相半波可控整流电路带感性负载时，晶闸管可能承受的最大正向电压为 $\sqrt{6}U_{2p}$，这是与带阻性负载时承受 $\sqrt{2}U_{2p}$ 的不同之处。

三相半波可控整流电路带感性负载时，也可加接续流二极管，其电路如图 8.33(a)所示，电压、电流波形对应于 $\alpha=\pi/3$ 时的波形。从图 8.33(b)可看出，有了续流二极管，整流输出电压波形、电压平均值 U_d 与控制角 α 的关系和带纯阻性负载时的一样，负载电流波形则与带感性负载时的一样，当电感很大（$\omega L\gg R$）时电流波形将接近于一条平行于横轴的直线。

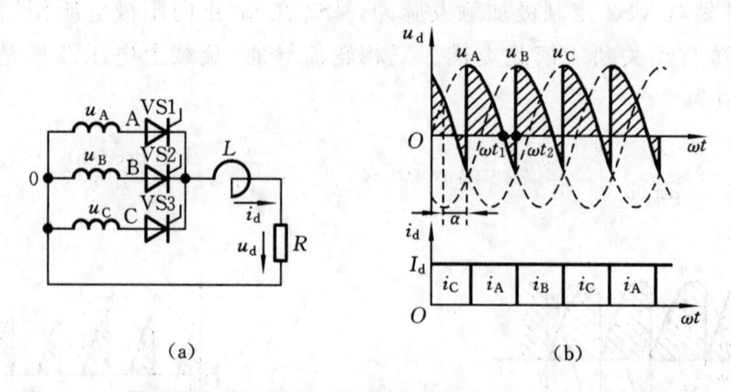

图 8.31　带感性负载时三相半波可控整流电路及其电压、电流波形

(a)电路;(b)波形

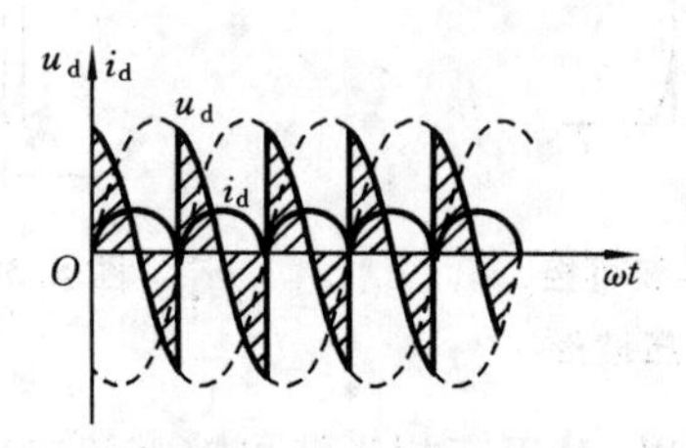

图 8.32　$\alpha=\pi/2$ 时三相半波可控整流电路电压、电流波形

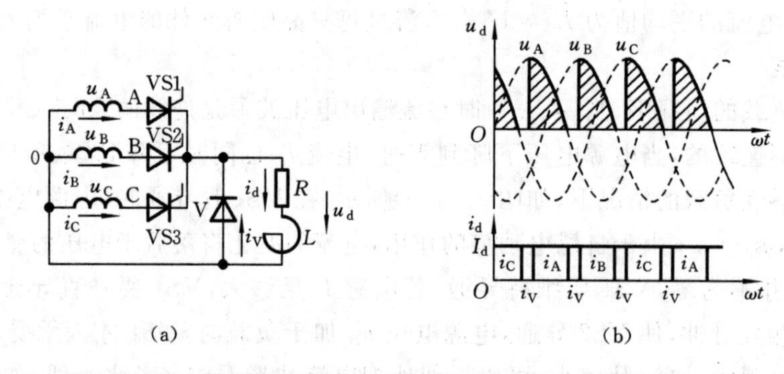

图 8.33　带感性负载加接续流二极管的三相半波可控整流电路及其电压、电流波形

(a)电路;(b)波形

三相半波可控整流电路只用三只晶闸管,接线简单,在要求输出电压为 220 V 时,可以不用变压器而直接接 380 V 的三相交流电源,这时相电压为 220 V。当控制角 $\alpha=0$ 时,可得到最大输出直流平均电压为 $U_{dmax}=1.17\times220\ \mathrm{V}=257\ \mathrm{V}$,稍加控制即可满足 220 V 直流负载的要求。但是,三相半波可控整流电路中晶闸管承受的反向电压高,而且,在电流连续时,每个周期内变压器副边绕组和晶闸管都只有三分之一的时间导通,因此,变压器利用率低。另外,流过变压器的是单方向脉动电流,其直流分量会引起很大的零线电流,并在铁芯中产生直流磁动势,易造成变压器铁芯饱和,引起附加损耗和发热。

8.2.4　三相桥式全控整流电路

三相半波可控整流电路中,三只晶闸管的阴极是接在一起的,这种整流电路称为共阴极组整流电路;而图 8.34 所示的电路把三只晶闸管的阳极接在一起,称为共阳极组整流电路。把这两组可控整流电路串联起来，如图 8.35 所示，这时，负载上的输出电压等于共阴极组和共阳极组的输出电压之和。若使变压器的两个次级共用一个绕组，如图 8.36 所示，就形成三相桥式全控整流电路。其中，VS1、VS3、VS5 晶闸管组成共阴极组，VS2、VS4、VS6 晶闸管组成共阳极组。三相桥式全控整流电路与电动机连接时一般总是串联一定的电感，以减小电流的脉动，保证电流连续，这时负载可以看成感性的。在带感性负载的情况下，如果对共阴极组及共阳极组晶闸管同时进行控制，控制角为 α，那么，由于三相全控桥式整流电路就是两组三相半波可控整流电路的串联，因此，整流电压 U_{d} 应比式(8.13)计算的大一倍，即

$$U_{\mathrm{d}} = 2.34U_{2\mathrm{p}}\cos\alpha(0 \leqslant \alpha < \pi/3) \tag{8.14}$$

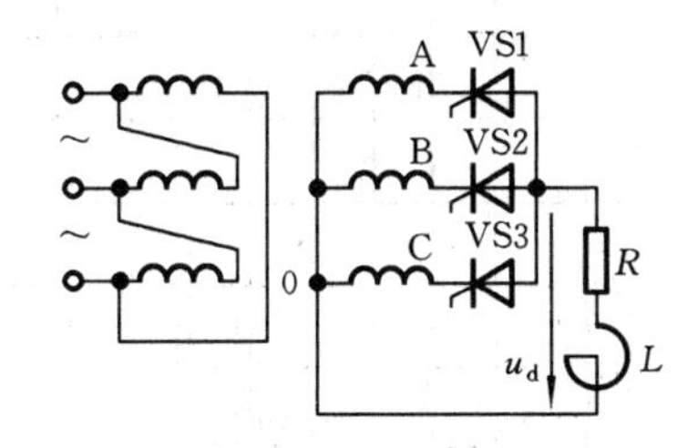

图 8.34　共阳极组接法的三相半波可控整流电路

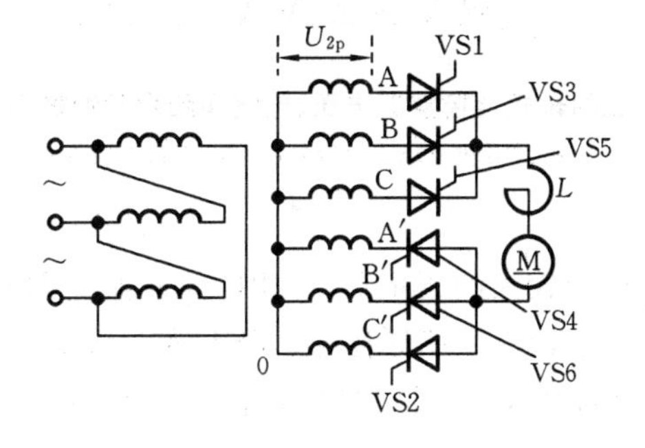

图 8.35　共阴极组与共阳极组串联的可控整流电路

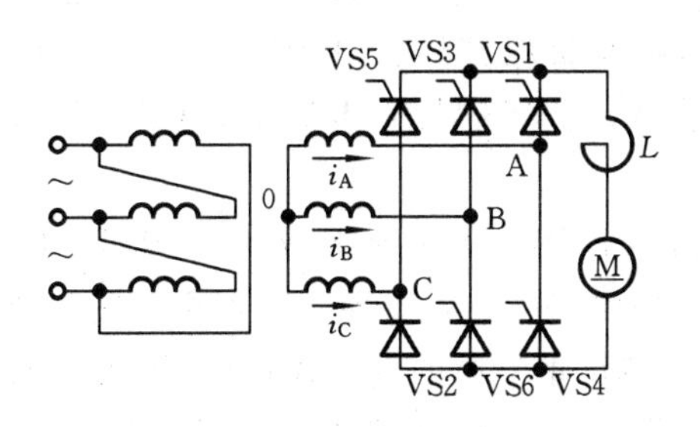

图 8.36　三相桥式全控整流电路

图 8.37 所示是图 8.36 所示电路的电压、电流波形以及触发脉冲波形。图中，对应于 $\alpha=0$ 的工作状况，即触发脉冲在自然换相点发出。对共阴极组的晶闸管而言，某一相电压较其他两相为正，同时又有触发脉冲，该相的晶闸管就触发导通；对共阳极组的晶闸管而言，某一相电压较其他两相为负，同时又有触发脉冲，该相的晶闸管就触发导通。

因此，在 t_1 时刻后，A 相电压比 C 相电压的正值更大，B 相电压为负，若给 VS1、VS6 触发脉冲，则 VS1、VS6 导通，所以，在 $t_1 \sim t_2$ 时间内 VS1、VS6 导通，电流从 A 相经 VS1、负载和 VS6 回到 B 相，A 相电流为正，B 相电流为负(电流为负表示电流的真实方向与图上所标正方

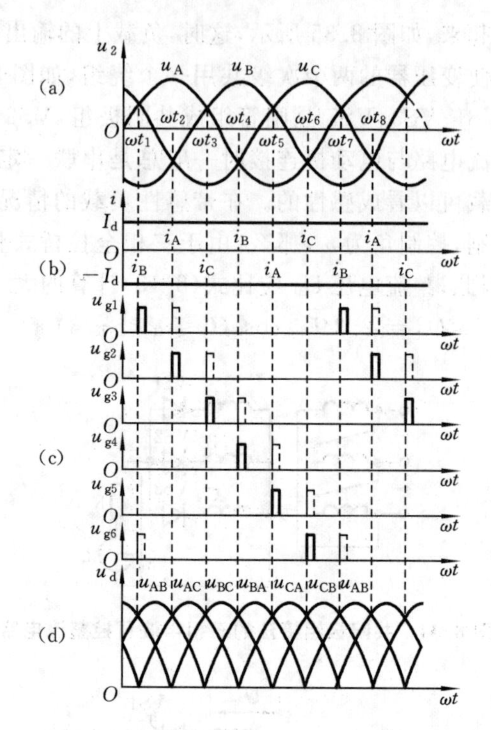

图 8.37　三相桥式全控整流电压、电流和触发脉冲波形($\alpha=0$ 时)

(a)交流电源电压;(b)相电流;(c)触发脉冲顺序;(d)整流电路输出电压

向相反)。

在 t_2 时刻后,A 相还保持着较大的正电压,C 相电压开始比 B 相电压的负值更大。若在 t_2 时刻给 VS1、VS2 触发脉冲,则 VS1 维持导通,且 VS2 导通,VS2 导通使 VS6 承受反向电压而关断,电流从 A 相经 VS1、负载和 VS2 回到 C 相,所以,在 $t_2 \sim t_3$ 时间内 VS1、VS2 导通,A 相电流为正,C 相电流为负。

在 t_3 时刻后,C 相还保持着较大的负电压,B 相电压开始比 A 相电压的正值更大。若在 t_3 时刻给 VS2、VS3 触发脉冲,则 VS2 维持导通,且 VS3 导通,VS3 导通使 VS1 承受反向电压而关断,所以,在 $t_3 \sim t_4$ 时间内 VS2、VS3 导通,电流从 B 相经 VS3、负载和 VS2 回到 C 相,B 相电流为正,C 相电流为负。

依此类推,在 $t_4 \sim t_5$ 时间内 VS3、VS4 导通,$t_5 \sim t_6$ 时间内 VS4、VS5 导通,$t_6 \sim t_7$ 时间内 VS5、VS6 导通,$t_7 \sim t_8$ 时间内 VS1、VS6 导通。各相电流如图 8.37(b)所示。对共阴极组而言,其输出电压波形是电压波形正半周的包络线;对共阳极组而言,其输出电压波形是电压波形负半周的包络线。三相桥式全控整流电路输出电压等于共阴极组与共阳极组输出电压之和。图 8.37(d)所示为输出电压波形。

当控制角 α 移相时,输出电压的波形和平均值将跟着发生变化。

前面仅讨论了几种有代表性的可控整流电路。可以看出,单相半波电路最简单,但各项指标都较差,只适用于小功率和输出电压波形要求不高的场合。单相桥式电路各项性能较好,只是电压脉动频率较大,故最适合于小功率的电路。晶闸管在直流负载侧组成单相桥式电路时各项性能较好,只用一只晶闸管,接线简单,一般用于小功率的反电动势负载。三相半波可控整流电路各项指标都一般,所以用得不多。三相桥式可控整流电路各项指标都好,在要求一定输出电压的情况下,元件承受的峰值电压最低,最适合较大功率的高压电路。所以,对于一般小功率电路应优先选用单相桥式电路，对于较大功率电路则应优先考虑三相桥式电路。只有在某些特殊情况下，才选用其他线路。例如，负载要求功率很小、各项指标要求不高时，可采用单相半波电路。

在低电压、大电流（如在电解、电镀、电焊等工业应用中，要求的直流电压仅几伏到几十伏，直流电流可达几千到几万安）的场合，常采用带平衡电抗器的双反星形可控整流电路；一些大型生产机械（如轧钢机、矿井提升机等）的直流拖动系统，其功率可达数兆瓦或更大。为了减轻整流装置谐波对电网的干扰，可采用十二相或十二相以上的晶闸管多相整流电路。现在，采用全控型开关器件、利用 PWM 控制技术的高频 PWM 整流电路也已投入使用，有关内容请参阅其他文献。

桥式电路选用半控桥还是全控桥，要根据电路的要求决定。如果不仅要求电路能工作于整流状态，同时还能工作于逆变状态，则选用全控桥；对于直流电动机负载一般也采用全控桥；对于一般要求不高的负载，可采用半控桥。

以上提出的仅是选用的一些原则，具体选用时，应根据负载性质、容量大小、电源情况、元件的准备情况等进行具体分析比较，全面衡量后再确定。

8.3　无源逆变电路

8.2 节讨论的是如何把交流电变成可调的直流电供给负载，也就是整流的方法，它的应用范围很广。但在生产实践中，例如，直流可逆的电力拖动系统中和交流电动机的变频调速系统中，还有相反的要求，即利用电力电子电路把直流电变成交流电。这种对应于整流的逆向过程称为逆变，把直流电变成交流电的装置称为逆变器。

在许多场合，同一套电力电子电路既可实现整流，又可实现逆变，这种装置通常称为变流器。变流器工作在逆变状态时，如果把变流器的交流侧接到交流电源上，把直流电逆变为同频率的交流电反馈到电网去，则称为有源逆变；如果变流器交流侧接到负载，把直流电逆变为某一频率或可变频率的交流电供给负载，则称为无源逆变。有源逆变器应用于直流电动机的可逆调速、绕线异步电动机的串级调速及高压直流输电等方面，无源逆变器通常用于变频器、交流电动机的变频调速等方面。若不加说明，逆变电路一般多指无源逆变电路。

逆变电路的应用非常广泛。在已有的各种电源中，蓄电池、干电池、太阳能电池等都是直流电源，当需要这些电源向交流负载供电时，就需要逆变电路。另外，交流电动机调速用的变频器、不间断电源、感应加热电源等电力电子装置也使用得非常广泛，其电路的核心部分就是逆变电路。逆变电路在电力电子电路中占有突出的地位。

下面以图 8.38(a)所示单相桥式逆变电路为例，说明逆变电路最基本的工作原理。图中 S1～S4 是桥式电路的四个臂，它们由电力电子器件及其辅助电路组成。当开关 S1、S4 闭合，S2、S3 断开时，负载电压 u_o 为正；当开关 S1、S4 断开，S2、S3 闭合时，u_o 为负；其波形如图 8.38(b)所示。这样，就把直流电变成了交流电，改变两组开关的切换频率，即可改变输出交流电的频率。这就是逆变电路最基本的工作原理。

当负载为阻性负载时，负载电流 i_o 和电压 u_o 的波形相同，相位也相同。当负载为阻感性负载时，i_o 相位滞后于 u_o，二者的波形也不同，图 8.38(b)所示的就是负载为阻感性负载时的 i_o 波形。设 t_1 时刻以前 S1、S4 闭合，u_o 和 i_o 均为正。在 t_1 时刻断开 S1、S4，同时闭合 S2、S3，则 u_o 的极性立刻变为负。但是，因为负载中有电感，其电流极性不能立刻改变而仍维持原方

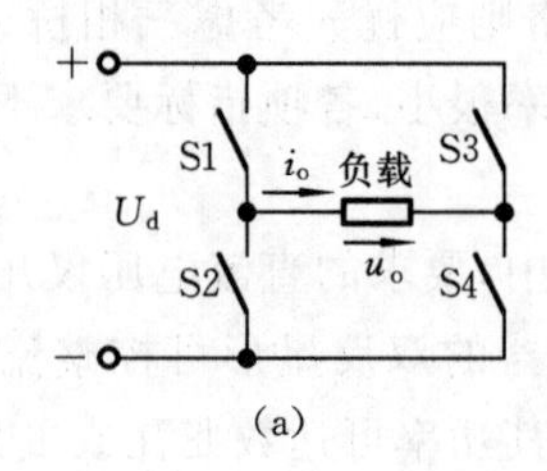

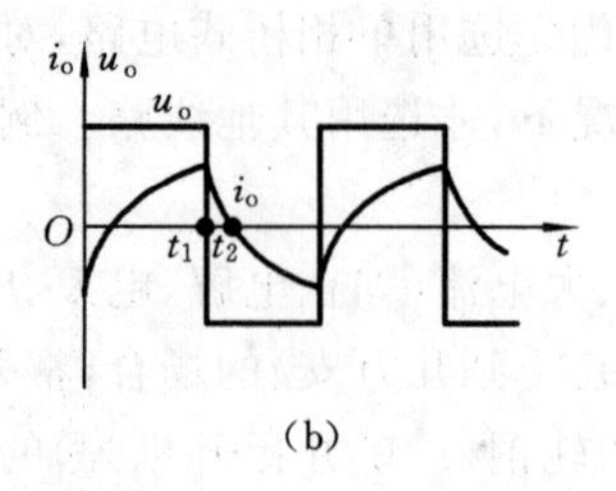

图 8.38　逆变电路及其波形举例

(a)基本电路;(b)波形

向。这时负载电流从直流电源负极流出,经 S2、负载和 S3 流回正极,负载电感中储存的能量向直流电源反馈,负载电流逐渐减小,到 t_2 时刻降为零,之后 i_o 才反向并逐渐增大。S2、S3 断开,S1、S4 闭合时的情况类似。

在变流电路工作过程中,电流不断从一个支路向另一个支路转移,这就是换流。换流方式在逆变电路中占有突出地位。依据开关器件及其关断(换流)方式的不同,换流可分为器件换流(利用全控型器件的自关断能力进行换流)、电网换流(借助电网电压实现换流,整流与有源逆变都属于电网换流)、负载换流(当负载为电容性负载时,由负载提供换流电压实现换流)与强迫换流(利用附加电容上所储存的能量给欲关断的晶闸管强迫施加反向电压或反向电流实现换流)等。器件换流只适用于全控型器件,其余三种方式主要是针对晶闸管而言的。

以往,中高功率逆变器采用晶闸管开关器件,晶闸管一旦导通,就不能自行关断,要关断晶闸管,需要设置强迫关断(换流)电路。强迫关断电路增加了逆变器的重量、体积和成本,降低了可靠性,也限制了开关频率。现今,绝大多数逆变器都采用全控型的电力半导体器件,中功率逆变器多采用 IGBT,大功率多采用 GTO,小功率则多采用功率 MOSFET;输出频率较低的用 GTO,输出频率较高的用 GTR、功率 MOSFET、IGBT。这使得逆变器的结构简单、装置体积小、可靠性高。

8.3.1　IGBT 无源逆变主电路

无源逆变电路可以从不同的角度进行分类,如可以按换流方式分,按输出的相数分,也可按直流电源的性质分。若按直流电源的性质分,可分为电压型和电流型两大类:直流侧是电压源的称为电压型逆变电路,直流侧是电流源的称为电流型逆变电路。电流型逆变器的应用范围较小,本小节主要介绍基于 IGBT 的电压型无源逆变电路。

电压型逆变电路(voltage source type inverter,VSTI)也称为电压源型逆变电路,图 8.39 所示为电压型逆变电路的一个例子。

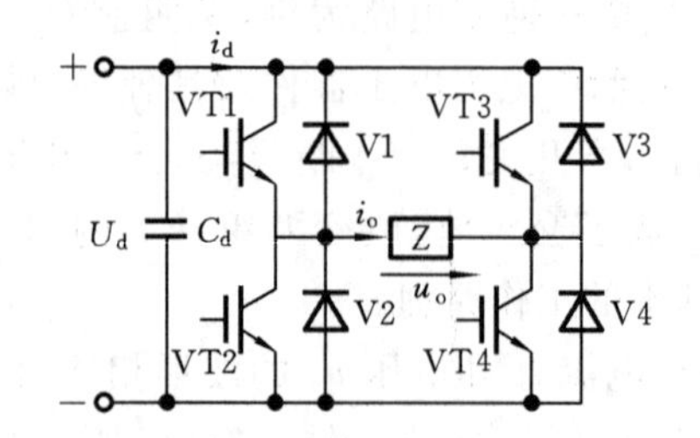

图 8.39　电压型逆变电路(全桥逆变电路)

电压型逆变电路有以下主要特点。

(1)直流侧为电压源,或并联有大电容,相当于电压源。直流侧电压基本无脉动,直流回路呈现低阻抗。

(2)由于直流电压源的钳位作用,交流侧输出电压波形为矩形波,并且与负载阻抗角无关。而交流侧输出电流波形和相位因负载阻抗情况的不同而不同,其波形接近三角波或接近正弦波。

(3)当交流侧为阻感性负载时需要提供无功功率,直流侧电容起缓冲无功能量的作用。为了给交流侧向直流侧反馈的无功能量提供通道,逆变桥各臂都并联了反馈二极管。

对上述有些特点的理解要在后面内容的学习中才能加深。下面分别就单相和三相电压型逆变电路进行讨论。

1)单相电压型逆变电路

(1)半桥逆变电路。单相半桥电压型逆变电路如图8.40(a)所示,它有两个桥臂,每个桥臂由一个可控器件和一个反并联二极管组成。在直流侧接有两个相互串联的足够大的电容,两个电容的连接点便成为直流电源的中点。负载连接在直流电源中点和两个桥臂连接点之间。

设开关器件VT1和VT2的栅极信号在一个周期内各有半周正偏,半周反偏,且二者互补。当负载为感性时,其工作波形如图8.40(b)所示。输出电压u_o的波形为矩形波,其幅值为$U_m = U_d/2$。输出电流i_o波形随负载情况而异。设t_2时刻以前VT1为通态,VT2为断态。t_2时刻给VT1截止信号,给VT2导通信号,则VT1截止,但感性负载中的电流i_o不能立即改变方向,于是V2导通续流。当t_3时刻i_o降为零时,V2截止,VT2导通,i_o开始反向。同样,在t_4时刻给VT2截止信号,给VT1导通信号后,VT2截止,V1先导通续流,t_5时刻VT1才导通。各段时间内导通的器件的名称如图8.40(b)的下部所示。

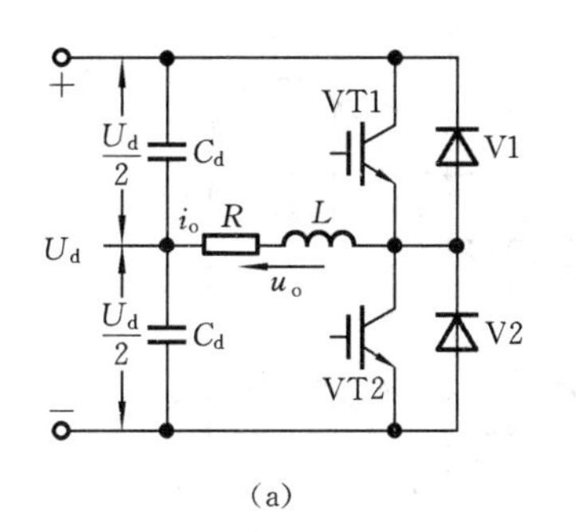

(a)

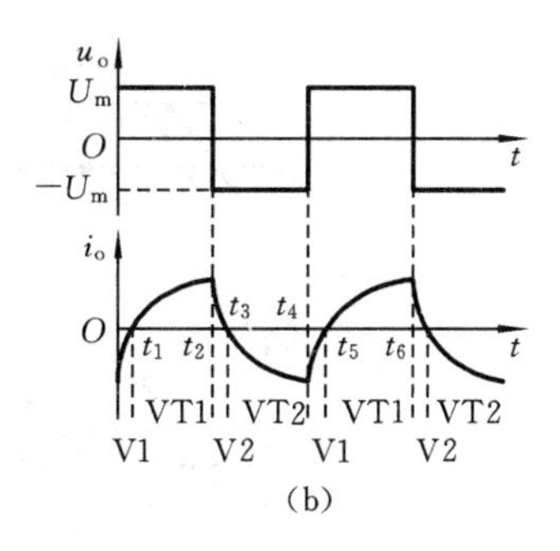

(b)

图8.40　单相半桥电压型逆变电路及其工作波形

(a)电路;(b)波形

当VT1或VT2为通态时,负载电流和电压同方向,直流侧向负载提供能量;而当V1或V2为通态时,负载电流和电压反向,负载电感中储存的能量向直流侧反馈,即负载电感将其吸收的无功能量反馈回直流侧。反馈回的能量暂时储存在直流侧电容器中,直流侧电容器起着缓冲这种无功能量的作用。因为二极管V1、V2是负载向直流侧反馈能量的通道,故称为反馈二极管;又因为V1、V2起着使负载电流连续的作用,故又称为续流二极管。

当可控器件是不具有门极可关断能力的晶闸管时,必须附加强迫换流电路,这样逆变电路才能正常工作。

半桥逆变电路的优点是简单、器件少;其缺点是输出交流电压的幅值U_m仅为$U_d/2$,且直流侧需要两个电容器串联,工作时还要使两个电容器电压均衡。因此,半桥电路常用于几千瓦或更小功率的逆变电源。

以下介绍的单相全桥逆变电路、三相桥式逆变电路都可看成由若干个半桥逆变电路组合而成的,因此,正确分析半桥电路的工作原理很有意义。

(2)全桥逆变电路。电压型全桥逆变电路如图 8.39 所示,它有四个桥臂,可以看成由两个半桥电路组合而成的。把桥臂 1 和桥臂 4 作为一对,桥臂 2 和桥臂 3 作为另一对,成对的两个桥臂同时导通,两对交替各导通 180°。其输出电压 u_o 的波形与图 8.40(b)所示的半桥电路的 u_o 波形相同,也是矩形波,但其幅值较后者高出一倍,$U_m = U_d$。在直流电压和负载都相同的情况下,其输出电流 i_o 的波形当然也和图 8.40(b)所示的 i_o 形状相同,仅幅值增加一倍。单相桥式逆变电路的电压、电流波形如图 8.41 所示(图中也表示了各器件导通情况)。关于无功能量的交换,半桥逆变电路的分析方法也完全适用于全桥逆变电路。

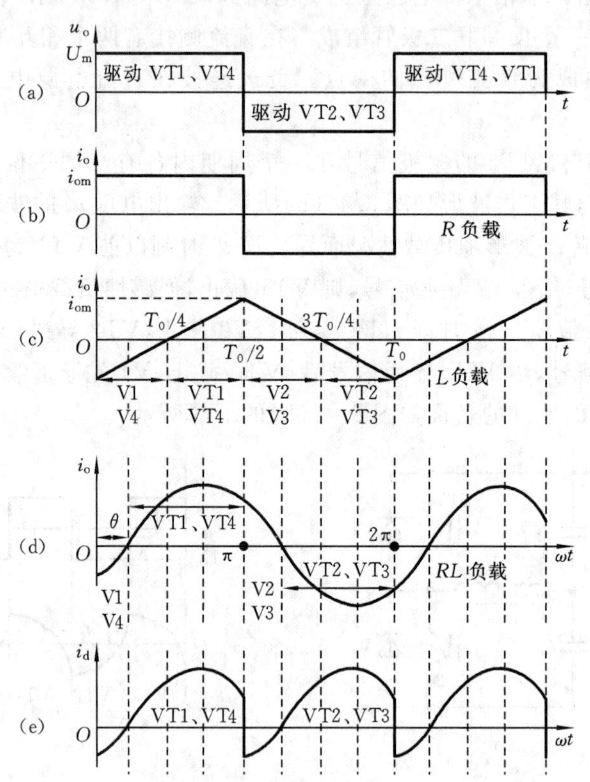

图 8.41　单相桥式逆变电路的电压、电流波形

(a)负载电压;(b)纯阻性负载电流波形;(c)纯感性负载电流波形;

(d)RL 负载电流波形;(e)输入电流波形

全桥逆变电路是单相逆变电路中应用最多的,下面对其电压波形作定量分析。把幅值为 U_d 的矩形波 u_o 展开成傅里叶级数,得

$$u_o = \frac{4U_d}{\pi}\left(\sin(\omega t) + \frac{1}{3}\sin(3\omega t) + \frac{1}{5}\sin(5\omega t) + \cdots\right) \tag{8.15}$$

其中基波的幅值 U_{o1m} 和基波有效值 U_{o1} 分别为

$$U_{o1m} = \frac{4U_d}{\pi} = 1.27U_d \tag{8.16}$$

$$U_{o1}=\frac{2\sqrt{2}U_d}{\pi}=0.9U_d \tag{8.17}$$

式(8.15)至式(8.17)对半桥逆变电路也是适用的，只是式中的U_d要换成$U_d/2$。当电源电压U_d和负载R不变时，桥式电路的输出功率是半桥式电路的4倍。纯阻性负载时电流i_o波形是与电压u_o同相的方波，如图8.41(b)所示；带纯感性负载时电流i_o是三角波，如图8.41(c)所示。

在$0\leqslant t<T_0/2$期间，$L\dfrac{\mathrm{d}i_o}{\mathrm{d}t}=u_o=+U_d$，$i_o$线性上升。

在$T_0/2\leqslant t<T_0$期间，$u_o=-U_d$，i_o线性下降。

在$0\leqslant t\leqslant T_0/4$期间，虽然VT1、VT4有驱动信号，VT2、VT3关断，但i_o为负值，只能经V1、V4流回电源。当$t\geqslant T_0/4$、$i_o\geqslant 0$时，由于VT1、VT4仍有驱动信号，$u_o=+U_d=L\dfrac{\mathrm{d}i_o}{\mathrm{d}t}$，$i_o>0$且线性上升，直到$t=T_0/2$为止，所以VT1、VT4仅在$T_0/4\leqslant t\leqslant T_0/2$期间导通，电源向电感供电。

在$T_0/2\leqslant t\leqslant 3T_0/4$期间V2、V3导通，VT2、VT3仅在$3T_0/4\leqslant t\leqslant T_0$期间导通。

对于纯感性负载，有

$$U_d=L\frac{\mathrm{d}i_o}{\mathrm{d}t}=L\frac{\Delta i_o}{\Delta t}=L\frac{i_{om}-(-i_{om})}{T_0/2}=L\frac{2i_{om}}{T_0/2} \tag{8.18}$$

故其负载电流峰值为

$$i_{om}=U_d/(4f_0L) \tag{8.19}$$

图8.41(d)所示的为RL负载时负载基波瞬时电流的波形，θ为i_o滞后于u_o的相位角。在$0\leqslant\omega t\leqslant\theta$期间，VT1、VT4有驱动信号，但$i_o$为负值，且VT2、VT3截止，因此V1、V4导通，$u_o=+U_d$，故直流电源输入电流i_d为负值($i_d=-i_o$)；在$\theta\leqslant\omega t\leqslant\pi$期间，$i_o$为正值，VT1、VT4有驱动信号而导通，$i_d=i_o$；在$\pi\leqslant\omega t\leqslant\pi+\theta$期间，VT2、VT3有驱动信号，但此期间$i_o$仍为正值，且VT1、VT4截止，故V2、V3导通，所以$i_d=-i_o$、$u_o=-U_d$，直到$\omega t=\pi+\theta$、$i_d=i_o=0$然后在$\pi+\theta\leqslant\omega t\leqslant 2\pi$期间VT2、VT3导通。图8.41(e)所示的是$RL$负载时直流电源输入电流$i_d$的波形。

2)三相电压型逆变电路

用三个单相逆变电路可以组合成一个三相逆变电路。但在三相逆变电路中，应用最广的还是三相桥式逆变电路。采用IGBT作为开关器件的电压型三相桥式逆变电路如图8.42所示，它可以看成由三个半桥逆变电路组成的。

图8.42所示电路的直流侧通常只有一个电容器就可以了，但为了分析方便，画作串联的两个电容器并标出了假想中点0。和单相半桥式、全桥式逆变电路相同，电压型三相桥式逆变电路的基本工作方式也是180°导电方式，即每个桥臂的导通角度为180°，同一相(即同一半桥)上下两个臂交替导通，各相开始导通的角度依次相差120°。这样，在任一瞬间，将有三个桥臂同时导通。可能是上面一个臂、下面两个臂同时导通，也可能是上面两个臂、下面一个臂同时导通。因为每次换流都是在同一相上下两个桥臂之间进行的，因此称为纵向换流。在$0\leqslant\omega t\leqslant\pi/3$期间，VT5、VT6、VT1导通，此后按VT6、VT1、VT2→VT1、VT2、VT3→VT2、VT3、VT4→VT3、VT4、VT5→VT4、VT5、VT6→VT5、VT6、VT1顺序导通，故称六拍逆变器。

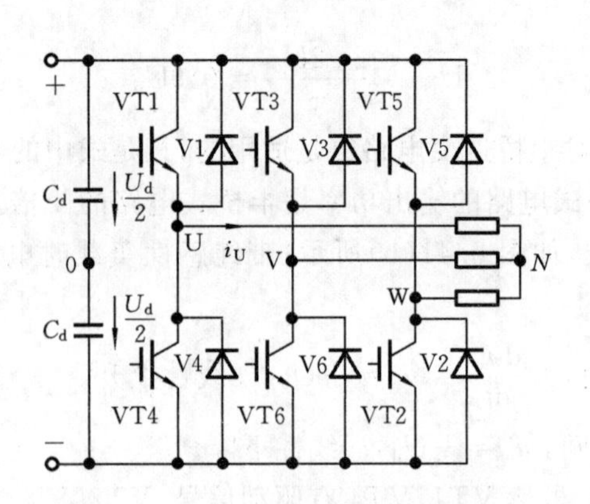

图 8.42　电压型三相桥式逆变电路

下面分析电压型三相桥式逆变电路的工作波形。对于 U 相输出，当桥臂 1 导通时，$u_{U0}=U_d/2$，当桥臂 4 导通时，$u_{U0}=-U_d/2$。因此，u_{U0} 的波形是幅值为 $U_d/2$ 的矩形波。V、W 两相的情况和 U 相类似，u_{V0}、u_{W0} 的波形和 u_{U0} 的波形相同，只是相位依次差 120°(见图8.43中的 u_{U0}、u_{V0}、u_{W0} 的波形)。

负载线电压 u_{UV}、u_{VW}、u_{WU} 可由下式求出：

$$\begin{cases} u_{UV}=u_{U0}-u_{V0} \\ u_{VW}=u_{V0}-u_{W0} \\ u_{WU}=u_{W0}-u_{U0} \end{cases} \tag{8.20}$$

依照式(8.20)可画出图 8.43 中的 u_{UV} 的波形。

设负载中点 N 与直流电源假想中点 0 之间的电压为 u_{N0}，则负载各相的相电压分别为

$$\begin{cases} u_{UN}=u_{U0}-u_{N0} \\ u_{VN}=u_{V0}-u_{N0} \\ u_{WN}=u_{W0}-u_{N0} \end{cases} \tag{8.21}$$

把上面各式相加并整理，可求得

$$u_{N0}=\frac{1}{3}(u_{U0}+u_{V0}+u_{W0})-\frac{1}{3}(u_{UN}+u_{VN}+u_{WN}) \tag{8.22}$$

设负载为三相对称负载，则有

$$u_{UN}+u_{VN}+u_{WN}=0$$

故可得

$$u_{N0}=\frac{1}{3}(u_{U0}+u_{V0}+u_{W0}) \tag{8.23}$$

图 8.43 中的 u_{N0} 的波形也是矩形波，但其频率为 u_{U0} 的频率的 3 倍，幅值为其 1/3，即 $U_d/6$。

利用式(8.21)和式(8.23)可绘出图 8.43 中的 u_{UN} 的波形，u_{VN}、u_{WN} 与 u_{UN} 的波形相同，仅相位依次相差 120°。

负载参数已知时，可以由 u_{UN} 的波形求出 U 相电流 i_U 的波形。负载的阻抗角 φ 不同，i_U 的波形和相位都有所不同。图 8.43 中的 i_U 波形是在阻感性负载、$\varphi<\pi/3$ 下得到的。桥臂 1 和桥臂 4 之间的换流过程和半桥电路相似。上桥臂 1 的 VT1 从通态转为断态时，因负载电感中的电流不能突变，下桥臂 4 的 V4 先导通续流，待负载电流降到零，桥臂 4 电流反向时，VT4 才开始导通。负载阻抗角 φ 越大，V4 导通时间就越长。i_U 的上升段即为桥臂 1 导电的区间，其中 $i_U<0$ 时 V1 导通，$i_U>0$ 时 VT1 导通；i_U 的下降段即为桥臂 4 导电的区间，其中 $i_U>0$ 时 V4 导通，$i_U<0$ 时 VT4 导通。

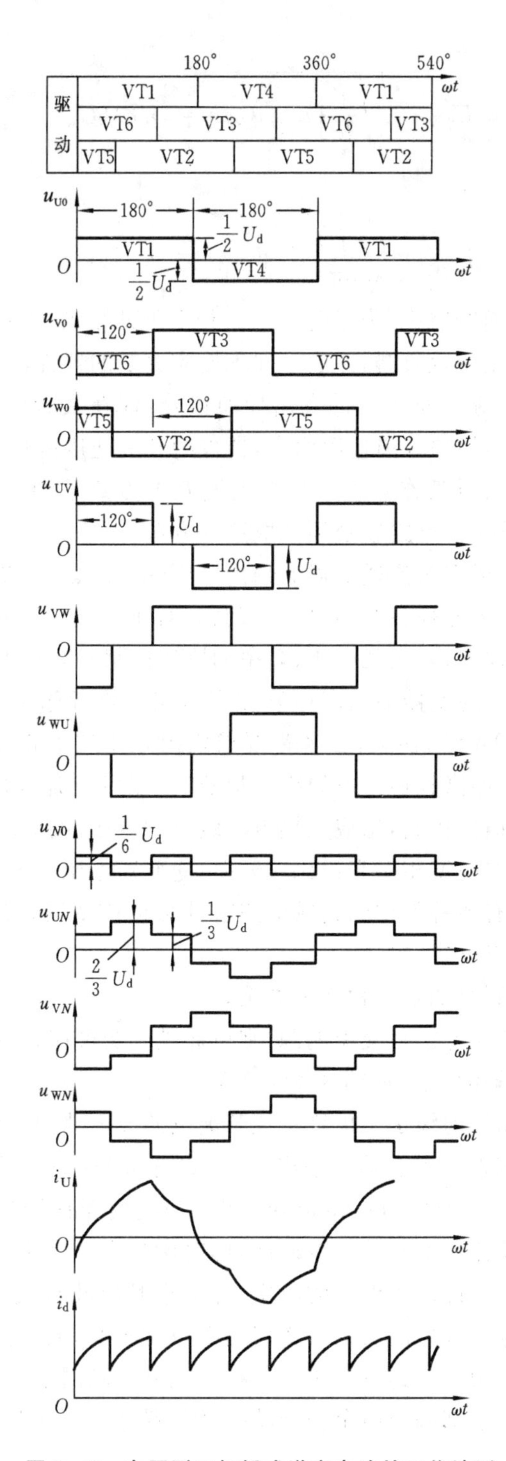

图 8.43　电压型三相桥式逆变电路的工作波形

i_V、i_W 的波形和 i_U 的波形相同，相位依次相差 120°。把桥臂 1、桥臂 3、桥臂 5 的电流相加，就可得到直流侧电流 i_d 的波形（见图 8.43）。可以看出，i_d 每隔 60°脉动一次，而直流侧电压是基本无脉动的，因此逆变器从交流侧向直流侧传送的功率是脉动的，且脉动的情况和 i_d 脉动情况大体相同。这也是电压型逆变电路的一个特点。可以证明：

输出线电压有效值为

$$U_{\mathrm{UV}}=\sqrt{\frac{1}{2\pi}\int_0^{2\pi}u_{\mathrm{UV}}^2\mathrm{d}(\omega t)}=0.816U_{\mathrm{d}}$$

负载相电压有效值为

$$U_{\mathrm{UN}}=\sqrt{\frac{1}{2\pi}\int_0^{2\pi}u_{\mathrm{UN}}^2\mathrm{d}(\omega t)}=0.471U_{\mathrm{d}}$$

在上述180°导电方式逆变器中,为了防止同一相上下两桥臂的开关器件同时导通而引起直流侧电源短路,要采取"先断后通"的方法。即先给应关断的器件以关断信号,待其关断后留一定的时间裕量,然后再给应导通的器件发出导通信号,即在二者之间留一个短暂的死区时间。死区时间的长短要视器件的开关速度而定,器件的开关速度越快,所留的死区时间就可以越短。这个"先断后通"方法对工作在上下桥臂通断互补方式下的其他电路也是适用的。显然,前述的单相半桥和全桥逆变电路也必须采取这一方法。

在实际应用中,很多负载都希望逆变器的输出电压(电流)、功率及频率能够得到有效和灵活的控制,以满足实际应用中各种各样的要求。例如,对于异步电动机的变频调速,要求逆变器的输出电压和频率都能改变,并实现电压、频率的协调控制。对于UPS电源,则要求在输入电压和负载变化情况下维持逆变器输出电压和频率恒定。前者称为变压变频(VVVF)系统,后者称为恒频恒压(CFCV)系统,而且,二者都要求输出电压波形正弦失真度不超过允许值。类似上述的例子还有很多,如高频逆变电焊机的恒流、恒压以及各种焊接特性的控制,太阳能和风力发电所要求的恒频恒压控制,感应加热电源装置的电压、电流波形及功率控制,等等。

逆变器输出电压的频率控制相对来说比较简单,逆变器电压和波形控制则比较复杂,且二者常常密切相关。现在已有各种各样的集成电路芯片可供逆变器控制系统选择使用,当然也可以利用软件编程技术加以解决。

逆变器输出电压的控制有如下三种基本方案。

(1)可控整流方案。如果电源是交流电源,则可通过改变可控整流器输出到逆变器的直流电压U_{d}来改变逆变器的输出电压,如图8.44(a)所示。

(2)斩波调压方案。如果前级是二极管不控整流电源或电池,则可通过直流斩波器改变逆变器的直流输入电压U_{d}来改变逆变器的输出电压,如图8.44(b)所示。

(3)脉冲宽度调制(pulse width modulation,PWM)逆变器自调控方案。如图8.44(c)所示,仅通过逆变器内部开关器件的脉冲宽度调制,同时调控电压和频率,调控输出电压中基波电压的大小,增大输出电压中最低次谐波的阶次,并减小其谐波数值,来达到既能调控其输出基波电压,又能改善输出电压波形的目的。逆变器自身调控其输出电压大小和波形是一种先进的控制方案,也是当前应用最广的方案之一。在交流电动机调速系统中,当前除了特大容量电动机的调速系统外,几乎全都采用由全控型功率开关器件组成的PWM变压变频系统。

8.3.2 逆变器的PWM控制

目前电压型逆变电路中,绝大部分都采用PWM控制方式,本小节主要介绍IGBT无源逆变电路两种PWM控制技术。

1. SPWM控制

采样控制理论有一个重要的原理——冲量等效原理:冲量相等而形状不同的窄脉冲加在

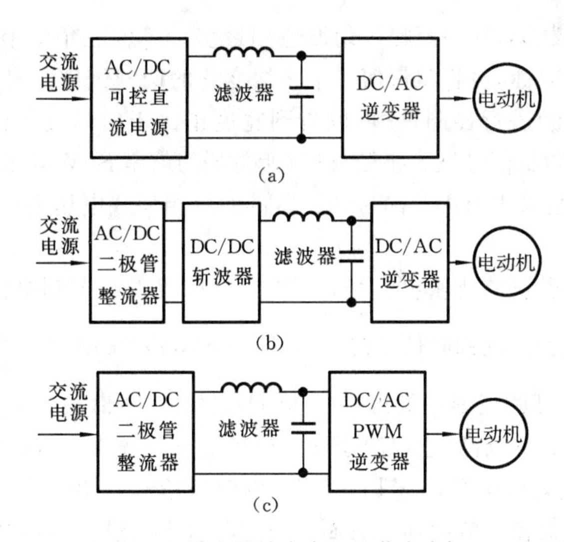

图 8.44　逆变器输出电压调节方案框图

(a)可控整流方案;(b)斩波调压方案;(c)PWM 逆变器自调控方案

具有惯性的环节上时,其效果基本相同。这里所说的冲量是指窄脉冲的面积,效果基本相同是指环节的输出响应波形基本相同。此为波形面积相等的原理,也称为面积等效原理。面积等效原理是 PWM 控制技术的重要理论基础。

下面分析如何用一系列等幅不等宽的脉冲来代替一个正弦半波。

把图 8.45(a)所示的正弦半波分成 N 等份,就可以把正弦半波看成由 N 个彼此相连的脉冲序列所组成的波形。这些脉冲宽度相等,都等于 π/N,但幅值不等,且脉冲顶部不是水平直线而是曲线,各脉冲的幅值按正弦规律变化。如果把上述脉冲序列(等宽不等幅)利用相同数量的等幅而不等宽的矩形脉冲代替,使矩形脉冲的中点和相应正弦波部分的中点重合,且矩形脉冲和相应的正弦波部分面积(冲量)相等,就得到图 8.45(b)所示的脉冲序列。这就是 PWM 波形。可以看出,各脉冲的幅值相等,而宽度是按正弦规律变化的。根据面积等效原理,PWM 波形和正弦半波是等效的,而且在同一时间段内(如半波内)的脉冲数越多,脉冲宽度越窄,不连续的按正弦规律改变宽度的多脉冲电压 u_2 就越等效于正弦电压 u_1。对于正弦波的负半周,也可以用同样的方法得到 PWM 波形。像这种脉冲宽度按正弦规律变化而和正弦波等效的 PWM 波形,称为 SPWM(sinusoidal PWM)波形。

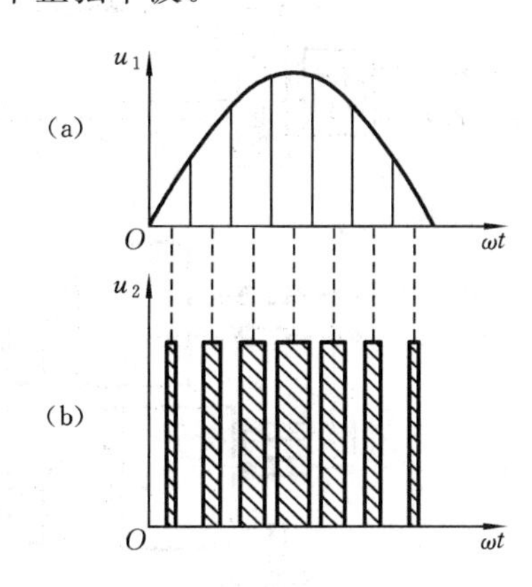

图 8.45　SPWM 波代替正弦半波

(a)正弦电压;(b)SPWM 等效电压

要改变等效输出正弦波的幅值,只要按照同一比例系数改变上述各脉冲的宽度即可。

根据上面所述的 PWM 控制的基本原理,如果给出了逆变电路的正弦波输出频率、幅值和半个周期内的脉冲数,就可以准确地计算出 PWM 波中各脉冲的宽度和间隔。按照计算结果控制逆变电路中各开关器件的通断,就可以得到所需要的 PWM 波形。

早期的模拟控制电路中,常采用调制法产生 PWM 控制波形,即把希望输出的波形作为调制信号,把接受调制的信号作为载波,通过信号波的调制得到所期望的 PWM 波形。通常将等腰三角波或锯齿波作为载波，其中等腰三角波应用最多。等腰三角波上任一点的水平宽度和高度成线性关系且左右对称，当它与任何一个平缓变化的调制信号波相交时，如果在交点时刻对电路中开关器件的通断进行控制，就可以得到宽度正比于信号波幅值的脉冲，这正好符合PWM控制的要求。在调制信号波为正弦波时，所得到的就是SPWM波。

图8.46(a)所示的是采用IGBT作为开关器件的单相桥式电压型逆变电路。设负载为阻感性负载。

为了使逆变电路获得正弦波输出信号，如图8.46(b)所示，调制电路的输入信号有两个：一个为频率和幅值可调的正弦调制信号波 $u_r = U_{rm}\sin(\omega_r t)$，频率 $f_r = \frac{\omega_r}{2\pi} = f_1$（逆变器输出电压基波频率），频率 f_r 的可调范围一般为0～400 Hz；另一个为载波 u_c，它是频率为 f_c、幅值为 U_{cm} 的单极性三角波，f_c 通常较高（它取决于开关器件的开关频率）。调制电路（由比较器组成）的输出信号 U_{G1}～U_{G4} 就是开关器件VT1～VT4的栅极信号。用图8.46(c)所示的正弦波与三角波的交点来确定开关器件的导通与关断。下面结合电路进行具体分析。

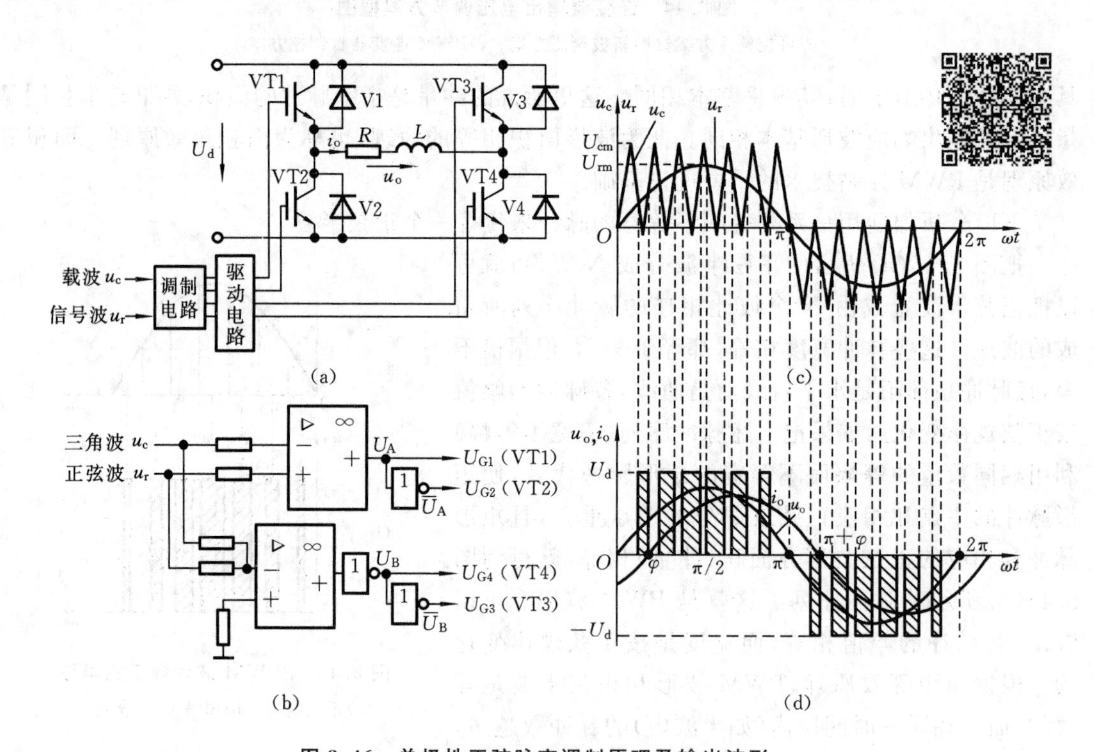

图8.46　单极性正弦脉宽调制原理及输出波形

(a)单相桥式PWM逆变电路；(b)调制电路(驱动信号生成电路)；

(c)由 u_c、u_r 交点确定开关点；(d)SPWM电压(逆变器输出电压)

(1)在正弦调制信号波 u_r 正半周中。在图8.46(c)中三角波瞬时值 u_c 高于正弦波瞬时值 u_r 期间，图8.46(b)所示的 U_A 为负值，U_{G1} 使图8.46(a)中的VT1截止，此时 $\overline{U}_A$ 为正值，U_{G2} 驱动VT2导通，同时 $\overline{U}_B$ 为正值，U_{G4} 驱动VT4导通，$\overline{U}_B$ 为负值，U_{G3} 使VT3截止。所以在 $u_c > u_r$ 期间，由于VT1、VT3截止，电源电压 U_d 不可能加至负载上。VT2、VT4由驱动信号导通时，如果此时负载电流 i_o 为正，则 i_o 经VT4、V2续流使 $u_o = 0$。如果此时负载电流为负，则 $-i_o$ 将经VT2、V4续流使 $u_o = 0$，所以在 $u_c > u_r$ 期间，图8.46(d)中 $u_o = 0$。

在图 8.46(c)中，正弦波瞬时值 u_r 大于三角波瞬时值 u_c 期间，图 8.46(b)中的 U_A 为正值，U_B 为正值，VT1、VT4 导通，VT2、VT3 截止。如果此时 i_o 为正值，则直流电源 U_d 经 VT1、VT4 向负载供电，使 $u_o=U_d$；如果此时 i_o 为负值，则 $-i_o$ 经 V1、V4 返回直流电源 U_d，此时仍有 $u_o=U_d$。所以在 $u_r>u_c$ 期间逆变器输出电压 $u_o=+U_d$，如图 8.46(d)所示。对每一个区间都进行类似的分析，就可以画出图 8.46(d)所示的正弦调制信号波 u_r 正半波期间输出电压 u_o 的完整波形。

(2)在正弦调制信号波 u_r 负半周中。根据图 8.46(c)所示的电压波形关系和图 8.46(b)所示的电路关系，可类似地画出图 8.46(d)所示正弦调制信号波 u_r 负半波时的输出电压 u_o。

由以上分析可知，输出电压 u_o 是一个由多脉冲波组成的交流电压，脉冲波的宽度近似地按正弦规律变化，即 ωt 从 0 到 2π 期间，脉宽从零变到最大正值再变为零，然后从零变到最大负值再变为零。在正半周只有正脉冲电压，在负半周只有负脉冲电压，因此这种 PWM 控制称为单极性正弦脉冲宽度调制(SSPWM)控制。输出电压 u_o 的基波频率 f_1 等于正弦调制信号波频率 f_r，输出电压的大小由电压调制比 $M=U_{rm}/U_{cm}$ 决定。固定 U_{cm} 不变，改变 U_{rm}(改变调制比 M)即可调控输出电压的大小，例如，增大 U_{rm}，M 变大，每个脉冲波的宽度都增加，u_o 中的基波增大。载波比 $N=f_c/f_r$ 越大，每半个正弦波内的脉冲数目越多，输出电压就越接近于正弦波。

综上所述，改变信号电压的频率，即可改变逆变器输出基波的频率(频率可调范围一般为 0～400 Hz)；改变信号电压的幅值，便可改变输出电压基波的幅值。逆变器输出的虽然是调制方波脉冲，但由于载波信号的频率比较高(可达 15 kHz 以上)，在负载电感(如电动机绕组的电感)的滤波作用下，也可以获得与正弦基波基本相同的正弦电流。

采用 SPWM 控制，逆变器相当于一个可控的功率放大器，既能实现调压，又能实现调频，加上它体积小，重量轻，可靠性高，而且调节速度快，系统动态响应性能好，因而在变频逆变器中获得广泛的应用。

实际的无源逆变电路多为三相电路，其三相 PWM 控制波形的产生过程与单相电路的类似。U、V 和 W 三相的 PWM 控制通常共用一个三角波载波 u_c，三相调制参考信号正弦电压 u_{Ur}、u_{Vr}、u_{Wr} 的相位相差 120°，如图 8.47 所示。

在上面介绍的用正弦信号波对三角波载波进行调制中，只要载波比 N 足够大，逆变电路所得到的 SPWM 波就接近于正弦波，即 SPWM 波中不含低次谐波，只含和载波频率有关的高次谐波。逆变电路输出波形中所含谐波的多少，是衡量 PWM 控制方法优劣的基本标志，但不是唯一标志。提高逆变电路的直流电压利用率、减少开关次数也是很重要的。直流电压利用率是指逆变电路所能输出的交流电压基波幅值 U_{1m} 与直流电压 U_d 之比，提高直流电压利用率可以提高逆变器的输出能力。减少功率器件的开关次数可以降低开关损耗。可以证明，对于正弦波调制的三相 PWM 逆变电路，直流电压利用率仅为 0.866。这个直流电压利用率是比较低的，其原因是正弦调制信号的幅值不能超过三角波幅值。

早期 SPWM 的实现电路采用模拟电路，目前已被数字方式所代替。

2. SVPWM 控制

在今天的三相无源逆变装置特别是交流电动机变频器中，SPWM 控制方式已基本上被 SVPWM(space vector PWM)控制方式所取代。

SVPWM 的主要思想是以三相对称正弦波电压供电时三相对称电动机定子理想磁链圆为参考标准，以三相逆变器不同开关模式作适当的切换，从而形成 PWM 波，以

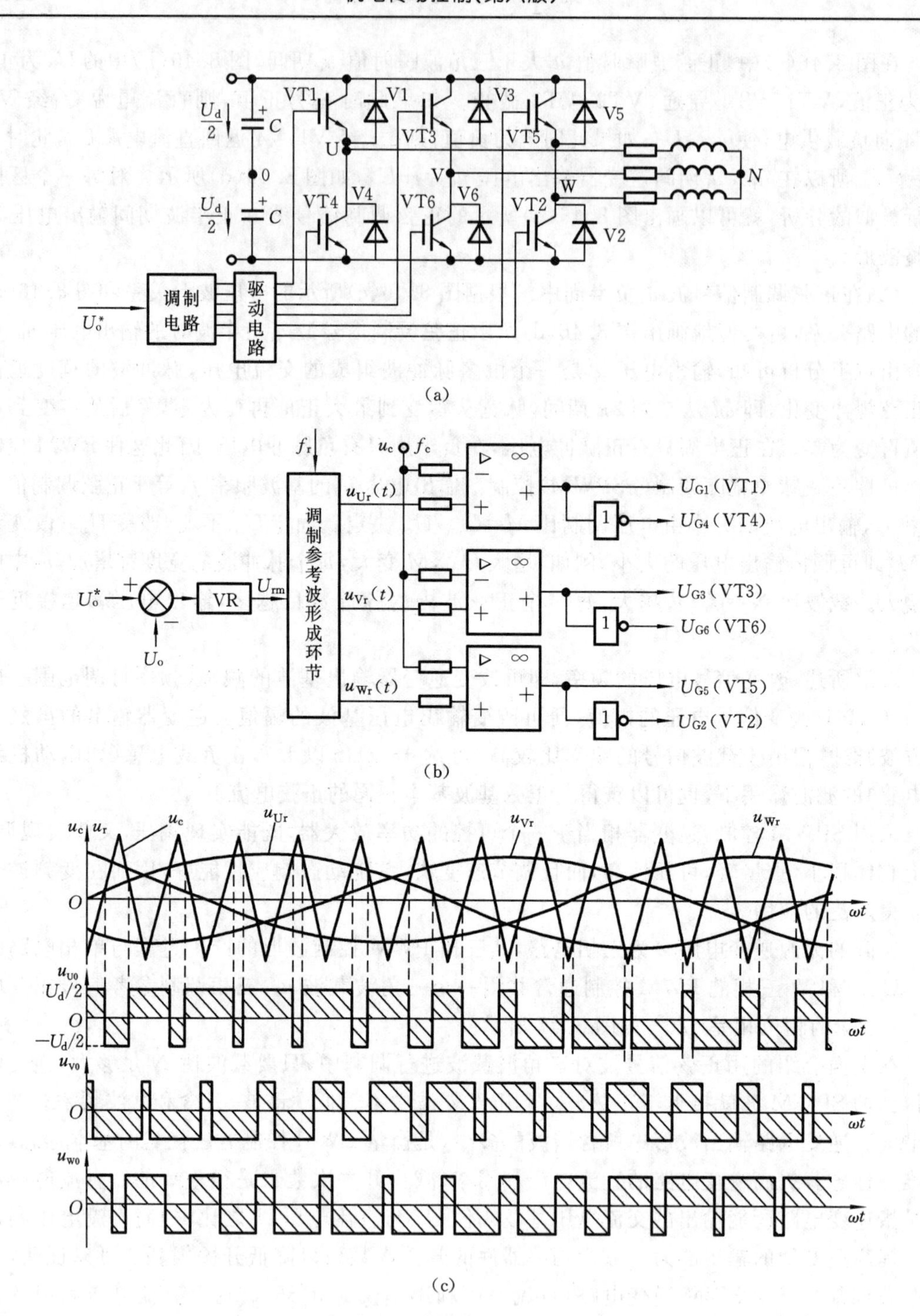

图 8.47　三相逆变器 SPWM 控制原理

(a)三相桥式 PWM 型逆变电路;(b)调制电路(驱动信号生成电路);(c)电压波形

形成的实际磁链矢量来追踪其准确磁链圆。传统的 SPWM 方法从电源的角度出发,以生成一个可调频调压的正弦波电源,而 SVPWM 方法将逆变系统和异步电动机看作一个整体来考虑,模型比较简单,也便于微处理器的实时控制。

8.4　有源逆变电路

在逆变电路中，把直流电经过直交变换，向交流电源反馈能量的变换电路称为有源逆变电路，通常将直流电转换为 50 Hz(或 60 Hz)的交流电并馈入公共电网，相应的装置称为有源逆变器。

常用的有源逆变电路有基于晶闸管的有源逆变电路和基于 IGBT 的 PWM 有源逆变电路。

现以晶闸管三相半波逆变电路为例来说明有源逆变的工作原理。

1. 整流状态($0<\alpha<\pi/2$)

三相半波可控整流电路工作于整流状态，其电路如图 8.48(a)所示。整流输出电压为

$$u_d = E + I_d R + L\frac{di_d}{dt} \tag{8.24}$$

$$U_d = E + I_d R \tag{8.25}$$

$$L\frac{di_d}{dt} = u_d - U_d \tag{8.26}$$

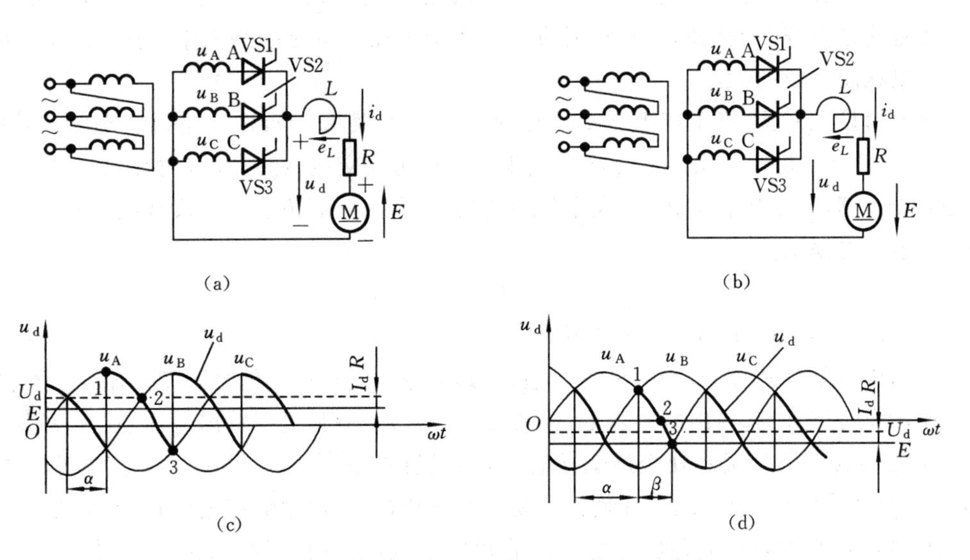

图 8.48　三相半波可控整流电路及电压波形

(a)整流状态电路；(b)逆变状态电路；(c)整流状态波形；(d)逆变状态波形

假设 $\alpha=\pi/3$，电路工作于整流状态，即 $U_d > E$。

在 ωt_1 时刻 VS1 被触发导通，忽略管压降时，$u_d = u_A$，在点 1 到点 2 这段区间，$u_d > U_d$。由式(8.26)可知，i_d 是增加的，$L\frac{d\,i_d}{dt} > 0$。感应电动势 e_L 的极性是左正右负，电感储存能量。到点 2 时，$u_d = U_d$，$L\frac{d\,i_d}{dt} = 0$，i_d 达最大值。过点 2 后，$u_d < U_d$，$L\frac{d\,i_d}{dt} < 0$，此时，感应电动势极性为左负右正，储存的能量被释放，在 $u_d < E$ 时仍能维持 VS1 继续导通直到 ωt_3 时刻触发 VS2 导通为止。依次触发 VS2、VS3，在一周期中 u_d 波形如图 8.48(c)所示。由 u_d 波形可知，在一周期中波形的正面积大于负面积，故平均值 $U_d > 0$。电源相电压极性在整流工作一周期中大部分是左负右正，流过变压器次级线圈的电流由低电位流向高电位，所以，一周期中整

流电路(交流电源)总的是输出能量,工作于整流状态。流过直流电动机电枢的电流是由高电位流向低电位,电动机吸收电能处于电动状态。

2. 逆变状态($\pi/2<\alpha<\pi$)

三相半波可控整流电路工作于逆变状态,其电路如图 8.48(b)所示。

现分析 $\alpha=2\pi/3$ 的情况。在 $\omega t_1(\alpha=2\pi/3)$ 时 VS1 被触发导通,忽略管压降时,$u_d=u_A$,在点 1 到点 2 这段区间 $u_d>0$,根据式(8.26)得 $L\dfrac{\mathrm{d}i_d}{\mathrm{d}t}>0$,电流 i_d 增加,感应电动势 e_L 极性为左正右负,电感吸收能量,交流电网及电动机送出能量。在点 2 到点 3 这段区间,$u_d<0$,但 $u_d<U_d$,故仍为 $L\dfrac{\mathrm{d}i_d}{\mathrm{d}t}>0$,电感及交流电网吸收能量,电动机输出能量。到点 3 时,$u_d=U_d$,$L\dfrac{\mathrm{d}i_d}{\mathrm{d}t}=0$,$i_d$ 达最大值。过点 3 后,$u_d>U_d$,$L\dfrac{\mathrm{d}i_d}{\mathrm{d}t}<0$,电流 i_d 减小,感应电动势 e_L 的极性为左负右正,电感释放能量,电动机输出能量,交流侧电流由高电位流向低电位,电感释放能量维持 VS1 继续导通,直到 VS2 被触发导通为止。依次触发 VS2 及 VS3,输出电压 u_d 波形如图 8.48(d)所示。u_d 波形负面积大于正面积,故输出电压平均值 $U_d<0$,一周期中变流器总的是吸收能量(交流电网吸收能量),直流电动机电枢电流由低电位到高电位,输出能量,因此,完成了将直流电变成交流电回送到电网的有源逆变过程。整流电路工作于逆变状态,电动机工作于发电状态(制动状态)。

由以上可见,要使电路工作于逆变状态,必须使 U_d 及 E 的极性与整流状态相反,并且要求 $E\geqslant U_d$。只有满足这个条件才能将直流侧电能反送到交流电网实现有源逆变。

为便于计算,对于逆变电路,引入参数逆变角 β,它与控制角 α 的关系是:$\alpha+\beta=\pi$。对于三相半波逆变电路,有

$$U_d=-1.17U_{2p}\cos\beta \tag{8.27}$$

当 $\beta=0$ 时,$U_d=U_{dmax}$;当 $\beta=\pi/2$ 时,$U_d=0$。

需要指出的是:当变流器处于整流状态时,如果触发电路或其他故障使一相或几相晶闸管不能导通,那么只会引起输出电压降低,纹波变大,最多也只是没有输出电压使电流中断,不会发生太大的事故。但变流器处于逆变状态时,触发脉冲丢失或相序不对、交流电源断电或缺相、晶闸管损坏等原因,会使晶闸管装置不能正常换相,导致电路输出电压 U_d 与逆变源反电动势 E 顺极性串联叠加,引起短路,产生很大的短路电流,这种情况称为逆变颠覆或逆变失败。它会造成设备与元件的损坏。

另外,要考虑晶闸管关断的延迟时间、交流侧变压器的漏电感阻止电流换相的时间以及电网电压与负载电流的波动等而引起 β 的变化,必须保证有一定的时间来发送触发脉冲。为了不造成逆变失败,对逆变角的最小值 β_{min} 有一个限制,一般取 $\beta_{min}=\pi/6$,所以,逆变电路 β 的变化范围是:$\pi/6\leqslant\beta<\pi/2$。

整流和逆变,交流和直流,在晶闸管变流器中互相联系着,并在一定条件下互相转化。当变流器工作在整流状态时,就是整流电路。当变流器工作在逆变状态时,就是逆变电路。因此,逆变电路在工作原理、参数计算及分析方法等方面和整流电路是密切联系的,而且在很多方面是一致的。但在分析整流和逆变时,要考虑能量传送方向上的特点,进而掌握整流与逆变的转化规律。

在第 9 章中将结合直流电机调速进一步介绍晶闸管整流/逆变电路的四象限运行。

8.5　直流斩波电路

电力电子技术中的斩波器是利用晶闸管和自关断器件来实现通断控制的。将直流电源电压断续加在负载上，通过改变开关的动作频率或改变直流电流通和断的时间比例，来改变加于负载上的电压、电流平均值的电路，称为直流-直流变换器或直流斩波电路，简称为斩波电路。在直流电动机调速、开关磁阻电动机激磁、步进电动机绕组激磁及脉冲电源中都采用了各式各样的斩波控制技术。

斩波电路的种类较多，最基本的是降压斩波（buck 结构）电路和升压斩波（boost）电路。随着光伏发电和新能源汽车的发展，双向 DC-DC 斩波（buck-boost）电路应用也日益广泛。

1. 降压斩波电路

降压斩波电路（buck chopper）及其工作波形如图 8.49 所示。该电路使用了一个全控型器件 VT（图中为 IGBT），也可使用其他器件。若采用晶闸管，则需设置使晶闸管关断的辅助电路。如图 8.49(a)所示，为在 VT 截止时给负载中的电感电流提供通道，设置了续流二极管 V。斩波电路的典型用途之一是拖动直流电动机，其也可带蓄电池负载，两种情况下负载中均会出现反电动势（如图中的 E）。若负载中无反电动势，只需令 $E=0$，以下的分析及表达式均可适用。

由图 8.49(b)所示 VT 的栅射电压 u_{GE}波形可知，在 $t=0$ 时刻驱动 VT 导通，电源 U_d向负载供电，负载电压 $u_o=U_d$，负载电流 i_o线性（实则按指数曲线，下同）上升。

在 $t=t_1$时刻，控制 VT 截止，负载电流经二极管 V 续流，负载电压 u_o近似为零，负载电流 i_o线性下降。为了使负载电流连续且脉动小，通常串接 L 值较大的电感。

至一个周期 T 结束，再驱动 VT 导通，重复上一周期的过程。当电路工作于稳态时，负载电流在一个周期的初值和终值相等，如图 8.49(b)所示。负载电压的平均值为

$$U_o = \frac{t_{on}}{t_{on}+t_{off}} U_d = \frac{t_{on}}{T} U_d = \gamma U_d \left(\gamma = \frac{t_{on}}{T}\right) \tag{8.28}$$

式中：t_{on}——VT 处于通态的时间；

t_{off}——VT 处于断态的时间；

T——开关周期；

γ——导通占空比，简称占空比或导通比。

由此式可知，输出到负载的电压平均值 U_o最大为 U_d，若减小导通占空比 γ，则 U_o随之减小。因此该电路称为降压斩波电路，也可看成直流降压变压器。

负载电流平均值为

$$I_o = \frac{U_o - E}{R} \tag{8.29}$$

若负载中 L 值较小，则在 VT 截止后，到了 t_2时刻，如图 8.49(c)所示，负载电流已衰减至零，会出现负载电流断续的情况。由波形可见，负载电压 u_o平均值会被抬高。一般，工作时不希望出现电流断续的情况。

由式(8.28)可见，改变开关管 VT 在一个周期中的相对导通时间，即改变导通占空比 γ，可调节或控制输出电压 U_o。根据对输出电压平均值进行调制的方式不同，斩波电路可有如下三种控制方式：

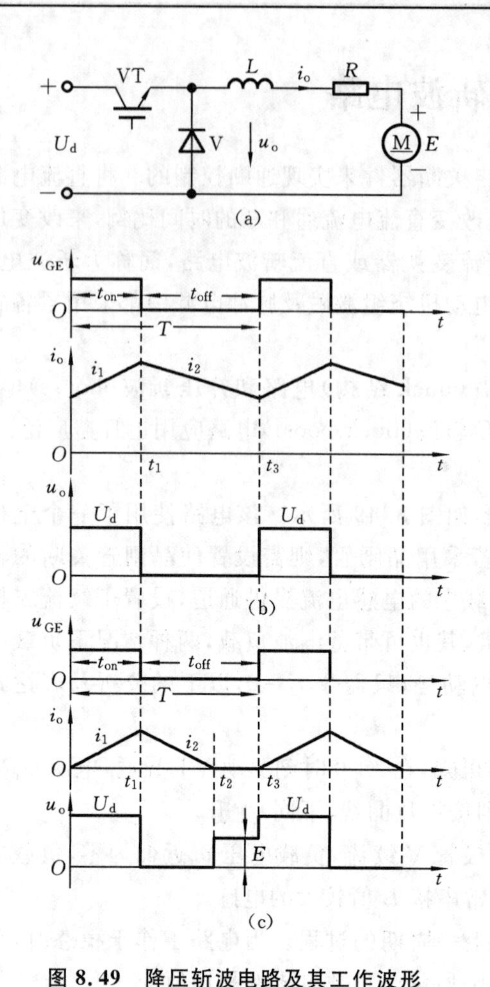

图 8.49　降压斩波电路及其工作波形

(a)电路;(b)电流连续时的波形;(c)电流断续时的波形

(1)脉冲宽度调制(PWM)方式,即保持 T 不变(开关频率不变),改变 t_{on} 调控输出电压 U_o;

(2)脉冲频率调制(pulse frequency modulation,PFM)方式,即保持 t_{on} 不变,改变开关频率或周期调控输出电压 U_o;

(3)混合型调制方式,即 t_{on} 和 T 都可调,改变导通占空比 γ,从而调控输出电压 U_o。

实际中广泛采用 PWM 方式,因为采用定频 PWM 开关时,输出电压中谐波的频率固定,滤波器容易设计,开关过程产生的电磁干扰容易控制。此外,由控制系统获得可变脉宽信号比获得可变频率信号容易实现。

直流斩波电路输出的直流电压有两种不同的应用。一种是要求输出电压可在一定范围内调节控制,即输出可变的直流电压。例如,负载为直流电动机时,要求采用可变直流电压供电以改变其转速。另一种是要求在电源电压变化或负载变化时输出电压都能维持恒定不变,即输出恒定的直流电压。这两种不同的要求均可通过一定类型的控制系统的反馈控制原理实现,其实际应用分析将在第 9 章中介绍。

2. 升压斩波电路

升压斩波电路(boost chopper)及其工作波形如图 8.50 所示,该电路中也使用了一个全控型器件。

像图 8.49(a)所示那样在电源 U_d 与负载之间串接一个控制开关,绝不可能使负载获得高于电源电压 U_d 的直流电压。为了获得高于电源电压 U_d 的直流输出电压 U_o,一个简单而有效的办法是,利用电感线圈 L 在其电流减小时所产生的反电动势 e_L。当电感电流减小时,$e_L=-L\,\mathrm{d}i_L/\mathrm{d}t$ 为正值。将此电感反电动势 e_L 与电源电压 U_d 串联相加送至负载,则负载就可获得高于电源电压 U_d 的直流电压 U_o。在这一思想启发下,利用一个全控型开关管 VT 和一个续流二极管 V,再加上电感、电容,构成直流-直流升压变换器,即升压斩波电路,其电路如图 8.50(a)所示。

升压斩波电路是输出直流电压平均值 U_o 高于输入电压 U_d 的单管不隔离直流变换器,图 8.50(a)中电感 L 在输入侧,称为升压电感。开关管 VT 仍为 PWM 控制方式。与降压斩波电路一样,升压斩波电路也有电感电流连续和断流两种工作方式。下面仅分析电感电流连续的工作情况,如图 8.50(b)所示。

从 $t=0$ 到 $t=t_1$ 为 t_{on},在此期间,开关管 VT 导通,二极管 V 截止,电源电压 U_d 加到升压电感 L 上,电感电流 i_L 线性增长。当 $t=t_1$ 时,i_L 达到最大值 $i_{L\max}$。在 VT 导通期间,由于二极管 V 截止,负载由滤波电容 C 供电。

从 $t=t_1$ 到 $t=t_2$ 为 t_{off}，在此期间，VT截止，V导通，这时，i_L 通过二极管V向输出侧流动，电源功率和电感 L 的储能向负载和电容 C 转移，给 C 充电。此时加在 L 上的电压为 U_o-U_d，因为 $U_o>U_d$，故 i_L 线性减小。当 $t=t_2$ 时，i_L 达到最小值 I_{Lmin}。

此后，VT又导通，开始下一个开关周期。

由此可见，电感电流连续时升压斩波电路的工作分为两个阶段：①VT导通时为电感 L 储能阶段，此时电源不向负载提供能量，负载靠储存于电容 C 的能量维持工作；②VT截止时为电源和电感共同向负载供电阶段，同时还给电容 C 充电。图8.50(b)所示的升压斩波电路电源的输入电流就是升压电感 L 电流，电流平均值 $I_{LT}=(I_{Lmax}+I_{Lmin})/2$。开关管VT和二极管V轮流工作：VT导通时，电感电流 i_L 流过VT；VT截止、V导通时，电感电流 i_L 流过V。电感电流 i_L 是VT导通时的电流 i_T 和V导通时的电流 i_D 的合成。在周期 T 的任何时刻 i_L 都不为零，即电感电流连续。稳态工作时电容 C 充电量等于放电量，通过电容的平均电流为零，故通过二极管V的电流平均值就是负载电流 I_o。

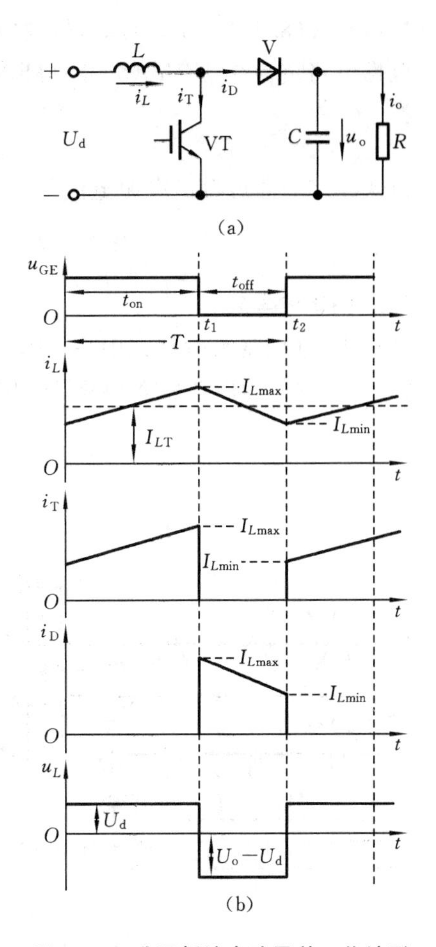

图8.50 升压斩波电路及其工作波形

(a)电路；(b)电感电流连续时波形

VT处于通态的时间为 t_{on}，此阶段电感 L 上积蓄的能量为 $U_d I_{LT} t_{on}$。VT处于断态的时间为 t_{off}，则在此期间电感 L 释放的能量为 $(U_o-U_d)I_{LT}t_{off}$。当电路工作于稳态时，一个周期 T 中电感 L 积蓄的能量与释放的能量相等，即

$$U_d I_{LT} t_{on}=(U_o-U_d)I_{LT}t_{off} \tag{8.30}$$

化简得

$$U_o=\frac{t_{on}+t_{off}}{t_{off}}U_d=\frac{T}{t_{off}}U_d \tag{8.31}$$

式中：$T/t_{off}\geqslant 1$。输出电压高于电源电压，故称该电路为升压斩波电路。

式(8.31)中 T/t_{off} 表示升压比，调节其大小即可改变输出电压 U_o 的大小。若将升压比的倒数记为 β，即 $\beta=t_{off}/T$，则 β 和导通占空比 γ 有如下关系：

$$\gamma+\beta=1 \tag{8.32}$$

因此，式(8.31)可表示为

$$U_o=\frac{1}{\beta}U_d=\frac{1}{1-\gamma}U_d \tag{8.33}$$

升压斩波电路能使输出电压高于电源电压，关键原因有两个：一是 L 储能之后具有升压的作用，二是电容 C 可将输出电压保持住。

如果忽略电路中的损耗，则由电源提供的能量仅由负载 R 消耗，即

$$U_d I_{LT}=U_o I_o \tag{8.34}$$

式(8.31)与式(8.34)表明，与降压斩波电路一样，升压斩波电路也可看成直流变压器。

根据电路结构并结合式(8.33)得出输出电流的平均值为

$$I_{o}=\frac{U_{o}}{R}=\frac{1}{\beta}\frac{U_{d}}{R} \tag{8.35}$$

由式(8.34)即可得出电源电流

$$I_{LT}=\frac{U_{o}}{U_{d}}I_{o}=\frac{1}{\beta^{2}}\frac{U_{d}}{R} \tag{8.36}$$

3. H 桥斩波电路

H 桥 DC-DC 变换电路在中小功率有刷直流电动机驱动和步进电动机驱动中应用非常广泛。图 8.51 所示为由功率 MOSFET 组成的 H 桥斩波电路，用来控制直流电动机电枢绕组。

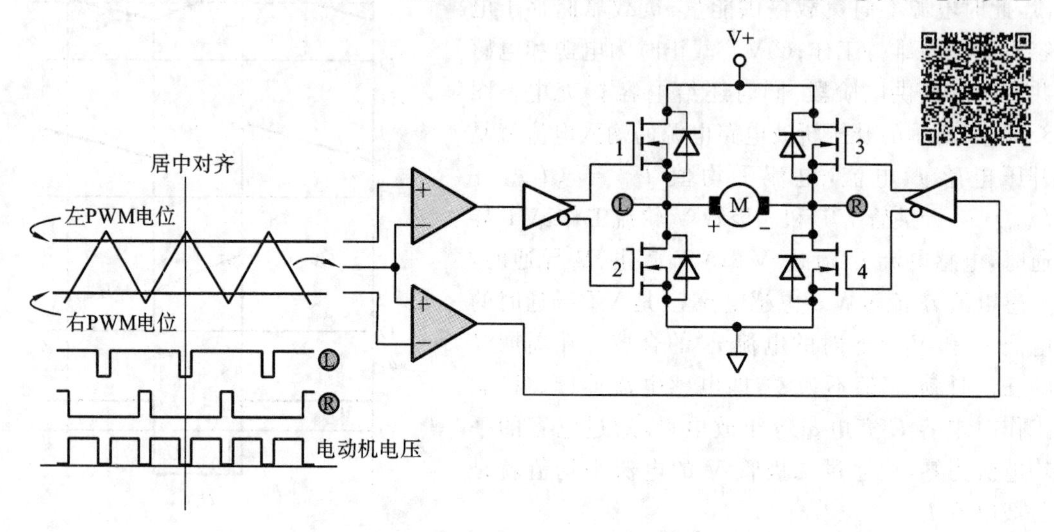

图 8.51　由功率 MOSFET 组成的 H 桥斩波电路

8.6　电力电子器件的驱动和控制电路

电力电子器件的驱动电路是电力电子主电路与控制电路之间的接口，是电力电子装置的重要环节，对整个装置的性能有很大的影响。性能良好的驱动电路，可使电力电子器件工作在较理想的开关状态，缩短开关时间，减小开关损耗，对装置的运行效率、可靠性和安全性都有重要的意义。另外，对电力电子器件或整个装置的一些保护设备往往就近设在驱动电路中，或者保护功能通过驱动电路来实现，这使得驱动电路的设计更为重要。

简单地说，驱动电路的基本任务，就是将信息电子电路传来的信号按照其控制目标的要求，转换为加在电力电子器件控制端和公共端之间，可以使其导通或关断的信号。对于半控型器件，只需提供导通控制信号；对于全控型器件，则既要提供导通控制信号，又要提供关断控制信号，以保证器件按要求可靠导通或关断。

驱动电路还要提供控制电路与主电路之间的电气隔离环节，一般采用光隔离或磁隔离。光隔离一般采用光耦合器。光耦合器由发光二极管和光敏晶体管组成，封装在一个外壳内。其类型有普通、高传输比和高速三种。普通光耦合器的输出特性和晶体管相似，只是其电流传输比 I_{C}/I_{D} 比晶体管的电流放大倍数 β 小得多，一般只有 0.1～0.3。普通光耦合器的响应时间为 10 μs 左右。高传输比光耦合器的 I_{C}/I_{D} 要大得多。高速光耦合器的光敏二极管流过的是反向电流，其响应时间小于 1.5 μs。磁隔离的元件通常是脉冲变压器，当脉冲较宽时，应采取措施避免铁芯饱和。

8.6.1　晶闸管驱动电路

晶闸管触发，基本的要求是门极电流大于 I_{GT}，但要可靠地触发晶闸管，必须保证触发脉冲快速上升。

晶闸管触发电路的作用是产生符合要求的门极触发脉冲，保证晶闸管在需要的时刻由阻断转为导通。晶闸管触发电路往往包括对其触发时刻进行控制的相位控制电路，触发电路一般由图 8.52 所示的四部分组成。

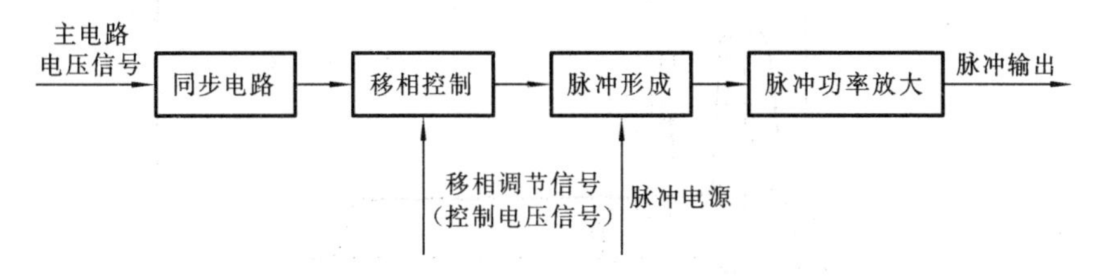

图 8.52　触发电路的组成

（1）同步电路。它的功能是使触发脉冲每次产生的时刻，都能准确地对应着主电路电压波形上的 α 时刻。常用的方法是把主电路的电压信号直接引入，或通过同步变压器（或经过阻容移相电路）从主电路引入，来作为触发同步信号。

（2）移相控制。它的功能是调节触发脉冲发生的时刻（即调节控制角 α 的大小）。常将锯齿波与给定信号电压进行比较来进行移相控制。

（3）脉冲形成。它是触发电路的核心，其功能是产生一定功率（一定的幅值与脉宽）的脉冲，常用的有单结晶体管自激振荡电路、锯齿波触发电路和集成触发电路等。

（4）脉冲功率放大。若触发驱动的晶闸管的容量较大，则要求触发脉冲有较大的输出功率。若形成的脉冲的功率不够大，则还要增加脉冲功率放大环节。通常采用由复合管组成的射极输出器或采用强功率触发脉冲电源。

为了保证晶闸管可靠触发，晶闸管对触发电路有一定的要求，概括起来有如下几点。

（1）触发电路应能供给足够大的触发电压和触发电流，一般要求触发电压应该在 4 V 以上、10 V 以下，如图 8.53 所示；脉冲电流的幅度应为器件最大触发电流 I_{GT} 的 3～5 倍。

（2）由于晶闸管从截止状态到完全导通需要一定的时间（一般在 10 μs 以内），因此，触发脉冲的宽度 t_1（见图 8.53）必须在 10 μs 以上（最好为 20～50 μs），这样才能保证晶闸管可靠触发；如果负载是大电感，电流上升比较慢，那么，触发脉冲的宽度还应该增大，对于 50 Hz 的交流整流与逆变电路一般为 18°（即 t_1 为 1 ms）。

（3）触发脉冲的前沿要陡，否则将会因温度、电压等因素的变化而导致晶闸管触发时间前后不一致。脉冲前沿不陡、触发时间有偏差的波形如图 8.54 所示。如果环境温度的改变使得晶闸管的触发电压从 u_{g1} 提高到 u_{g2}，那么，晶闸管开始触发的时间就从 t_1 变成 t_2，可见，触发时间推迟了；同样，在多个晶闸管作串并联运用时，为改善均压和均流，脉冲的前沿陡度也希望大于 1 A/μs。理想的触发脉冲电流波形如图 8.55 所示。图中，$t_1 \sim t_2$ 为脉冲前沿上升时间（小于 1 μs），$t_1 \sim t_3$ 为强脉冲宽度，I_M 为强脉冲幅值（$(3 \sim 5)I_{GT}$），$t_1 \sim t_4$ 为脉冲宽度，I 为脉冲平顶幅值（$(1.5 \sim 2)I_{GT}$）。

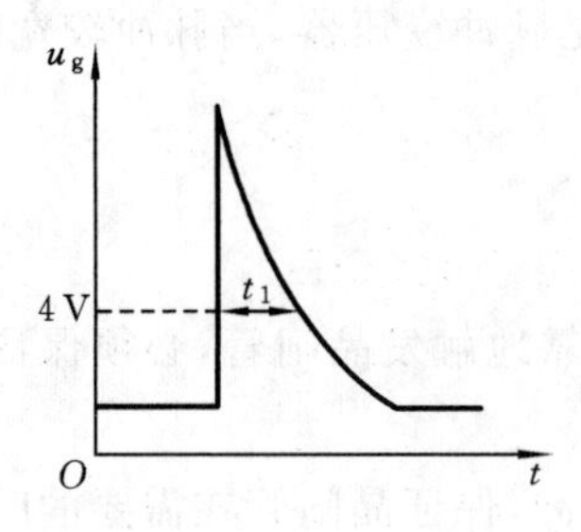

图 8.53 触发电压波形

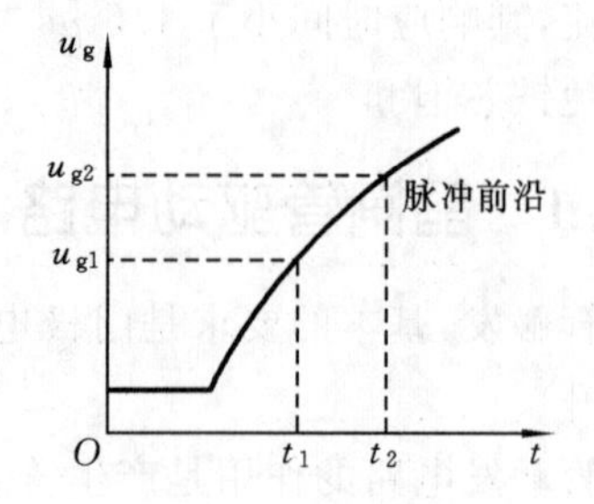

图 8.54 脉冲前沿不陡、触发时间有偏差的波形

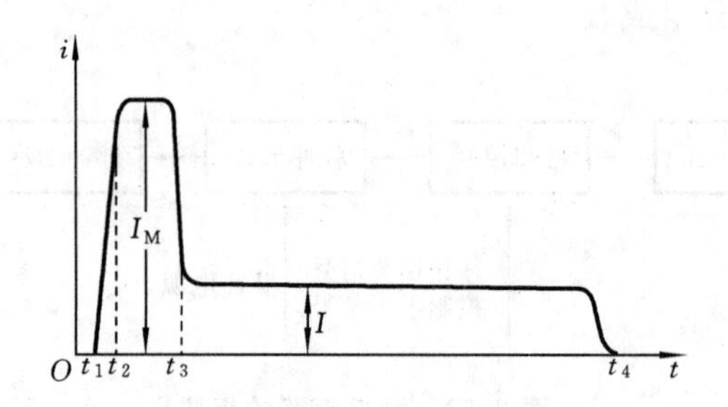

图 8.55 理想的晶闸管触发脉冲电流波形

(4)不触发时,触发电路的输出电压应该小于 0.15 V,为了提高抗干扰能力,避免误触发,必要时可在控制极上加上一个 1～2 V 的负偏压(就是在控制极上加一个对阴极为负的电压)。

(5)在晶闸管整流等移相控制的触发电路中,触发脉冲应该和主电路同步,二者的频率应该相同,且要有固定的相位关系,使每一个周期都能在同样的相位上触发,脉冲发出的时间应该能够平稳地前后移动(移相),移相的范围要足够宽。

晶闸管触发脉冲产生电路包括模拟式触发电路和数字式触发电路。

由单结晶体管组成的模拟式触发电路,具有线路简单、可靠、前沿陡、抗干扰能力强、能量损耗小、温度补偿性能好等优点,在由 50 A 以下由晶闸管组成的单相或三相半控桥式系统中得到广泛应用。

在功率较大或要求较高的场合,常采用锯齿波同步触发模拟电路,并在集成电路中实现,如国产 KC、KJ 和 KG 等系列产品。集成触发电路与分立元件相比具有调试方便、体积小、成本低、功耗低、技术性能好、可靠性高的特点。

图 8.56 所示为 KJ004 集成移相触发电路。

如图 8.56(b)所示,TS 为同步变压器,TP1 和 TP2 为脉冲变压器,R_8、R_9、VT2 和 R_{10}、R_{11}、VT1 构成电压放大电路,V1 和 V2 为续流二极管,触发脉冲宽度取决于电阻 R_7 和电容 C_2,锯齿波斜率取决于 R_6、RP1 和 C_1,电位器 RP1 用于调节锯齿波斜率,电压 U_C 为移相控制输入电压,电位器 RP2 用于调节锯齿波偏置电压 U_B,此电路可输出正、负触发脉冲。

KJ004 晶闸管移相触发器的主要技术数据为:

(1)电源电压,±15(±5%) V;

(2)电源电流,正电流不大于 15 mA,负电流不大于 8 mA;

(3)同步电压,任意值;

(4)移相范围,不小于 170°(同步电压 30 V,同步输入电阻 15 kΩ);

(5)脉冲幅度,不小于 13 V(输出接 1 kΩ 电阻负载);

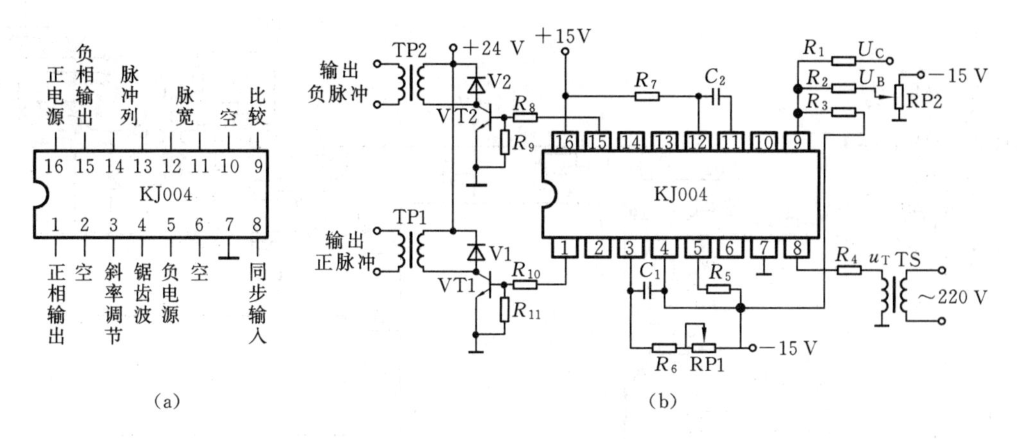

图 8.56　KJ004 集成移相触发电路

(a)管脚排列图;(b)由 KJ004 组成的晶闸管触发电路

(6)输出脉冲电流,100 mA(由引脚 1 和引脚 15 输出的电流);

(7)输出管反压,A 挡不小于 18 V,B 挡不小于 30 V;

(8)正负半周相位不均衡度,不大于±3°。

除了上述的模拟式触发电路外,现今越来越多地采用了数字式触发电路。其原因主要是前者易受电网电压的影响,若同步电压发生波形畸变,则触发精度就会被影响。例如,当同步电压不对称度为±1°时,输出脉冲不对称度可达 3°~4°,精度低。而采用数字式触发电路,则可获得很好的触发脉冲对称度。

图 8.57 所示为数字式集成触发芯片 TCF792 的内部结构。

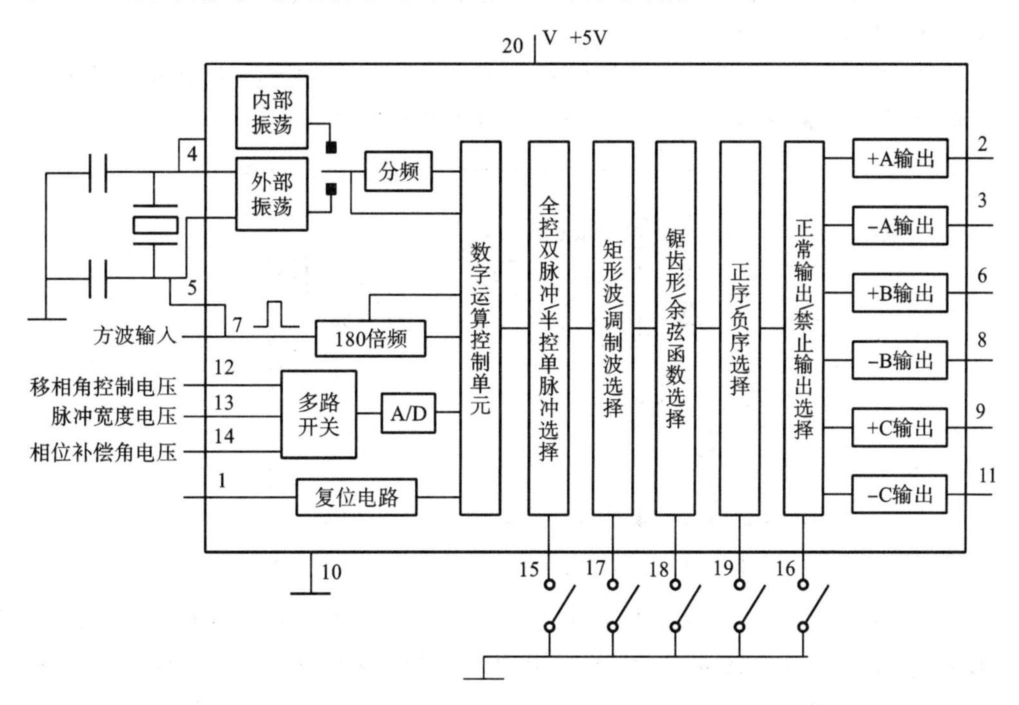

图 8.57　数字式集成触发芯片 TCF792 内部结构

图 8.58 所示为基于数字式集成触发芯片 TCF792 的三相桥式晶闸管整流电路。

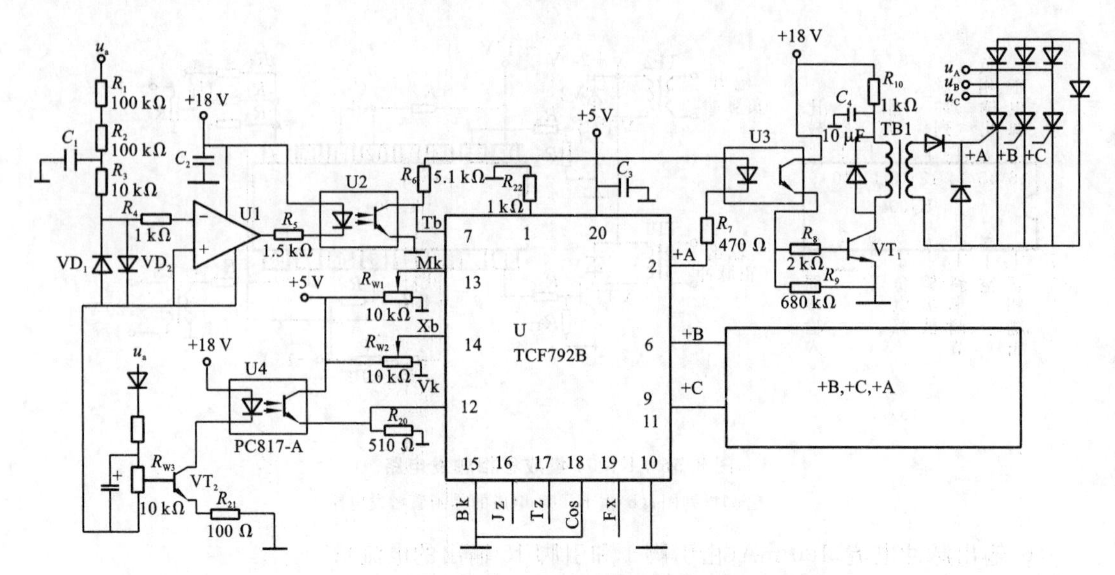

图 8.58　基于 TCF792 的三相桥式晶闸管整流电路

8.6.2　功率 MOSFET 和 IGBT 的栅极驱动电路

功率 MOSFET 属于电压控制型器件，当处于稳态导通或关断状态时栅极驱动电路基本无功耗。但由于寄生电容的存在，为使功率 MOSFET 快速导通，栅极驱动电路需要提供足够大的充电电流使 MOSFET 栅源极间电压迅速上升到所需值，且不存在上升沿的高频振荡。为使功率 MOSFET 快速关断，栅极驱动电路需要提供一个尽可能低阻抗的通路供 MOSFET 栅源极间电容电压的快速泄放。

图 8.59 所示为功率 MOSFET 栅极驱动芯片的内部结构示意图，其输入端可以接收 PWM 脉冲信号，通过推挽式输出提供功率放大驱动功率 MOSFET。

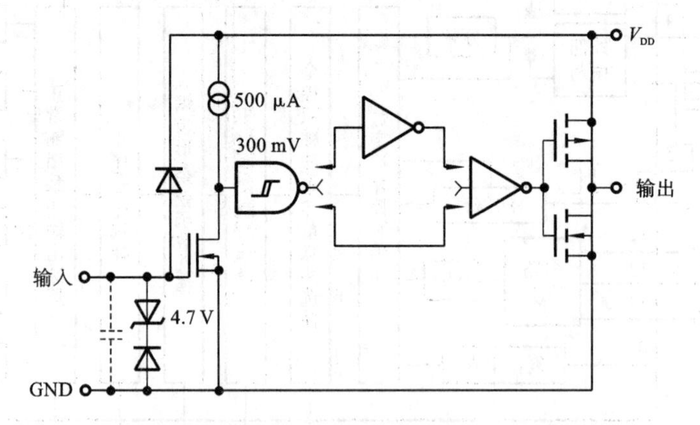

图 8.59　功率 MOSFET 栅极驱动芯片内部结构

桥式功率电路通常采用集成栅极驱动芯片，图 8.60 所示为采用英飞凌 MOSFET 全桥门极驱动器 6EDL04N02PR 驱动一个功率 MOSFET 三相功率桥的电路。6EDL04N02PR 采用绝缘体上硅技术实现电平转换，为每组桥臂的高侧 MOSFET 提供浮地，在栅极驱动芯片输出端和功率 MOSFET 之间串联有栅极电阻，栅极电阻可以用来调节栅极电流，利用二极管单向导电性，可以单独调整 MOSFET 的导通和关断栅极电阻。

IGBT和功率MOSFET一样,也属于电压控制型器件。IGBT栅极驱动器除了实现对IGBT的快速导通和关断外,还要实现对IGBT的短路和过电压保护,为桥式电路提供电平转换和电气隔离功能。IGBT栅极驱动器的设计与IGBT的特性密切相关,对IGBT的长期稳定工作有重要影响。

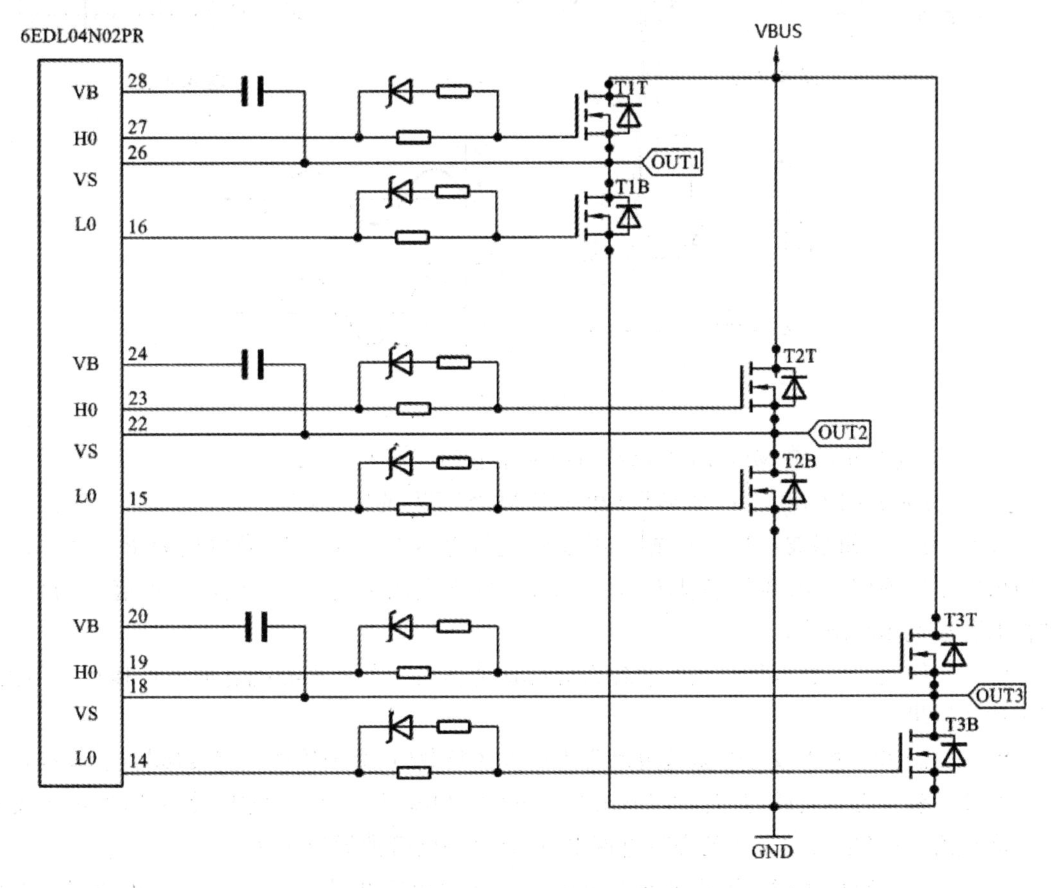

图8.60 三相功率MOSFET桥的栅极驱动

习题与思考题

8.1 调研电力电子器件的发展历史,并了解其主要制造工艺的演进。

8.2 晶闸管的导通条件和关断条件分别是什么?

8.3 试画出题8.3图中负载电阻R上的电压波形和晶闸管上的电压波形。

8.4 如题8.4图所示,试问:

①在开关S闭合前灯泡EL亮不亮?为什么?

②在开关S闭合后灯泡EL亮不亮?为什么?

③再把开关S断开后灯泡EL亮不亮?为什么?

8.5 如题8.5图所示,若在t_1时刻闭合开关S,t_2时刻断开S,试画出负载电阻R上的电压波形和晶闸管上的电压波形。

8.6 晶闸管的主要参数有哪些?

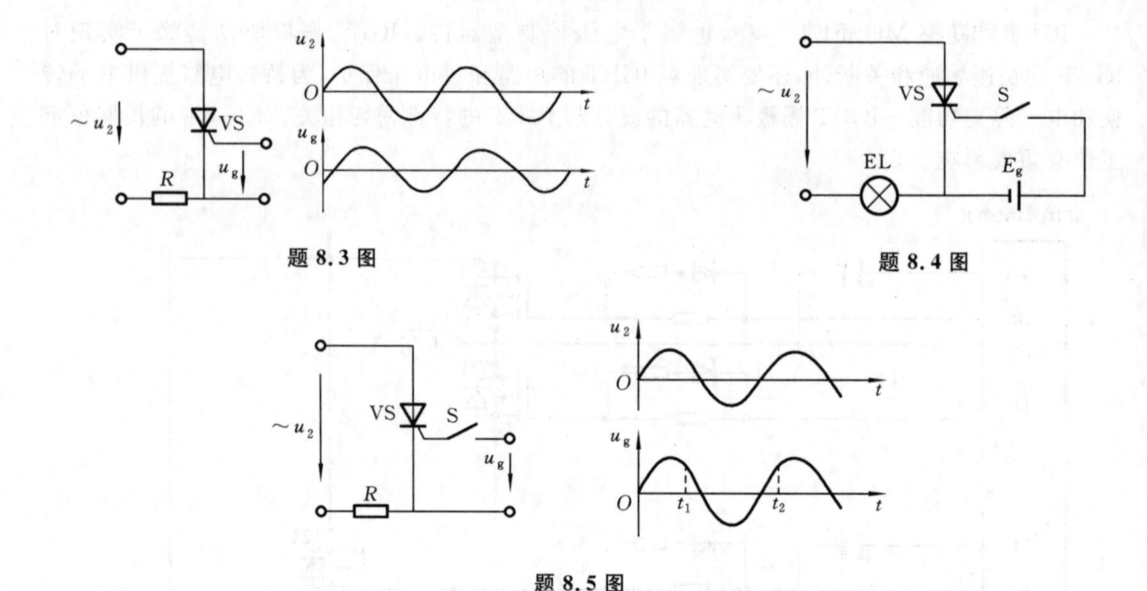

题 8.3 图　　题 8.4 图

题 8.5 图

8.7　如何防止功率 MOSFET 因静电感应引起的损坏？

8.8　分别介绍 IGBT、GTR、GTO 和功率 MOSFET 的优缺点。

8.9　有一单相半波可控整流电路，其交流电源电压 $U_2=220$ V，负载电阻 $R_L=10\ \Omega$，试求输出电压平均值 U_d 的调节范围，当 $\alpha=\pi/3$ 时，输出电压平均值 U_d、电流平均值 I_d 为多少？试根据要求选用晶闸管。

8.10　续流二极管有何作用？为什么会有这些作用？若不小心把它的极性接反了，将会产生什么后果？

8.11　画出单相半波可控整流电路带不同性质负载时，晶闸管的电流波形与电压波形。

8.12　有一阻性负载，需要直流电压 $U_d=60$ V、电流 $I_d=30$ A 供电，若采用单相半波可控整流电路，直接接在 220 V 的交流电网上，试计算晶闸管的导通角 θ。

8.13　有一阻性负载需要可调直流电压 $U_d=0\sim60$ V、电流 $I_d=0\sim10$ A，现选用一单相半控桥式可控整流电路，试求电源变压器副边的电压和晶闸管与二极管的额定电压和电流。

8.14　单相全控桥式整流和单相半控桥式整流特性有哪些区别？

8.15　单相桥式全控整流电路、三相桥式全控整流电路中，当负载分别为阻性或感性时，晶闸管的 α 角移相范围是多少？

8.16　三相半波可控整流电路，如在自然换相点之前加入触发脉冲会出现什么现象？画出这时负载侧的电压波形图。

8.17　三相半波带阻性负载的可控整流电路，如果由于控制系统故障，A 相的触发脉冲丢失，试画出控制角 $\alpha=0$ 时的整流电压波形。

8.18　三相桥式全控整流电路带阻性负载，如果有一只晶闸管被击穿，其他晶闸管会受什么影响？

8.19　简述有源逆变器的工作原理、逆变的条件和特点。

8.20　无源逆变电路和有源逆变电路有何不同？

8.21　什么是电压型逆变电路？什么是电流型逆变电路？二者各有何特点？

8.22　论述单相晶闸管桥式逆变器的基本工作原理，如何实现电压控制？

8.23　电压型逆变电路中反馈二极管的作用是什么？为什么电流型逆变电路中没有反馈二极管？

8.24　正弦脉宽调制SPWM的基本原理是什么？载波比N、电压调制比M的定义是什么？在载波电压幅值U_{cm}和频率f_c恒定不变时，改变调制参考波电压幅值U_{rm}和频率f_r为什么能改变逆变器交流输出基波电压u_{o1}的大小和基波频率f_1？

8.25　单极性和双极性PWM调制有什么区别？在三相桥式PWM型逆变电路中，输出相电压(输出端相对于直流电源中点的电压)和线电压SPWM波形各有几种电平？

8.26　试说明三相电压型逆变器SPWM输出电压闭环控制的基本原理。

第9章 直流传动控制系统

本章要求在了解机电传动自动调速系统的组成、生产机械对调速系统的调速技术指标要求及调速系统的调速性质与生产机械的负载特性合理匹配重要性的基础上，重点掌握自动调速系统中各个基本环节、各种反馈环节的作用及特点，掌握各种常用的自动调速系统的调速原理、特点及适用场合，以便根据生产机械的特点和要求正确选择和使用机电传动控制系统。

机电传动控制系统主要有直流传动控制系统和交流传动控制系统两种。直流传动控制系统以直流电动机为动力，交流传动控制系统则以交流电动机为动力。直流电动机虽不像交流电动机那样结构简单、制造方便、维修容易、价格便宜等，但具有良好的调速性能，可在很宽的范围平滑调速。目前，直流传动控制系统即直流调速系统仍应用于控制性能要求较高的一些生产机械上，而且从控制技术的角度来看，直流调速系统是交流调速系统的基础。

9.1 直流调速系统的功能概述

国家标准 GB/T 12668.1—2002《调速电气传动系统 第1部分：一般要求 低压直流调速电气传动系统 额定值的规定》给出了典型大功率直流调速系统的完整功能结构，如图9.1所示。图中右侧为调速系统的功率主回路，左侧为控制、保护和监控系统。

功率主回路的核心是他励直流传动电动机，带动机械负载根据工况需求实现机械运动。安装在电动机上的测速发电机、旋转变压器、编码器把电动机的转速和位置反馈给控制系统。

电动机的电枢绕组和励磁绕组分别由变流器（典型的变流器为晶闸管装置）提供可调直流电源。在电网电源和变流器输入端之间有低压配电和保护电器，包括断路器、接触器、热继电器等。

调速系统的控制部分包括开关控制、速度调节控制、电流调节控制、触发控制、励磁控制、保护和状态监控、通信、诊断、过程接口等。其中最核心的是电动机速度调节控制器和电流调节控制器，它们接收来自电动机的速度反馈和绕组电流反馈，形成闭环控制，通过触发控制驱动变流器实现对直流电动机速度的调节。

为保证系统可靠工作，还有多种测量和保护装置、辅助装置等。

在前面我们学习了直流电动机的调速特性和晶闸管整流电路等电路，在自动控制原理相关课程中也学习了闭环控制调节器的设计方法，本章将在上述知识的基础上，重点介绍直流调速系统的工作原理、静态和动态性能分析及工程应用。

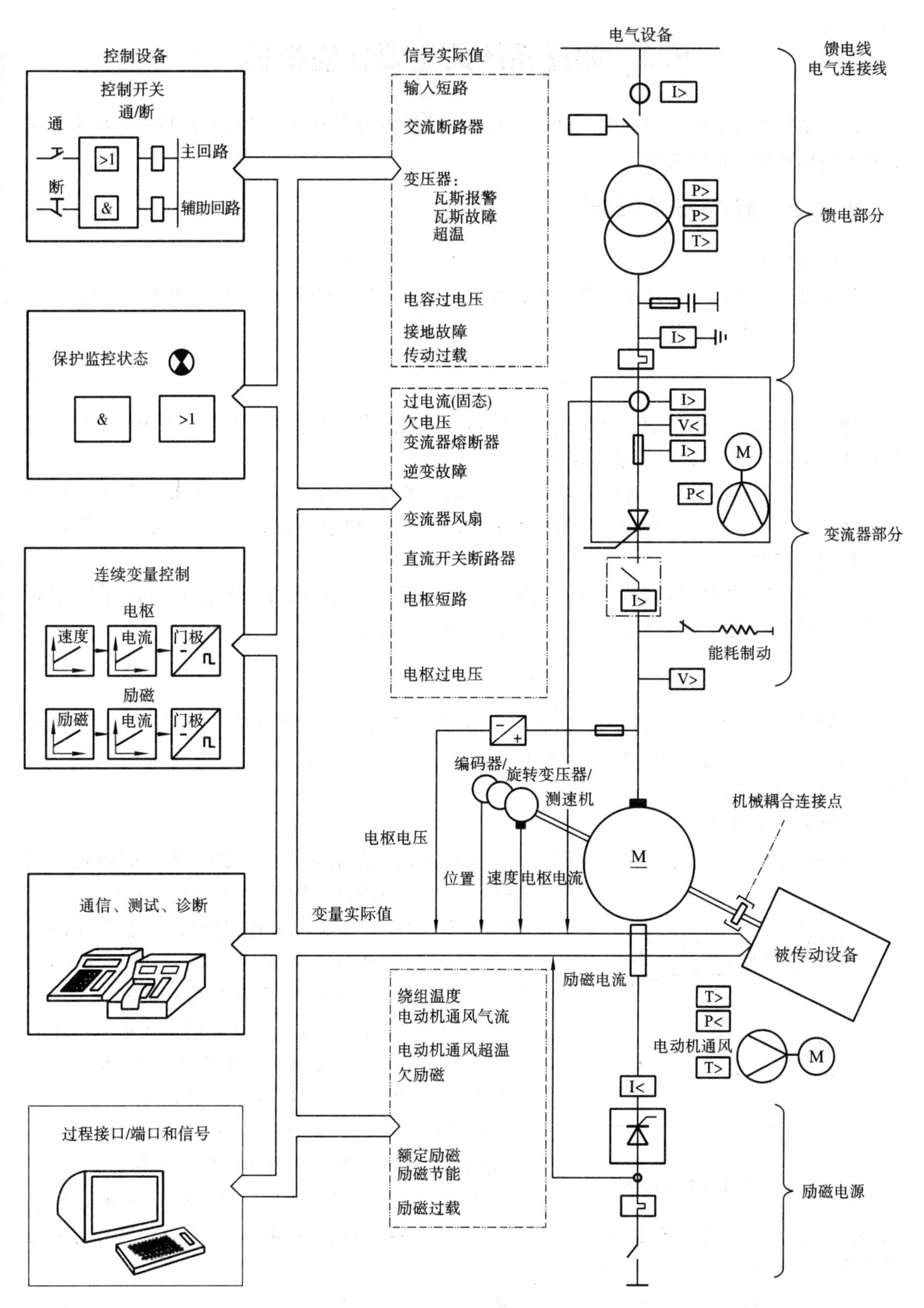

图 9.1　直流调速系统功能框图

9.2　调速系统的主要性能指标

调速系统方案主要是根据生产机械对调速系统提出的调速技术指标来选择的。技术指标有静态指标和动态指标两种。

9.2.1　静态技术指标

1. 静差度 S

静差度是指电动机由理想空载转速到额定负载时的转速降落 Δn_N 与理想空载转速 n_0 的比值,记为 S,可用下式表示:

$$S=\frac{n_0-n_N}{n_0}=\frac{\Delta n_N}{n_0}$$

静差度表示生产机械运行时转速稳定的程度。当负载变化时,生产机械转速的变化要能维持在一定范围之内,即要求静差度 S 小于一定值。

不同的生产机械对静差度的要求不同,例如,一般普通设备 $S\leqslant 50\%$,普通车床 $S\leqslant 30\%$,龙门刨床 $S\leqslant 5\%$,冷轧机 $S\leqslant 2\%$,热轧机 $S\leqslant 0.5\%$,精度要求高的造纸机 $S\leqslant 0.1\%$,等等。

2. 调速范围 D

生产机械所要求的调速范围是电动机在额定载荷下所允许的最高转速 n_{max} 和在保证静差度要求前提下所能达到的最低转速 n_{min} 之比,用 D 表示,即

$$D=\frac{n_{max}}{n_{min}}=\frac{v_{max}}{v_{min}}$$

不同的生产机械要求的调速范围各不相同,当静差度为一定数值时,车床 $D=20\sim120$,龙门刨床 $D=20\sim40$,钻床 $D=2\sim12$,铣床 $D=20\sim30$,轧钢机 $D=3\sim15$,造纸机 $D=10\sim20$,机床的进给机构 $D=5\sim30000$,等等。

3. 调速的平滑性

调速的平滑性通常是用两个相邻调速级的转速差来衡量的。在一定的调速范围内,可以得到的稳定运行转速级数越多,调速的平滑性就越高。若级数趋于无穷大,则表示转速连续可调,即无级调速。不同的生产机械对调速的平滑性要求也不同,有的采用有级调速即可,有的则要求无级调速。

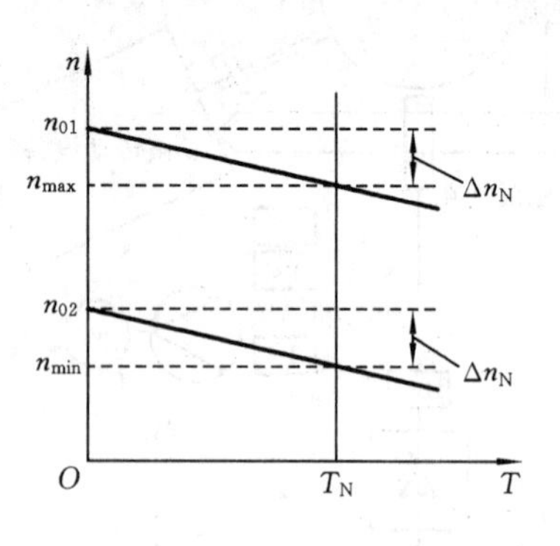

图 9.2　电动机的调速特性

对电动机而言,其往往不能同时满足静差度小和调速范围大的要求。如直流电动机改变外加电枢电压调速时,高速和低速时的机械特性如图 9.2 所示。

由于低速下的静差度大于高速下的静差度,因此应取最低转速下的静差度为调速系统的静差度。

现以改变直流电动机电枢外加电压调速为例,说明调速范围 D 与静差度 S 之间的关系。下式表示了最高转速、最低转速、静态速降和静差度四者之间的关系:

$$D=\frac{n_{max}}{n_{min}}=\frac{n_{max}}{n_{02}-\Delta n_N}=\frac{n_{max}}{n_{02}\left(1-\dfrac{\Delta n_N}{n_{02}}\right)}=\frac{n_{max}}{\dfrac{\Delta n_N}{S}(1-S)}=\frac{n_{max}S}{\Delta n_N(1-S)} \tag{9.1}$$

通常，最高转速 n_{max} 和静态速降 Δn_N 由系统中所用电动机的额定转速和结构决定。当这两个量确定后，如果要求静差度 S 小，则调速范围 D 必然小；如果要求调速范围 D 大，则静差度 S 必然大。闭环调速系统往往可以解决这一矛盾，从而满足生产机械的要求。

9.2.2　动态技术指标

生产机械由电动机拖动，在调速过程中，从一种稳定转速变化到另一种稳定转速运转（启动、制动过程仅是特例而已）。由于有电磁惯性和机械惯性，过程不能瞬时完成，而需要持续一段时间，即要经过一个过渡过程才能完成，这个过程称为动态过程。在第 2 章中已讨论了如何缩短开环控制系统过渡过程时间的问题，实际上，生产机械对自动调速系统动态品质指标的要求除过渡过程时间外，还有超调量、振荡次数等。图 9.3 所示为以转速 n 为被调量，系统从 n_1 改变到 n_2 时的过渡过程。

1. 超调量

超调量定义为

$$M_P = \frac{n_{max} - n_2}{n_2} \times 100\%$$

M_P 太大，达不到生产工艺上的要求；M_P 太小，则会使过渡过程过于缓慢，不利于生产率的提高。一般 M_P 为 10%～35%。

2. 过渡过程时间

从输入控制（或扰动）作用于系统开始直到被调量 n 进入 $(0.02 \sim 0.05)n_2$ 稳定值区间时为止（并且以后不再越出这个范围）的一段时间，称为过渡过程时间。

3. 振荡次数

在过渡过程时间内，被调量 n 在其稳定值上下摆动的次数称为振荡次数。图 9.3 所示自动调速系统的动态特性振荡次数为 1 次。

上述三个指标是衡量一个自动调速系统过渡过程好坏的主要指标。图 9.4 所示为三个不同调速系统（系统 1、系统 2、系统 3）被调量从 x_1 改变为 x_2 时的变化情况。可见，系统 1 的被调量要经过很长时间才能跟上控制量的变化，达到新的稳定值；系统 2 的被调量虽变化很快，但不能及时停住，要经过几次振荡才能停在新的稳定值上：这两个系统都不能令人满意。系统 3 的动态性能才是较理想的。不同的生产机械对动态指标的要求不尽相同，如轧钢机可允许有一次振荡，而造纸机则不允许过渡过程有振荡。

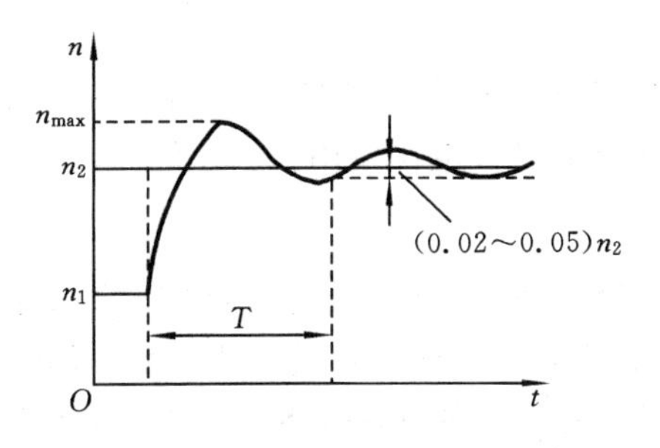

图 9.3　自动调速系统的过渡过程

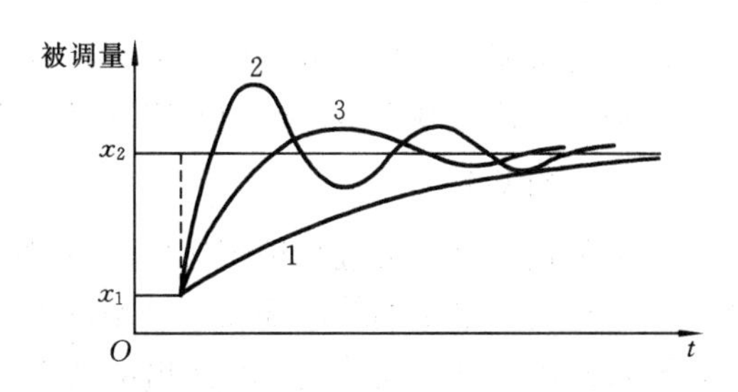

图 9.4　自动调速系统动态性能的比较

9.3 单闭环直流调速系统的组成和静态特性分析

9.3.1 单闭环直流调速系统的组成

典型的闭环控制系统如图 9.5 所示，由被控对象、执行机构、测量装置和闭环控制器组成。直流调速闭环控制系统的被控对象为直流电动机，执行机构为可控直流电源，测量装置为速度测量传感器，闭环控制器根据速度指令和速度反馈值的误差，产生控制指令改变可控直流电源的输出电压来调整直流电动机转速。

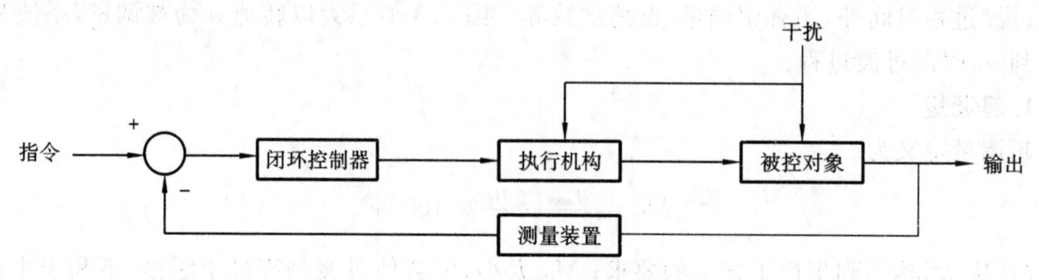

图 9.5 典型闭环控制系统

直流调速闭环控制系统的发展有上百年的历史，随着技术的发展，各个环节的具体实现方式也在变化。

1)可控直流电源的发展

从 19 世纪末到 20 世纪中叶，直流调速系统广泛采用旋转变流机组作为可控直流电源，旋转变流机组由一台交流电动机带动一台直流发电机发电，调节直流发电机的励磁电流就可以改变机组的输出电压，这样的调速系统称为 Ward-Leonard 系统，当励磁电流较大时，通常还需要电机放大机和磁放大器等装置。

旋转变流机组设备多，占地面积大，运行效率低，相比之下，采用水银整流器的离子调压电源属于静止式可控电源，且响应时间短，但水银整流器容量较小，维护复杂，水银泄漏会污染环境和危害人身健康，因此在一些场合不能完全取代旋转变流机组。

1957 年晶闸管问世后，基于晶闸管的固态可控整流电源迅速发展，在直流调速领域，迅速取代了原有的旋转变流机组和水银整流器，在今天，大功率直流电动机调速装置仍主要采用晶闸管整流装置。

晶闸管整流电源具有电流谐波大等缺点。随着全控型电力电子器件的发展，在中小功率直流电动机调速控制中，基于 MOSFET/IGBT 的 PWM 直流可控电源应用比较广泛。

2)速度测量装置

早期的速度测量装置采用测速发电机，测速发电机是输出电动势与转速成比例的微型特种电机。测速发电机的绕组和磁路经精确设计，其输出电动势 E 和转速 n 成线性关系，即 $E=Kn$，K 是常数。改变旋转方向时输出电动势的极性即相应改变。在被测机构与测速发电机同轴连接时，只要测出输出电动势，就能获得转速值。

目前的直流调速装置广泛采用旋转编码器测量速度和角度，旋转编码器与电机轴相连，当电机转动时，旋转编码器跟随转动，产生数字脉冲信号，具有测速精度高、分辨率高、抗干扰能力强等优点。

当电机没有安装测速发电机或旋转编码器时，也可以采用基于电压和电流的反电动势测量方法。其工作原理为：直流电机电枢绕组的反电动势 $E=Kn$ 与电机转速成正比，根据公式 $E=U-IR_a$，可以通过测量电枢绕组端电压和电枢电流，计算出反电动势，从而间接获得速度反馈值。

3)闭环控制器

早期的速度闭环控制器(或称调节器)采用模拟电路实现，常用的有比例放大电路和比例积分放大电路，对应着比例控制和比例积分控制，如图9.6和图9.7所示。

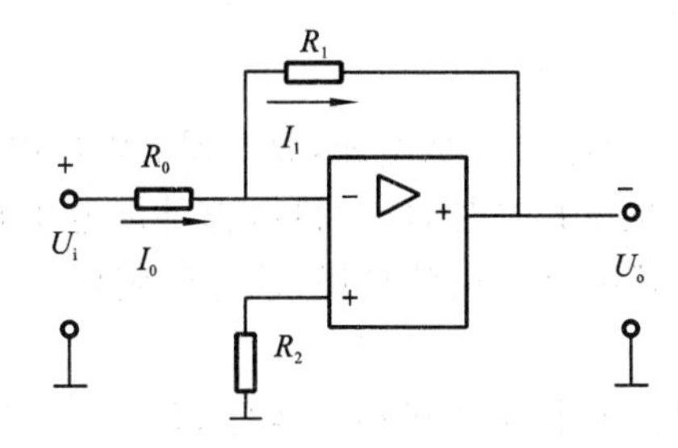

图9.6 比例放大电路

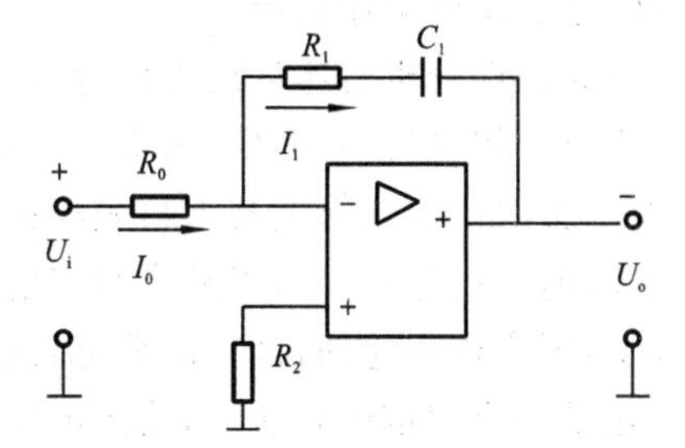

图9.7 比例积分放大电路

目前主流的直流调速装置普遍实现了数字化，在微控制器内实现各种反馈和前馈算法及保护逻辑。

尽管在实现层面，电力电子调压装置、测量、调节单元都普遍实现了数字化，但控制系统结构和原理与原有的模拟控制装置仍是基本一致的。

9.3.2 单闭环速度负反馈直流调速系统的工作原理和静态特性分析

下面以典型的单闭环速度负反馈模拟控制系统为例，分析其静态特性。

图9.8为晶闸管-电动机转速负反馈比例控制调速系统的结构框图。系统由反馈电路、给定电路、放大器、整流电路以及被控对象直流电动机等几个部分组成。

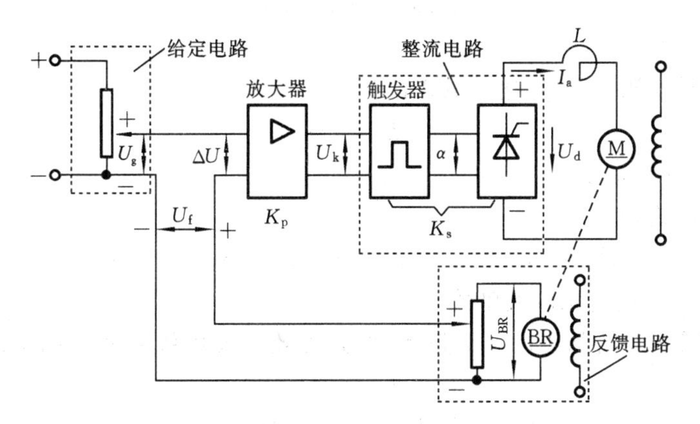

图9.8 转速负反馈比例控制调速系统结构框图

反馈电路由测速发电机和转换电位器组成。测速发电机与电动机同轴连接，直接测量电动机的转速；电位器将测速发电机的转速信号转换为电压信号，调节电位器的位置可调节反馈电压 U_f 的大小，当电位器的位置一定时，反馈电压 U_f 的大小与转速成比例。

给定电位器改变给定电压 U_g 的大小，从而调节电动机外加电枢电压 U_d 的大小，改变电动机的转速。

放大器为比例放大器，将信号放大后控制整流电路的输出。放大器的输出与输入成比例。

整流电路为可控硅整流电路，它将交流电压变为直流电压供给电动机，且电压大小与触发器输入电压大小成比例。

电动机 M 为被控对象。从图 9.8 可知，电动机的转速只能通过改变外加电枢电压 U_d 的大小来改变，故该系统称为调压调速系统。

该系统中反馈信号是被控量转速 n 本身，且反馈电压 U_f 与给定电压 U_g 的极性相反，故称之为转速负反馈调速系统。

下面定性分析转速负反馈调速系统的工作原理。

假设反馈电压 U_f 不变，当增加给定电压 U_g 时，$\Delta U = U_g - U_f$ 将增加，放大器的输出电压 U_k 也增加，U_k 加在触发器上将减小控制角 α，整流电路的输出增加，电动机电枢外加电压 U_d 增加，转速 n 增加；反之，当减小给定电压 U_g 时，转速 n 就下降。也就是说，改变给定电压 U_g 的大小，可实现调速的目的，即系统具有调速的功能。

在某一个规定的转速下，给定电压 U_g 是固定不变的。假设电动机额定运行（$I_a \approx I_N$）时，额定转速为 n_N，测速发电机有相应的电压 U_{BR}，经过分压器分压后，得到反馈电压 U_f，给定电压 U_g 与反馈电压 U_f 的差值 ΔU 加进比例调节器（放大器）的输入端，其输出电压 U_k 加入触发器的输入电路，可控整流装置输出整流电压 U_d 供给电动机，产生额定转速 n_N。当负载增大时，I_a 加大，由于 $I_a R_\Sigma$ 的作用，电动机转速下降（$n < n_N$），测速发电机的电压 U_{BR} 下降，反馈电压 U_f 下降到 U'_f。但这时给定电压 U_g 并没有改变，于是偏差信号增大到 $\Delta U' = U_g - U'_f$，放大器输出电压上升到 U'_k。它使晶闸管整流器的控制角 α 减小，整流电压上升到 U'_d，电动机转速又回升到近似等于 n_N。负载减小时，其过程与前面相反。也就是说，引入负反馈后，系统具有稳速的功能。

下面用机械特性对转速负反馈比例控制调速系统的静态特性作定量分析。

从图 9.8 可知

$$\Delta U = U_g - U_f$$

ΔU 又称为偏差信号。

速度反馈信号电压 U_f 与转速 n 成正比，即

$$U_f = \gamma n \tag{9.2}$$

式中：γ ——转速反馈系数。

对于放大器回路，有

$$U_k = K_p \Delta U = K_p (U_g - U_f) = K_p (U_g - \gamma n) \tag{9.3}$$

式中：K_p ——放大器的电压放大倍数。

把触发器和可控整流器看成一个整体，设其等效放大倍数为 K_s，则空载时，可控整流器的输出电压为

$$U_d = K_s U_k = K_s K_p (U_g - \gamma n) \tag{9.4}$$

对于电动机电枢回路，若忽略晶闸管的管压降 ΔE，则有

$$U_d = K_e \Phi n + I_a R_\Sigma = C_e n + I_a (R_x + R_a) \tag{9.5}$$

式中：R_Σ ——电枢回路的总电阻；

R_x—— 可控整流电源的等效内阻（包括整流变压器和平波电抗器等的电阻）；

R_a—— 电动机的电枢电阻。

联立式(9.4)和式(9.5),得晶闸管-电动机转速负反馈比例控制调速系统的机械特性方程为

$$n=\frac{K_0U_g}{C_e(1+K)}-\frac{R_\Sigma}{C_e(1+K)}I_a=n_{0f}-\Delta n_f \tag{9.6}$$

式中:K_0—— 从放大器输入端到可控整流电路输出端的电压放大倍数,$K_0=K_pK_s$;

K ——闭环系统放大倍数,$K=\frac{\gamma}{C_e}K_pK_s$。

由图9.8可看出,若系统没有转速负反馈(即开环系统),则整流器的输出电压为

$$U_d=K_pK_sU_g=K_0U_g=C_en+I_aR_\Sigma$$

由此可得开环系统的机械特性方程为

$$n=\frac{K_0U_g}{C_e}-\frac{R_\Sigma}{C_e}I_a=n_0-\Delta n \tag{9.7}$$

比较式(9.6)与式(9.7),不难看出以下三点。

(1)在给定电压U_g一定时,有

$$n_{0f}=\frac{K_0U_g}{C_e(1+K)}=\frac{n_0}{1+K} \tag{9.8}$$

即闭环系统的理想空载转速降低到开环时的$\frac{1}{1+K}$倍。为了使闭环系统获得与开环系统相同的理想空载转速,闭环系统所需要的给定电压U_g要比开环系统高$1+K$倍。因此,仅有转速负反馈的单闭环系统在运行中,若突然失去转速负反馈,就可能造成严重的事故。

(2)如果将系统闭环与开环的理想空载转速调得一样,即$n_{0f}=n_0$,则

$$\Delta n_f=\frac{R_\Sigma}{C_e(1+K)}I_a=\frac{\Delta n}{1+K} \tag{9.9}$$

即在同样负载电流下,闭环系统的转速降仅为开环系统转速降的$\frac{1}{1+K}$,从而大大提高了机械特性的硬度,使系统的静差度减小。

(3)由式(9.1)可知,在最大运行转速n_{max}和最大允许静差度S不变的情况下,开环系统的调速范围为

$$D=\frac{n_{max}S}{\Delta n_N(1-S)}$$

闭环系统的调速范围为

$$D_f=\frac{n_{max}S}{\Delta n_{Nf}(1-S)}=\frac{n_{max}S}{\frac{\Delta n_N}{1+K}(1-S)}=(1+K)D \tag{9.10}$$

即闭环系统的调速范围为开环系统的$1+K$倍。

由以上可见,闭环调速系统的静态指标要明显好于开环调速系统的静态指标。闭环调速系统的动态指标我们将在9.4节展开分析。

9.3.3 电流截止负反馈的作用

闭环控制显著提高了系统硬度,但使得电动机的转速在负载过分增大时也不降下来,会使电枢过流而烧坏。可以采用过流保护继电器等方式保护这种严重过载,但过流保护继电器要触点断开、电动机断电才行。如果采用电流截止负反馈作为保护手段,就不必切断电动机的驱

动电路,只是使它的速度暂时降下来,一旦过负载去掉后,它的速度又会自动升起来,这样有利于生产。

增加电流截止负反馈的模拟调速装置框图如图 9.9 所示,当负载电流处于正常范围时,电流截止负反馈电路不发挥作用,转速负反馈电路实现速度的调节。当负载电流超过一定值,电流负反馈足够强时,它足以将给定信号的绝大部分抵消掉,使电动机转速降到零,电动机停止运转,从而起到保护作用。其具体实现原理是:

电流截止负反馈的信号由串联在回路中的电阻 R 上取出(电阻 R 上的压降 I_aR 与电流 I_a 成正比)。在电流较小时,$I_aR < U_b$,二极管 V 截止,电流负反馈不起作用,此时只有转速负反馈的作用,故能得到稳态运行所需要的比较硬的静态特性。当主回路电流增加到一定值使 $I_aR > U_b$ 时,二极管 V 导通,电流负反馈信号 I_aR 经过二极管与比较电压 U_b 比较后送到放大器,其极性与 U_g 极性相反,经放大后控制移相角 α,使 α 增大,输出电压 U_d 减小,电动机转速下降。

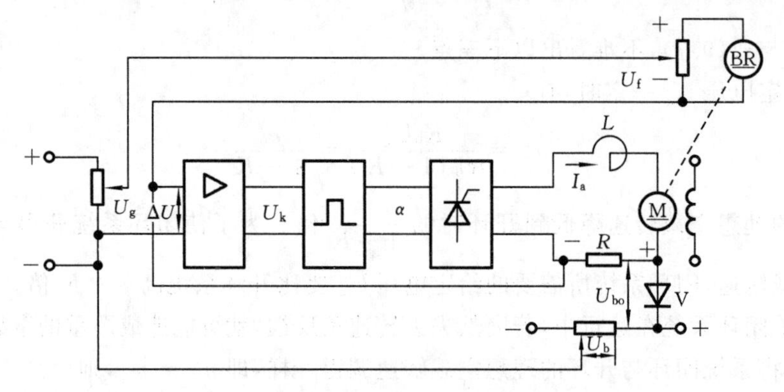

图 9.9 电流截止负反馈作为调速系统限流保护

加有电流截止负反馈的速度特性如图 9.10 所示(这种特性常用于挖土机上,故称为“挖土机特性”)。因为只有当电流大到一定程度反馈才起作用,故称电流截止负反馈。

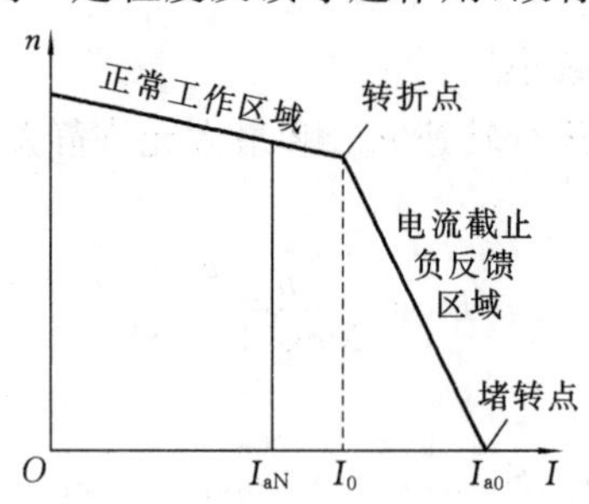

图 9.10 电流截止负反馈速度特性

9.4 节将介绍直流调速系统常用的转速和电流双闭环结构,由于可利用电流闭环控制来限制电枢电路,因此不再需要电流截止负反馈环节。

9.4 闭环直流调速系统的动态分析和调节器设计

9.4.1 单闭环直流调速系统的传递函数模型

要分析单闭环直流调速系统的动态性能,首先要建立各个环节的传递函数模型。

1) 直流电机模型

由直流电机的电压方程、反电动势、转矩公式和动力学方程

$$u_d = e + i_a R_a + L_a \frac{di_a}{dt}$$

$$e = K_e \Phi n = K'_e \omega$$

$$T_M = K_t \Phi i_a = K'_t i_a$$

$$T_M - T_L - B\omega = J \frac{d\omega}{dt}$$

可得到直流电机的传递函数模型，如图 9.11 所示。

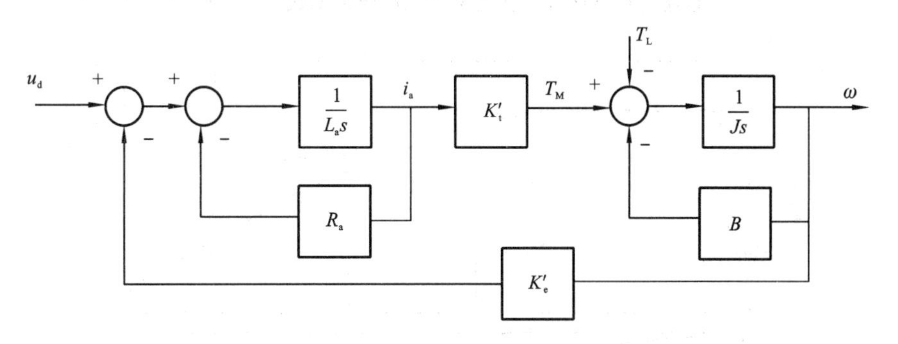

图 9.11　直流电机传递函数模型

2) 可调直流电源模型

无论是晶闸管可控整流电源还是 PWM 直流斩波电源，它们都可以等效看作一阶线性环节，如图 9.12 所示。参数 K_R 和 T_R 的值与具体装置有关。

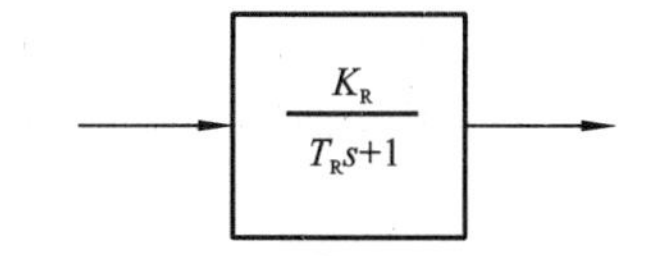

图 9.12　直流可控电源的传递函数模型

在实际晶闸管整流电路中，当负载较轻时，晶闸管输出电流可能会断续，此时晶闸管可控整流电源表现出比较明显的非线性，在设计直流调速装置时，要专门加以考虑。

3) 速度传感器模型

当传感器响应速度大大高于调速系统响应速度时，可以认为速度传感器的传递函数为常数。

9.4.2　采用比例调节器的有静差单闭环直流调速系统

根据上述各个环节传递函数模型，可以画出 9.3 节的单闭环速度负反馈比例控制系统的闭环传递函数模型，如图 9.13 所示。

由图 9.13 可以整理出系统的开环传递函数，并画出开环传递函数的伯德(Bode)图，如图 9.14 所示。

当比例调节器的增益 K_p 增大时，整个开环放大倍数 K 提高，开环传递函数的相频特性曲线不改变，幅频特性曲线整体上移，一方面使得低频增益变大，系统稳态误差即静差减小，另一方面使得幅值裕度和相角裕度减小，系统振荡增大，进一步提高 K_p 则会使系统不稳定。

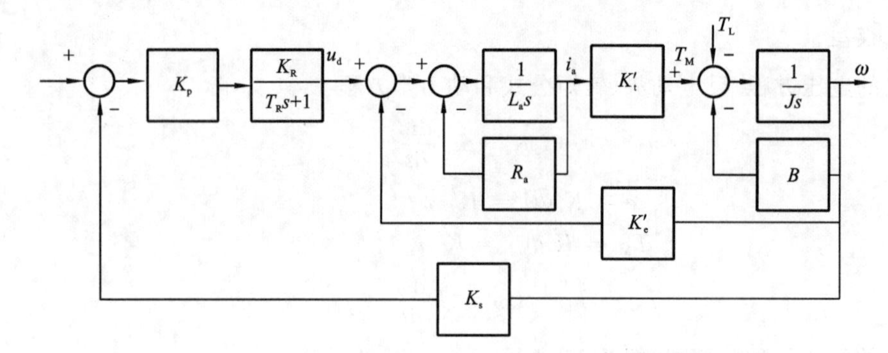

图 9.13　直流电机单闭环比例控制系统的传递函数模型

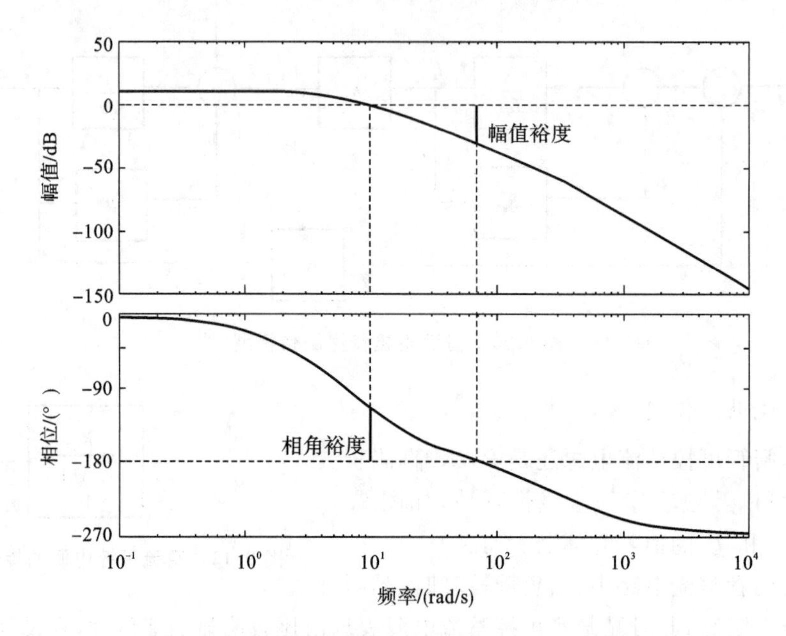

图 9.14　单闭环比例控制调速系统的开环伯德图

因此,当闭环调节器采用纯比例控制时,放大倍数 K 不能过分增加,Δn_f 不可能为零,机械特性不可能为绝对硬特性,即负载发生变化时,速度会有一定的变化,故图 9.8 和图 9.13 所示系统称为有静差调速系统。

9.4.3　采用比例积分调节器的无静差单闭环直流调速系统

为了消除静差,由控制理论可知,需要引入积分环节,调节器可采用比例积分控制器。基于比例积分调节(PI 调节)的直流调速系统称为无静差直流调速系统。

PI 调节器的输出由两部分组成,第一部分是比例部分,第二部分是积分部分。采用比例积分调节器的自动调速系统,综合了比例调节器和积分调节器的特点,既能获得较高的静态精度,又能具有较快的动态响应,因而得到了广泛的应用。

把图 9.13 中的比例调节器换成比例积分器,新的传递函数框图如图 9.15 所示,可以列出相应的系统开环传递函数。

对应的开环传递函数伯德图如图 9.16 所示,由于积分环节的引入,系统的直流增益趋于无穷大,低频增益显著提高,一方面消除了稳态误差,另一方面具有良好的抗低频扰动能力。同时,通过合理地设置比例增益和积分增益,可使系统仍保持良好的幅值裕度和相角裕度。

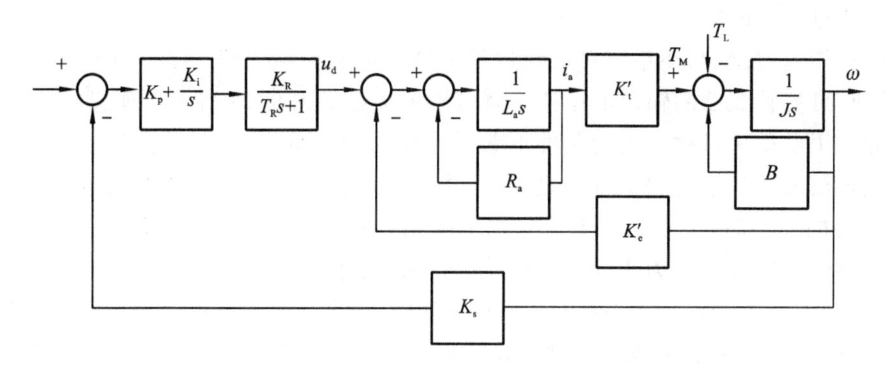

图 9.15　直流电机单闭环比例积分控制系统的传递函数模型

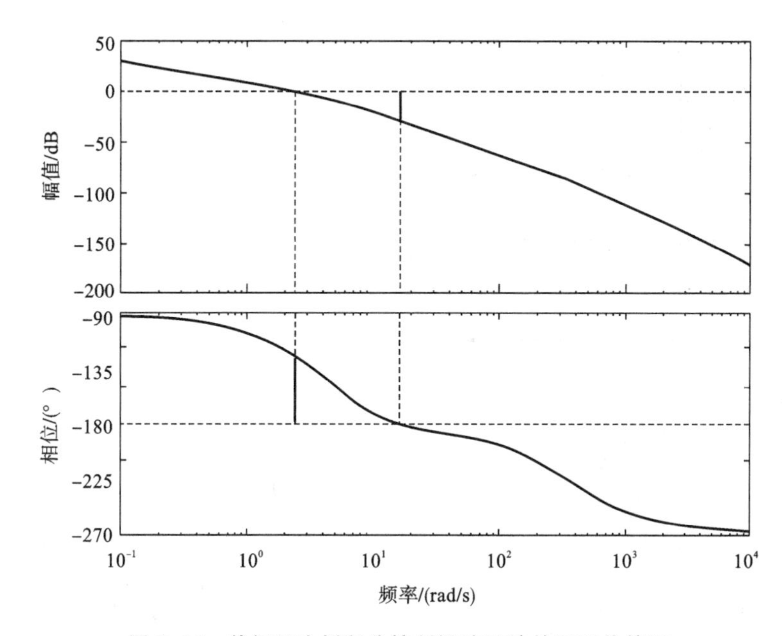

图 9.16　单闭环比例积分控制调速系统的开环伯德图

在时域观察存在负载扰动时的系统响应有助于理解 PI 调节器的作用。如图 9.17(a)所示，在 t_1 时刻，电动机负载增加，负载转矩 T_L 从 T_{L1} 突变为 T_{L2}，电动机的转速将由 n_1 开始下降而产生转速偏差 Δn（见图 9.17(b)），它通过速度反馈到 PI 调节器的输入端，产生偏差电压 $\Delta U = U_g - U_f > 0$，于是开始消除偏差的调节过程。

转速负反馈调速系统能克服扰动作用(如负载的变化、电动机励磁的变化、晶闸管交流电源电压的变化等)对电动机转速的影响。只要扰动引起的电动机转速的变化能为测量元件所测出，调速系统就能产生作用来克服它。换句话说，只要扰动作用在被负反馈所包围的环内，就可以通过负反馈的作用来减小扰动对被调量的影响。但是必须指出，测量元件本身的误差是不能补偿的。

9.4.4　转速、电流双闭环直流调速系统

采用 PI 调节器的速度负反馈单闭环调速系统，既能实现转速的无静差调节，又能获得较快的动态响应。从扩大调速范围的角度来看，它已基本上满足一般生产机械对调速的要求，但有些生产机械(如可逆轧钢机等)经常处于正反转工作状态，为了提高生产率，要求尽量缩短启

动、制动和反转过渡过程的时间。

为此,可把电流作为被调量,使系统在启动过程中维持电流为最大值不变。这样,在启动过程中,电流、转速、可控整流器的输出电压波形就可出现接近于图 9.18 所示的理想启动过程的波形,以在充分利用电动机过载能力的条件下获得最快的动态响应。它的特点是在电动机启动时,启动电流很快加大到允许过载能力值 I_{am} ,并保持不变。在这个条件下,转速 n 线性增大,当升到所需要的大小时,电动机的电流急剧下降到克服负载所需的电流值 I_a 。对应这种要求,可控整流器的电压开始应为 $I_{am}R_{\Sigma}$,随着转速 n 的上升,$U_d = C_e n + I_{am}R_{\Sigma}$ 也上升,到达稳定转速时,$U_d = C_e n + I_a R_{\Sigma}$。这就要求在启动过程中,把电动机的电流当作被调量,使之维持为电动机允许的最大值 I_{am} ,并保持不变。这就要求有一个电流调节器来完成这个任务。

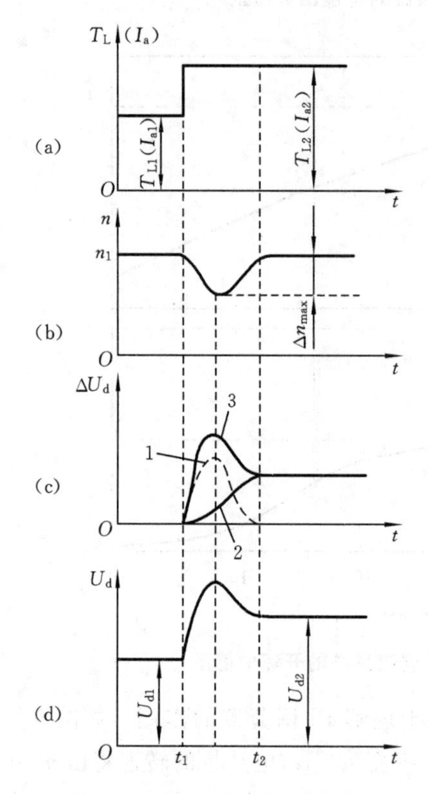

图 9.17 负载变化时 PI 调节器的作用

1— ΔU_{d1}(比例);2— ΔU_{d2}(积分);3— $\Delta U_{d1} + \Delta U_{d2}$

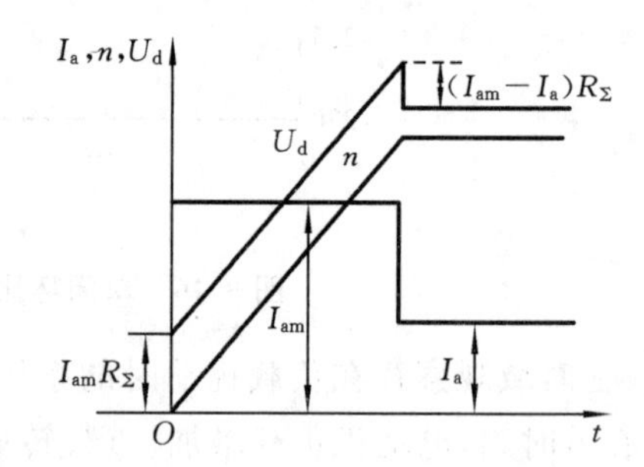

图 9.18 理想的启动过程曲线

具有速度调节器(ASR)和电流调节器(ACR)的双闭环调速系统就是在这种要求下产生的,如图 9.19 所示。来自速度给定电位器的信号 U_{gn} 与速度反馈信号 U_{fn} 比较后,偏差为 $\Delta U_n = U_{gn} - U_{fn}$,送到 ASR 的输入端。ASR 的输出 U_{gi} 作为 ACR 的给定信号,与电流反馈信号 U_{fi} 比较后,偏差为 $\Delta U_i = U_{gi} - U_{fi}$,送到 ACR 的输入端,ACR 的输出 U_k 送到触发器,以控制可控整流器,整流器为电动机提供直流电压 U_d。系统中用了两个调节器(一般采用 PI 调节器)分别对速度和电流两个参量进行调节,这样,一方面使系统的参数便于调整,另一方面更能实现接近理想的过渡过程。从闭环反馈的结构上看,电流调节在里面,是内环;转速调节在外面,是外环。

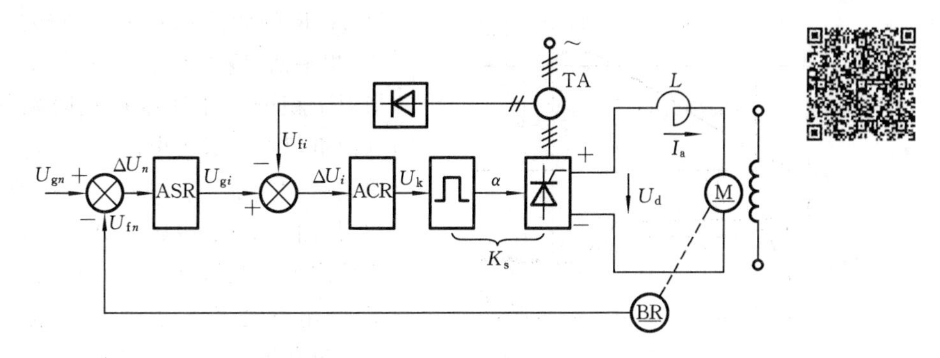

图 9.19 转速与电流双闭环调速系统

转速、电流双闭环调速系统的静态与动态分析如下。

1)静态分析

从静态特性上看,维持电动机转速不变是由 ASR 来实现的。在 ACR 上使用的是电流负反馈,它有使静态特性变软的趋势,但是在系统中还有转速负反馈环包在外面。电流负反馈对转速环来说相当于起到一个扰动作用。只要 ASR 的放大倍数足够大而且没有饱和,电流负反馈的扰动作用就受到抑制。整个系统的本质由外环 ASR 来决定,它仍然是一个无静差的调速系统。也就是说,当 ASR 不饱和时,电流负反馈使静态特性可能产生的速降被 ASR 的积分作用完全抵消了。一旦 ASR 饱和,当负载电流过大,系统实现保护作用使转速下降很大时,转速环即失去作用,只剩下电流环起作用,这时系统表现为恒流调节系统,静态特性便会呈现出很陡的下垂段特性。

2)动态分析

以电动机启动为例,在突加给定电压 U_{gn} 的启动过程中,ASR 输出电压 U_{gi} 、ACR 输出电压 U_k 、可控整流器输出电压 U_d 、电动机电枢电流 I_a 和转速 n 的动态响应波形如图 9.20 所示(图中各参量为绝对值)。整个过渡过程可以分成三个阶段,在图中分别标以Ⅰ、Ⅱ和Ⅲ。

(1)第Ⅰ阶段是电流上升阶段。当突加给定电压 U_{gn} 时,电动机由于机电惯性较大还来不及转动($n=0$),转速负反馈电压 $U_{fn}=0$,从而 $\Delta U_n=U_{gn}-U_{fn}$ 很大,使 ASR 的输出突增为 U_{gio} ,ACR 的输出为 U_{ko} ,可控整流器的输出为 U_{do} ,电枢电流 I_a 迅速增加。当电枢电流增大到 $I_a \geqslant I_L$ (负载电流)时,电动机开始转动,以后 ASR 的输出很快达到限幅值 U_{gim} ,从而使电枢电流达到对应的最大值 I_{am} (在这过程中 U_d、U_k 的下降是由于电流负反馈所引起的),到这时电流负反馈电压与 ACR 的给定电压基本上是相等的,即

$$U_{gim} \approx U_{fi} = \beta I_{am} \tag{9.11}$$

式中:β—— 电流反馈系数。

ASR 的输出限幅值正是按这个要求来整定的。

(2)第Ⅱ阶段是恒流升速阶段。从电流升到最大值 I_{am} 开始,到转速升到给定值为止,这是启动过程的主要阶段。在这个阶段中,ASR 一直是饱和的,转速负反馈不起调节作用,转速环相当于开环状态,系统表现为恒电流调节。由于电流 I_a 保持恒值 I_{am} ,即系统的加速度 dn/dt 为恒值,因此转速 n 按线性规律上升,由 $U_d=C_e n+I_{am}R_\Sigma$ 知,U_d 也线性增加,这就要求 U_k 也要线性增加,故在启动过程中 ACR 是不应该饱和的,晶闸管可控整流环节也不应该饱和。

(3)第Ⅲ阶段是转速调节阶段。ASR 在这个阶段中起作用。开始时转速已经上升到给定

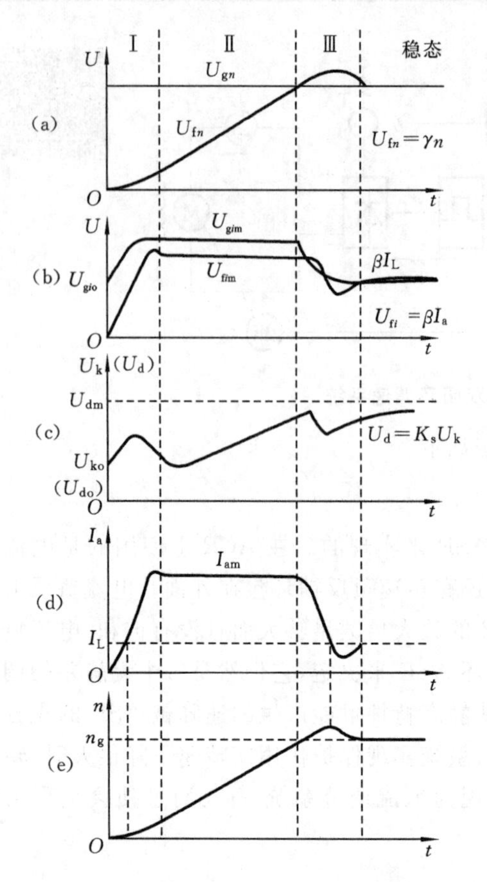

图 9.20　双闭环调速系统启动过程动态波形

值,ASR 的给定电压 U_{gn} 与转速负反馈电压 U_{fn} 相平衡,输入偏差 ΔU_n 等于零。但其输出却由于积分作用还维持在限幅值 U_{gim},所以电动机仍在以最大电流 I_{am} 加速,使转速超调。超调后,$U_{fn}>U_{gn}$,$\Delta U_n<0$,使 ASR 退出饱和,其输出电压(也就是 ACR 的给定电压)U_{gi} 才从限幅值降下来,U_k 与 U_d 也随之降了下来,使电枢电流 I_a 也降下来,但是,由于 I_a 仍大于负载电流 I_L,在开始一段时间内转速仍继续上升。到 $I_a \leqslant I_L$ 时,电动机才开始在负载的阻力下减速,直到稳定(如果系统的动态品质不够好,可能振荡几次以后才能稳定)。在这个阶段中 ASR 与 ACR 同时发挥作用,由于转速调节在外环,故 ASR 处于主导地位,而 ACR 的作用则力图使 I_a 尽快地跟随 ASR 输出 U_{gi} 的变化。

稳态时,转速等于给定值 n_g,电枢电流 I_a 等于负载电流 I_L,ASR 和 ACR 的输入偏差电压都为零,但由于积分作用,它们都有恒定的输出电压。ASR 的输出电压为

$$U_{gi}=U_{fi}=\beta I_L \tag{9.12}$$

ACR 的输出电压为

$$U_k=\frac{C_e n_g+I_L R_\Sigma}{K_s} \tag{9.13}$$

由上述可知,双闭环调速系统在启动过程的大部分时间内,ASR 处于饱和限幅状态,转速环相当于开路,系统表现为恒电流调节,从而可基本上实现图 9.18 所示的理想的启动过程。双闭环调速系统的转速响应一定有超调,只有在超调后,ASR 才能退出饱和,使在稳定运行时 ASR 发挥调节作用,从而使系统在稳态和接近稳态运行中表现为无静差调速。故双闭环调速系统具有良好的静态和动态品质。

转速、电流双闭环调速系统的主要优点是:系统的调整性能好,有很硬的静态特性,基本无静差;动态响应快,启动时间短;系统的抗干扰能力强;两个调节器可分别设计,调整方便(先调电流环,再调转速环)。所以,它在自动调速系统中得到了广泛应用。

在实际的直流调速系统中,除了电枢电流控制,还有励磁电流控制,因为在调速过程中励磁电流通常保持恒定,励磁电流相对电枢电流较小,所以实现相对简单。

引入直流调速系统的电流环,为进行具体的机电控制提供了更丰富的手段,由于直流电机具有输出电磁转矩和电枢电流成正比的优良特性,能对电枢电流进行实时控制,以控制电机的实时输出转矩,因此可以在电流环的输入端增加前馈指令,补偿负载惯量转矩和摩擦转矩的影响。在多电机传动系统中,可通过电流前馈来提高多电机的同步运动性能,实现负载均衡。在一些应用场合,也可以去掉速度闭环控制,用电流环使电机处于转矩控制模式。

在第 10 章将介绍的交流电机矢量控制,通过坐标变换和磁场定向,使得交流电机的调速

控制系统结构类似于直流电机的双闭环控制结构，因此理解直流电机双闭环控制工作原理是理解交流电机矢量控制的基础。

9.5 基于晶闸管的大功率直流电机调速装置及应用

目前，晶闸管-电动机(VS-M)直流调速系统仍在大功率系统中广泛使用。由于直流调速相对于交流调速的主要优点是便于调节电枢电流来控制动态转矩获得优良的动态性能，因此工业上主流直流电机调速装置几乎都采用转速、电流双闭环结构，其基本结构原理与前文所述一致，实际晶闸管直流调速装置通常还提供如下功能：

(1)除了对直流电机电枢绕组进行控制外，通常还提供对电机励磁绕组的控制；

(2)晶闸管直流调速装置也提供相应的两象限和四象限控制能力，以满足直流电机可能运行在两象限或四象限的需求。

(3)晶闸管直流调速装置由晶闸管功率模块和控制模块组成，控制模块基于微控制器和实时软件实现闭环控制算法和前馈补偿算法、各种灵活定义的逻辑和运算功能，以及丰富的传感器和I/O接口、网络通信功能等。

一种典型的晶闸管调速装置双闭环控制架构如图9.21所示。

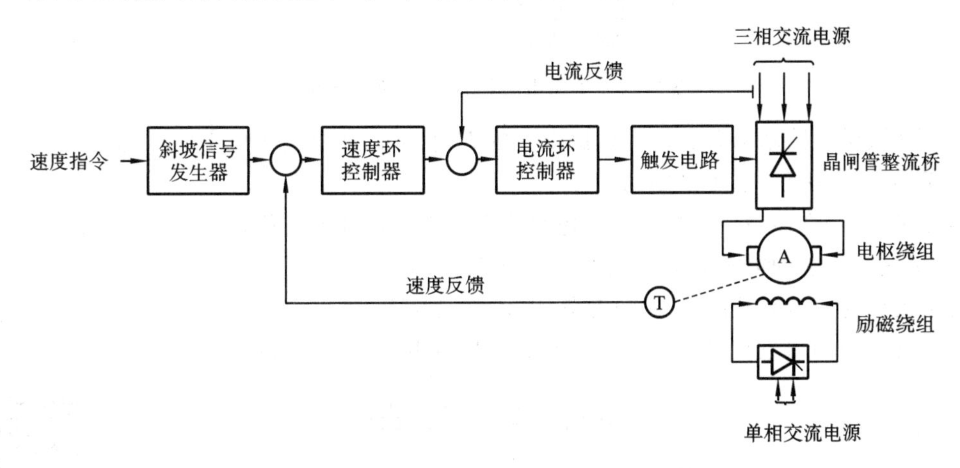

图9.21 晶闸管调速装置双闭环控制架构

在传统的基于模拟电路实现的晶闸管调速装置中，各部分具体的实现电路如下：

(1)三相晶闸管整流桥：提供可调直流电压给电机电枢绕组。

(2)单相晶闸管可控整流电路：实现对电机励磁绕组电流的控制(励磁电流相对较小)。

(3)转速指令接口和斜坡信号发生器：接收来自外部的模拟量转速指令，并通过斜坡信号发生器对转速指令信号进行平滑处理。

(4)速度环调节器运放电路和限幅输出电路：速度环调节器采用模拟运放电路实现比例积分控制，速度指令信号可直接来自外部的模拟电压信号，也可来自外部信号由斜坡信号发生器进行平滑处理后的信号，速度反馈信号可以是测速发电机反馈信号，也可以是反电动势反馈信号。控制器输出信号通过限幅电路提供给电流环调节器。

(5)电流环调节器运放电路：电流环调节器采用模拟运放电路实现比例积分控制，接收来自速度环调节器的输出信号和电枢电流传感器的反馈信号，同时可接收前馈指令信号。

(6)晶闸管触发电路：晶闸管触发电路把电流环调节器输出的模拟电压信号转化为与电网

电压同步的触发脉冲,并通过脉冲变压器驱动晶闸管。

(7)速度反馈电路:测速发电机输出电压通过分压电阻提供给速度环调节器运放电路输入端,也可以采用反电动势计算电路提供速度反馈。

此外,还有相关使能逻辑电路和极限保护监控电路。

如果电枢绕组主电路只采用一组晶闸管整流桥,如图 9.22 所示,由于晶闸管的单向导通特性,则上述主电路只能向直流电动机提供单向电流。如果晶闸管整流桥触发角变化范围使得电路只能输出正电压,则在磁场方向恒定的情况下,电机只能工作在第一象限,如果晶闸管整流桥能够输出正电压和负电压,则电机可以工作在第一象限或第四象限。这一类调速系统称为不可逆直流调速系统,它适用于单向运转且对停车快速性要求不高的生产机械,不能用于电机正反转场合。

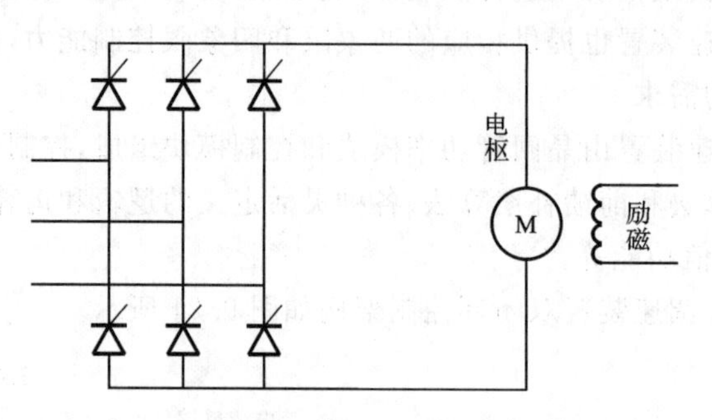

图 9.22 单象限/两象限调速系统主电路

通过在励磁回路增加开关改变励磁电流的方向,可以使电机实现正反转,但只适用于对正反转切换的动态性能要求不高的场合。

实际生产中,许多生产机械常要求电机不但能平滑调速而且能正转、反转,能快速启动、制动等,满足这一需求的电机调速系统称为可逆调速系统。

为实现可逆调速系统的四象限(正转电动、正转发电、反转电动、反转发电)运行,晶闸管调速装置通常采用两组三相晶闸管电路反并联来控制电枢绕组,如图 9.23 所示。

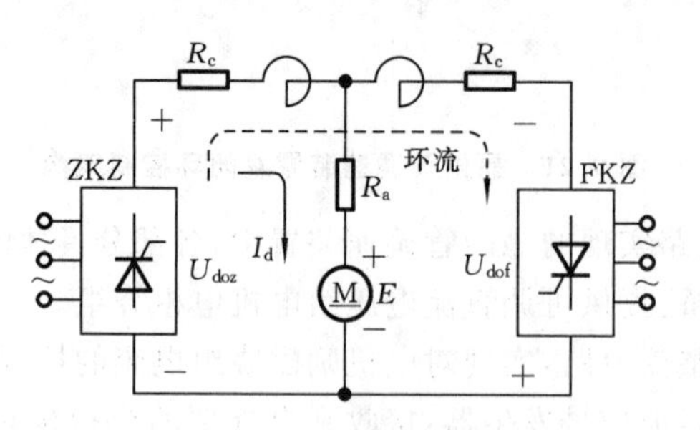

图 9.23 四象限可逆调速系统主电路

两组三相晶闸管整流电路可以工作在整流或逆变状态,两组晶闸管整流电路分别由两套触发装置控制,能灵活地控制电机启动、制动、升速、降速和正转、反转;电动机正、反转运行在第一、第三象限,而第二、第四象限为正、反转制动状态,如表 9.1 所示。

表 9.1 直流调速系统的四象限运行

直流电机状态	正转电动	正转制动	反转电动	反转制动
机械特性象限	第一象限	第二象限	第三象限	第四象限

续表

直流电机状态	正转电动	正转制动	反转电动	反转制动
正组晶闸管	整流	—	—	逆变
反组晶闸管	—	逆变	整流	—

当两组三相晶闸管整流电路同时工作时，可能存在环流问题。环流是指不流经电机或其他负载，而直接在两组晶闸管之间流通的短路电流。环流一方面会显著加重晶闸管和变压器的负担，消耗无用的功率，太大时可能导致晶闸管损坏；另一方面，环流又可以作为晶闸管的基本负载电流，即便电机空载或轻载运行，晶闸管也可工作在电流连续区，从而减小了因电流断续引起的非线性现象对系统静、动态特性的影响，同时可以保证电流的无间断反向以加快反向时的过渡过程。

按照工作中是否允许有环流，实际的可逆晶闸管调速方式可分为有环流可逆调速控制方式和无环流可逆调速控制方式。目前主流的晶闸管调速装置广泛采用逻辑无环流控制方式，并通过自适应控制算法来补偿电流断续所引起的非线性问题。

由于模拟电路的局限性，今天主流的大功率晶闸管直流调速装置均采用数字控制，控制算法和逻辑基于运行在微控制器上的嵌入式软件实现。下面简要介绍西门子公司的 6RA80 直流调速装置的组成和功能。6RA80 装置实物图如图 9.24 所示，产品系列型号支持的额定直流电流从 15 A 到 3000 A，内部包含电枢和励磁用功率单元、散热器以及控制电路，还有一些选配的附加模块。额定直流电流在 1200 A 以下的装置采用模块式晶闸管，对于额定直流电流更高的装置，其电枢功率单元采用平板式晶闸管。装置前面板上都装配了一块基本型操作面板，利用操作面板可以完成调试所需的所有设置，查看所有相关测量值，查看故障和报警信息等。

图 9.24　6RA80 数字直流调速装置实物

6RA80 主要功能框图如图 9.25 所示，包括以下部分。

(1)电枢绕组晶闸管功率单元：采用三相可逆整流桥，实现四象限运行。

(2)励磁绕组晶闸管功率单元：为励磁绕组供电。

(3)电枢选通单元和自动反向模块：提供电枢绕组功率单元的晶闸管触发控制和逻辑无环流切换控制。

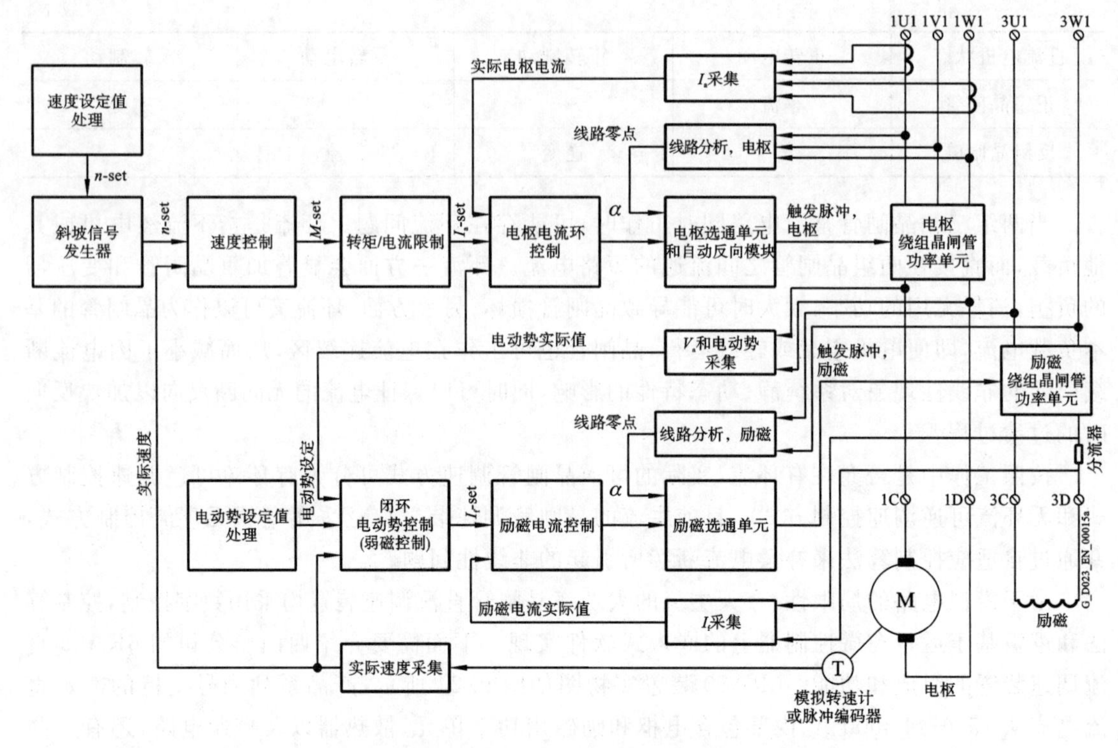

图 9.25　6RA80 控制功能框图

(4)励磁选通单元：提供励磁绕组功率单元的晶闸管触发控制。

(5)信号采集模块：包括支持多种速度传感器的速度采集模块、电枢电流和励磁电流采集模块、电压和电动势采集模块等。

(6)速度环控制器、转矩/电流限制环节：基于数字 PI 控制器实现速度调节。

(7)电枢电流环控制器：基于数字 PI 控制器实现电枢电流调节。

电动势设定值处理、励磁电流设定、励磁电流环控制器：实现励磁电流的设置和闭环调节，根据需要可实现弱磁控制。

(8)速度设定值处理、斜坡信号发生器：为速度环控制器提供平滑的指令信号。

电枢和励磁电流环除了采用优化的 PI 控制，还提供电流预控制算法模块，以处理电流断续导致的非线性问题。

由于大功率直流传动电机的制造成本和维护成本都高于同等功率的交流异步电机，交流调速装置已经成为工业界的主流。但直流调速装置仍有其技术优势，包括：

(1)四象限运行能力成本较低；

(2)低转速下的转矩输出能力；

(3)较高的转矩控制精度；

(4)较高的动态响应能力；

(5)较高的启动转矩；

(6)在恒功率时有较大的调速范围。

一些大功率直流调速装置的典型应用包括：

(1)橡胶和塑料工业；

(2)起重机械中的移动和提升机构的传动；

(3)电梯和索道传动；

(4)造纸和印刷工业；

(5)钢铁工业中的轧机、卷取机和剪切装置等。

9.6 直流脉宽调制调速系统

基于晶闸管整流的直流调速系统，受晶闸管开关频率较低的影响，电流存在较大脉动，会造成转矩波动。采用全控型电力电子器件实现脉宽调制调速系统，可以有效改进系统的动态响应。在20世纪70年代前后，由于直流伺服系统在数控机床中的广泛应用，基于功率晶体管的直流伺服驱动系统也随之获得快速发展，比较有影响力的是德国西门子和日本发那科的直流伺服驱动器。随着大功率全控型电力电子器件的制造成功和成本的不断下降，近年来直流脉宽调制(PWM)调速装置在中、小容量的高动态性能调速系统中已经完全取代了VS-M调速系统，功率MOSFET和IGBT作为PWM斩波主电路的开关器件则取代了早期的功率晶体管。

典型的PWM直流调速装置结构如图9.26所示。

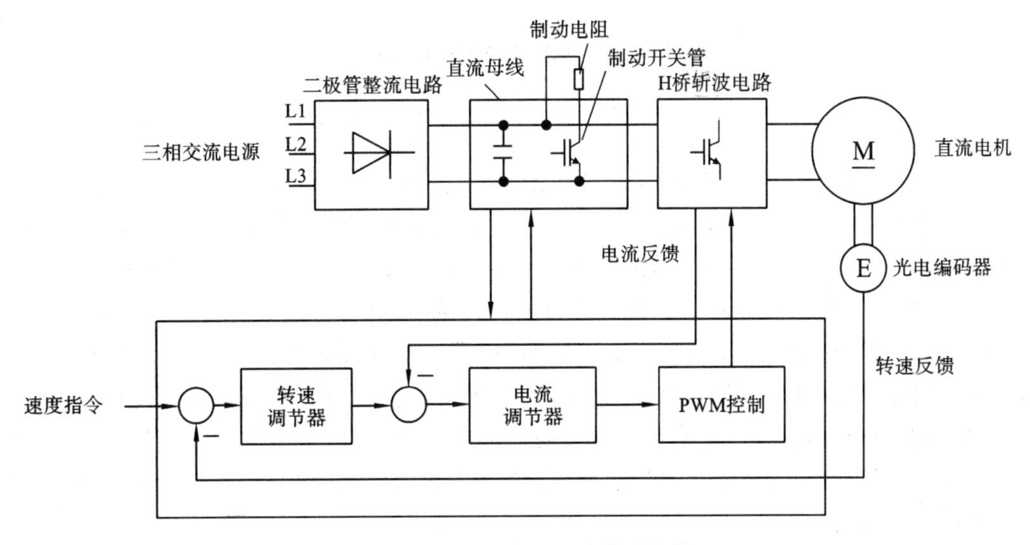

图9.26 PWM直流调速装置结构

三相交流电源经整流滤波变成电压恒定的直流电压，再经过H桥直流斩波电路输出幅值可调的直流电压给直流电机电枢绕组供电，中、小功率PWM直流调速装置主要用于永磁直流电机，因此图9.26中没有电机励磁绕组。H桥斩波电路的工作原理在8.5节已做过简要介绍，其主电路如图9.27所示，由VT1～VT4四只IGBT和V1～V4四只续流二极管组成。在双极性控制模式下，处于对角线上的一对IGBT的栅极因接收同一控制信号而同时导通或截止。若VT1和VT4导通，则电机电枢上加正向电压；若VT2和VT3导通，则电机电枢上加反向电压。当它们以较高的频率(如2000 Hz)交替导通时，电枢两端的电压波形如图9.28所示。由于机械惯性的作用，决定电机转向和转速的仅为此电压的平均值。

设矩形波的周期为T，正向脉冲宽度为t_1，并设$\gamma = t_1/T$为导通占空比。由图9.28可求出电枢电压的平均值为

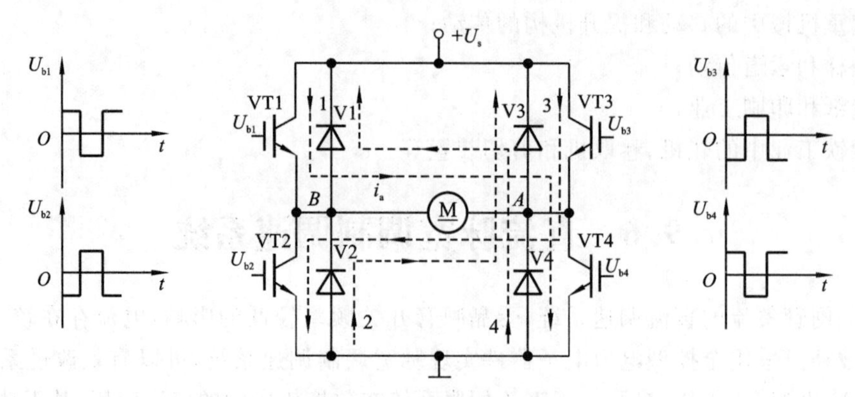

图 9.27　H 桥直流斩波电路

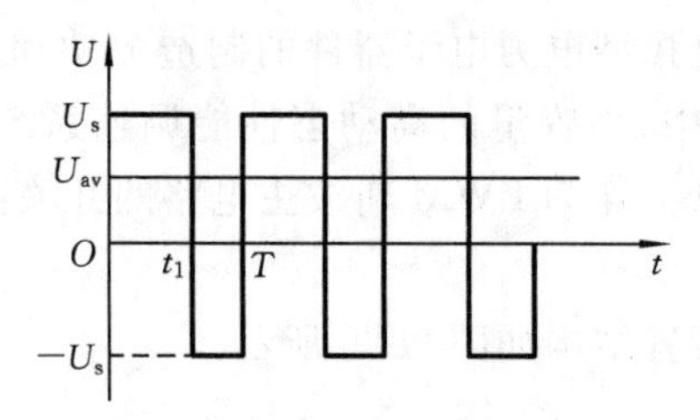

图 9.28　电机电枢电压的波形

$$U_{av}=\frac{U_s}{T}[t_1-(T-t_1)]=\frac{U_s}{T}(2t_1-T)=\frac{U_s}{T}(2\gamma T-T)=(2\gamma-1)U_s \tag{9.14}$$

由式(9.14)可知，在 T 为常数时，人为地改变正脉冲的宽度以改变导通占空比 γ，即可改变 U_{av}，达到调速的目的。当 $\gamma=0.5$ 时，$U_{av}=0$，电机转速为零；当 $\gamma>0.5$ 时，U_{av} 为正，电机正转，且在 $\gamma=1$ 时，$U_{av}=U_s$，正向转速最高；当 $\gamma<0.5$ 时，U_{av} 为负，电机反转，且在 $\gamma=0$ 时，$U_{av}=-U_s$，反向转速最高。连续地改变脉冲宽度，即可实现直流电机的无级调速。

在图 9.26 中，直流母线上并联有储能电容，以及制动开关管和制动电阻。当直流电机处于制动发电状态时，电机将机械能转化为电能，由于二极管整流电路的单向导电性，电能不能回馈到交流电网中去，会存储到直流母线上的储能电容中，并使得直流母线电压升高，直流母线电压过高会损坏开关管，当直流母线电压持续升高达到设定值时，制动开关管会导通，释放能量，消耗到制动电阻上。

PWM 直流调速装置的速度调节器和电流调节器与晶闸管整流直流调速装置的类似，这里不再具体介绍。

与晶闸管直流调速装置相比，PWM 调速装置具有下列特点。

(1)主电路所需的功率元件少。实现同样的功能，其开关管的数量仅为晶闸管的 1/6 ～ 1/3 。

(2)控制电路简单。开关管的控制比晶闸管的控制容易，不存在相序问题，不需要烦琐的同步移相触发控制电路。

(3)PWM 放大器的开关频率一般为 1～5 kHz，有的甚至可达 10 kHz，而晶闸管三相全控整流桥的开关频率只有 300 Hz，因而 PWM 调速系统比晶闸管直流调速系统的频带宽得多。这样，前者的动态响应速度和稳速精度等性能指标都比后者好。PWM 放大器的开关频率高，电机电枢电流容易连续，且脉动分量小，因而，电枢电流脉动分量对电机转速的影响以及由它引起的电机的附加损耗都小。

(4)PWM 放大器的电压放大系数不随输出电压的改变而变化,而晶闸管整流器的电压放大系数在输出电压低时变小。前者比后者的低速性能要好得多,这样,电机可在很低的速度下稳定运转,其调速范围很宽。

因此,在中、小功率直流调速系统特别是直流伺服控制应用中,PWM 调速装置有明显的优势并获得广泛应用。在从几百千瓦到几兆瓦的功率范围内,晶闸管直流调速装置因为有良好的性价比和可靠性仍是主流。

习题与思考题

9.1　何谓开环控制系统？何谓闭环控制系统？二者各有什么优缺点？

9.2　什么叫调速范围？什么叫静差度？它们之间有什么关系？怎样才能扩大调速范围？

9.3　生产机械对调速系统提出的静态、动态技术指标主要有哪些？为什么要提出这些技术指标？

9.4　为什么电动机的调速性质应与生产机械的负载特性相适应？二者如何配合才能相适应？

9.5　有一直流调速系统,其高速时的理想空载转速$n_{01}=1480$ r/min,低速时的理想空载转速$n_{02}=157$ r/min,额定负载时的转速降 $\Delta n_N=10$ r/min。试画出该系统的静态特性(即电动机的机械特性),求出调速范围和静差度。

9.6　为什么调速系统中加负载后转速会降低？闭环调速系统为什么可以减小转速降？

9.7　某一有静差调速系统的速度调节范围为 75～1500 r/min,要求静差度 $S=2\%$,该系统允许的静态速降是多少？如果开环系统的静态速降是 100 r/min,那么闭环系统的开环放大倍数应有多大？

9.8　某一直流调速系统调速范围 $D=10$,最高额定转速 $n_{max}=1000$ r/min,开环系统的静态速降是 100 r/min,该系统的静差度为多少？若把该系统组成闭环系统,在保持 n_{02} 不变的情况下使新系统的静差度为 5%,那么闭环系统的开环放大倍数为多少？

9.9　积分调节器在调速系统中为什么能消除系统的静态偏差？在系统稳定运行时,积分调节器输入偏差电压 $\Delta U=0$,其输出电压取决于什么？为什么？

9.10　在无静差调速系统中,为什么要引入 PI 调节器？比例和积分两部分各起什么作用？

9.11　无静差调速系统的稳定精度是否受给定电源和测速发电机精度的影响？为什么？

9.12　由 PI 调节器组成的单闭环无静差调速系统的调速性能已相当理想,为什么有的场合还要采用转速、电流双闭环调速系统？

9.13　双闭环调速系统稳态运行时,两个调节器的输入偏差(给定与反馈之差)是多少？它们的输出电压是多少？为什么？

9.14　在双闭环调速系统中速度调节器的作用是什么？它的输出限幅值按什么来整定？电流调节器的作用是什么？它的限幅值按什么来整定？

9.15　欲改变双闭环调速系统的转速,可调节什么参数？改变转速反馈系数 γ 行不行？欲改变最大允许电流(堵转电流),应调节什么参数？

9.16　直流电动机调速系统可以采取哪些办法组成可逆系统？

9.17 简述直流脉宽调制调速系统的基本工作原理和主要特点。

9.18 双极性双极式脉宽调制放大器是怎样工作的?

9.19 在直流脉宽调制调速系统中,当电动机停止不动时,电枢两端是否还有电压,电枢电路中是否还有电流?为什么?

9.20 论述脉宽调制调速系统中控制电路各部分的作用和工作原理。

第10章 交流传动控制系统

本章要求重点掌握各种类型的交流调速系统的基本原理，熟悉系统的基本组成、交流电动机调速的特性和特点以及适用场合。

长期以来，在电动机调速领域中，直流调速方案一直占主要地位。20世纪60年代以后，电力电子技术、现代控制理论、微机控制技术及大规模集成电路的发展和应用为交流调速的飞速发展创造了技术和物质条件。

20世纪90年代以来，机电传动领域面貌焕然一新。各种类型的笼型异步电动机的压频比恒定的变压变频调速系统、同步电动机变频调速系统、交流电动机矢量控制系统、笼型异步电动机直接转矩控制系统等，在各个领域中都得到了广泛应用，覆盖了机电传动调速控制的各个方面。电压从110 V到10000 V、容量从数百瓦的伺服系统到数万千瓦的特大功率传动系统，从一般要求的调速传动到高精度、快响应的高性能的调速传动，从单机调速传动到多机协调调速传动，几乎无所不有。交流调速技术的应用为工农业生产及节省电能方面带来了巨大的经济和社会效益。现在，交流调速系统已在逐步地全面取代直流调速系统。目前在交流调速系统中，变频调速应用最多、最广泛，变频调速技术及其装置仍是21世纪的主流技术和主流产品。

10.1 交流调速方法和装置概述

交流传动是今天电气传动的主流，交流调速也是电动机调速的主流。这个主要是由交流电动机相对于直流电动机在制造和使用上的一系列优点决定的。回顾历史，交流调速比直流调速发展得要晚，这主要是由于交流调速装置工程实现更难，特别是高性能交流调速从理论到实现都很困难。

同直流调速类似，交流调速系统也有静态指标和动态指标。对于直流调速系统，为达到良好的动态指标，高性能调速需要能实时控制电动机的转矩。对于直流电动机，电动机电磁转矩与定子磁通、电枢电流的乘积成正比，定子磁通和电枢电流可以独立调节互相没有耦合。我们通过控制电枢电流就可以很容易地控制电动机实时转矩，所以高性能直流调速系统都是转速、电流双闭环控制。

交流异步电动机的转子转速与电动机同步转速（由定子频率和电动机极对数决定）和转差率有如下关系：

$$
\begin{aligned}
\{n\}_{r/min} &= \{n_0\}_{r/min}(1-S) \\
&= 60\{f\}_{Hz}(1-S)/p \\
&= \{n_0\}_{r/min} - \{\Delta n\}_{r/min}
\end{aligned}
$$

改变电动机极对数可以实现简单的有级调速,通过定子绕组串阻抗、转子绕组串阻抗等方式,可以改变电动机的转差率,从而实现调速。通过改变三相异步电动机的定子频率,可以实现电动机的无级调速,调速范围宽,从高速到低速转差率不变,类似于直流电动机调压调速的特性,这是目前使用最广泛的交流电动机调速方法。要实现高性能调速,就必须能够控制转矩,从交流电动机转矩公式我们可以看出,电动机的转矩与磁通和转子电流有关,但这两者是耦合在一起,并且难以直接控制的。直到矢量控制和直接转矩控制发展起来以后,高性能交流调速才获得广泛应用,矢量控制和直接转矩控制也属于变频控制。

异步电动机的无级交流调速装置大体可分为两类:串级调速装置和变频调速装置。

串级调速装置只适用于线绕式异步电动机,它本质是一种调转差调速装置,串级调速的思想来源于转子串电阻调速。我们在第 4 章学过,线绕式异步电动机转子串电阻调速在额定负载转矩下有相对比较宽的调速范围,当然特性会变软,电动机速度越低,需要串的电阻就越大,消耗在电阻上的能量就越多,这是一种低效的调速方法。把串电阻换成串一个电动势,同样可以达到和串电阻类似的效果,在转子回路上增加一套电流电子装置,把电动势产生的功率回馈到电网,就是一种高效的调速方式,也就是串级调速。要实现一个交流的可调电动势比较困难,如果我们在转子绕组侧接入一个不可控的整流器,就可以串入一个可调直流电源来调节转子电势,可调直流电源通常由三相晶闸管桥式电路实现。

串级调速装置示意图如图 10.1 所示,电动机的转子绕组端接入一个不可控的整流器,这样,为实现调速而串入的附加电动势 E_{ad} 就可以采用可调直流电源。当 $E_{ad}=0$ 时,电动机在接近额定转速下运转,改变 E_{ad} 的大小就可以改变电动机转速。

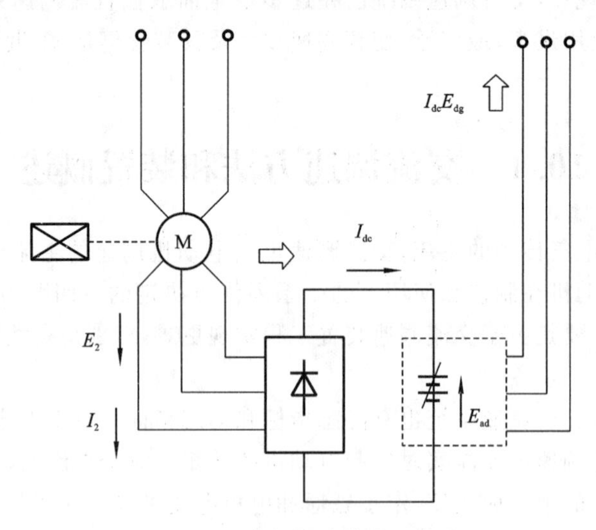

图 10.1　串级调速装置示意图

在 20 世纪 80 年代以前,这种基于晶闸管的交流电动机串级调速应用较多,目前基本上已经被变频调速所取代。

实现变频调速的装置我们称为变频器,从结构上看,变频器分为交-交和交-直-交两种形式。

交-交变频器可将工频交流电直接变换成频率、电压均可控制的交流电，故又称为直接式变频器。交-交变频器的主电路和原理在第 8 章已做过介绍，它采用 6 组晶闸管桥式电路，把三相工频交流电变成在低频范围内频率可调的三相交流电。基于晶闸管的交-交直接变频技术的历史较长，交-交调速装置的输出谐波含量比较大，调速范围不宽，动态响应不高，但能满足一些大功率电动机系统的调速要求。由于在高压大电流范围内，晶闸管具有比较好的性价比，因此这种交-交调速装置目前在一些兆瓦级高压大功率电动机的调速上仍有应用，本章不再展开介绍。

交-直-交结构的变频器是目前变频器的主流。交-直-交变频器先由整流电路把三相工频交流电整流成直流电，中间有滤波环节，然后再由逆变电路把直流电逆变成频率和幅值可调的三相交流电。整流电路和逆变电路的原理我们在第 8 章都已经学过。

在变频调速系统中，变频器的负载通常是异步电动机，而异步电动机属于感性负载，其电流落后于电压，功率因数是滞后的，负载需要向电源吸取无功能量，在间接变频器的直流环节和负载之间有无功功率的传输。由于逆变器中的电力电子开关器件无法储能，因此为了缓冲无功能量，在直流环节和负载之间必须设置储能元件。根据储能元件的不同，变频器可以分为电压型和电流型，如图 10.2 所示。

1. 电压型变频器

电压型变频器的特点是在交-直-交变压变频装置的直流侧并联一个滤波电容，如图 10.2(a)所示，用来储存能量以缓冲直流回路与电动机之间无功功率的传输。从直流输出端看，因并联大电容，电源的电压得到稳定，其等效阻抗很小，因此具有恒电压源的特性。

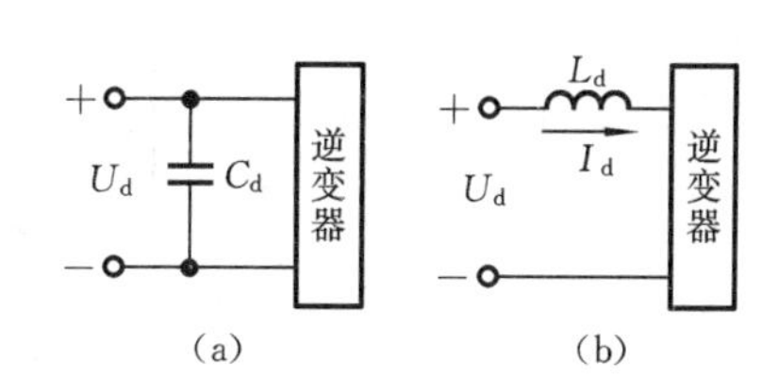

图 10.2　电压型变频器和电流型变频器

2. 电流型变频器

电流型变频器的特点是在交-直-交变压变频装置的直流回路中串入大电感，如图 10.2(b)所示，利用大电感来限制电流的变化，用以吸收无功功率。因串入了大电感，故电源的内阻很大，类似于恒电流源。

目前在工业自动化领域，电压型变频器占据了主要地位。10.2 节将重点介绍基于电压型交-直-交变频器的三相异步电动机变频调速方法，10.3 节将介绍电压型交-直-交变频器的结构原理，10.4 节将介绍电压型交-直-交变频器的选型和应用。

10.2　基于交-直-交变频器的三相异步电动机调速方法

这一节我们重点讨论三相异步电动机变频调速的两种控制模式——V/f 开环控制模式和矢量变频闭环控制模式的工作原理。

10.2.1　V/f 开环控制

利用交-直-交变频器的逆变环节，可以实现一个频率和幅值可调的交流电源，用其给三相异步电动机供电时，可以改变三相异步电动机旋转磁场转速，从而调节电动机转子转速。

根据异步电动机的电势公式，电势是和频率与磁通的乘积成正比的，而电势又约等于定子端电压,如果频率变化时电压幅值不变,那么磁通就一直在变化。我们把异步电动机的额定转速对应的定子频率称为基频,在额定转速范围内我们希望电动机能够带动恒转矩负载,相应地,在基频以下变频调速时,希望能够保持磁通恒定。

当电动机转速高于额定转速时,对应变频器输出频率也高于基频,如果还按照比例同步增加电压幅值,就会超出电动机的额定输出功率,电压过高也会超过电动机允许的绝缘能力,导致绕组损坏。所以在额定频率以上,我们让输出电压保持恒定,在此范围内随着频率的提高,磁通随之渐弱,处于弱磁控制,电动机处于恒功率调速模式。

当变频器输出频率在 0 Hz 附近时,为了提供电动机启动能力,需要提供一个最小启动电压,一种常用的 V/f 曲线如图 10.3 所示,这种 V/f 的协同控制方式也称为变压变频(variable voltage and variable frequency,VVVF)控制。

这种 V/f 控制是一种开环控制,类似于直流电动机的开环调压控制,没有闭环控制算法,也不需要电动机模型,主要依赖的是电力电子装置的性能,它适用于动态响应要求不高的交流调速系统。这种控制模式也是最基本的交流变频控制模式。

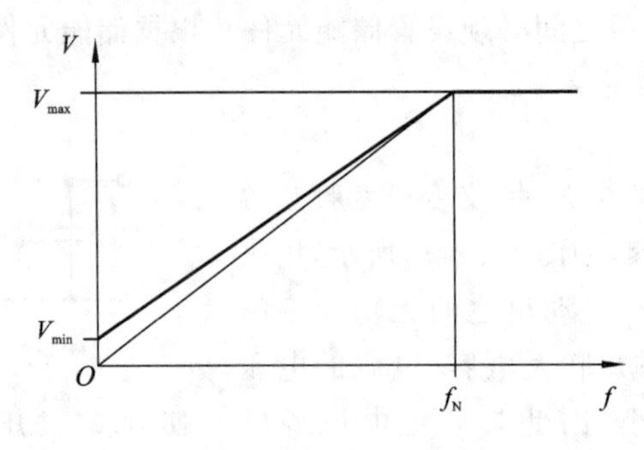

图 10.3　开环 V/f 曲线

对于某些电动机负载,在额定频率以下,将 V/f 曲线设置成二次曲线形式更好。很多变频器都提供用户设置功能,可以把 V/f 曲线设置为多段折线形式甚至让用户自由地设定曲线。这都是为了更好地符合电动机实际负载特性,达到节能增效的目的。

图 10.4 所示为 V/f 开环控制的实现框图。首先把转速设定值转化为对应的频率设定值,这个和电动机的极对数相关,为了避免频率突然变化,根据设定的加减速参数,把输入设定值的阶跃变化转化为频率的斜坡信号输出,接下来根据 V/f 曲线函数关系计算出对应的电压幅值 V,并把当前频率值 f 和电压幅值 V 输出到 PWM 发生器,PWM 发生器可以根据第 8 章介绍的 SPWM 算法或 SVPWM 算法生成 IGBT 逆变桥的控制脉冲,控制逆变电路工作,带动电动机旋转。

基于 V/f 开环控制的异步电动机变频调速在对动态响应要求不高的调速应用中可以很好地取代直流调速系统。但基于 V/f 开环控制的变频调速动态响应指标较差,且开环控制存在稳态误差。

图 10.5 是基于 V/f 开环控制的异步电动机调速过程的仿真波形,上方是三相定子电流波形,中间是电动机输出电磁转矩波形,下方是电动机转速波形。可以看出,尽管在异步电动机启动过程中,变频器输出电压和频率平滑变化,但电动机输出电磁转矩仍有很大的脉动,电动机转速跟踪误差较大。当电动机稳速运行时,负载的突加和突减会产生较大的速度波动,并产生静态误差。

在实际变频器中,通常采用转差补偿等办法改善 V/f 控制性能,减小静差。也有一种利

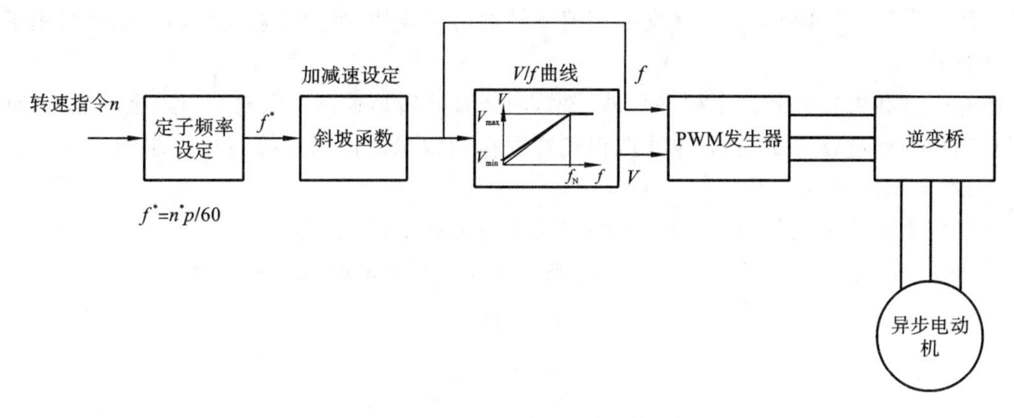

图 10.4　V/f 开环控制实现框图

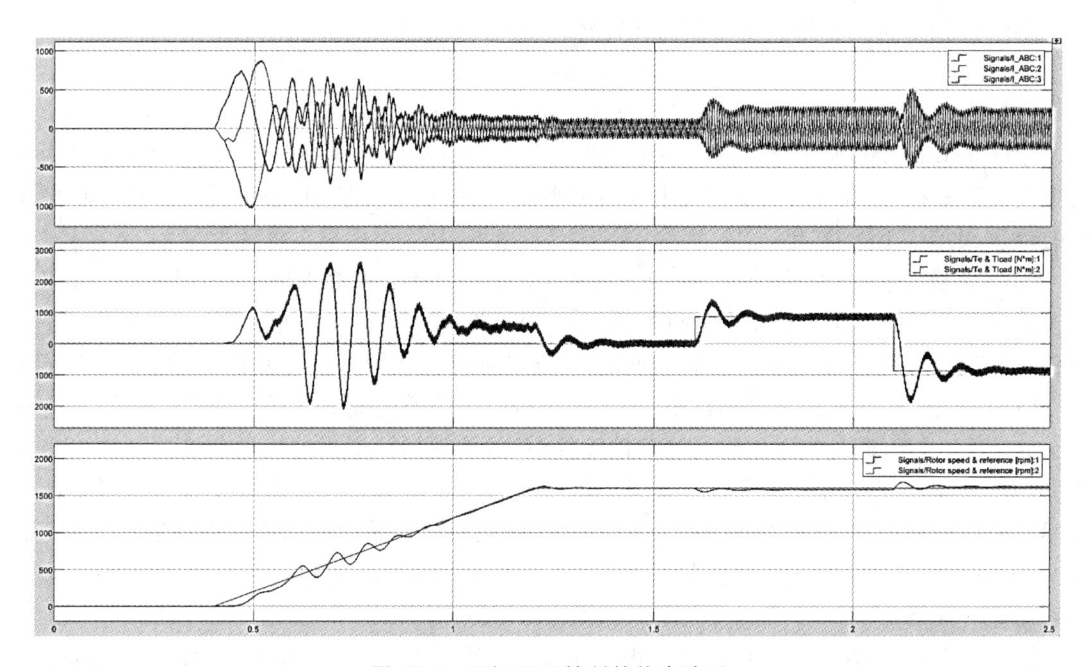

图 10.5　V/f 开环控制的仿真波形

用电动机速度反馈构成的闭环控制，但是由于异步电动机的非线性强耦合特性，基于 V/f 的闭环控制只能改进调速的一些稳态指标，对动态指标的改善作用是有限的，要真正实现闭环控制，需要利用 10.2.2 节介绍的矢量控制技术。当然 V/f 控制有它的优点：它不需要电动机参数模型就可以工作，而且支持一台变频器带动多台异步电动机。

10.2.2　矢量变频闭环控制

要实现对交流异步电动机的高性能调速，必须对其电磁转矩进行实时控制，但是交流异步电动机作为一个被控对象，它的动态模型比较复杂，是一个高阶的非线性、时变和强耦合的微分状态方程，从控制理论的角度看，这样的对象是难于直接控制的。相比之下，直流电动机的电磁转矩正比于转矩电流和励磁电流，有很好的线性关系。在 1970 年前后，一种矢量控制方法被提出，其核心思想是通过坐标变换，把交流电动机的定子电流分解成转矩分量和励磁分量，用来分别控制电动机的转矩和磁通，这样就可以获得和直流电动机相仿的高动态性能。经过几十年的发展,矢量控制技术在交流调速领域取得了成功,绝大多数变频器产品都采用了矢量控制技术。

还有一种和矢量控制技术相平行的技术,叫作直接转矩控制。它没有引入坐标变换,直接利用电动机模型进行转矩控制,也能取得良好的控制效果。使用直接转矩控制的变频器产品比较少,本节不作具体介绍。

矢量控制算法引入了两个坐标变换:Clarke 变换和 Park 变换。

Clarke 变换实现从三相定子电流坐标系到两相正交电流坐标系的变换:

$$i_\alpha = i_A$$

$$i_\beta = \frac{1}{\sqrt{3}}(i_A + 2i_B)$$

$$i_A + i_B + i_C = 0$$

Park 变换则实现从静止坐标系到旋转坐标系的转换:

$$i_d = i_\alpha \cos\theta + i_\beta \sin\theta$$

$$i_q = -i_\alpha \sin\theta + i_\beta \cos\theta$$

经过 Clarke 变换和 Park 变换,我们就把三相异步电动机的定子电流 i_A、i_B和 i_C变换为了两个直流量 i_d和 i_q,就可以借鉴直流电动机的转速、电流双闭环控制,来实现对三相异步电动机的转速、电流双闭环控制。

Park 变换内包含时变参数 θ,确定该参数 θ 就是矢量控制的难点所在。这是因为,如果我们希望将变换后的 i_d用于控制电动机的励磁,i_q用于控制电动机的转矩,那么 d-q 坐标系的 d 轴就要与转子的磁通(磁链)方向对齐,此时 Park 变换中的参数 θ 就代表了定子电流与转子磁通方向的夹角。在交流异步电动机中,转子磁通角度与转子机械角度不是固定的关系,存在速度上的转差,因此,通过光电编码器等反馈元件,只能检测到转子当前机械角度并计算出当前速度,而不能测量出转子磁通角度。最开始的时候人们在电动机气隙圆周上埋一些磁通测量传感器来直接测量,但很快发现噪声太大没法实用,目前普遍采用电动机模型来估算出磁通的方向,形成了间接矢量控制和直接矢量控制等不同的技术路线。直接矢量控制采用磁链闭环,具有更好的性能。

图 10.6 所示为基于矢量控制的异步电动机调速控制框图,如果我们把框图一分为二,左边看起来和直流电动机调速框图非常像,外环有速度调节器,内环有转矩电流调节器和励磁电流调节器,这里采用磁链开环控制,没有引入磁链闭环控制。控制框图的右侧就是矢量控制和 PWM 控制框图。定子电流经过 Clarke 变换和 Park 变换后,作为反馈信号用于计算电流误差,电流 PI 控制器输出 d-q 坐标系下的电压指令 V_d和 V_q,再经过 Park 逆变换变成 α-β 坐标系下的 V_α和 V_β,提供给 SVPWM 产生三相逆变桥的控制脉冲。磁场定向算法根据电动机模型计算出参数 θ,这是矢量控制的核心,因此矢量控制又称为磁场定向控制(field oriented control,FOC)。

矢量控制的调速性能与直流电动机双闭环调速系统的相当,系统无静差,抗扰动能力强,具有高动态响应。要深入理解矢量控制工作原理,读者可进一步阅读有关文献。

在实际的变频器产品中,V/f 开环控制和矢量闭环控制是两种主要的控制模式。经济型变频器通常只支持 V/f 开环控制,矢量型变频器早期价格比较贵,现在则越来越普及,它既支持 V/f 开环控制,又支持矢量闭环控制。矢量闭环控制模式具体又可以分为有速度传感器的矢量控制和无速度传感器的矢量控制。有速度传感器的矢量控制的控制精度更好。由于矢量

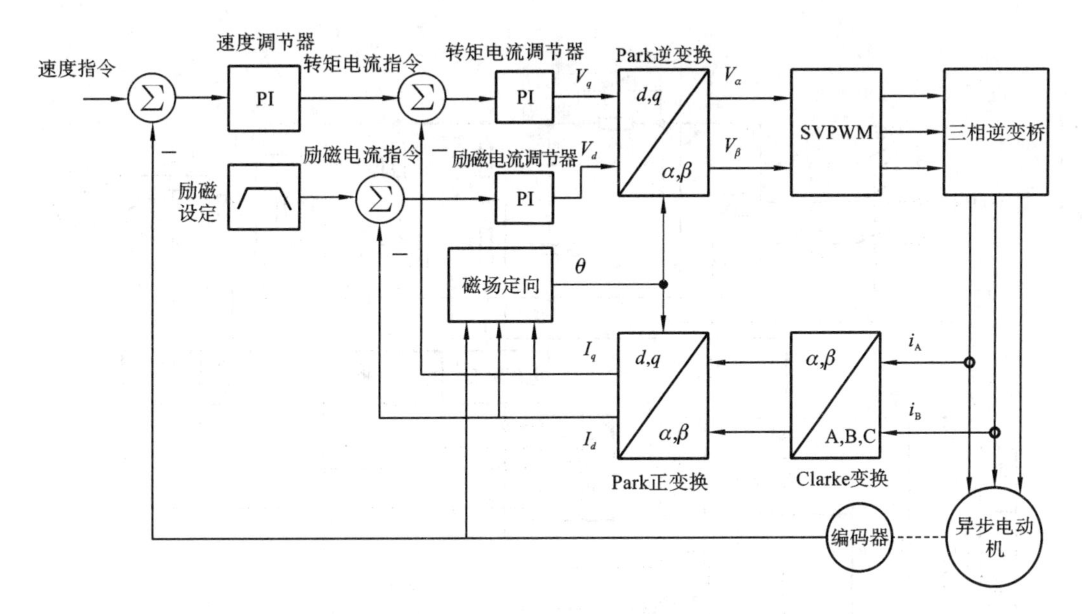

图 10.6 矢量控制框图

控制可以实现电动机的转矩控制，因此变频器可以工作在速度控制模式，也可以工作在转矩模式，在一些张力控制的应用中，直接控制电动机输出转矩会比较方便。

10.3 交-直-交变频器的结构原理

交-直-交变频器由主电路（包括整流器、中间直流环节、逆变器）和控制电路组成。

（1）整流器。整流器的作用是把三相或单相交流电变成直流电。

（2）中间直流环节。由于逆变器的负载为异步电动机，属于感性负载，其功率因数总不会为1，因此，在中间直流环节和电动机之间总会有无功功率的交换。这种无功功率要靠中间直流环节的储能元件（电容器或电抗器）来缓冲。

（3）逆变器。最常用的逆变器是三相桥式逆变器。有规律地控制逆变器中主开关元器件的通与断，可以得到任意频率的三相交流电输出。

（4）控制电路。控制电路通常由运算电路、检测电路、控制信号的输入/输出电路和驱动电路等构成，其主要任务是完成对逆变器的开关控制、对整流器的电压控制以及完成各种保护功能等。控制方法可以采用模拟控制或数字控制。高性能的变频器目前已经采用微机进行全数字控制，采用尽可能简单的硬件电路，主要靠软件来完成各种功能。由于软件的灵活性，数字控制方式常可以完成模拟控制方式难以完成的功能。

图 10.7 所示是一个典型的交-直-交通用变频器的结构原理。它包括主电路、驱动电路、微机控制电路、保护信号采集与综合电路。

主电路由二极管整流器 UR、全控开关器件 IGBT 或由功率模块 IPM 组成的 PWM 逆变器 UI 与中间电压型直流电路三部分组成，构成交-直-交电压源型变压变频器。变频器采用单片微机进行控制，主要通过软件来实现变压、变频控制，PWM 控制和发出各种保护指令，组成单片微机控制的 IGBT-PWM-VVVF 交流调速系统。

除了整流电路和逆变电路，还有其他辅助环节：

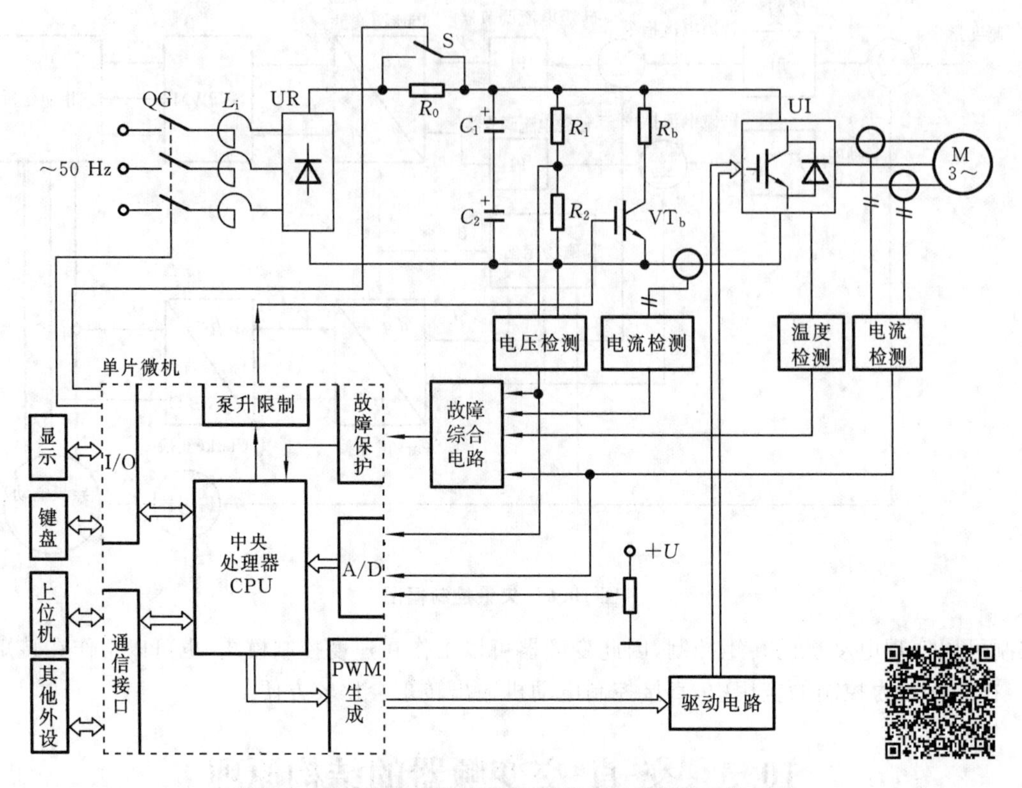

图 10.7 数字控制通用变频器-异步电动机调速系统原理

(1)限流电阻 R_0 和短接开关 S。由于中间直流电路与容量很大的电容器并联，在突加电源时，电源通过二极管整流桥对电容充电(突加电压时，电容相当于短路)，会产生很大的冲击电流，使元件损坏。为此，在充电回路上设置电阻 R_0(或电抗器)来限制电流。待电源合上，启动过渡过程结束以后，为避免 R_0 继续消耗电能，可延时用自动开关 S 将 R_0 短接。

(2)电压检测与泵升限制。由于二极管整流器不能为异步电动机的再生制动提供反向电流的通路，所以除特殊情况外，通用变频器一般都用电阻(图 10.7 中的 R_b)吸收制动能量。减速制动时，异步电动机进入发电状态，并通过续流二极管向电容器充电，使电容上的电压随着充电的进行而不断升高，这样的高电压将会损坏元件。为此，在主电路设置了电压检测电路，当中间直流回路的电压(通称泵升电压)升高到某一限值时，通过泵升限制电路使开关器件 VT_b 导通，将电动机释放出来的动能消耗在制动电阻 R_b 上。为了便于散热，制动电阻常作为附件单独装在变频器机箱外边。

(3)进线电抗器。由于整流桥后面接有一个容量很大的电容，在整流时，只有当交流电压幅值超过电容电压时，才有充电电流流通，交流电压低于电容电压时，电流便终止，因此造成电流断续。这样电源供给整流电路的电流中会含有较多的谐波成分，会对电源造成不良影响(使电压波形畸变，变压器和线路损耗增加)。为了抑制谐波电流，容量较大的 PWM 变频器都应在输入端设有进线电抗器 L_i，有时也可以在整流器和电容器之间串接直流电抗器。电抗器 L_i 还可用来抑制电源电压不平衡对变频器的影响。

(4)温度检测。温度检测主要是检测 IGBT 管壳的温度，当通过的电流过大、壳温过高时，微机将发出指令，通过驱动电路使 IGBT 管迅速关断。

(5)电流检测。由于此系统未设转速负反馈环节,因此通过在交流侧(或直流侧)检测到的电流信号,来间接反映负载的大小,使控制器(微机)能根据负载的大小对电动机因负载而引起的转速变化给予一定的补偿。此外,电流检测环节还用于电流过载保护。

现代 PWM 变频器的控制电路大都是以微处理器为核心的数字电路,其功能主要是接收各种设定信息和指令,再根据它们的要求形成驱动逆变器工作的 PWM 信号。微处理器芯片早期多采用专用 DSP 芯片,目前多采用 32 位嵌入式微控制器芯片(MCU)。一些面向电动机控制设计的 MCU 的外设可以更好地支持 PWM 脉冲输出和电流采样。

具体的变频器产品有一体式变频器、模块化变频器、机柜式变频器等。

一体式变频器实物如图 10.8 所示,所有的整流、逆变、直流环节和控制电路都集成在变频器内部,结构紧凑,主要用于中、小功率交流电动机调速。

图 10.8　一体式变频器实物

模块化变频器通常由独立的整流模块、逆变模块、斩波制动模块等组成,在多电动机传动控制应用中,调速系统可以由一台功率较大的整流模块和多台逆变模块组成,整流模块提供直流母线电源,多个逆变模块从直流母线获得电能。这种共直流母线结构具有很多优点,可以使直流母线电压更加平稳,更加节约能源。整流模块可采用基于 IGBT 的 PWM 整流电路,可以实现能量的双向流动,把能量回馈给交流电网,实现交流调速系统的四象限运行。

机柜式变频器通常用于大功率交流异步电动机调速。

近年来,随着功能安全标准在工业自动化系统中的广泛实施,要求交流变频器也能够支持功能安全,一些变频器集成了安全转矩关闭(safe torque off,STO)功能,当 STO 功能被激活时,变频器切断对电动机的电能供给,电动机失去电能因而无法向外输出转矩。

10.4　交-直-交变频器的选型和应用

交流电动机调速控制时,除了应选择合适的变频器类型,使其调速范围、调速精度等主要技术性能指标必须满足要求外,变频器的容量选择及与使用有关的一些事项的合理运用,也是电动机调速控制装置安全可靠运行的重要前提。本节以通用变频器为例说明变频器选择与使用中的主要问题。

随着电力电子器件的自关断化、复合化、模块化，变流电路开关模式的高频化，控制手段的全数字化，变频装置的灵活性和适应性不断提高。目前，中小容量(600 kV·A 以下)的、一般用途的变频器已实现了通用化。现代通用变频器大都采用二极管整流器和由全控型开关器件IGBT 或功率模块 IPM 组成的 PWM 逆变器，构成交-直-交电压源型变压变频器。它们已经占据了全球 0.5～500 kV·A 中小容量变频调速装置的绝大部分市场。所谓“通用”包含两方面的含义：一是可以和通用型交流电动机配套使用，而不一定使用专用变频电动机；二是通用变频器具有各种可供选择的功能，能适应许多不同性质的负载机械。此外，通用变频器是相对专用变频器而言的，专用变频器是专为某些有特殊要求的负载而设计的，如电梯专用变频器。

10.4.1　变频器类型的选择

在具体的调速应用中，可根据负载的要求来选择变频器的类型。

(1)恒转矩类负载。挤压机、搅拌机、带式输送机、起重机、机床进给系统、压缩机等，均属恒转矩类负载。目前，国内外大多数变频器厂家都提供应用于恒转矩负载的通用变频器。这类变频器的主要特点是：过电流能力强，控制方式多样化；开环、闭环既有 V/f 控制也有矢量控制和转矩控制，低速性能好，控制参数多。选择了恒转矩负载的变频器后，还要根据调速系统的性能指标要求，选择恰当的控制方式。一般有两种情况：一是调速范围要求不大、速度精度不高的多电动机传动(如轧机辊道变频调速等)，宜采用带有低频补偿的普通功能型变频器，但为了实现恒转矩调速，常用增大电动机和变频器容量的办法来提高启动与低速时转矩；二是对于调速范围宽、速度精度高的设备，采用具有转矩控制功能的高功能型变频器或矢量控制变频器，这对实现恒转矩负载的调速运行比较理想。这种变频器启动与低速转矩大，静态机械特性硬度大，能承受冲击负载，而且具有较好的过载截止特性。

(2)风机、泵类负载。它们的阻力转矩与转速的二次方成正比，启动及低速运转时阻力转矩较小，通常可以选择普通功能型 V/f 控制变频器，选择二次方递减转矩 V/f 控制模式。值得注意的是，传动这类负载，速度不能提高到工频所对应的速度以上，因为风机、泵的轴功率与速度的二次方(或三次方)成正比例，速度提高会使功率急剧增加，可能超过电动机、变频器的容量，导致生产机械过热，甚至不能工作。

(3)恒功率负载和一些对动态性能要求较高的生产机械，如轧机、塑料薄膜加工线、机床主轴等，可采用矢量控制型变频器。

10.4.2　变频器容量的选择

1. 变频器容量的表示方法

变频器容量通常以适用电动机容量(kW)、输出容量(kV·A)、额定输出电流(A)来表示。其中额定电流为变频器允许的最大连续输出的电流有效值，无论什么用途都不能连续输出超过此值的电流。

输出容量为额定输出电压及额定输出电流时的三相视在输出功率，根据实际情况，此值只能作为变频器容量的参考值。这是因为：第一，随输入电压的降低，此值无法保证；第二，不同厂家的变频器都可适用同样的电动机容量(kW)，而其输出容量(kV·A)却有较大差距，其根本问题在于同一电压等级的变频器的输出容量(kV·A)的计算电压不同。因此，不同厂家适用同一容量(kW)电动机的变频器的输出容量无可比性。

例 10.1　适用电动机容量15 kW，甲公司的变频器适应工作电压为380～480 V，额定电流为27 A，输出容量为22 kV·A；而乙公司的变频器适应工作电压为380～440 V，额定电流为34 A，输出容量为22.8 kV·A。两项比较，额定电流相差20%，而输出容量几乎相当，因为前者是以480 V、后者是以400 V为基准计算的。即使不同公司均以440 V为基准计算输出容量，适用电动机容量15 kW，丙公司的变频器输出容量为26 kV·A，而丁公司的变频器输出容量仅为22.8 kV·A，原因在于两者的额定电流不同，前者为34 A，后者为30 A(见表10.1)。

表 10.1　不同厂家生产的适用15 kW电动机的变频器额定电流和输出容量的参考值

公　　司	计算输出容量的基准电压/V	额定电流/A	输出容量/(kV·A)
甲	480	27	22
乙	400	34	22.8
丙	440	34	26
丁	440	30	22.8

2. 选择变频器容量的基本依据

对于连续恒载运转机械所需的变频器，其容量可用下式近似计算：

$$P_{CN} \geqslant \frac{k P_N}{\eta \cos\varphi} \tag{10.1}$$

$$I_{CN} \geqslant k I_N \tag{10.2}$$

式中：P_N——负载所要求的电动机的轴输出额定功率；

η——电动机额定负载时的效率，通常$\eta = 0.85$；

$\cos\varphi$——电动机额定负载时的功率因数，通常$\cos\varphi = 0.75$；

I_N——电动机额定电流(有效值)(A)；

k——电流波形的修正系数，PWM方式时取$k = 1.05 \sim 1.1$；

P_{CN}——变频器的额定容量(kV·A)；

I_{CN}——变频器的额定电流(A)。

3. 选择变频器容量时还需考虑的几个主要问题

1)同容量不同极数电动机的额定电流不同

不同生产厂家的电动机，不同系列的电动机，不同极数的电动机，即使容量等级相同，其额定电流也不尽相同。不同极数电动机的额定电流参考值如表10.2所示。

表 10.2　不同极数电动机的额定电流参考值　单位：A

极数	功率/kW												
	7.5	11	15	18.5	22	30	37	45	55	75	90	110	132
4	15.5	21	29	36.8	43.7	58	70	84	105	136	162	200	235
6	18	26	34	38	45	60	72	85	108	140	168	205	245
8	19	26	36	39	47	63	76	92	118	153	182	220	265

变频器生产厂家给出的数据都是相对四极电动机而言的。如果选用八极电动机或多极电

动机传动,则不能单纯以电动机容量为准选择变频器,要根据电动机额定电流选择变频器容量。由表10.2可以看出,如果要求八极15 kW电动机满负荷(额定电流为36 A)运行,就要选适合18.5 kW(四极)电动机的变频器。同样,采用变极电动机时也要注意,变极电动机采用变频器供电可以在要求更宽的调速范围内使用。变极电动机在变极与变频同时使用时,同容量变极电动机要比标准电动机机座号大,电流大,所以应按电动机额定电流选变频器,其容量可能要比标准电动机匹配的容量大几个档次。

2)多电动机并联运行时要考虑追加电动机的启动电流

用一台变频器使多台电动机并联运转且同时加速启动时,决定变频器容量的是

$$I_{CN} \geqslant \sum_{n} K I_{N} \tag{10.3}$$

式中:I_{CN}——变频器的额定电流(A);

I_{N}——电动机的额定电流(A);

K——系数,一般$K=1.1$,由于变频器输出电压、电流中所含高次谐波的影响,电动机的效率、功率因数降低,电流增加10%左右;

n——并联电动机的台数。

因此可按式(10.3)选择变频器容量。如果要求部分电动机同时加速启动后再追加其他电动机启动,就必须加大变频器的容量。因为后一部分电动机启动时变频器的电压、频率均已上升,此时部分电动机追加启动将引起大的冲击电流。追加启动时变频器的输出电压、频率越高,冲击电流越大。这种情况下,可按下式确定变频器的容量:

$$I_{CN} \geqslant \sum_{n_1} K I_{N} + \sum_{n_2} I_{S} \tag{10.4}$$

式中:n_1——先启动的电动机的台数;

n_2——后追加启动的电动机的台数;

I_{S}——追加投入电动机的启动电流。

这种情况需要特别注意,因为追加启动电动机的启动电流可能达到电动机额定电流的6～8倍,变频器容量可能增加很多。这就需要分析,或许用两台变频器会更经济。

例10.2 4台15 kW的电动机同时启动运行,需要的变频器的额定输出电流为

$$I_{CN} = 1.1 \times 4 \times 29\ \text{A} = 128\ \text{A}$$

选一台75 kW的变频器即可。若按式(10.4),$n_1=3$,$n_2=1$,则

$$I_{CN} \geqslant (1.1 \times 3 \times 29 + 5 \times 29)\ \text{A} = 240.7\ \text{A}$$

需要选132 kW的变频器。这时可以考虑用一台55 kW的变频器满足$n_1=3$同时启动的需要,另选一台15 kW的变频器满足$n_2=1$的追加启动电动机的需要,经济上要划算得多。

3)经常出现大过载或过载频度高的负载时变频器容量的选择

通用变频器的过电流能力通常为在一个周期内允许125%或150%、60 s的过载,超过过载值就必须增大变频器容量。例如,对于150%、60 s的过载能力的变频器,要求用于200%、60 s过载时,必须按式(10.3)计算出总额定电流的倍数(200/150=1.33),按其选择变频器容量。

另外,通用变频器规定125%、60 s或150%、60 s的过载能力的同时,还规定了工作周期。有的厂家规定300 s为一个过载工作周期,而有的厂家规定600 s为一个过载工作周期。严格按规定运行,变频器就不会过热。

虽过电流能力不变，但如要缩短工作周期，则必须加大变频器容量，频繁启动、制动的生产机械，如高炉料车、电梯、各类吊车等，其过载时间虽短，但工作频率却很高。一般选用变频器的容量应比电动机容量大一两个等级。

10.4.3　变频器外围设备的应用及注意事项

变频器的外围设备有电源、无熔丝断路器、电磁接触器、AC 电抗器、输入侧滤波器及输出侧滤波器，如图 10.9 所示。其注意事项分别如下。

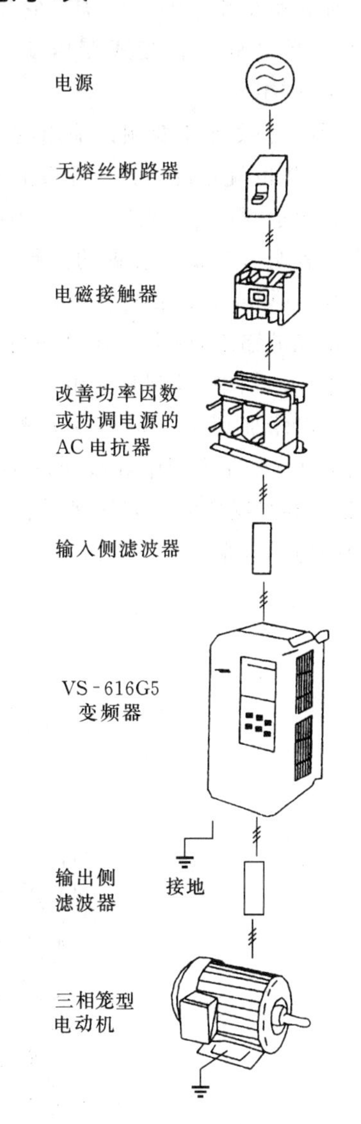

图 10.9　通用变频器外围设备及连接

1. 电源

(1)注意电压等级是否正确，以免损坏变频器。

(2)交流电源与变频器之间必须安装无熔丝断路器。

2. 无熔丝断路器

(1)使用符合变频器额定电压及电流等级的无熔丝断路器作变频器的电源 ON/OFF 控制，并作变频器的保护。

(2)无熔丝断路器勿作变频器的运转/停止切换。

3. 电磁接触器

(1)一般使用时可不加电磁接触器，但进行外部控制，或停电后自动再启动，或使用制动控制器时，需加装电磁接触器。

(2)电磁接触器勿作变频器的运转/停止切换。

4. AC 电抗器

若使用大容量(600 kV · A 以上)的电源，为改善电源的功率因数可外加 AC 电抗器。

5. 输入侧滤波器

变频器周围有电感负载时，请加装滤波器。

6. 变频器

(1)输入电源端子 R、S、T 无相序分别可任意换相连接。

(2)输出端子 U、V、W 接至电动机的 U、V、W 端子，如果变频器执行正转，电动机欲逆转，只要将 U、V、W 端子中任意两相对调即可。

(3)输出端子 U、V、W 请勿接交流电源，以免损坏变频器；

(4)接地端子请正确接地，200 V 级为第三种接地，400 V 级为特种接地。

7. 输出侧滤波器

减小变频器产生的高次谐波，以避免影响其附近的通信器材。

10.5 交-交变频器

交-交变压变频器只有一个变换环节,是不经过直流环节、直接把一种频率的交流电变换为另一种频率交流电的变频器。它把恒压恒频(CVCF)的交流电直接变换成VVVF的交流电输出,因此又称为直接式变压变频器。有时为了突出其变频功能,也称其为周波变换器(cyclo-converter)。

常用的交-交变压变频器输出的每一相都是一个由正、反两组晶闸管可控整流装置反并联的可逆线路,也就是说,每一相都相当于一套直流可逆调速系统的反并联可逆整流器,如图10.10(a)所示。正、反两组按一定周期相互切换,在负载上就获得交变的输出电压u_o,u_o的幅值取决于各组可控整流装置的控制角α,u_o的频率取决于正、反两组整流装置的切换频率,如图10.10(b)所示。如果控制角α一直不变,则平均输出电压u_{oav}是方波,如图10.10(c)所示。要获得正弦波输出,就必须在每一组整流装置的导通期间不断改变其控制角。例如,在正向组导通的半个周期中,控制角α由$\pi/2$(对应于输出电压$u_o=0$)逐渐减小到零(对应于u_o最大),然后再逐渐增加到$\pi/2$(u_o再变为零),如图10.11所示。当α按正弦规律变化时,半周中的平均输出电压u_{oav}即为图中虚线所示的正弦波。对反向组负半周的控制也是这样。不难看出,交-交变频器实现变频的方法是,用较高频率(f_1)的交流电压波形的若干适当部分拼成较低频率(f_2)的电压波形。

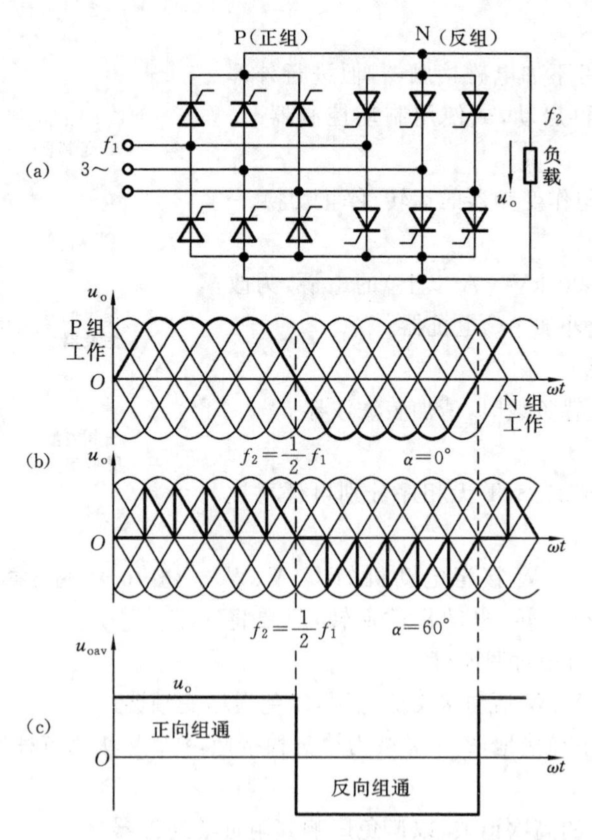

图10.10 交-交变频器的主电路、负载电压波形和平均输出电压波形

(a)主电路;(b)负载电压波形;(c)平均输出电压波形

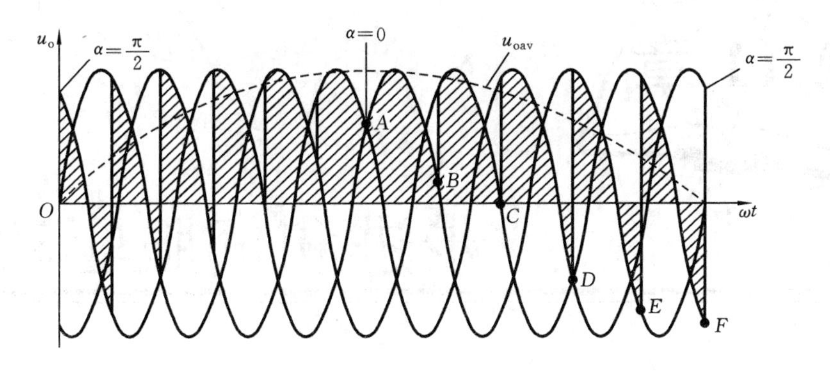

图 10.11　交-交变压变频器的单相正弦波输出电压波形

习题与思考题

10.1　交-直-交变频器与交-交变频器有何异同?

10.2　交-直-交变频器由哪几个主要部分组成? 各部分的作用是什么?

10.3　SPWM 变压变频器有哪些主要特点?

10.4　为什么说用变频调压电源对异步电动机供电是比较理想的交流调速方案?

10.5　在脉宽调制变频器中,逆变器各开关元件的控制信号如何获取? 试画出波形图。

10.6　如何区别交-直-交变压变频器是电压源变频器还是电流源变频器? 它们在性能上有什么差异?

10.7　采用二极管不控整流器和功率开关器件脉宽调制(PWM)逆变器组成的交-直-交变频器有什么优点?

10.8　在 IGBT-SPWM-VVVF 交流调速系统中,在实行恒压频比控制时,是通过什么环节、调节哪些量来实现调速的?

10.9　如何改变由晶闸管组成的交-交变压变频器的输出电压和频率? 这种变频器适用于什么场合? 为什么?

10.10　通用变频器有哪几类? 各用于什么场合?

10.11　通用变频器的外部接线通常包括哪些部分?

10.12　如何根据负载性质的要求来选择变频器的类型?

10.13　选择变频器容量的基本依据是什么? 除此以外,还要注意哪些主要问题?

步进和伺服驱动系统

本章首先介绍步进电动机的驱动控制装置和脉冲式定位控制系统，然后介绍交流伺服电动机位置控制系统。

11.1 步进电动机驱动控制和脉冲式定位控制

11.1.1 步进电动机驱动器的组成

我们在5.1节学习了步进电动机的基本原理，步进电动机可通过开环控制实现定位控制，但步进电动机必须要有相应的驱动器控制绕组电流产生旋转运动，一个典型的两相混合步进电动机驱动器实物如图11.1所示。

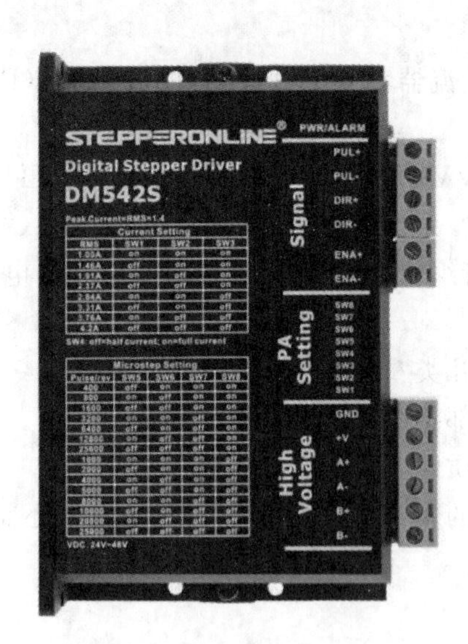

图11.1 步进电动机驱动器实物

驱动器的功率接口包括以下几个。

(1)A+、A−、B+、B−：连接到步进电动机A、B两相绕组。

(2)VDC+、GND：连接到外部直流电源。

控制信号接口包括以下几个。

(1)PUL：步进电动机脉冲指令输入接口，每接收到一个脉冲指令，电动机转动一个步距角。

(2)DIR:步进电动机旋转方向指令接口,根据 DIR 为高电平或低电平,电动机的旋转方向为顺时针或逆时针。

(3)ENA:步进电动机使能指令接口。

此外,还有报警输出接口和故障复位接口等。

上述控制信号接口可采用单端或差分接入形式。

在驱动器外壳上通常有拨码开关用于模式设置、数字电流设置和步距角细分设置。

很多驱动器通常会有 RS-232/RS-485 串行通信接口,可连接到 PC 机,通过配置软件进行参数设置。

随着网络化控制的发展,越来越多的驱动器集成了现场总线和实时以太网接口,上位控制器通过现场总线和实时以太网给步进电动机驱动器发送命令,它们取代了传统的脉冲和方向指令接口。

典型的驱动器和步进电动机的连接如图 11.2 所示。

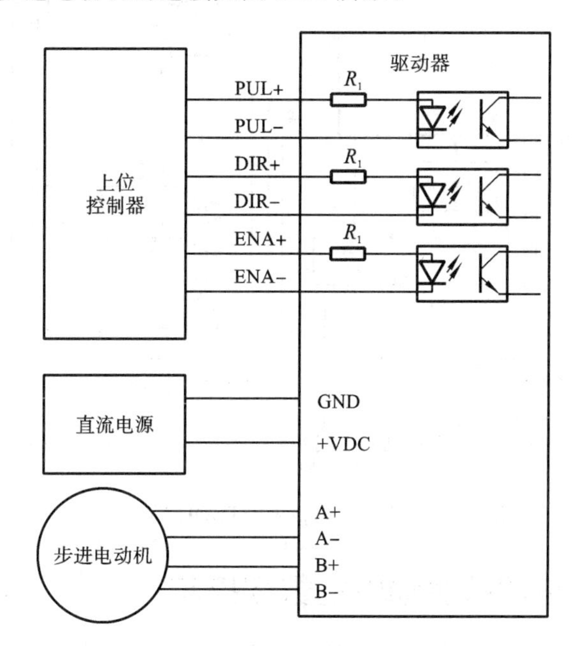

图 11.2　步进电动机和驱动器接线

步进电动机驱动器电路主要由功率驱动电路和控制电路组成,对于两相步进电动机,最常用的主电路结构是由功率 MOSFET 组成的两个 H 桥,每个 H 桥由 4 个功率 MOSFET 组成,两个 H 桥分别驱动步进电动机的两相绕组。

驱动器的控制电路的主要功能是接收来自外部的控制信号(脉冲指令和方向指令),按照控制逻辑,控制主电路的功率 MOSFET 器件导通或关断,实现 5.1 节给出的步进电动机全步控制或半步控制,并提供相应的过电流、过温保护等功能。

控制电路的具体实现也随着电子技术的发展而不断演变,早期控制线路通常使用数字逻辑芯片实现基本的环形分配脉冲发生器,把外部的脉冲信号转化为电动机各相绕组的脉冲驱动信号。目前的步进电动机驱动器在相电流精密控制性能上有了很大提升,控制逻辑更为复杂,需要实现闭环电流控制算法,控制电路通常包括 MCU/DSP/CPLD 器件、功率 MOSFET 驱动芯片、电流检测电路、数字接口和通信电路等。

针对步进电动机驱动典型应用,一些半导体厂商提供了集成芯片以简化电路设计。图11.3所示是ST公司的powerSTEP01芯片结构,该芯片集成了8个N通道功率MOSFET,形成两个H桥用于驱动两相步进电动机绕组,内部的控制逻辑支持细分控制逻辑的硬件实现,集成电流检测电路,可实现相电流的闭环精细控制,提供过电流和过温保护,可通过SPI串行总线与MCU进行通信。

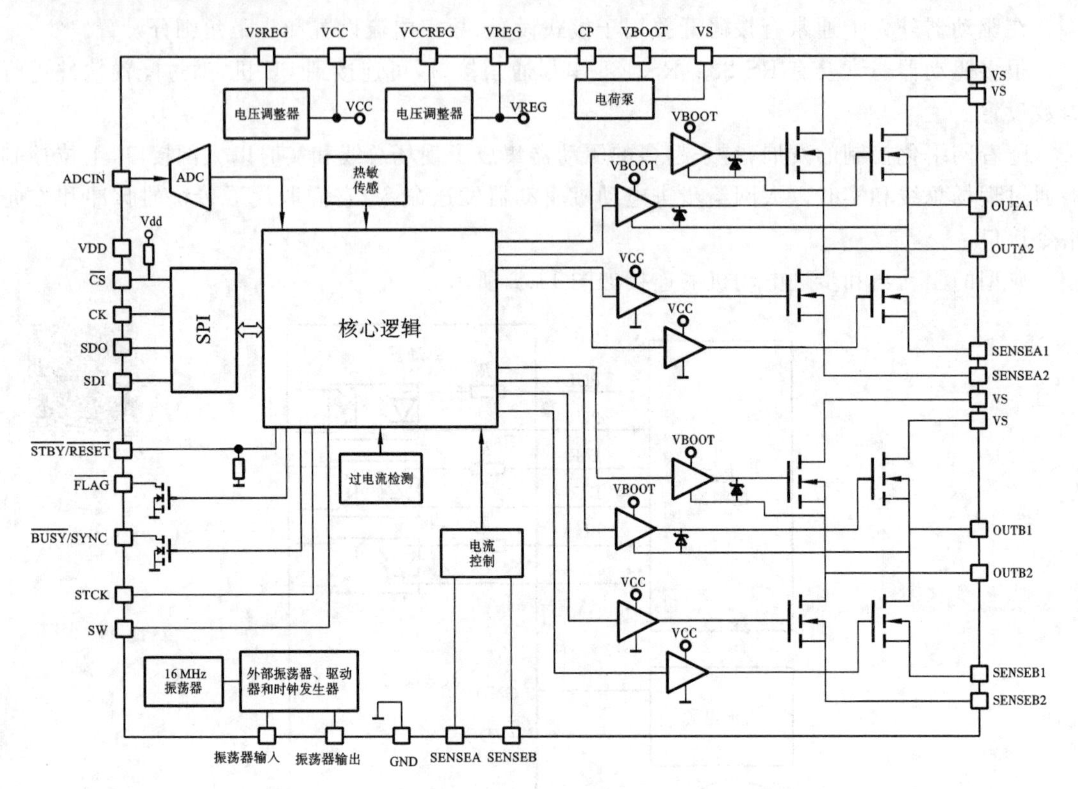

图11.3 ST公司的powerSTEP01芯片结构

11.1.2 步进电动机驱动器的数字控制

主流步进电动机驱动器通常支持三种对电动机绕组的控制模式:全拍(整步)驱动控制、半拍(半步)驱动控制和细分(微步)驱动控制。

全拍驱动控制和半拍驱动控制原理与5.1节所述的步进电动机工作模式一致,以两相混合步进电动机为例,全拍控制可分为单四拍或双四拍,在单四拍模式下,四个通电节拍依次是:

(1)A相绕组通正电流;

(2)B相绕组通正电流;

(3)A相绕组通负电流;

(4)B相绕组通负电流。

每接收一个电脉冲,步进电动机前进一个步距角,定子磁场方向旋转90°,理想情况下A相绕组和B相绕组的电流波形如图11.4所示。

在半拍驱动控制模式下,每接收一个电脉冲,步进电动机前进的角度是全拍模式的一半,定子磁场方向旋转45°,理想情况下A相绕组和B相绕组的电流波形如图11.5所示。

半拍驱动模式下相电流的谐波含量更小,为了进一步降低步进电动机相电流的谐波,并提

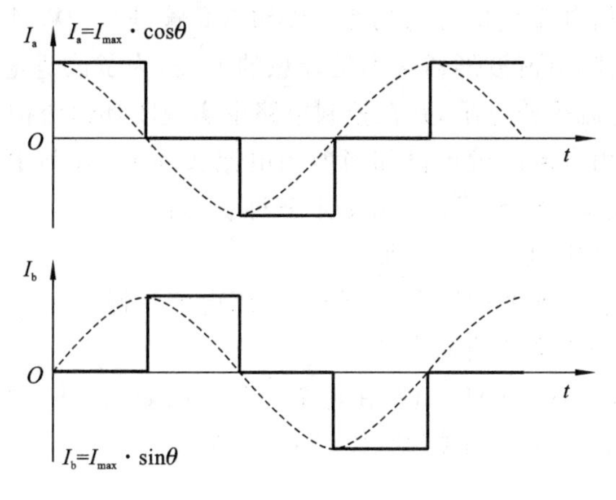

图 11.4　全拍控制下电动机相电流理想波形

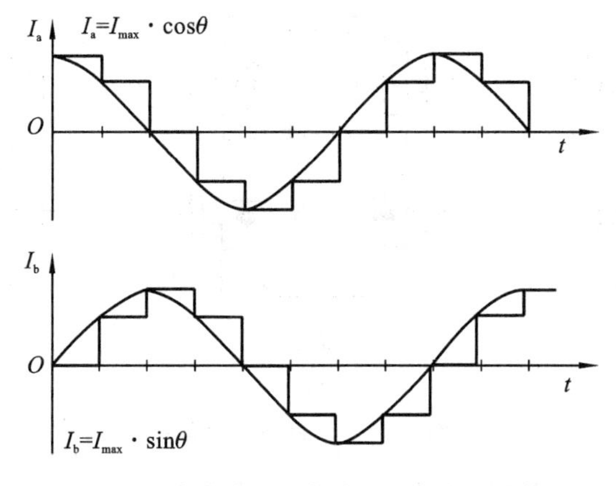

图 11.5　半拍控制下电动机相电流理想波形

高位置控制分辨率,改善电动机的振动问题,可进一步采用细分(微步)控制模式。其基本思想是,每次脉冲切换时,不是将额定电流全部通入相绕组或者一次切除,而是阶梯式增大或减小相绕组电流的大小,使得绕组电流为阶梯波。电动机转子走一步的角度会随着细分级数的增加而减小,细分的级数越多,阶梯越多,电动机转动也越平稳,细分后 A 相绕组和 B 相绕组的理想电流波形如图 11.6 所示。

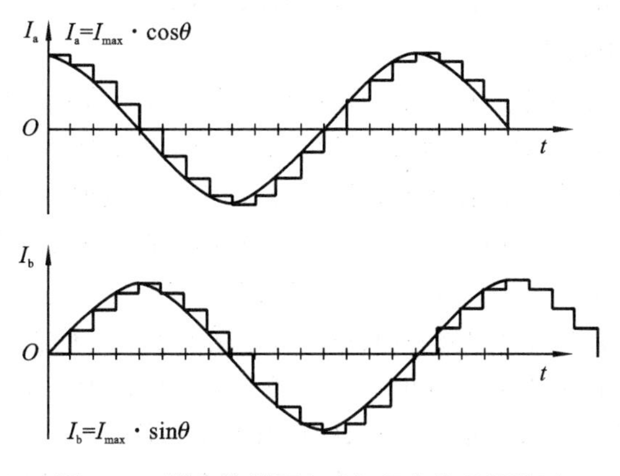

图 11.6　微步控制下电动机相电流理想波形

实际的步进电动机相电流是通过对功率 MOSFET 管进行 PWM 控制得到的,由于绕组存在电感和反电动势,实际电流波形通常不是理想的方波,为了改进电流控制质量,在驱动电路主回路中,通常增大电流采样电阻,并在控制电路中实现闭环恒流控制。

闭环电流控制根据相电流的设定值和当前相电流实际值,对 H 桥进行 PWM 控制,在每个 PWM 周期,H 桥的功率 MOSFET 管有如下三种状态:

(1)H 桥正向导通,绕组电流快速增加。

(2)H 桥高侧或低侧的 MOSFET 同时导通,绕组电流缓慢衰减。

(3)H 桥反向导通,绕组电流快速衰减。

类似于交流电动机的 SVPWM 原理,在每个 PWM 周期,通过分配上述三种 H 桥通断状态的占空比,可实现对相电流的精细控制,如图 11.7 所示。

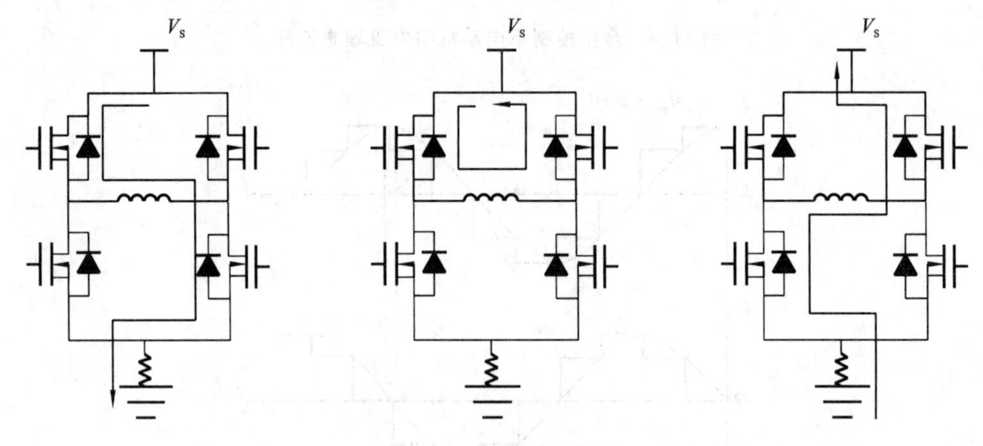

图 11.7　H 桥通断状态

传统的电流控制模式采用峰值电流控制方式,只在 H 桥正向导通时间内检测相电流,电流检测存在盲区,电流波形有明显的畸变。近年来各种高性能电流控制方式不断改进,采用双向电流采样和高性能闭环控制算法,补偿绕组反电动势,改善电流波形,不断改善电动机的控制精度,减小振动和噪声。

11.1.3　步进电动机及驱动器的定位控制应用

步进电动机的控制方式一般分为开环控制和反馈补偿闭环控制,如图 11.8 所示。

1. 步进电动机的开环控制

在开环控制系统中,步进电动机的旋转速度全取决于指令脉冲的频率。也就是说,控制步进电动机的运行速度,实际上就是控制系统发出脉冲的频率或者换相的周期。系统可用两种方法来确定脉冲的周期:一种是软件延时,另一种是用定时器延时。软件延时方法是通过调用延时子程序的方法实现的,它占用 CPU 时间;定时器延时是通过设置定时时间常数的方法来实现的。对于步进电动机的点-位控制系统,从起点至终点的运行速度都有一定的要求。如果要求运行的速度小于系统极限启动频率,则系统可以按要求的速度直接启动,运行至终点后直接停发脉冲串而令其停止,系统在这样的运行方式下速度可认为是恒定的。但在一般的情况下,系统的极限启动频率是比较低的,而要求的运行速度往往很高。如果系统以要求的运行速度直接启动,则可能发生失步或根本不运行的情况,因为该速度已经超过极限启动频率而导致系统不能正常启动。系统运行起来之后,如果到达终点时突然停发脉冲串,令其立即停止,则

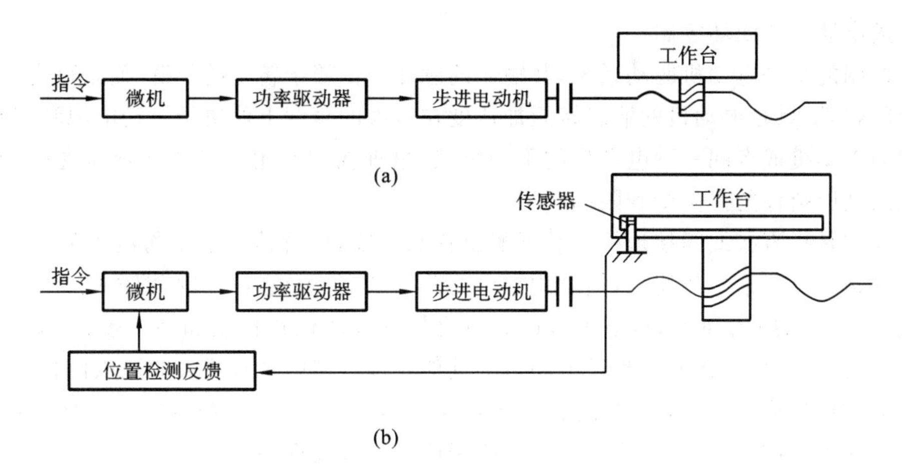

图 11.8　步进电动机的控制方式

因为系统的惯性，会发生冲过终点的现象，使点-位控制发生偏差。

因此，必须先低速启动，然后再慢慢加速到高速，实现高速运行。同样，停止时也要从高速慢慢降到低速，最后停止下来。要满足这种升降速规律，步进电动机必须采用变速方式工作。点-位控制的加减速过程如图 11.9 所示。运行速度都需要有一个“加速—恒速—减速—低恒速—停止”的加减速过程，各种系统在工作过程中，都要求加减速过程时间尽量短，而恒速时间尽量长。如果移动距离比较短，为了提高速度，可以无高速恒定运行阶段。在一半距离内加速，而在另一半距离内减速，形成速度三角形变化的运动轨迹。升降速规律一般可有两种选择：一是按照直线规律升降速，二是按指数规律升降速。升降速曲线如果是按指数型递增或递减的，则升速可用下式表示其频率：

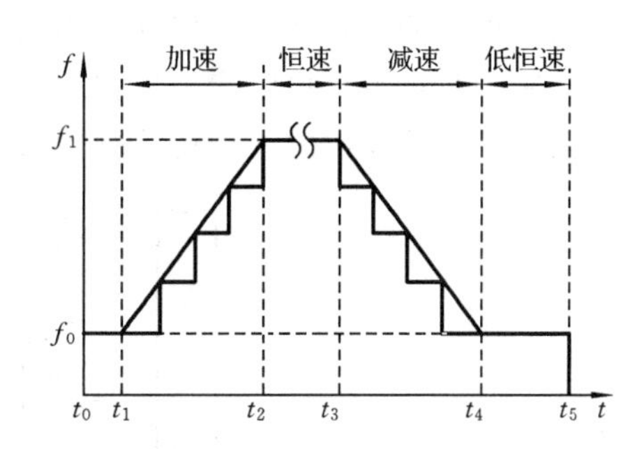

图 11.9　点-位控制的加减速过程

$$f = f_0 e^{\frac{t}{T}}$$

式中：f_0 ——升频前运行频率。

将指数型曲线离散化为阶梯曲线，这种曲线较符合步进电动机加减速过程的运行规律，能充分地利用步进电动机的有效转矩，快速响应性好。

用微机对步进电动机进行加减速控制，实际上就是改变输出脉冲的时间间隔。升速时使脉冲串逐渐加密，减速时使脉冲串逐渐稀疏。微机用定时器中断方式来控制电动机变速时，实际上就是不断改变定时器装载值的大小。一般用离散方法来逼近理想的升降速曲线。为了减少每步计算装载值的时间，系统设计时就把各离散点的速度所需的装载值固化在系统的 ROM 中，系统运行中用查表方法查出所需的装载值，这可大大缩短占用 CPU 的时间，提高系统响应速度。

系统在执行升降速的控制过程中，对加减速的控制需要下列数据：加减速的斜率、升速过程的总步数、恒速运行总步数和减速运行的总步数。

步进电动机的控制也完全可以用 PLC 来实现，改变 PLC 的控制程序，可实现步进电动机灵活多变的运行方式。

2. 步进电动机的闭环控制

开环控制的步进电动机驱动系统,其输入的脉冲不依赖于转子的位置,而是事先按一定的规律给定的,其缺点是电动机的输出转矩加速度在很大的程度上取决于驱动电源和控制方式。对于不同的电动机或者同一种电动机的不同负载,很难找到通用的加速和减速规律,因此,步进电动机的性能指标的提高受到限制。

闭环控制是指直接或间接地检测转子的位置和速度,位置检测装置将测得的工作台实际位置信号与指令位置信号相比较,然后用它们的差值(即误差)进行控制,即由此差值自动给出驱动的脉冲串。采用闭环控制,不仅可以获得更加精确的位置控制和高得多、平稳得多的转速,而且可以使闭环控制技术在步进电动机的其他许多领域内具有更大的通用性。

步进电动机的输出转矩是励磁电流和失调角的函数。为了获得较高的输出转矩,必须考虑电流的变化和失调角的大小,这对开环控制来说是很难实现的。

根据不同的使用要求,步进电动机的闭环控制有不同的方案,主要有核步法、延迟时间法、带位置传感器的闭环控制系统法等。

采用光电脉冲编码器作为位置检测元件的闭环控制系统如图 11.10 所示,其中编码器的分辨率必须与步进电动机的步距角相匹配。该系统不同于通常控制技术中的闭环控制系统,步进电动机由微机发出的一个初始脉冲启动,后续控制脉冲则取决于编码器的检测信号。

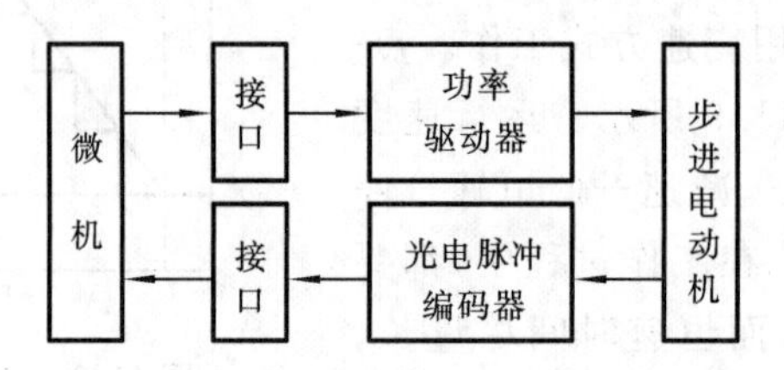

图 11.10　步进电动机闭环控制系统

编码器直接反映切换角这一参数,然而编码器相对于电动机的位置是固定的,因此发出相切换的信号也是一定的,只能是一种固定的切换角数值。采用时间延迟的方法可获得不同的转速。在闭环控制系统中,为了扩大切换角的范围,有时还要插入或删去切换脉冲。通常在加速时要插入脉冲,而在减速时要删除脉冲,从而实现电动机的加速和减速控制。

在固定切换角的情况下,如负载增加,电动机转速将下降。要实现匀速控制,可利用编码器测出电动机的实际转速(编码器两次发出脉冲信号的时间间隔),以此作为反馈信号不断地调节切换角,从而补偿由负载所引起的转速变化。

3. 应用步进电动机驱动应注意的问题

(1)为使步进电动机正常运行(不失步,不越步)、正常启动并满足对转速的要求,必须保证步进电动机的输出转矩大于负载所需的转矩,所以应计算机械系统的负载转矩,并使所选电动机的输出转矩有一定的余量,以保证可靠运行。因此,必须考虑以下两点。

①启动转矩应选择为

$$T_{st} \geqslant T_{Lmax}/(0.3 \sim 0.5)$$

一般

$$T_L = (0.3 \sim 0.5) T_{smax}$$

②在要求的运行范围内,步进电动机运行转矩应大于它的静载转矩与转动惯量(包括负载的转动惯量)引起的惯性矩之和。

(2)必须使步进电动机的步距角 β 与机械负载相匹配,以得到步进电动机驱动部件所需要的脉冲当量，步距角应满足 $\beta \leqslant i\delta_{min}$；步进电动机一周内最大的步距角积累误差应满足其精度的要求 $\Delta\beta \leqslant i \cdot \Delta\beta_L$。因此，合理选择传动比 i 是非常重要的。

(3)选用的电动机必须与机械系统的负载惯量及所要求的启动频率相匹配，并留有一定余量，其最高工作频率应能满足机械系统移动部件加速移动的要求。

(4)若所带负载转动惯量较大，则应在低频下启动，然后再上升到工作频率，停止时也应从工作频率下降到适当频率再停止。在工作过程中，应尽量避免由于负载突变而引起的误差。

(5)步进电动机在运行中存在振荡，它有一个固有频率 f_1，当输入脉冲频率 $f = f_1$ 时就会产生共振，使步进电动机振荡。对于同一电动机，不同负载及不同机床情况下的共振区是不同的，在实际使用中应注意加以补偿，以保证工作正常进行。

11.2　交流伺服驱动系统

11.2.1　交流伺服驱动器结构原理

步进电动机驱动系统由于实现简单，控制方便，在有定位控制要求的各类机电控制系统中获得广泛应用，但当机电装备对控制精度和动态响应有更高要求时，步进电动机驱动系统由于开环控制所固有的局限性，很难满足要求，如高性能数控机床和工业机器人目前多采用闭环伺服控制系统。单轴闭环伺服控制系统的核心是伺服电动机和驱动器，直流伺服系统由直流伺服电动机和相应的直流伺服驱动器组成，交流伺服系统由交流伺服电动机（主要是交流永磁同步伺服电动机）和相应的交流伺服驱动器组成。伺服电动机原理在第 5 章已经介绍，本节主要介绍在工业自动化中使用最广泛的交流永磁同步伺服驱动器的结构原理和应用。

交流永磁同步伺服驱动器的硬件结构如图 11.11 所示，与高性能的交流异步电动机变频器类似，主电路由整流电路、直流母线、逆变电路组成。逆变电路的三相输出控制交流伺服电动机的三相绕组。电动机的位置反馈信号接入驱动器的控制电路。控制电路有多种接口，可以接收外部的控制信号。

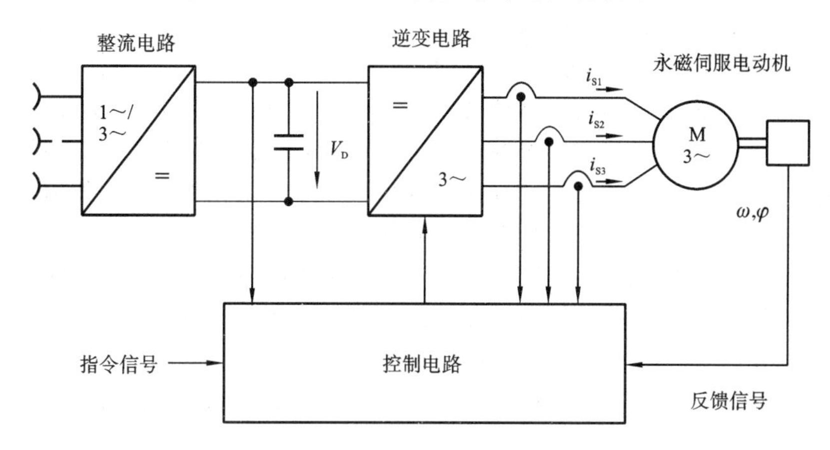

图 11.11　交流永磁同步伺服驱动器的硬件结构

早期的交流伺服驱动器采用模拟电路实现控制算法，目前则普遍采用全数字软件实现。一种常见的控制硬件架构为 MCU＋DSP 架构，控制算法主要在 DSP 芯片上实现，其他接口和控制逻辑、通信协议等在单片微控制器 MCU 上实现。部分伺服厂商为了提高控制性能，电流环算法在专用芯片或 FPGA 上实现。近年来,随着多核嵌入式处理器运算能力的增强,可在几十微秒控制周期内完成实时闭环控制算法和通信协议,并可集成部分 PLC 逻辑控制功能,不再需要增加 DSP 芯片。

伺服驱动的基本控制算法包括电流环、速度环和位置环的反馈控制算法。交流伺服驱动器的三环控制示意图如图 11.12 所示,最内层是电流环,基于磁场定向技术,与异步电动机矢量控制电流环类似。

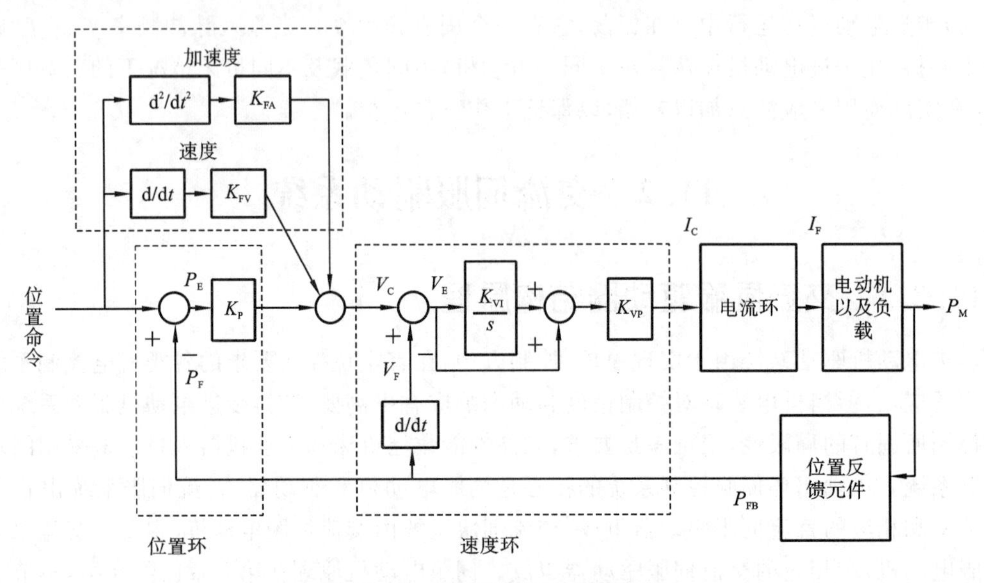

图 11.12 交流伺服系统的控制环

在异步电动机矢量控制中,定子电流通过坐标变换分解为为励磁分量 i_d 和转矩分量 i_q,通过磁场定向算法,使得励磁分量 i_d 与转子磁场对齐。在永磁同步伺服电动机矢量控制中,由于电动机通过固定在转子上的永磁体励磁,因此通过检测转子的当前位置就可以确定转子磁场方向,定子电流同样通过坐标变换分解为为励磁分量 i_d 和转矩分量 i_q,励磁分量 i_d 通常设为 0,这样调整转矩分量 i_q 的大小就可以直接调节电动机的电磁转矩,使得交流永磁同步伺服电动机的控制类似于直流电动机的控制。

在电流环和速度环的外层,伺服驱动器增加了位置环,可以实现位置跟踪控制,为了提高指令跟踪能力,伺服驱动器通常提供指令前馈环节。根据具体的应用,可综合调整反馈增益和前馈增益,使得伺服系统既具有良好的抗扰动能力,又具有良好的轨迹跟踪能力。

相应地,交流伺服驱动器可以工作在三种主要的控制模式。

(1)位置控制模式:此时伺服驱动器的三个控制环路都投入使用,位置环根据位置指令和位置反馈信号计算出位置误差,根据位置环增益,产生位置控制器的输出,作为速度环的输入指令;同理,速度环的输出作为电流环的输入指令。

(2)速度控制模式:此时伺服驱动器的位置环不工作,接收来自外部控制器的速度指令,形成速度、电流双闭环。

(3)转矩控制模式:此时伺服驱动器的位置环和速度环都不工作,接收来自外部控制器的转矩指令,经过量纲变换后转为电动机电流指令,通过电流环控制电动机输出相应的转矩。

在整定控制环参数时,遵循先内环、后外环的原则。电流环的参数与伺服电动机参数相关,通常不需要用户进行调整。在使用中通常首先调整好速度环参数,再调整位置环参数和前馈增益参数。

控制环增益特别是速度环增益的设置与负载惯量密切相关，伺服驱动器通常集成了惯量辨识功能，并可实现控制环参数的自动整定。此外，高性能伺服驱动器通常集成谐振抑制算法。

交流伺服系统的性能由永磁同步伺服电动机和伺服驱动器共同决定，相比于步进控制系统和通用变频控制系统，交流伺服系统具有更好的动态响应和过载能力，其主要性能指标如下。

(1)电流环带宽：电流环带宽决定了伺服系统的动态性能的极限。

(2)电流控制动态范围：电流动态范围为 2000∶1，表示额定电流为 100 A 的伺服驱动器具有 0.05 A 的电流平滑控制能力。

(3)速度环响应带宽：伺服系统动态性能的主要指标。

(4)定位精度：一般地，采用旋转变压器反馈，定位精度可达到±20′以内，采用高精度正余弦编码器反馈，定位精度可达到±0.8′以内。

(5)位置分辨率：主要与位置反馈元件分辨率相关，目前交流伺服系统普遍采用 17 位到 23 位的高分辨率反馈元件。

(6)伺服驱动器电流输出能力和伺服电动机转矩输出能力：驱动器连续电流为伺服电动机提供连续转矩，伺服驱动器的瞬间最大电流输出能力和伺服电动机的瞬时转矩输出能力则确定了伺服系统的过载能力。

11.2.2 交流伺服驱动器接口

根据与上位控制器的接口方式，交流伺服驱动器常见的控制方式有以下几种。

(1)脉冲式位置控制：类似于步进电动机的脉冲式控制方式，上位控制器发送脉冲指令给伺服驱动器，在伺服驱动器内部通过脉冲计数模块转化为位置环输入，实现闭环位置控制。与步进电动机驱动相比，脉冲式交流伺服控制具有更好的动态响应能力和过载能力。采用脉冲式位置控制时，伺服驱动器需工作在位置控制模式。

(2)模拟量速度/转矩控制：伺服驱动器工作在速度控制模式或转矩控制模式，上位机发送模拟信号如±10 V 电压信号代表转速/转矩指令，伺服驱动器内部有 A/D 转换电路，把模拟信号转化为相应的控制环输入。由于模拟信号存在零漂，采用这种控制方式时，通常在上位机构成位置闭环。

(3)基于现场总线/实时以太网的控制：这种控制方式克服了脉冲式位置控制和模拟量速度/转矩控制的局限性，是今后主要的控制方式。在一个通信周期内，上位机可传输多个字节的指令数据给伺服驱动器并接收来自伺服驱动器的反馈数据，便于实现基于网络的闭环反馈和前馈控制。目前采用实时以太网通信协议，通信周期可以达到 50 μs 以内。通过网络设置，可支持转矩控制、速度控制、位置控制等多种控制模式。

图 11.13 所示为汇川公司小功率交流伺服驱动器的接线，驱动器的 R、S、T 可接三相工频交流电源，也可接单相交流电源(限于小功率应用)。U、V、W 端子连接交流伺服电动机的三相动力电缆，CN2 连接交流伺服电动机的位置反馈信号电缆。CN1 提供脉冲量输入/输出、模拟量输入/输出、电动机使能和报警开关量 I/O 等信号，支持脉冲式位置控制和模拟量速度/转矩控制。CN3 和 CN4 为实时以太网接口，可实现网络化伺服控制。

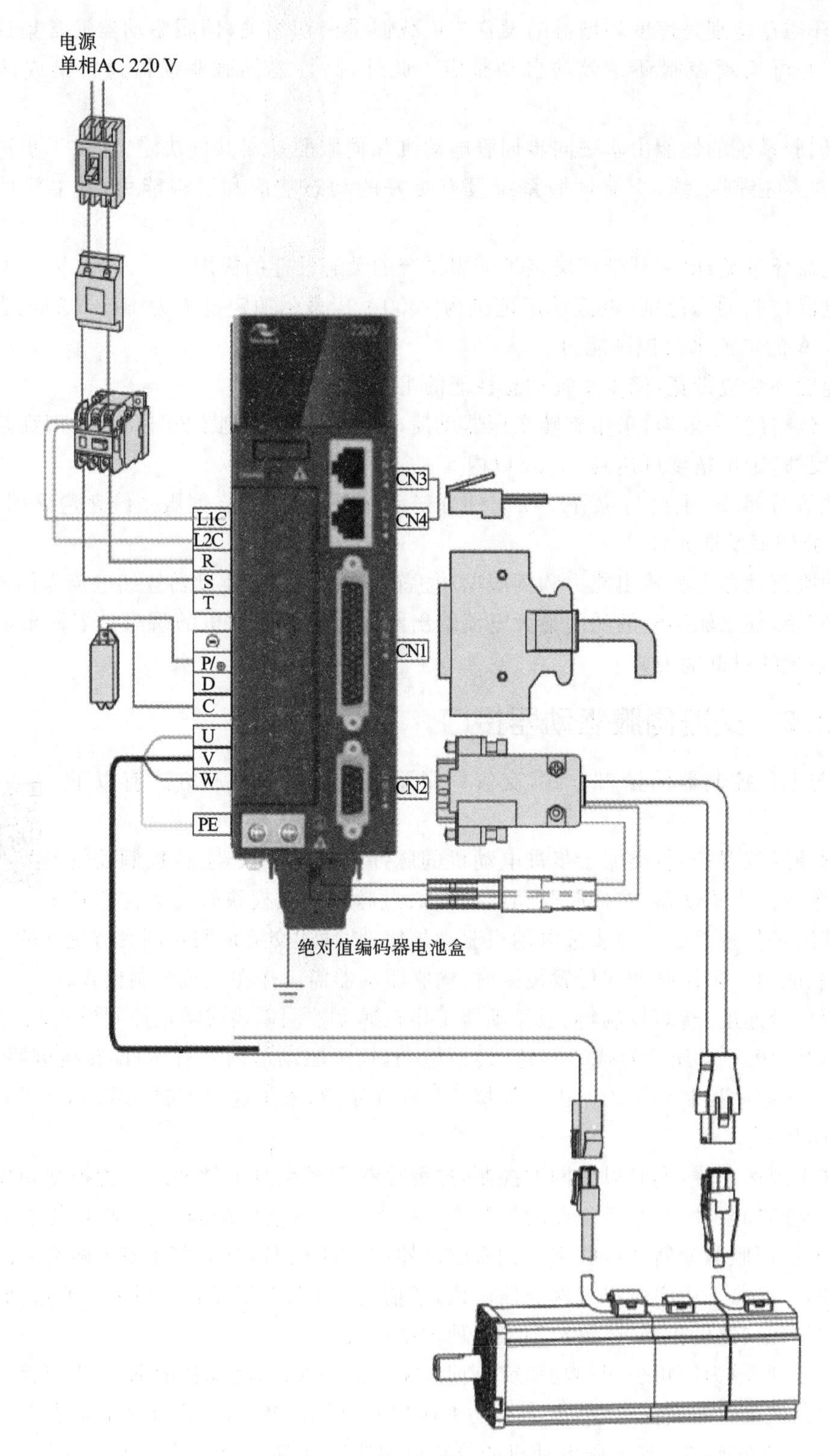

图 11.13　交流伺服驱动器接线

伺服驱动器的位置环控制需要来自伺服电动机的位置反馈信号，速度环控制的速度反馈值通常是由同样的位置反馈信号进一步计算得到的，因此伺服电动机的位置反馈元件精度对速度环和位置环性能有很大影响。前面已经介绍了几种常用的伺服电动机位置反馈元件，通用型伺服驱动器一般要支持多种接口电路以与反馈元件适配。

11.2.3 交流永磁同步伺服控制系统的应用

交流永磁同步伺服控制系统的典型应用场合如下。

(1)单轴定位控制和速度控制：对于简单的单轴定位控制应用，一些伺服驱动器内部集成了定位曲线设置功能，可以预先定义多段定位曲线，设定速度和加速度值，这样可以不需要上位PLC控制器，直接通过伺服驱动器的开关量I/O接口，来选择和启动相应的定位曲线。为了定位运动的平滑性，采用S型加减速控制，如图11.14所示。

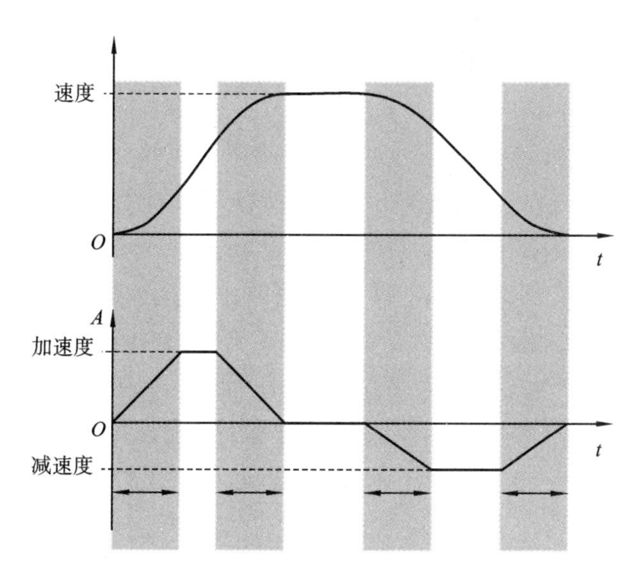

图 11.14 定位曲线的加减速控制

(2)多轴同步控制：由主动轴和从动轴组成，从动轴的运动与主动轴的运动保持同步，常见的同步方式有电子齿轮同步和电子凸轮同步。

基于电子齿轮和电子凸轮的多轴同步控制广泛应用于各种包装、印刷、纺织、剪切等场合。

(3)多轴插补运动控制：主要用于各类数控机床、机器人等装备的运动控制。这类设备对运动轨迹控制有较高的要求，为了实现高性能控制，可采用基于动力学模型的前馈控制，如在工业机器人控制中，机器人控制器进行轨迹插补，计算出各个关节驱动器的当前位置、速度和加速度设定值，并基于机器人动力学模型，计算出此时各个关节的转矩前馈值。采用网络化控制，在每个通信周期，机器人控制器可以同时把位置设定值和转矩前馈值发送给各个关节的交流伺服驱动器，在交流伺服驱动器内部，采用位置闭环＋转矩前馈的控制模式，这样既保证了位置轨迹精度，又提高了动态响应能力。

习题与思考题

11.1　步进电动机对驱动电路有何要求？常用驱动电路有什么类型？各有什么特点？

11.2　步进电动机步距角细分控制的基本原理是什么？用哪些方法来实现？

11.3　步进电动机为什么要进行加减速控制？如何实现加减速控制？

11.4　步进电动机开环控制与闭环控制各有什么特点？各用在什么场合？

11.5　使用步进电动机需注意哪些主要问题？

11.6　如何理解交流伺服系统的速度环响应带宽？

11.7　分析前馈在伺服控制中的作用。

附录 A 电机绝缘等级、防护等级、冷却等级与工作制代码含义

A.1 绝缘等级代码

绝缘等级是指电器和电机绝缘材料的标准分类，绝缘等级规定了材料的等级和推荐的极限温度。电工产品绝缘材料的使用期限受到多种因素(如温度、电和机械应力、振动、有害气体、化学物质、潮湿、灰尘和辐照等)的影响，而温度通常是对绝缘材料和绝缘结构的老化起支配作用的因素。目前已有一种实用的、被世界公认的耐热性分级方法，也就是将电气绝缘材料的耐热性划分为若干耐热等级，人们根据不同绝缘材料耐受高温的能力规定了 7 个允许的最高温度，按照温度大小排列分别为 Y、A、E、B、F、H 和 C，如表 A.1 所示。

表 A.1 耐热等级

代　码	温度值/℃
Y	90
A	105
E	120
B	130
F	155
H	180
C	180 以上

对于 180 ℃以上的温度，可以直接用数字标称等级，温度超过 250 ℃，则按间隔 25 ℃相应设置耐热等级。

A.2 防护等级代码

IP(ingress protection)防护等级代码由两个数字组成，第一个数字表示电器防尘、防止外物侵入的等级(这里所指的外物含工具，人的手指等均不可接触到电器之内带电部分，以免触电)，如表 A.2 所示，第二个数字表示电器防湿气、防水浸入的密闭程度，数字越大表示其防护等级越高，如表 A.3 所示。

表 A.2　防尘等级

数　字	防护范围	说　明
0	无防护	对外界的人或物无特殊的防护
1	防止直径大于 50 mm 的固体外物侵入	防止人体(如手掌)因意外而接触电器内部的零件,防止穿透尺寸(直径大于 50 mm)的外物侵入
2	防止直径大于 12.5 mm 的固体外物侵入	防止人的手指接触电器内部的零件,防止中等尺寸(直径大于 12.5 mm)的外物侵入
3	防止直径大于 2.5 mm 的固体外物侵入	防止直径或厚度大于 2.5 mm 的工具、电线及类似的小型外物侵入而接触电器内部的零件
4	防止直径大于 1.0 mm 的固体外物侵入	防止直径或厚度大于 1.0 mm 的工具、电线及类似的小型外物侵入而接触电器内部的零件
5	防止外物及灰尘	完全防止外物侵入,虽然不能完全防止灰尘侵入,但灰尘的侵入量不会影响电器的正常运作
6	防止外物及灰尘	完全防止外物及灰尘侵入

表 A.3　防水等级

数　字	防护范围	说　明
0	无防护	对水或湿气无特殊的防护
1	防止水滴浸入	垂直落下的水滴(如凝结水)不会对电器造成损坏
2	倾斜 15°时,仍可防止水滴浸入	当电器由垂直倾斜至 15°时,水滴不会对电器造成损坏
3	防止喷洒的水浸入	防雨或防止与垂直面的夹角小于 60°的方向所喷洒的水浸入电器而造成损坏
4	防止飞溅的水浸入	防止各个方向飞溅而来的水浸入电器而造成损坏
5	防止喷射的水浸入	防持续至少 3 min 的低压喷水
6	防止大浪浸入	防持续至少 3 min 的大量喷水
7	防止浸水时水的浸入	在深达 1 m 的水中防 30 min 的浸泡影响
8	防止沉没时水的浸入	在深度超过 1 m 的水中防持续浸泡影响。正确的条件由制造商针对各设备指定

A.3　冷却等级代码

由冷却方法标志符 IC(international cooling)加上表示冷却介质的回路布置代号(见表 A.4)、冷却介质代号(见表 A.5)以及冷却介质运动的推动方法代号(见表 A.6)的两位或三位数字或字母组成,即:IC＋回路布置代号＋冷却介质代号＋推动方法代号。

表 A.4 回路布置代号

特征数字	含义	简述
0	冷却介质由周围自由流入电机或流过电机表面,并自由返回	自由循环
1	冷却介质由电机周围介质以外的来源通过进口管道流入电机,然后自由流入周围环境	进口管或进口孔道循环
2	冷却介质由周围自由流入电机,然后通过出口管(孔)送至离电机周围介质较远处	出口管(孔)道循环
3	冷却介质由电机周围介质以外的来源通过进口管道流入电机,然后通过出口管道送至离电机周围介质较远处	进出口管道循环
4	初级冷却介质在闭合回路内循环,并通过机壳表面把热量逸散到周围介质。机壳表面可以是光滑的或带肋的,也可以带外罩以改善热传递效果	机壳表面冷却(用周围环境介质)
5	初级冷却介质在闭合回路内循环,通过与电机成为一体的装入式冷却器把热量传给周围环境介质	装入式冷却器(用周围环境介质)
6	初级冷却介质在闭合回路内循环,并通过装在电机上面的外装式冷却器把热量传递给周围环境介质	外装式冷却器(用周围环境介质)
7	初级冷却介质在闭合回路内循环,通过与电机成为一体的装入式冷却器把热量传给次级冷却介质,后者不是周围环境介质	装入式冷却器(不用周围环境介质)
8	初级冷却介质在闭合回路内循环,并通过装在电机上面的外装式冷却器把热量传递给远方介质	外装式冷却器(用远方介质)
9	初级冷却介质在闭合回路内循环,通过完全独立安装的冷却器把热量传给次级冷却介质	独立安装的冷却器

表 A.5 冷却介质代号

符号	说明
A	空气
H	氢气
N	氮气
C	二氧化碳

续表

符　　号	说　　明
W	水
U	油

表 A.6　推动方法代号

特征数字	含　　义	简　　述
0	冷却介质的运动依靠温差,转子风扇的作用极微弱	自由对流
1	冷却介质运动依靠转子的风扇作用或直接安装在转子轴上的风扇	自循环
2	冷却介质运动依靠不直接装在转子轴上的整装式部件的作用,例如由齿轮或胶带拖动的内风扇	整装式非独立传动循环
3	冷却介质循环依靠电机上电动或机动的中间部件。例如一台由主机线端供电的电动机拖动的风扇	装在电机上的非独立部件循环
4	备用	
5	冷却介质运动依靠与主机动力无关的整体部件。例如由一台电动机带动的内风扇,此电动机与主机不是同一电源	整装式独立部件循环
6	由安装在电机上的独立部件驱动介质运动,该部件所需动力与主机转速无关,例如背包风机或风机等	外装式独立部件驱动
7	与电机分开安装的独立的电气或机械部件驱动冷却介质运动,或依靠冷却介质循环系统中的压力驱动冷却介质运动	分装式独立部件驱动
8	冷却介质运动依靠电机在冷却介质中的相对运动	由相对运动循环
9	由任何其他部件循环	

A.4　工作制代码

工作制代码指电动机的工作方式,电动机正常使用的持续时间一般分为连续制(S1)和断续制(S2～S10),如表 A.7 所示。

表 A.7　工作制代码

代　　码	含　　义	简　　述
S1	连续工作制	在恒定负载下的运行时间足以达到热稳定
S2	短时工作制	在恒定负载下按给定的时间运行，该时间不足以达到热稳定，随之即断能停转足够长的时间，使电机再度冷却到与冷却介质温度差在 2 K 以内
S3	断续周期工作制	按一系列未达到热平衡状态的相同的工作周期运行，每一周期包括一段恒定负载运行时间和一段停机间隔时间(断能停转时间)。负载持续率为恒定负载运行时间与负载周期之比
S4	包括启动的断续周期工作制	按一系列相同的工作周期运行，每一周期包括一段对温升有显著影响的启动时间、一段恒定负载运行时间和一段断能停转时间
S5	包括电制动的断续周期工作制	按一系列相同的工作周期运行，每一周期包括一段启动时间、一段恒定负载运行时间、一段快速电制动时间和一段断能停转时间
S6	连续周期工作制	按一系列相同的工作周期运行，每一周期包括一段恒定负载运行时间和一段空载运行时间，但不停机
S7	包括电制动的连续周期工作制	按一系列相同的工作周期运行，每一周期包括一段启动时间、一段恒定负载运行时间和一段空载运行时间，不停机。即增加了启动的 S6
S8	包括变速变负载的连续周期工作制	比较复杂，在这种工作制下的电机按一系列相同未达到热平衡状态的工作周期运行
S9	负载和转速非周期性变化工作制	负载和转速在允许的范围内变化的非周期工作制。这种工作制包括经常过载，其值可超过满载。比较复杂，往往根据实际规定，如风力发电
S10	离散恒定负载工作制	包括不少于 4 种离散负载值(或等效负载)的工作制，其中可以包括空载运行及停机，在每种负载下，电机均达到热平衡状态(甚至是空载或者停机)，在一个工作周期中最小负载值可为零。相比 S8，可认为有很多恒负载运动，需要各个负载和时间，但不包含加减速

常用电气图形符号

选自国家标准《电气简图用图形符号》(GB/T 4728)

名　称	图形符号	名　称	图形符号
连接点		带磁芯的电感器	
端子			
可拆卸的端子		有固定抽头的电感器	
T 型连接	或	原电池或蓄电池	
导线的双 T 连接	或	加热元件	
导线的不连接		直流发电机	G
直流			
交流		直流电动机	M
交直流		交流电动机	M
接地		直线电动机	M
接机壳或接底板		步进电动机	M
电阻器			
可调电阻器		三相鼠笼型感应电动机	M 3~
压敏电阻器	U		
滑动触点电位器		三相绕线转子感应电动机	M 3~
电容器			
极性电容器	+	自耦变压器	
可调电容器			
线圈		电抗器	

续表

名　　称	图形符号	名　　称	图形符号
双绕组变压器	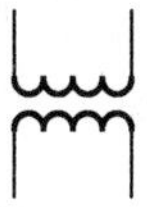	中间断开的转换触点	
脉冲变压器	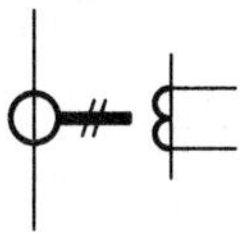	自动空气断路器（自动开关）	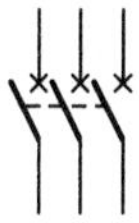
三相变压器（Y-△连接）	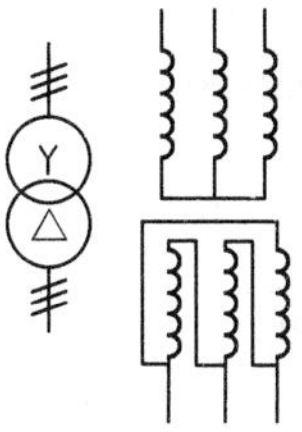	接触器（常开主触点）	
	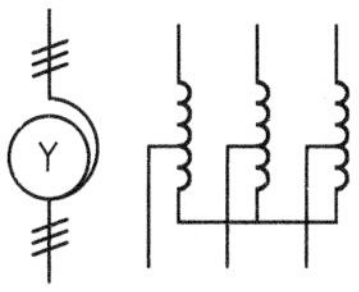	接触器（常闭主触点）	
三相自耦变压器		延时闭合的动合触点	
整流器		延时断开的动合触点	
桥式全波整流器		延时断开的动断触点	
逆变器		延时闭合的动断触点	
动合（常开）触点			
动断（常闭）触点		手动开关	
先断后合的转换触点		自动复位的手动按钮开关	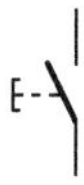
先合后断的双向转换触点	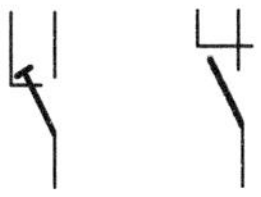	停止按钮	

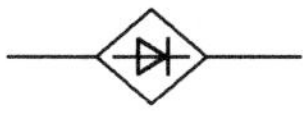

续表

名　称	图形符号	名　称	图形符号
复合按钮	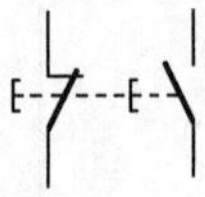	操作器件、继电器线圈	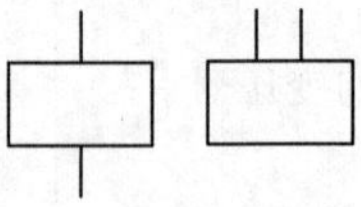
无自动复位的旋转开关	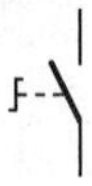	缓慢释放继电器的线圈	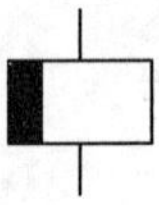
带动合触点的位置开关		缓慢吸合继电器的线圈	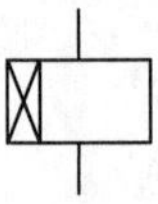
带动断触点的位置开关		过电流继电器线圈	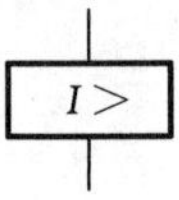 $I>$
组合位置开关	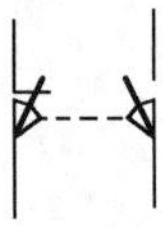	欠电压继电器线圈	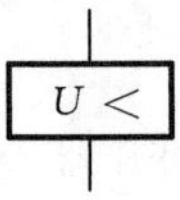 $U<$
热继电器的驱动器件	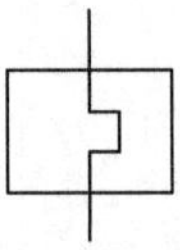	电磁铁线圈	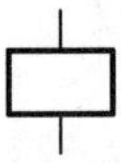
	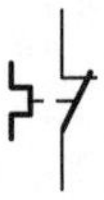	熔断器	
热继电器的触点		半导体二极管	
速度继电器的动合触点	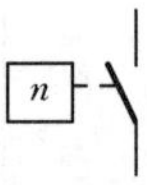 n	单向击穿二极管	
控制器或操作开关(图中表示操作手柄有五个位置)	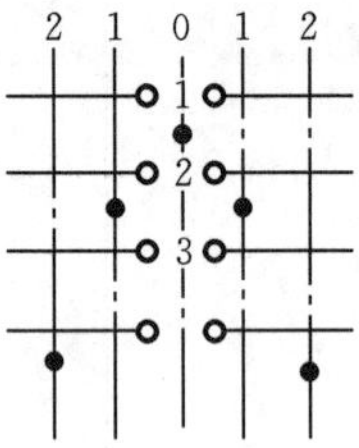 2 1 0 1 2 1 2 3	反向阻断三极闸流晶体管,P栅(阴极侧受控)	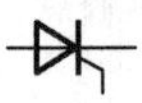
		可关断三极闸流晶体管,P栅(阴极侧受控)	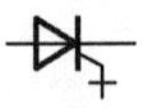
接近开关的动合触点	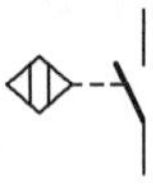	发光二极管	
接近开关的动断触点		光电二极管	

续表

名　　称	图形符号	名　　称	图形符号
光电晶体管		“与”元件	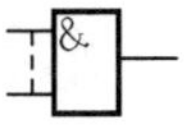 &
PNP 晶体管		“或”元件	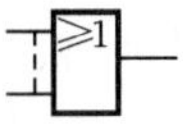 ≥1
NPN 晶体管		“非”元件	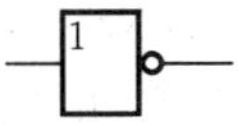 1
P-MOSFET	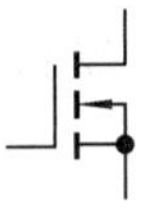	“与非”元件	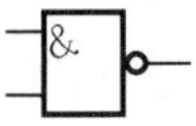 &
IGBT	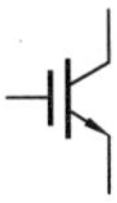	“或非”元件	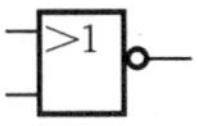 >1
单结晶体管		高增益差分放大器（运算放大器）	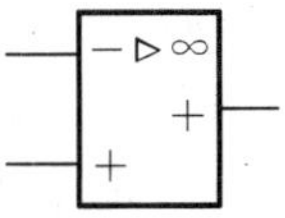 − ▷ ∞ + +

参 考 文 献

[1] 邓星钟.机电传动控制[M].4版.武汉:华中科技大学出版社,2007.

[2] 冯清秀,邓星钟.机电传动控制[M].5版.武汉:华中科技大学出版社,2011.

[3] UMANS S D.电机学[M].7版.刘新正,苏少平,高琳,译.北京:电子工业出版社,2014.

[4] 汤蕴璆.电机学[M].5版.北京:机械工业出版社,2014.

[5] GÜROCAK H.工业运动控制——电机选择、驱动器和控制器应用[M].尹泉,王庆义,译.北京:机械工业出版社,2018.

[6] 尔桂花,窦日轩.运动控制系统[M].北京:清华大学出版社,2002.

[7] WILDI T.电机、拖动及电力系统[M].原书6版.潘再平,杨莉,译.北京:机械工业出版社,2015.

[8] 李发海,王岩.电机与拖动基础[M].3版.北京:清华大学出版社,2005.

[9] EILIS G.控制系统设计指南[M].原书4版.汤晓君,译.北京:电子工业出版社,2018.

[10] 张白帆.低压成套开关设备的原理及其控制技术[M].2版.北京:机械工业出版社,2014.

[11] 彭瑜,何衍庆.IEC 61131-3编程语言及应用基础[M].北京:机械工业出版社,2009.

[12] 彭瑜、何衍庆.运动控制系统软件原理及其标准功能块应用[M].北京:机械工业出版社,2019.

[13] 王兆安,刘进军.电力电子技术[M].5版.北京:机械工业出版社,2009.

[14] 李永东.现代电力电子学——原理及应用[M].北京:电子工业出版社,2011.

[15] VOLKE A,HORNKAMP M.IGBT模块:技术、驱动和应用[M].原书2版.韩金刚,译.北京:机械工业出版社,2016.

[16] BALIGA B J.IGBT器件——物理、设计与应用[M].韩雁,丁扣宝,张世峰,译.北京:机械工业出版社,2018.

[17] SUL S K.电机传动系统控制[M].张永昌,李正熙,译.北京:机械工业出版社,2013.

[18] GROB H,HAMANN J,WIEGARTNER G.自动化技术中的进给电气传动——基础·计算·设计[M].熊其求,译.北京:机械工业出版社,2002.

[19] 阮毅,杨影,陈伯时.电力拖动自动控制系统:运动控制系统[M].5版.北京:机械工业出版社,2016.

[20] BOSE B K.现代电力电子学与交流传动[M].王聪,赵金,于庆广,等译.北京:机械工业出版社,2013.

[21] 陈国强,普特拉.工业自动化中的驱动与控制[M].刘磊,谢宗涛,孙帅,译.北京:机械工业出版社,2016.

[22] 肖维荣,齐蓉.装备自动化工程设计与实践[M].北京:机械工业出版社,2015.